普通高等教育机械类应用型人才及卓越工程师培养规划教材

Moldflow 注射成型过程模拟实例教程

沈洪雷　刘　峰　主　编

庄宿涛　袁　毅　副主编

電子工業出版社

Publishing House of Electronics Industry

北京·BEIJING

内容简介

本书结合塑料注射成型工艺过程、模具设计要点和模拟基础理论，以实例为主线介绍了Moldflow 2013软件的基本功能、操作技巧与实际应用。全书共分12章，第1章介绍注射成型工艺过程；第2~9章融合模具设计要点，按照普通注射成型模拟分析流程展开，依次包括新建工程、导入模型、处理网格、浇注系统和冷却系统的创建、分析类型和材料的选择，工艺条件的设置、分析处理、结果分析和优化等方面的内容；第10章介绍双色注射成型和气体辅助注射成型的分析流程及应用；第11章进行综合分析优化；第12章列举了Moldflow分析过程中的常见问题及解决对策。

本书可作为材料成型及控制工程、模具设计等专业Moldflow注射成型模拟技术课程的教学用书，也可作为产品开发、模具设计和注射成型工艺技术人员学习Moldflow软件进行注射成型模拟的参考用书。

图书在版编目（CIP）数据

Moldflow注射成型过程模拟实例教程/沈洪雷，刘峰主编. —北京：电子工业出版社，2014.8
普通高等教育机械类应用型人才及卓越工程师培养规划教材
ISBN 978-7-121-23233-6

Ⅰ.①M… Ⅱ.①沈… ②刘… Ⅲ.①注塑—塑料模具—计算机辅助设计—应用软件—高等学校—教材
Ⅳ.①TQ320.66-39

中国版本图书馆CIP数据核字（2014）第100993号

策划编辑：郭穗娟
责任编辑：李　蕊
印　　刷：北京七彩京通数码快印有限公司
装　　订：北京七彩京通数码快印有限公司
出版发行：电子工业出版社
　　　　　北京市海淀区万寿路173信箱　邮编：100036
开　　本：787×1 092　1/16　印张：20.5　字数：524.8千字
版　　次：2014年8月第1版
印　　次：2019年7月第2次印刷
定　　价：56.00元　　（含DVD光盘1张）

凡所购买电子工业出版社图书有缺损问题，请向购买书店调换。若书店售缺，请与本社发行部联系，联系及邮购电话：（010）88254888。

质量投诉请发邮件至zlts@phei.com.cn，盗版侵权举报请发邮件至dbqq@phei.com.cn。

服务热线：（010）88258888。

普通高等教育机械类应用型人才及卓越工程师培养规划教材

专 家 编 审 委 员 会

4.3.12 柱体单元数诊断 …………… 80
4.4 网格修复向导 …………… 80
4.5 网格工具 …………… 82
4.5.1 节点工具 …………… 83
4.5.2 边工具 …………… 85
4.5.3 四面体工具 …………… 87
4.5.4 重新划分网格 …………… 88
4.5.5 平滑节点 …………… 88
4.5.6 单元取向 …………… 89
4.5.7 删除单元 …………… 89
4.5.8 投影网格 …………… 90
4.5.9 整体合并 …………… 90
4.5.10 自动修复 …………… 91
4.5.11 修改纵横比 …………… 91
4.6 网格其他命令 …………… 92
4.6.1 创建三角形网格 …………… 92
4.6.2 创建柱体网格 …………… 92
4.6.3 创建四面体网格 …………… 93
4.6.4 全部取向 …………… 93
4.7 网格修复方法及实例操作 …………… 94
4.7.1 网格常见缺陷修复方法 …… 94
4.7.2 网格修复实例 …………… 95
第5章 建模工具 …………… 105
5.1 建模菜单 …………… 106
5.2 创建元素 …………… 106
5.2.1 创建节点 …………… 106
5.2.2 创建曲线 …………… 109
5.2.3 创建区域 …………… 112
5.2.4 创建孔 …………… 114
5.2.5 创建镶件 …………… 115
5.3 局部坐标系/建模基准面 …………… 116
5.4 编辑元素 …………… 118
5.4.1 移动/复制 …………… 118
5.4.2 查询实体 …………… 121
5.5 模具结构创建 …………… 121
5.5.1 型腔重复向导 …………… 121
5.5.2 流道系统向导 …………… 122
5.5.3 冷却回路向导 …………… 122
5.5.4 模具表面向导 …………… 122
5.6 曲面操作 …………… 123
5.6.1 曲面边界诊断 …………… 123
5.6.2 曲面连通性诊断 …………… 123
5.6.3 曲面修复工具 …………… 123
5.7 简化为柱体单元 …………… 124
第6章 浇注系统创建 …………… 126
6.1 浇注系统简介 …………… 127
6.1.1 普通浇注系统组成 ……… 127
6.1.2 浇口位置选择原则 ……… 133
6.1.3 热流道浇注系统 ……… 134
6.2 浇注系统创建方法 …………… 135
6.3 普通浇注系统向导创建 …………… 136
6.3.1 功能介绍 …………… 136
6.3.2 实例操作一：一模两腔侧浇口浇注系统（向导） … 139
6.4 普通浇注系统手工创建 …………… 141
6.4.1 实例操作二：一模一腔直接浇口形式 …………… 141
6.4.2 实例操作三：一模两腔侧浇口浇注系统（手工） … 144
6.4.3 实例操作四：潜伏式浇口形式 …………… 149
6.5 热流道系统创建 …………… 155
6.5.1 实例操作五：开放式喷嘴热流道系统向导创建 …… 155
6.5.2 热流道系统手工创建 …… 156
6.5.3 针阀式喷嘴及其设置 …… 157
第7章 温控系统创建 …………… 164
7.1 温控系统简介 …………… 165
7.1.1 冷却系统设计 …………… 165
7.1.2 加热系统设计 …………… 166
7.2 温控系统创建方法 …………… 166
7.3 冷却系统向导创建 …………… 167
7.3.1 功能介绍 …………… 167
7.3.2 实例操作一：冷却管道向导创建 …………… 168
7.4 冷却系统手工创建 …………… 169

目　录

第 1 章　塑料普通注射成型基础 ………… 1
1.1　注射成型工艺过程 ………… 2
1.1.1　注射成型原理 ………… 2
1.1.2　注射成型工艺参数 ………… 3
1.2　注射模具结构与工作原理 ………… 4
1.2.1　注射模具结构 ………… 4
1.2.2　注射模具工作原理 ………… 6
1.3　注塑件常见缺陷及改善对策 ………… 7
1.3.1　注塑件常见缺陷 ………… 7
1.3.2　注塑件常见缺陷原因及修正方法 ………… 9
1.4　注射成型 CAE 基础理论 ………… 10
第 2 章　Moldflow 软件功能及基本分析流程介绍 ………… 16
2.1　Autodesk Simulation Moldflow 软件概述 ………… 17
2.1.1　Autodesk Simulation Moldflow 软件简介 ………… 17
2.1.2　Autodesk Simulation Moldflow 主要工作内容 ………… 19
2.2　ASMI 操作界面 ………… 20
2.2.1　ASMI 启动界面 ………… 20
2.2.2　ASMI 操作界面简介 ………… 20
2.3　ASMI 传统菜单命令 ………… 21
2.3.1　文件 ………… 21
2.3.2　编辑 ………… 25
2.3.3　查看 ………… 26
2.3.4　建模 ………… 32
2.3.5　网格 ………… 32
2.3.6　分析 ………… 34
2.3.7　结果 ………… 37
2.3.8　报告 ………… 42
2.3.9　工具 ………… 46
2.3.10　窗口 ………… 48
2.3.11　帮助 ………… 48
2.4　Moldflow 分析流程 ………… 49
2.5　Moldflow 基本分析应用 ………… 50
2.5.1　分析前处理 ………… 51
2.5.2　分析处理 ………… 54
2.5.3　分析结果 ………… 54
2.5.4　二次分析前处理 ………… 55
2.5.5　二次分析处理 ………… 55
2.5.6　二次分析结果 ………… 55
2.5.7　生成报告 ………… 57
第 3 章　新建工程与导入模型 ………… 59
3.1　常用 CAD 软件导出模型 ………… 60
3.2　Moldflow 软件新建工程 ………… 63
3.3　Moldflow 软件导入模型 ………… 63
3.4　模型位置 ………… 64
第 4 章　网格划分与处理 ………… 65
4.1　网格类型 ………… 66
4.2　网格划分与统计 ………… 67
4.2.1　网格划分 ………… 67
4.2.2　网格统计 ………… 69
4.3　网格诊断 ………… 72
4.3.1　纵横比诊断 ………… 72
4.3.2　柱体单元长径比诊断 ………… 74
4.3.3　重　单元诊断 ………… 74
4.3.4　取向诊断 ………… 75
4.3.5　连通性诊断 ………… 75
4.3.6　自由边诊断 ………… 76
4.3.7　折　面诊断 ………… 77
4.3.8　厚度诊断 ………… 77
4.3.9　出现次数诊断 ………… 77
4.3.10　零面积单元诊断 ………… 79
4.3.11　双层面网格匹配诊断 ………… 79

前　言

Moldflow 注射成型过程模拟是利用高分子流变学、传热学、数值计算方法和计算机图形学等基本理论，对塑料成型过程进行数值模拟，预测模具设计和成型条件对产品的影响，发现可能出现的缺陷，为判断模具设计和成型条件是否合理提供科学依据。

随着模流分析 CAE 软件的推广，以及塑料、模具行业对成本的最低控制和对利润的最大追求，越来越多的企业认识到模流分析所带来的巨大效益，也越来越意识到模流分析对提升企业技术实力的作用。模流分析软件的操作本身并不难，但由于涉及流体力学、聚合物流变学、材料力学等学科，专业性极强；同时要求操作人员具备产品设计、模具设计和注塑工艺等相关知识，所以仅停留在软件操作的层面是不够的，远远不能发挥出它的潜力和体现它的价值。

为此，本书在编写过程中，力求做到以下几点。

（1）图表结合，思路明确。对于注射成型及模具设计方面的内容，仅阐述与模流分析紧密相关的要点，同时尽量减少文字的阐述，以图或表的形式来描述，直观明了，易于读者理解和掌握。

（2）以实例为主线，注重实践操作。大部分章节通过引例、实例和课后练习的安排，强化训练，起到举一反三的效果。

（3）理论联系实际，突出应用。本书除了讲述注射成型的基本设计要点、Moldflow 软件的操作方法和技巧外，更注重让学生学会如何应用模流分析得到的结果，结合产品开发、模具设计要点及工艺条件要求去有效地分析和优化。

本书由常州工学院沈洪雷和刘峰、泰山学院庄宿涛、重庆工商大学袁毅等教学一线老师合作编写。

在编写过程中，得到了电子工业出版社的关心和帮助，在此谨表谢意；同时也参考了相关文献资料，在此也对这些文献的作者表示衷心的感谢！

尽管我们为本书的编写付出了十分的心血和努力，但书中仍有不足和疏漏之处，恳请读者和同行提出宝贵意见和建议。

编　者

2014 年 4 月

第1章　塑料普通注射成型基础

教学目标

通过本章的学习，了解塑料普通注射成型工艺过程、注射模具工作原理及注射模拟基础理论，熟悉注射成型工艺参数对成型过程和塑件质量的影响，掌握注塑件常见缺陷及其改善方法。

教学内容

主要项目	知识要点
注射成型工艺过程	注射成型基本过程及其主要工艺参数，如温度、压力、时间对成型的影响
注射模具结构与工作原理	典型注射模具基本结构和动作过程
注塑件常见缺陷及改善对策	注塑件常见质量缺陷的原因及修正方法，为CAE分析提供理论依据
注塑成型CAE基础理论	注塑成型CAE相关的理论基础和数值实现

引例

普通注射成型是塑料成型的一种重要方法，几乎适用于所有的热塑性塑料和某些热固性塑料。注射成型的成型周期短（几秒到几分钟），成型制品质量可由几克到几十千克，能一次成型外形复杂、尺寸精确、带有金属或非金属嵌件的塑料产品。因此，该方法适应性强，生产效率高。

如图1-1所示为一个塑件外形及总体尺寸图，塑件质量约为28克；要求表面光滑、无瑕疵，无明显翘曲变形；材料选用聚丙烯（PP），采用普通注射方法来成型。根据该塑件要求结合生产实际，试讨论该塑件注射模具结构方案。重点需要解决以下问题：分析塑件工艺性，选择分型面，确定其模腔数及布局，确定浇注系统及冷却系统的形式等。

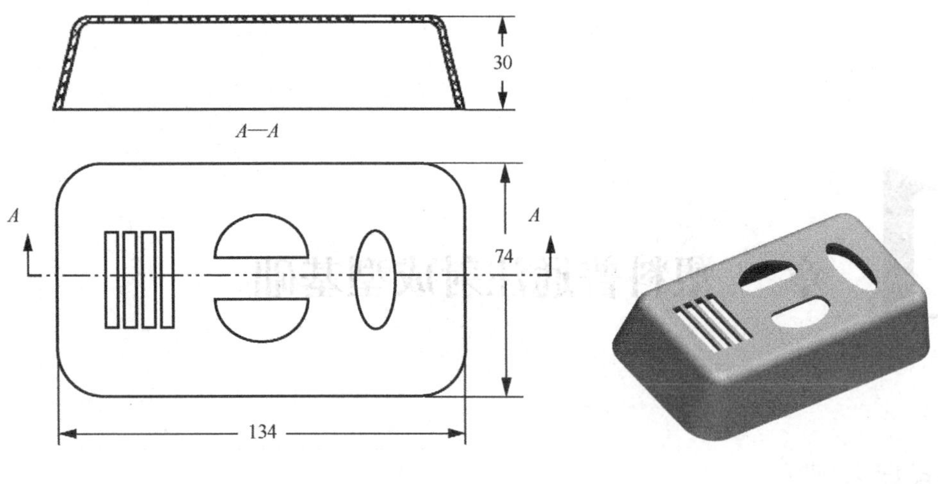

图 1－1　塑件示图

1.1　注射成型工艺过程

1.1.1　注射成型原理

如图 1－2 所示，注射成型是将颗粒状或粉状塑料从注射机的料斗送进加热的料筒中，经过加热熔融塑化成为粘流态熔体，在注射机螺杆或柱塞的高压推动下，以很高的流速通过喷嘴，注入模具型腔，经一定时间的保压冷却定型后可保持模具型腔所赋予的形状，然后开模分型获得成型塑件。

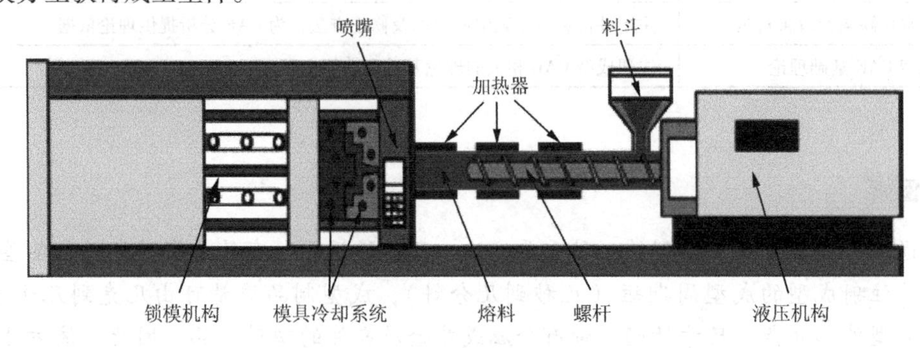

图 1－2　注射机基本机构

完整的注射成型过程包括加料、加热塑化、加压注射、保压、冷却定型和脱模等工序，这里列举其中主要的四个部分进行简要介绍，如图 1－3 所示。

（1）注射充填：注射机螺杆向前移动并推动塑料通过模具浇注系统进入模具腔体的过程。

（2）保压补缩：在充填结束后，以某一压力维持住螺杆直到浇口冷却凝固以弥补材料本身的可压缩性及冷却收缩的过程。

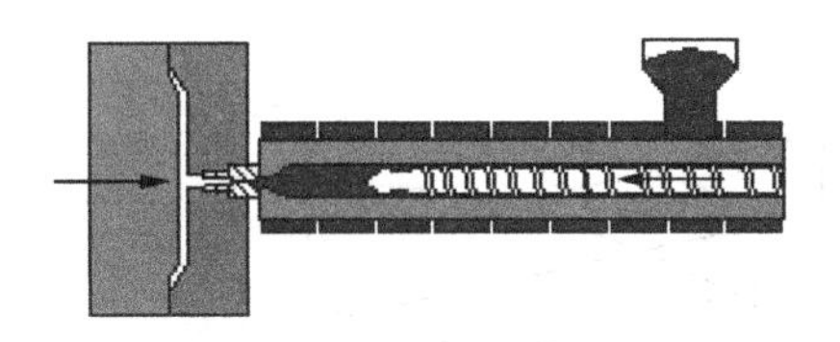

（a）注射充填

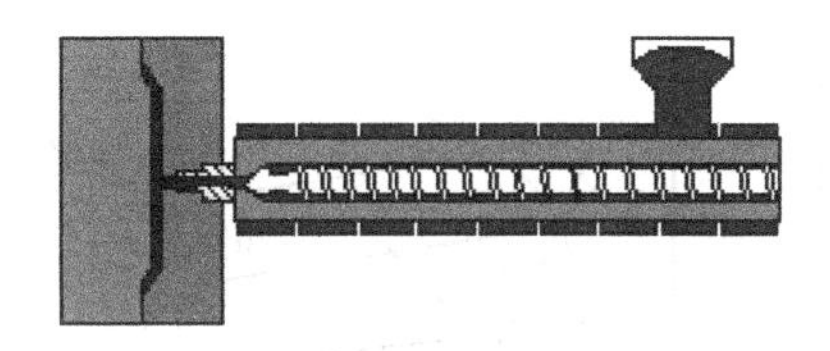

（b）保压补缩

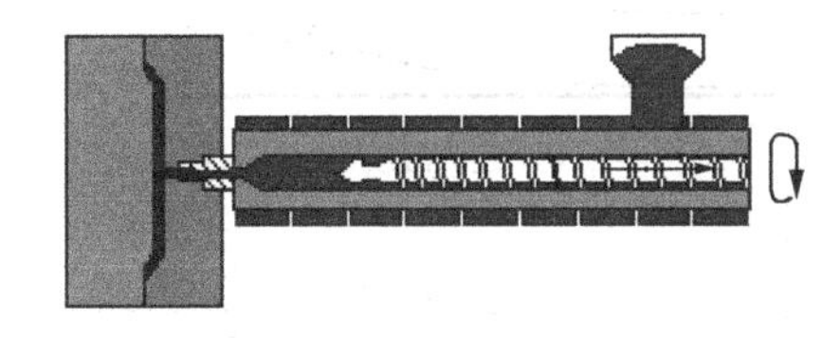

（c）冷却定型

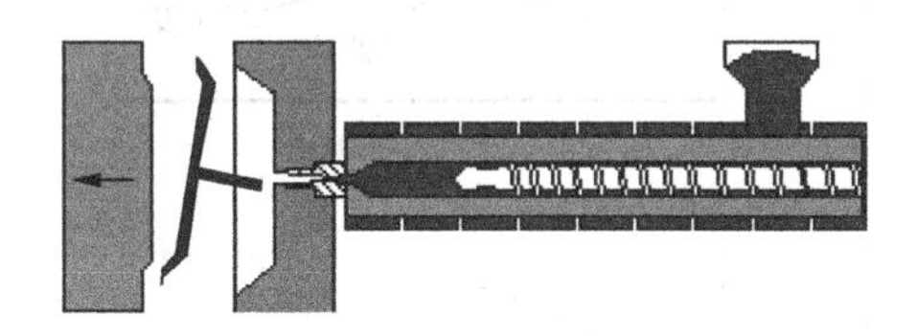

（d）开模取件

图 1－3　注射成型主要过程

（3）冷却定型：从保压压力结束到塑件固化至足以顶出时所需的过程。

（4）开模取件：整个动作过程包括动模后移，模具打开，塑件顶出及取出，模具闭合等。

1.1.2　注射成型工艺参数

正确的注射成型工艺条件可以保证塑料熔体良好塑化，顺利充模、冷却与定型，从而生产出合格的塑件。注射成型工艺参数主要包括温度、压力和时间，各参数的具体作用和选取依据参见表 1－1。

表 1－1　注射成型工艺参数作用及选取

工艺参数		作用或要求	选取依据	备　注
温度	料筒温度	塑化物料使其保持熔融流动状态	物料的粘流温度、熔点，以及塑件的具体结构等	对充填或塑件性能指标影响见图 1－4（a）
	喷嘴温度	控制物料充填流速	通常略低于料筒最高温度	防止熔料产生流涎或早凝堵塞喷嘴
	模具温度	确保物料顺利充填和冷却，控制生产周期	物料的结晶性，塑件的尺寸与结构、性能要求，生产效率等	对充填或塑件性能指标影响参见图 1－4（b）
压力	塑化压力	影响物料的塑化效果和塑化能力	物料的种类及组成，塑化质量，生产效率等	塑化压力高，物料、温度均匀，塑化效果好，效率低
	注射压力	克服熔体流动阻力，使熔料获得足够的充模速度及流动长度	物料种类，塑件具体结构等	对充填或塑件性能指标影响参见图 1－4（c）
	保压压力	一、维持浇口压力，防止物料倒流。二、压实融体，增密物料，补偿收缩	塑件壁厚、密实度、外观要求等	对充填或塑件性能指标影响参见图 1－4（d）
	锁模力	克服熔料在型腔内产生的胀模力	由型腔压力和塑件在合模轴线垂直面上的投影决定	设备校核主要参数之一
时间	主要包括：注射时间、保压时间、冷却时间、开模时间等。注射成型周期参见图 1－5		为了提高效率，可以对所占比例高的时间段进行优化	各时间大致比例参见图 1－6

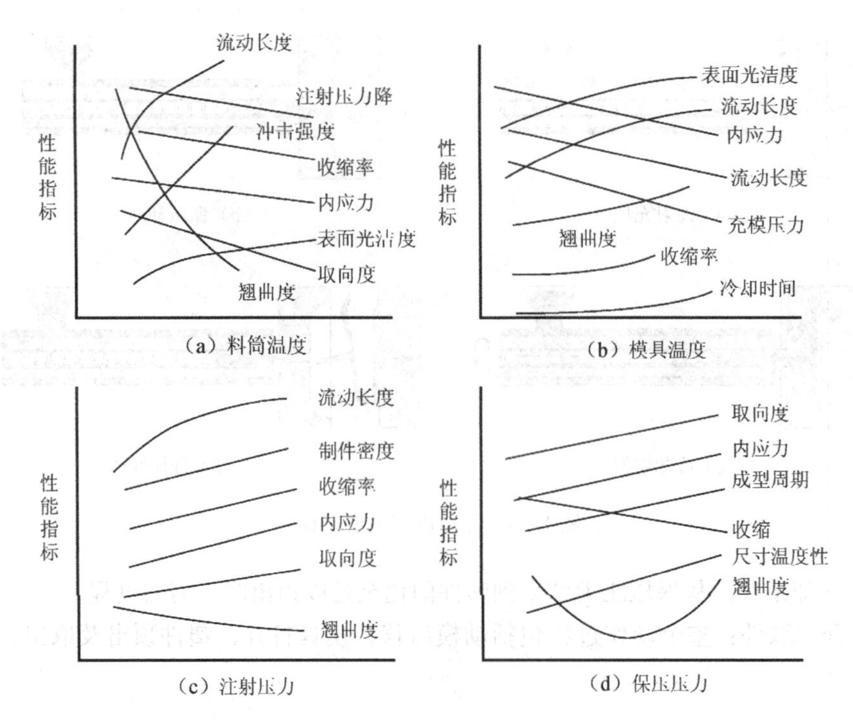

图 1-4　各参数对性能指标的影响

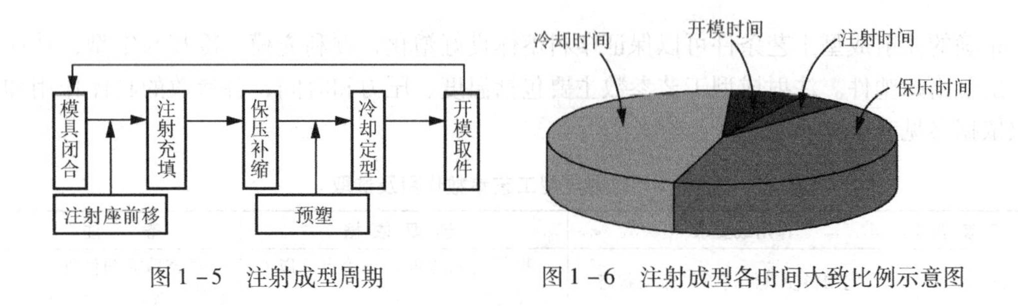

图 1-5　注射成型周期　　图 1-6　注射成型各时间大致比例示意图

1.2　注射模具结构与工作原理

1.2.1　注射模具结构

一般来说，注射模具的基本结构都是由动模和定模两大部分组成，如图 1-7 所示。动模部分安装在注射机的移动模板上，在注射成型过程中它随注射机上的合模系统完成开合运动；定模部分安装在注射机的固定模板上。注射时动模部分与定模部分闭合构成浇注系统和型腔，以便于注射成型。开模时动模和定模分离，可以取出塑件。下面以如图 1-8 所示的典型注射模具结构为例，介绍其基本结构组成。

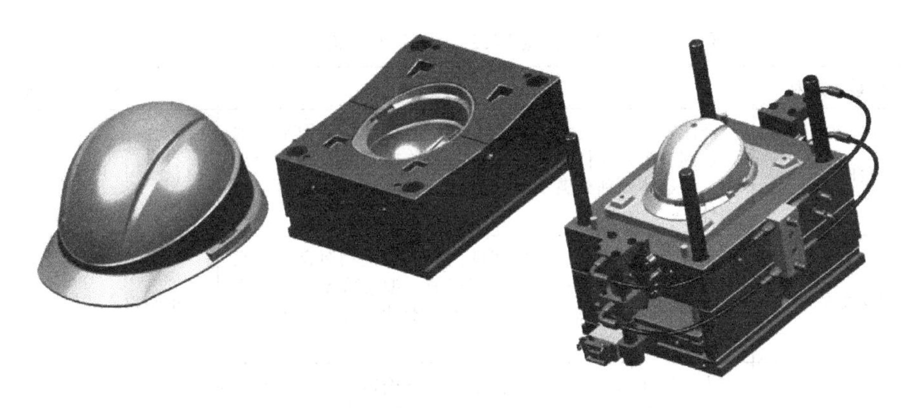

图 1－7　注射模具实例图片

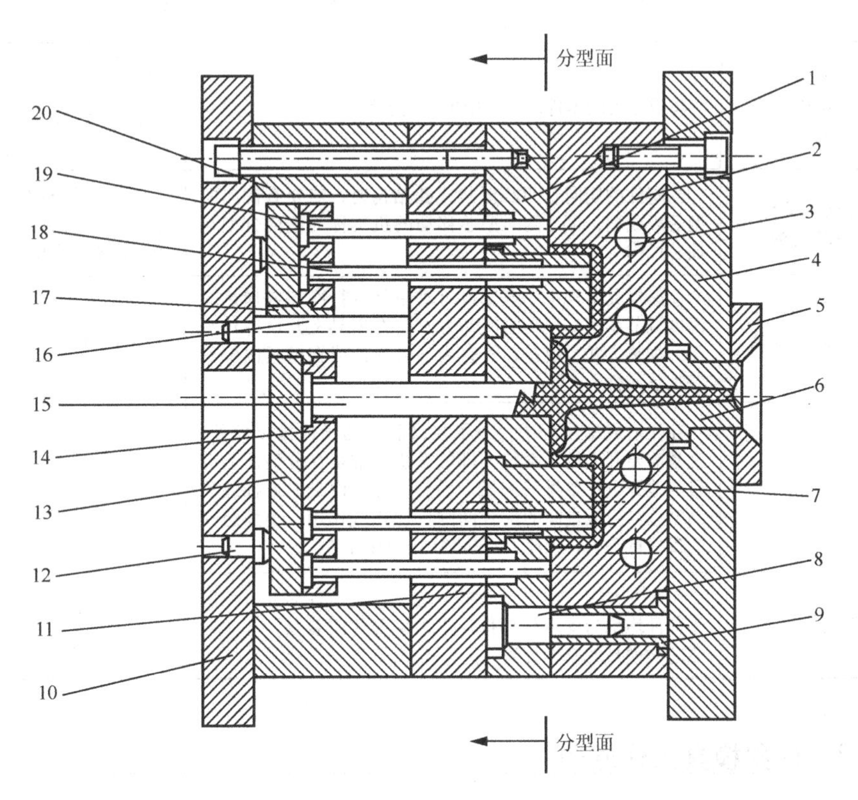

1—动模板；2—定模板；3—冷却水道；4—定模座板；5—定位圈；6—浇口套；7—型芯；
8—导柱；9—导套；10—动模座板；11—支承板；12—支承柱；13—推板；14—推杆固定板；
15—拉料杆；16—推板导柱；17—推板导套；18—推杆；19—复位杆；20—垫块

图 1－8　注射模的典型结构

按照模具各部分所起的作用，注射模的总体结构组成见表 1－2。

表 1-2 注射模的总体结构组成（以图 1-7 为例）

序号	功能结构	说明	零件构成
1	浇注系统	浇注系统将来自注射机喷嘴的塑料熔体均匀而平稳地输送到型腔，并将注射压力有效地传递到型腔的各个部位，使熔体顺利充满型腔并完成保压补缩，以获得合格塑件	浇口套 6、拉料杆 15、动模板 1 上开设的分流道和浇口
2	成型零部件	与塑件直接接触、成型塑件内外表面的模具部分，它由型芯、型腔及嵌件、镶块等组成。型芯成型塑件的内表面形状，型腔成型塑件的外表面形状，合模后型芯和型腔便构成了模具模腔	定模板 2 和型芯 7
3	导向机构	为了保证动模、定模在合模时的准确定位，模具必须设计有导向机构，主要导柱、导套导向与内外锥面定位导向机构两种形式。推出机构通常也设置导柱、导套导向机构	导柱 8 和导套 9 推板导柱 16 和推板导套 17
4	推出机构	将成型后的塑件从模具中推出的装置	推板 13、推杆固定板 14、拉料杆 15、推板导柱 16、推板导套 17、推杆 18 和复位杆 19
5	侧向分型与抽芯机构	当塑件的侧向有凹凸形状或孔结构时，需要有侧向的型芯来成型，带动侧向型芯移动的机构称为侧向分型与抽芯机构	常见斜导柱侧抽机构包括：斜导柱、滑块、导滑槽、锁紧及定位装置
6	温度调节系统	注射模具结构中一般都设有对模具进行冷却或加热的温度调节系统。模具的冷却方式是在模具上开设冷却水道，加热方式主要是在管路内通入热油或在模具内部安装加热元件	冷却水道 3
7	排气系统	在注射成型过程中，为了将型腔内的气体排出模外，常常需要开设排气系统。排气系统通常是在分型面上有目的地开设几条排气沟槽。另外，许多模具的推杆或活动型芯与模板之间的配合间隙可起排气作用。小型塑件的排气量不大，因此可直接利用分型面排气	
8	支承零部件	用来安装固定或支承成型零部件及上述各部分机构的零部件均称为支承零部件。支承零部件组装在一起，构成注射模具的基本骨架	定模座板 4、动模座板 10、支承板 11 和垫块 20

1.2.2 注射模具工作原理

这里还是以如图 1-8 所示的注射模具为例，结合成型过程介绍其工作原理。

（1）模具闭合：注射成型之前，合模系统带动动模部分朝着定模方向移动与其合模，两者的导向定位由导柱 8 和定模板 2 上的导套 9 来保证。动、定模对合后，形成与制件形状和尺寸一致的封闭模腔。

（2）注射成型：从注射机喷嘴注射出的物料熔体经由浇口套 6 和分流道、浇口进入模腔，待熔体充满模腔并经过保压、补缩后，开始冷却定型。

（3）开模取件：冷却定型完成后，合模系统便带动动模后退与定模从分型面处分开，分开过程中，塑料由于收缩会包裹在型芯 7 上，浇注系统凝料由拉料杆 15 拉离浇口套 6

而留于动模侧。当动模后退到一定位置时停止，注射机顶杆开始动作，顶着推板 13 并带动推杆 18、拉料杆 15 等在推板导柱 16、推板导套 17 导向作用下往前推出，将塑件和浇注系统凝料从动模侧顶出脱落，完成一次注射成型过程。

（4）合模：（推出机构在复位杆 19 的作用下回复原位）继续下一次成型周期。

1.3 注塑件常见缺陷及改善对策

1.3.1 注塑件常见缺陷

由于塑料熔体属于假塑性流体，在注射成型过程中，影响其流动行为的因素很多，所以控制不当容易造成注塑件缺陷。下面就列举部分注塑件常见的缺陷现象。

1. 短射

短射也可称为填充不足或欠注，是指料流末端出现部分不完整或一模多腔中一部分填充不满的现象，特别是薄壁区或流动路径的末端区域。其表现为熔体在没有充满型腔就冷凝了，导致产品缺料形成废品，如图 1－9 所示。

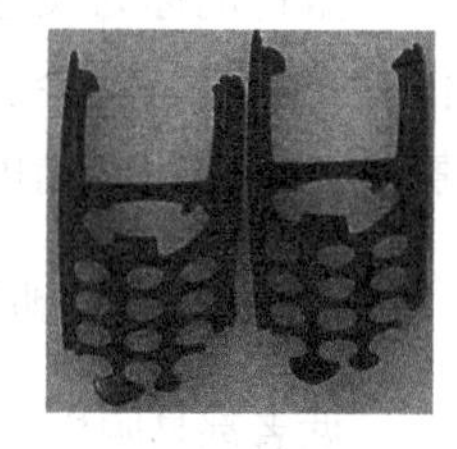

图 1－9　短射

2. 熔接痕

熔接痕是注射成型过程中两股或两股以上的熔融料流相汇合所产生的细线状缺陷，如图 1－10所示。熔接痕牢度不足或处于受力部位，则容易出现塑件断裂等问题。

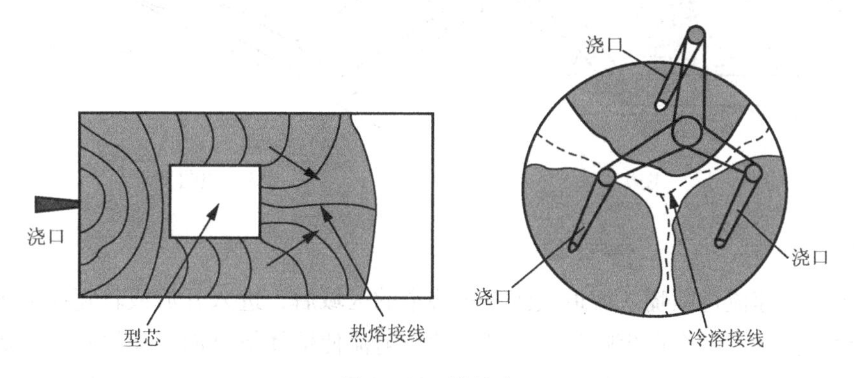

图 1－10　熔接痕

3. 凹陷与气穴

凹陷：塑料的射出量低于模腔容积，造成塑件表面局部下陷的现象，一般发生在塑件的厚壁区，或是加强筋和凸台等相接对应平面上，如图 1－11（b）所示。

气穴：也称为气泡或气孔，如图 1－11（c）所示，它是在成型制件内部形成的空隙。根据气穴形成的原因，可以把它分成以下两类。

（1）由于排气不良等原因造成熔体中的水分或挥发成分被封闭在成型材料中所形成的气泡。

（2）由于熔体冷却固化时体积收缩而产生在制件或加强筋、凸台等壁厚不均匀处的气泡。

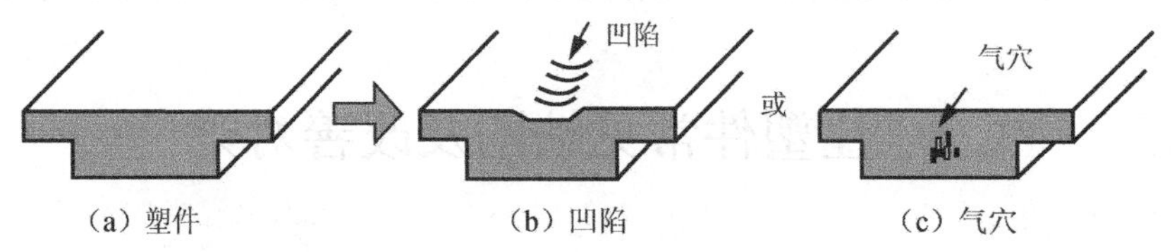

图1－11　凹陷和气穴

4. 溢料

溢料也称为飞边，当熔体进入模具的分型面，或进入与滑块相接触的面及模具其他零件的空隙时，就会发生溢料形成一个薄层材料的现象，如图1－12所示。溢料后一方面会影响制件的尺寸精度，另一方面需要去除溢料，降低生产效率、影响制件外观。

5. 翘曲与扭曲

两者都是脱模后产生的塑件变形，沿边缘平行方向的变形称为翘曲，如图1－13所示；沿对角线方向上的变形称为扭曲。翘曲及扭曲都会严重影响尺寸、装配精度及使用性能。

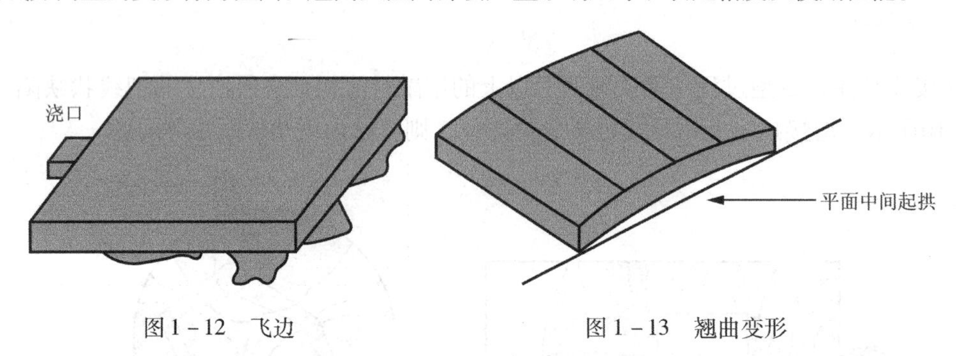

图1－12　飞边　　图1－13　翘曲变形

6. 喷射流

当熔体以高速流过喷嘴、流道或浇口等狭窄的区域后，进入开放或较宽厚的区域，并且没有和模壁接触，就会产生喷射流。蛇状的喷射流使熔体折合而互相接触，造成小规模的缝合线，如图1－14所示。喷射流会降低塑件强度，造成表面缺陷及内部多重瑕疵。

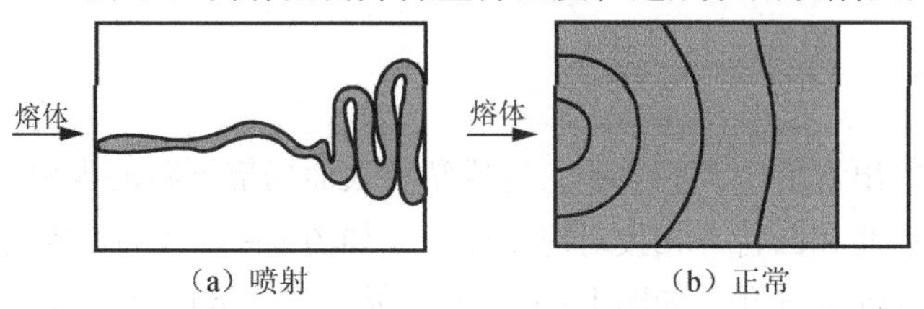

图1－14　喷射流

7. 黑斑与黑纹

黑斑与黑纹是在塑件表面呈现的暗色点或暗色条纹，如图 1－15 所示。褐斑或褐纹是相同类型的瑕疵，只是燃烧或掉色的程度没那么严重而已，黑斑或黑纹会严重影响制件的外观及其性能。

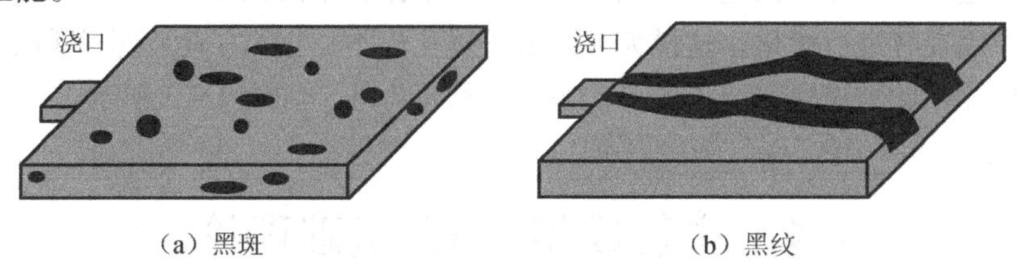

（a）黑斑　　（b）黑纹

图 1－15　黑斑与黑纹

8. 流纹

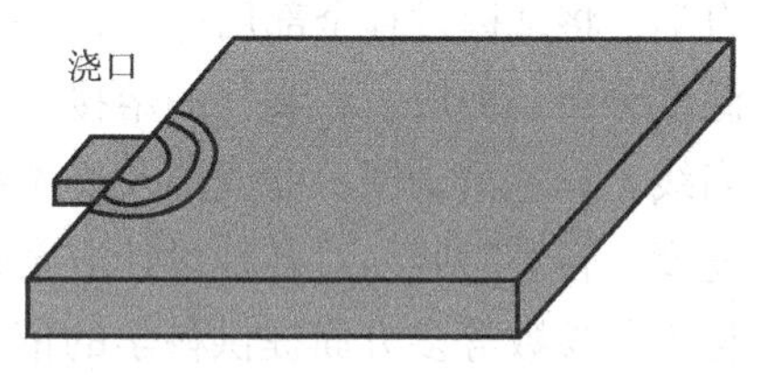

图 1－16　流纹

流纹是塑件在浇口附近形成涟波状的表面瑕疵，如图 1－16 所示，流纹会影响制件的外观质量。

当然，注塑件还有可能会出现表面无光泽、表面龟裂、透明度不足和白化等缺陷现象，这里不再一一列举。

1.3.2　注塑件常见缺陷原因及修正方法

对于注塑件出现的问题，可以从原材料、制件结构、模具设计及工艺参数等几方面进行考虑和优化。在传统串行生产模式下，结合成本的最低化和效益的最大化原则来考虑，针对上面提到的四个主要方面的可能原因，一般按照下列顺序或准则来进行修正或优化。

1. 成型条件

即主要对成型过程中各阶段的温度、压力和时间等工艺参数进行调整和优化，成型条件是成型过程中解决塑件质量问题的首选手段，也是最经济的方法。

2. 成型材料

不同的成型材料有不同的流动特性和物理性能，对成型过程有一定的影响，但成型材料的选用主要由塑件的应用场合和用户性能要求设定，一般选定后不会轻易调整和更改。

3. 模具设计

主要涉及模具结构（如浇注系统形式、尺寸，浇口位置、数量，以及冷却系统设置等）、型腔表面处理与脱模斜度等方面的调整和优化。

4. 塑件设计

塑件设计主要考虑塑件壁厚、尺寸、形状及结构等方面的调整。

随着 CAE 技术的出现，产品生产过程可以由原来的串行转变为并行的模式，能将产品的整个生产过程利用计算机进行模拟仿真，然后根据各个阶段的计算结果找出上述四个方面的对应原因及时进行优化，这样大大降低了优化成本，提高了生产效率和塑件质量。

下面列出注塑件常见缺陷产生的可能原因及修正方法，如表 1 - 3 所示。

1.4 注射成型 CAE 基础理论

注射成型 CAE 模拟就是在科学计算的基础上，融合计算机技术、塑料流变学和弹性力学，将试模过程全部用计算机进行模拟，求出熔体充模过程中的速度分布、压力分布、温度分布、剪应力、制件的熔接痕、气穴及成型机器的锁模力等结果，这些结果可以用等高线、彩色渲染图、曲线图及文本报告等形式直观地展现出来。其目的是利用计算机的高速度，在短时间内对各种设计方案进行比较和评测，为优化塑件结构、模具设计方案和成型工艺参数等多方面提供科学的依据，以生产出高质量的产品。

要实现注射成型充模过程的数值模拟，一般需要具备以下几个条件：

（1）建立一个比较完整合理的充模过程的数学物理模型；

（2）选用有效的数值计算方法；

（3）计算机硬件及相关软件的支持。

1. 充填模型

注射成型的充填过程，实际上是一个可压缩、黏弹性流体的非稳态、非等温流动的一个相当复杂的过程。人们对它的认识也经历了由简单到深入的逐渐全面的过程。20 世纪 70 年代初，由 Richardson 第一次描述了该过程的数学模型，他将注射成型充模过程视为不可压缩的牛顿流体的等温流动过程；后来在 Kamal 等人的研究中提出了非牛顿流体充模流动的模型；进一步的研究由 Ballman 等研究者将充模过程视为非等温非稳态的过程；后来由 Wang 等人提出了一个描述可压缩性黏弹性流体在非稳态非等温条件下的一般 Hele - Shaw型充模流动、保压及冷却过程统一的数学模型。这些研究结果对于塑料注射成型充模流动数值模拟的实现具有非常重大的意义。

其实，注射成型充模过程的数学物理模型可归结为一系列偏微分方程（如三大传递理论和黏度模型方程等）的边值问题，下面是简化后的数学物理模型。

表 1－3　注塑件缺陷产生原因及修正方法

注塑件缺陷				
可能原因	修正方法			
	成型条件	成型材料	模具设计	制件设计
一、充填不足				
a. 熔体温低、流动性不足 b. 注塑压力、保压不足 c. 浇注系统设计不合理 d. 制件结构设计不合理 e. 模具排气不良	a. 提高熔体、模具温度 b. 提高注射压力、速度 c. 延长注射时间 d. 提高保压压力	选用流动性较好的材料	a. 缩短流道、浇口长度 b. 加大浇口、流道截面尺寸 c. 加大冷料穴	调整树脂流动长度（L）和成型制品壁厚（t）的比例
二、熔接痕				
a. 熔体温度低、流动性不足 b. 制件结构设计不合理 c. 浇口设计不合理 d. 模具排气不良 e. 脱模剂使用不当	a. 提高熔体、模具温度 b. 提高注射压力、速度 c. 停止使用脱模剂	选用流动性好的材料	a. 调整浇口数量 b. 改变浇口位置 c. 加大冷料穴 d. 开设排气槽 e. 在熔接痕前设护耳	制件受力处避免薄壁或较多通孔
三、凹陷、气穴				
a. 注射或保压压力太低 b. 保压时间或冷却时间太短 c. 熔体或注塑原料不符合要求 d. 制件设计不合理 e. 模具温度太高	a. 降低后区料筒温度 b. 提高背压 c. 提高注射、保压压力 d. 降低注射速度 e. 延长保压时间	选用干燥好的材料	a. 加大浇口截面 b. 调整浇口位置	壁厚尽可能均匀一致，避免厚壁过厚或物料局部集中
四、溢料				
a. 锁模力较低 b. 模具设计不合理或磨损 c. 注射工艺不当	a. 降低熔体、模具温度 b. 降低注射压力、速度 c. 增大锁模力	选用溢边值大的材料	a. 减小模具配合间隙，小于塑料最大溢边值 b. 控制排气槽深度	
五、翘曲				
a. 冷却不当 b. 分子取向不均衡 c. 收缩不均	a. 提高注射温度或速度 b. 提高模具温度 c. 提高注射、保压压力	选用收缩率小、变形系数小的材料	a. 冷却水道均衡设置 b. 调整浇口位置 c. 顶出均匀、平衡	a. 适当位置设置加强筋 b. 适当降低制品尺寸及精度 c. 制件厚度适当、形状合理

续表

注塑件缺陷				
可能原因	修正方法			
	成型条件	成型材料	模具设计	制件设计
六、喷射流				
小浇口正对大型腔	a. 降低注射压力、速度 b. 提高熔体、模具温度	选用流动性好的材料	a. 加大浇口截面 b. 改变浇口位置 c. 改为护耳式浇口 d. 在浇口附近设阻碍柱	
七、焦痕、黑条纹				
a. 树脂的分解 b. 添加剂的分解 c. 因料筒或螺杆光面有伤痕引起物料滞留	a. 降低注射温度 b. 降低最后一级注射速度 c. 减少物料在机筒中的滞留时间	a. 选用热稳定性好的材料 b. 停用回收料 c. 增加材料润滑性	a. 加大浇口 b. 改短浇口 c. 开排气槽	
八、流纹				
以浇口为中心出现不规则流线现象，其原因是注入模腔的材料时而接触模腔表面，时而脱离，而造成冷却不一致	a. 提高熔体温度 b. 提高模具温度 c. 适当降低出现流痕部分的对应注射速度	选用流动性好的材料	a. 改变浇口位置 b. 加大冷料穴	
九、表面无光泽、光泽不均				
a. 材料的分解 b. 脱模剂过量 c. 模具光洁度差	a. 提高注射压力 b. 降低模具温度 c. 减少滞留时间 d. 不用脱模剂	选用热稳定性好的材料	a. 进一步抛光模具表面光洁度	
十、制件表面划伤				
主要是注射件粘在模内，造成取出困难，强行脱模易划伤或损坏	a. 降低注射压力 b. 降低保压压力 c. 避免取出划伤		a. 增加脱模斜度 b. 改善模具开启 c. 改善顶出方式	增加脱模斜度，特别是表面有花纹时，斜度大于4°

续表

注塑件缺陷				
可能原因	修正方法			
	成型条件	成型材料	模具设计	制件设计
十一、制件透明度不足				
a. 模具表面光洁度不好 b. 冷却速度过慢，引起材料结晶 c. 材料热分解	a. 适当提高注射温度 b. 适当提高模具温度	有些材料因冷却速度不同其透明度会变化	a. 改善模具表面光洁度 b. 采用表面电镀模具	
十二、制件开裂、表面龟裂				
a. 制件有粘模现象 b. 顶出力不足或不平衡 制件开裂大多数和顶出有关		a. 改用分子量大的材料 b. 选用强度大的材料 c. 不用或少用回收料	a. 防止和减少模具易挂的地方 b. 加大顶出面积 c. 增加顶杆数目	加大制件脱模斜度
十三、白化				
主要顶杆痕上出现白浊，对ABS树脂和HIPS树脂常出现	a. 降低注射、保压压力 b. 降低顶出速度 c. 适当延长冷却		a. 增加顶出面积 b. 增加顶杆数目	加大制件脱模斜度
十四、金属嵌件周围开裂				
由塑料金属嵌件收缩不均造成	金属嵌件预热		使物料熔接痕不出现在金属嵌件周围件	加大金属嵌件与制品边缘的距离

运动方程：

$$\frac{\partial}{\partial z}\left(\eta\frac{\partial u}{\partial z}\right)-\frac{\partial P}{\partial x}=0 \tag{1-1}$$

$$\frac{\partial}{\partial z}\left(\eta\frac{\partial v}{\partial z}\right)-\frac{\partial P}{\partial y}=0 \tag{1-2}$$

连续性方程：

$$\frac{\partial}{\partial x}(b\,\bar{u})+\frac{\partial}{\partial y}(b\,\bar{v})=0 \tag{1-3}$$

能量方程：

$$\rho C_{\mathrm{p}}(T)\left(\frac{\partial T}{\partial t}+u\frac{\partial T}{\partial x}+v\frac{\partial T}{\partial y}\right)=\frac{\partial}{\partial z}\left(k(T)\frac{\partial T}{\partial z}\right)+\eta y^2 \tag{1-4}$$

式中，u,v 分别为熔体沿 X,Y 方向上的速度分量；$\bar{u}$,$\bar{v}$ 分别为熔体沿 X,Y 方向在 Z 轴（厚度）上的平均流速；η 为熔体黏度；P 为熔体所受的压力；ρ 为熔体的密度；C_{p} 为比热容；b 为型腔半厚；k 为导热系数。

2. 熔体黏度模型

在塑料成型充模的模拟过程中，熔体的黏性流变特性也是必需的，因此，建立一个合理的黏度模型，也是实现熔体充模模拟的重要一环。常用的主要有以下三个加工模型：

（1）幂律模型；

（2）Cross－Arrhenius 模型；

（3）Carrean 模型。

其中，Cross－Arrhenius 模型同时考虑了温度、压力及剪切速率等因素对黏度的影响，可以很好地描述熔体在高或接近零剪切速率下的流变形为。因此，比较适合描述塑料成型充模中的流变特性，在熔体充模模拟及流动分析软件中也常选用该模型。其公式如下：

$$\eta(T,\dot{r},P)=\frac{\eta_0(T,P)}{1+\left(\eta_0\frac{\dot{\gamma}}{\tau^*}\right)^{1-n}} \tag{1-5}$$

$$\eta_0(T,P)=B\exp(T_{\mathrm{b}}/T)\exp(\beta P) \tag{1-6}$$

式中，η_0 为零剪切时的熔体黏度；T,$\dot{\gamma}$,P 分别是熔体温度、剪切速率和压力。

下面几个是本模型的常数：

τ^* 为复数剪切应力，表示聚合物的黏弹剪切应力行为；n 为熔体非牛顿指数；T_{b} 为零剪切黏度 η_0 时的温度；B 为零剪切黏度 η_0 的水平，由聚合物的分子量等参数决定的常数量；β 为零剪切黏度 η_0 对压力的敏感度。

3. 数值解法及模拟的实现

对于上述这类方程组的求解，解析法往往是无能为力的，只有数值解法才是行之有效的，而这种数值方法通常有：一类是区域型数值解法，如有限元（可适合各类复杂的边界

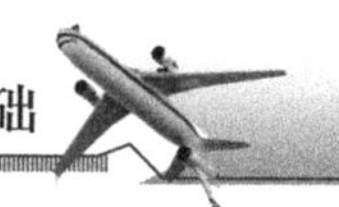

问题，但其计算比较复杂）、有限差分法（它几乎能对所有的偏微分方程求解，但是对复杂区域或边界条件的适应性比较差）；另一类为边界型数值法，如边界元法（它只对边界进行离散，因而可大大节约时间，提高计算的效率）。

最早将有限差分法用在注射成型充模模拟中的是Toor、Ballman及Cooper等人，而Kamal等人对其做了更深入的研究。到了20世纪70年代后，有限元法也被引入充模流动模拟中，并在此基础上发展出了两种简化的数值模拟技巧："偶合流动路径法"（Coupled－Flow－Path）及"流动分析网络法"（Flow－Analysis－Network）。进入80年代，Wang等人提出了控制容积法（Control－Volume Scheme），该方法在充模流动模拟时，在厚度及时间步长上采用有限差分法，而在平面坐标中采用有限元法来进行离散。在确定熔体前沿位置时，用控制体积来代替矩形单元，这样可以更加接近实际的流动状况。因此，它被广泛用于熔体充模过程的模拟及一些流动分析软件中。

第2章 Moldflow软件功能及基本分析流程介绍

教学目标

通过本章的学习，了解 Moldflow 软件的基本功能，熟悉基本分析操作流程，熟练使用界面菜单和工具命令进行相应操作，掌握 Moldflow 软件初步分析过程的操作方法和技巧。

教学内容

主要项目	知识要点
Moldflow 软件主要功能	Moldflow 软件的基本功能及其使用场合
Moldflow 软件界面菜单命令	Moldflow 软件两种界面下各菜单命令的功能
Moldflow 基本分析流程及案例	对照流程图，结合实例演示和操作，熟悉 Moldflow 中 ASMI 的分析流程和基本操作命令

引例

在 Moldflow 注射成型模拟过程中，一般首先根据初步拟定的模具方案布局塑件模型，并进行不同方案相关几何（如浇注系统、冷却系统等）的创建及参数（如分析类型、材料、工艺参数值等）的设定，然后交由计算机进行运算，通过模拟计算结果的比较分析，对方案完成评估和优化。

如图 2－1 所示的塑件（见光盘：\实例模型\Chapter2 \2－1），材料选用 PP，对该塑件按下列要求进行操作以了解和掌握 Moldflow 软件的基本分析流程，具体要求：在新建文件、导入本模型（STL 格式）和完成网格划分处理的基础上，先进行“浇口位置”分析，然后在确定浇口位置的基础上进行初步的“填充”分析，并选择部分分析结果生成报告文件。

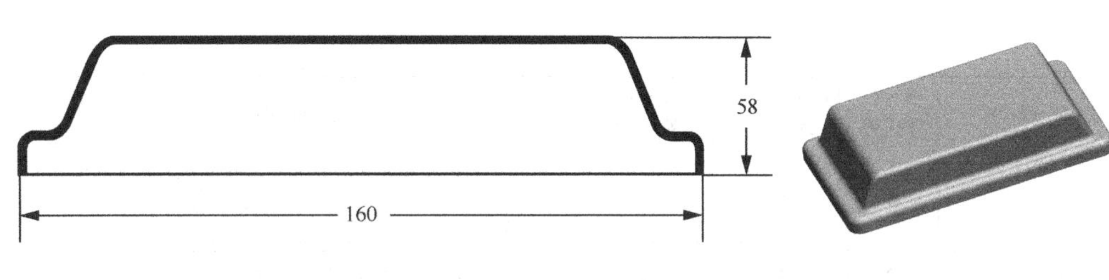

图2－1　塑件示图

2.1　Autodesk Simulation Moldflow 软件概述

Moldflow 公司为一家专业从事塑料计算机辅助工程分析（CAE）的跨国性软件和咨询公司，1978 年美国 Moldflow 公司发行了世界上第一套流动分析软件；2000 年 4 月收购了另一个世界著名的塑料分析软件 C－MOLD；2008 年 6 月，Autodesk 完成 Moldflow 收购要约后，改为 Autodesk Moldflow，2013 版开始改为 Autodesk Simulation Moldflow。

Autodesk Simulation Moldflow 是 Autodesk 公司开发的一款用于塑料产品、模具设计与制造的注射成型软件，利用该软件可在计算机上对整个注射成型过程进行模拟分析，包括填充、保压、冷却、翘曲、纤维取向、结构应力和收缩，以及气体辅助成型、塑料封装成型和热固性塑料流动等分析。帮助产品和模具设计人员在设计阶段就发现塑件可能出现的缺陷，及时解决产品、模具及成型工艺中的问题，提高一次试模的成功率，以达到降低成本、提高质量和缩短周期的目的。

2.1.1　Autodesk Simulation Moldflow 软件简介

Autodesk Simulation Moldflow 软件构架主要由 Autodesk Moldflow Adviser、Autodesk Moldflow Insight、Autodesk Simulation Moldflow Design Link、Autodesk Simulation Moldflow CAD Doctor 和 Autodesk Simulation Moldflow Communicator 等几部分组成。本书主要介绍 Autodesk Simulation Moldflow Insight（ASMI）的主要功能，其主要模块及功能见表 2－1。

表2－1　ASMI主要模块及功能

主要模块	Basic 基础版	Performance 功能版	Advanced 高级版	功能概要
热塑性塑料成型工艺				
双层面	●	●	●	使用双层面专利技术可以将三维模型生成双面分析模型
3D	●	●	●	对于厚壁结构部件及壁厚变化较大的塑件而言，3D 网格是理想的选择
中性面网格	●	●	●	生成具有指定厚度的二维平面网格
填充分析	●	●	●	模拟注射成型工艺中的填充和保压阶段，预测塑料熔体的填充、保压模式

续表

主 要 模 块	Basic 基础版	Performance 功能版	Advanced 高级版	功 能 概 要
保压分析	●	●	●	优化整体保压曲线，实现体积收缩量及分布情况的可视化，因而有助于最大限度地减少制品翘曲并消除凹痕等缺陷
浇口位置分析	●	●	●	可以确定多达10处最优化的浇口位置
成型窗口分析	●	●	●	寻找最佳成型条件组合
熔接痕分析	●	●	●	查明熔接痕和凹痕等潜在加工缺陷的位置及严重性，然后进行设计变更
几何分析	●	●	●	自动对给定制品的几何形状进行评估，确定最佳的分析技术——3D还是双层面
凹痕分析	●	●	●	查明熔接痕和凹痕等潜在加工缺陷的位置及严重性，然后进行设计变更
几何分析	●	●	●	自动对给定制品的几何形状进行评估，确定最佳的分析技术——3D还是双层面
冷却质量分析	●	●	●	找出制品中无法有效冷却的区域，然后通过改变几何形状来避免缺陷
流道平衡分析	●	●	●	在多腔模具和组合制品模具中实现流道平衡优化
流道顾问分析	●	●	●	指导用户创建流道
冷却分析		●	●	优化模具和冷却回路设计，以实现制品均匀冷却，缩短周期时间
翘曲分析		●	●	找出容易发生翘曲的部位，以便优化制品设计、模具设计和材料选择
与结构应力分析软件的接口		●	●	将机械特性数据从Moldflow中导入ANSYS® 或ABAQUS®等结构分析软件中
前、后处理器	●	●	●	前处理包括打开软件、导入模型、划分网格、网格处理、设置参数等；后处理包括查看结果、做报告
实验性设计（DOE）	●	●	●	自动对不同工艺参数进行一系列自动分析——包括模具和熔体温度、注塑时间、保压压力和时间及制品厚度，找出最佳的设置参数
双色注射成型分析	●	●	●	先填充一个制品，然后打开模具，移动位置，在第一个制品上方浇注第二个制品
纤维取向分析		●	●	了解并控制纤维增强塑料中的纤维取向，减少甚至消除制品翘曲
收缩分析		●	●	根据工艺参数和材料的具体等级数据精确计算注塑制品的收缩率
工艺优化		●	●	对注塑工艺如螺杆速度、注射时间、注射量等优化
应力分析		●	●	结合注射成型时产品的应力分布情况，分析产品在受外载时产品上的应力情况
注射压缩成型			●	模拟注射压缩成型工艺。全面评估可选材料、制品设计、模具设计和工艺条件

续表

主要模块	Basic 基础版	Performance 功能版	Advanced 高级版	功能概要
共注成型			●	优化材料组合，同时提高产品的整体性价比
气体辅助注射成型			●	确定塑料和气体的入口，在注入气体前应注射多少塑料，以及如何优化气体通道的位置
微孔发泡注射成型			●	在这种工艺中，将一种超临界液体（如二氧化碳或氮）与熔融的塑料的混合物注入模具中，生成微孔泡沫
双折射预测分析			●	评估工艺应力引起的折射率变化，以此预测注塑制品的光学性能
热固性塑料成型工艺				
反应成型分析	●	●	●	避免因树脂提前凝固造成的欠注，亮显可能出现气穴的部位，确定有问题的熔接痕。平衡流道系统，选择适当的成型机尺寸，并评估适用于各种应用的热固性塑料
微芯片封装		●	●	这种工艺可以在恶劣环境下为电子芯片提供保护并保持芯片间的相互连接
底层覆晶封装		●	●	预测封装材料在芯片和基层之间的型腔内的流动情况

2.1.2 Autodesk Simulation Moldflow 主要工作内容

从 Moldflow 的功能来看，其优化工作内容主要集中体现在以下三个方面。

1. 优化塑件形状与结构

运用 Moldflow 软件，可以得到塑件的实际最小壁厚，优化制品结构，降低材料成本，缩短生产周期，保证制品能全部充满。

2. 优化模具结构

运用 Moldflow 软件，可以得到最佳的浇口数量与位置，合理的浇注系统与冷却系统，并对型腔尺寸、浇口尺寸、流道尺寸和冷却系统尺寸进行优化，在计算机上进行试模、修模，大大提高模具质量，减少修模次数。

3. 优化注射工艺参数

运用 Moldflow 软件，可以确定最佳的注射工艺参数，如注射压力、保压压力、锁模力、模具温度、熔体温度、注射时间、保压时间和冷却时间等，以注塑出最佳的塑料制品。

2.2 ASMI 操作界面

2.2.1 ASMI 启动界面

ASMI 2013 启动界面如图 2－2 所示。

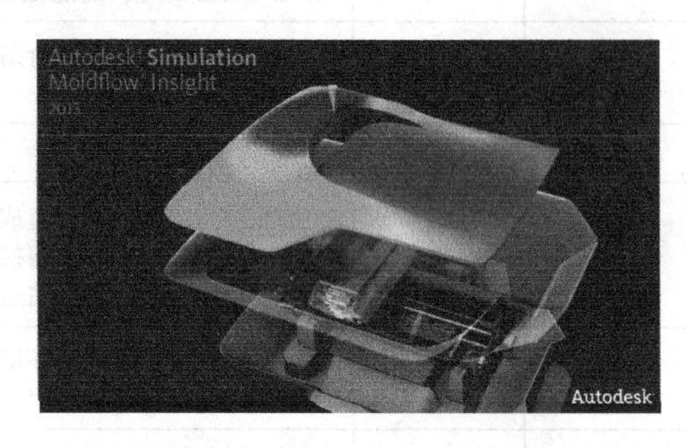

图 2－2　ASMI 2013 启动界面

2.2.2 ASMI 操作界面简介

Moldflow 2013 操作界面有两种，一种是传统用户界面，如图 2－3 所示；另一种是功能区用户界面，如图 2－4 所示。操作界面主要包括标题栏、菜单栏、工具栏、工程管理区、任务区、图层管理区、模型显示区和日志显示区等几部分。

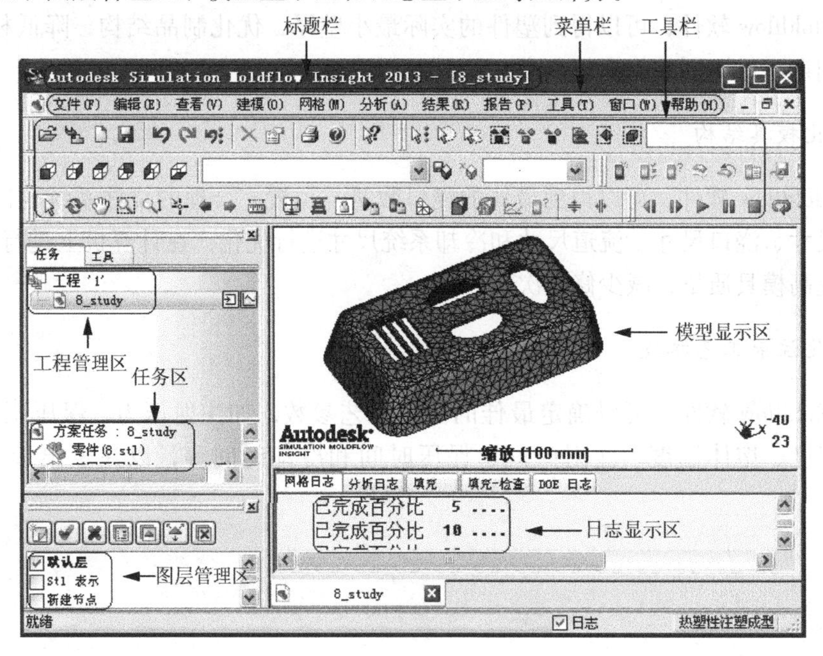

图 2－3　ASMI 传统用户界面

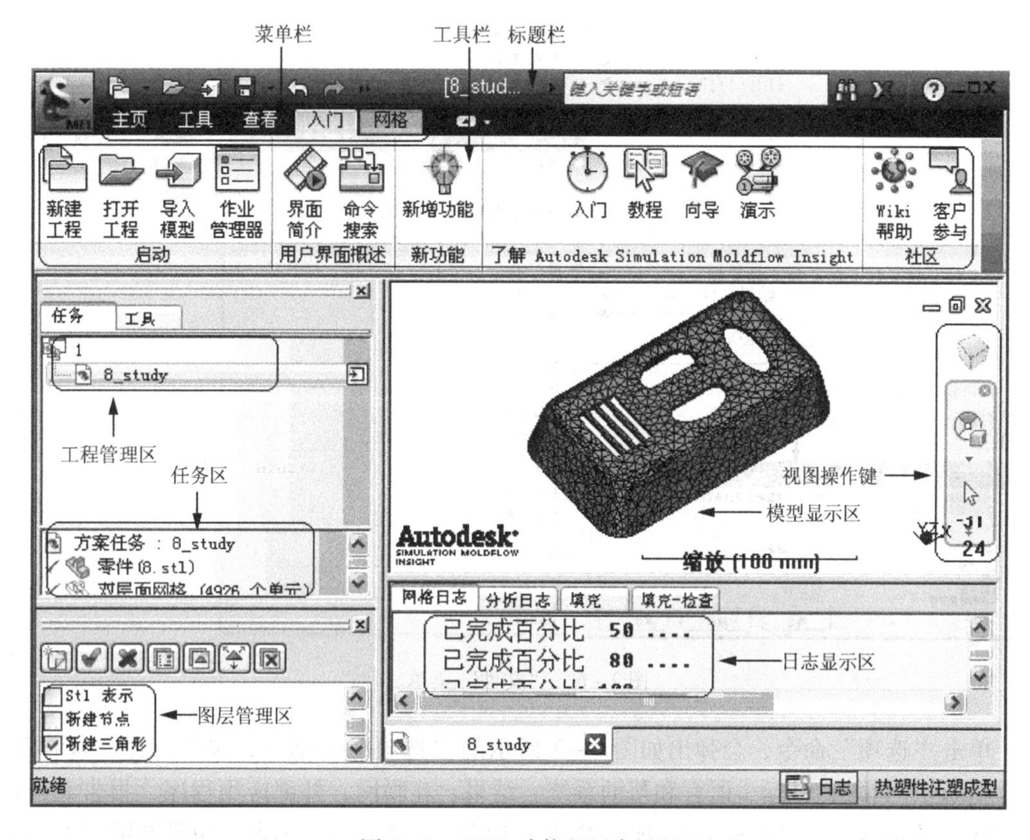

图 2－4　ASMI 功能区用户界面

用户操作界面的设置通过如图 2－7 所示的“选项：概述”对话框中的“界面样式”栏的选项来完成。

下一节将针对传统用户界面来简要介绍 Moldflow 2013 菜单栏中各个菜单的基本功能和常用操作。

2.3　ASMI 传统菜单命令

传统界面的菜单栏如图 2－5 所示，可以实现对文件、模型、网格的创建、编辑及模拟的执行、结果的查看和报告的生成等一系列操作。

文件(F)　编辑(E)　查看(V)　建模(O)　网格(M)　分析(A)　结果(R)　报告(P)　工具(T)　窗口(W)　帮助(H)

图 2－5　ASMI 传统界面菜单栏

2.3.1　文件

“文件”菜单主要实现对文件和工程的创建、编辑、保存及关闭，以及对模型的导入和添加等操作。主要命令及功能如图 2－6 所示。

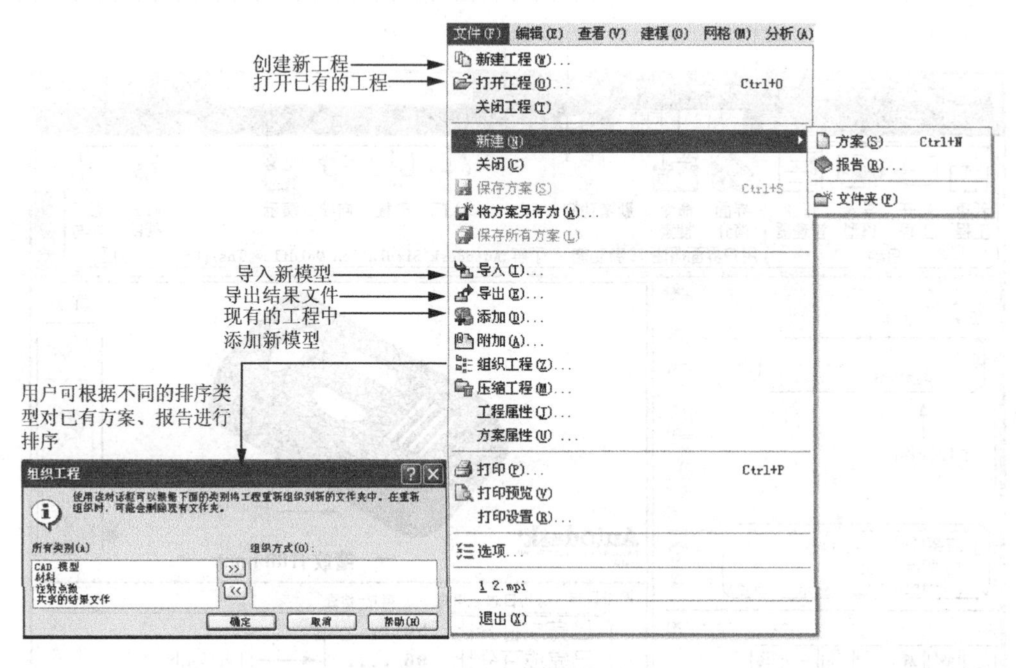

图 2-6 “文件”菜单

单击“选项”命令，会弹出如图 2-7 所示的“选项”对话框，包括概述、查看器、背景与颜色、目录、鼠标、语言和帮助系统、结果、互联网、外部应用程序、报告和默认显示 11 个选项卡，可以根据个人习惯和需要来设定。主要选项卡的参数功能参见图 2-7～图 2-15。

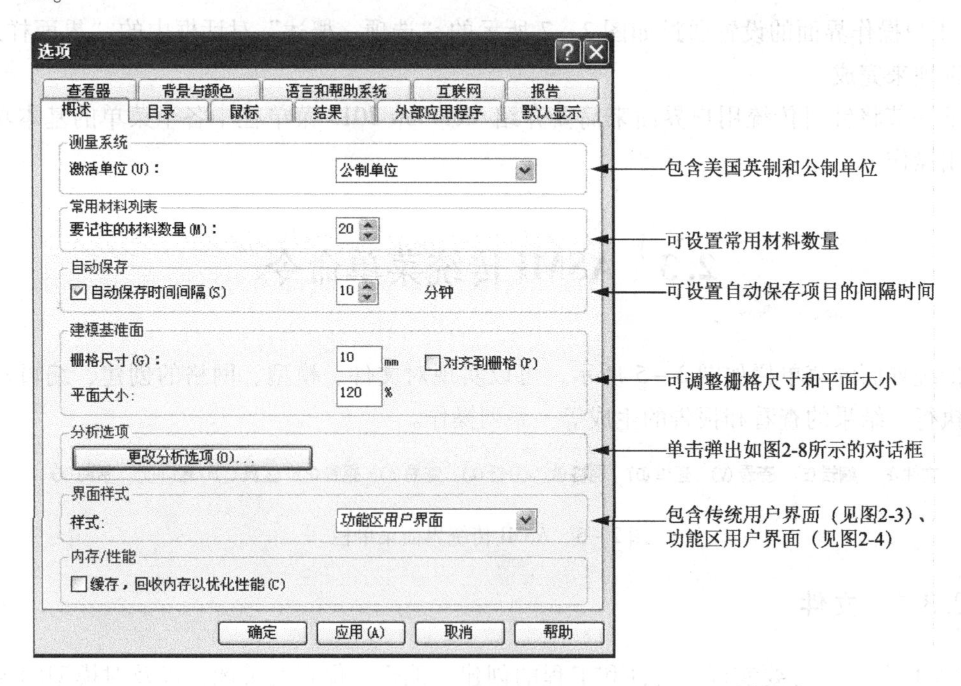

图 2-7 “概述”选项卡

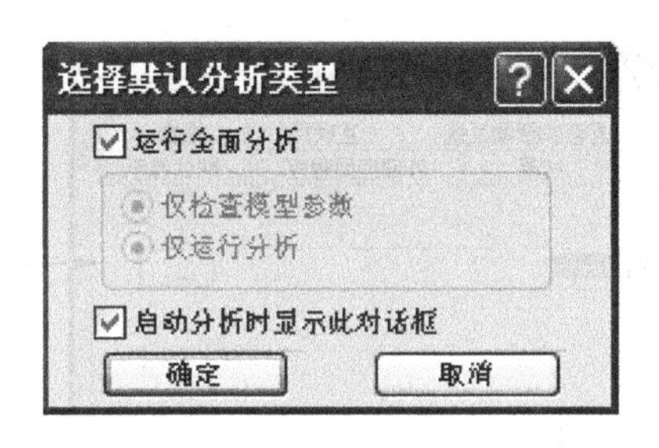

图 2－8　“选择默认分析类型”对话框

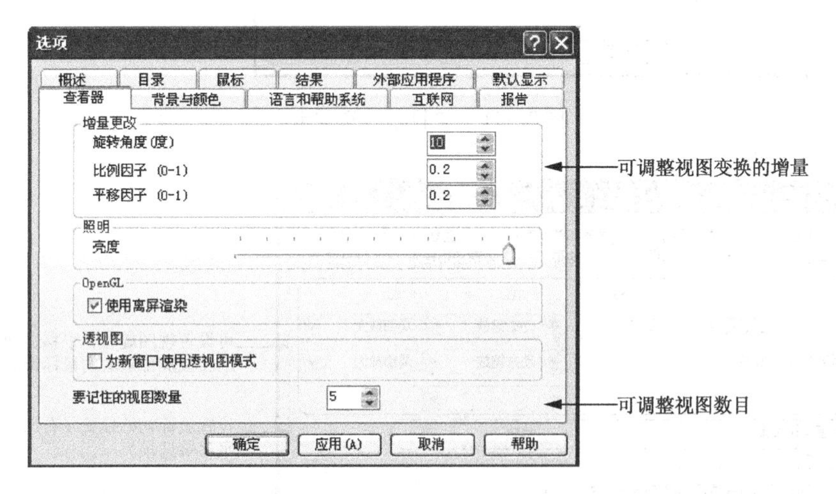

图 2－9　“查看器”选项卡

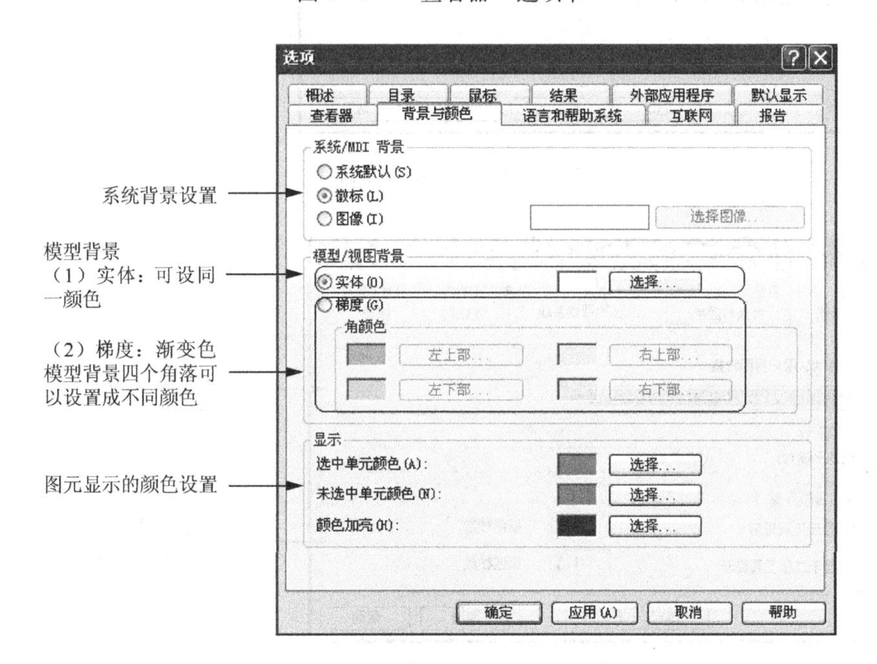

图 2－10　“背景与颜色”选项卡

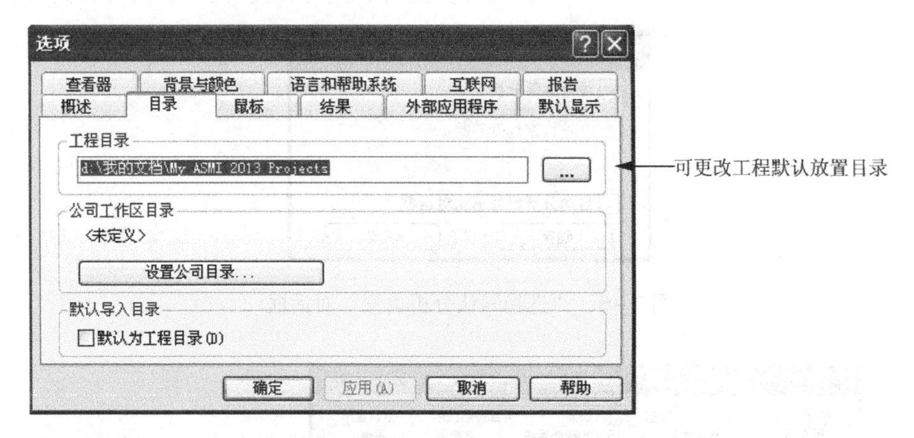

图 2－11　“目录”选项卡

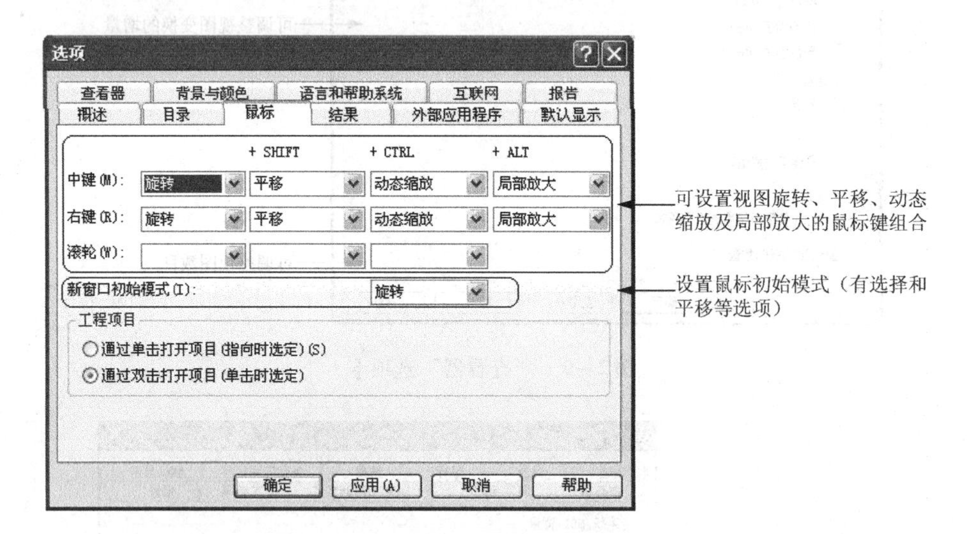

图 2－12　“鼠标”选项卡

图 2－13　“语言和帮助系统”选项卡

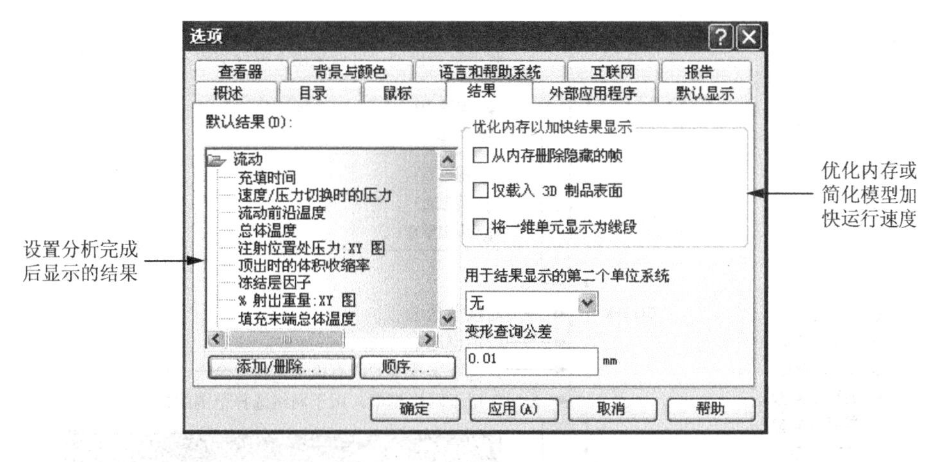

图 2-14 “结果”选项卡

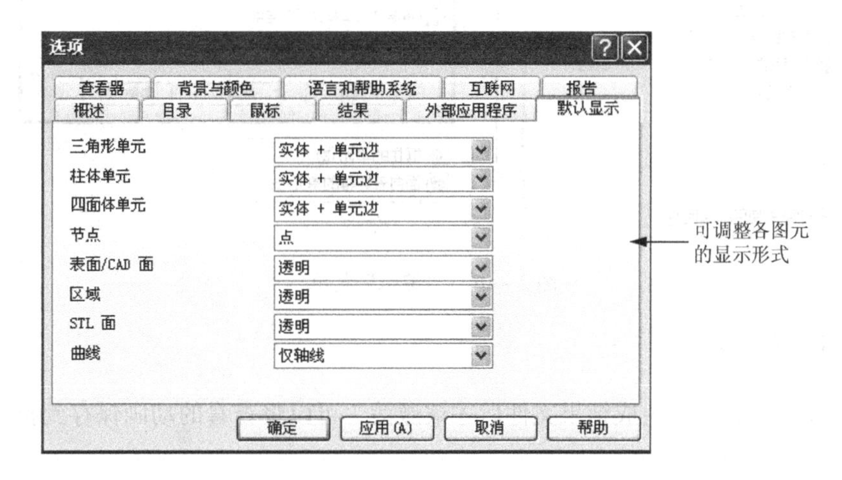

图 2-15 “默认显示”选项卡

2.3.2 编辑

“编辑”菜单如图 2-16 所示，可以对操作进行撤销、恢复；对选取的对象进行剪切、复制、粘贴及删除等编辑；通过“选择方式”、“全选”、“取消全选”、“反向选择”、“展开选择”和“局部选择”等命令可以对模型方便、准确地进行选取以进行相应的编辑和属性设置。常用的命令如图 2-16 所示，菜单中灰色显示的命令，在选择相应的模型对象后才被激活。

1. 复制图像到剪贴板

本命令可以将模型现实视窗中的模型图片复制到剪贴板中。

2. 保存图像到文件

本命令可以将模型现实视窗中的模型图片保存到指定的文件夹中。

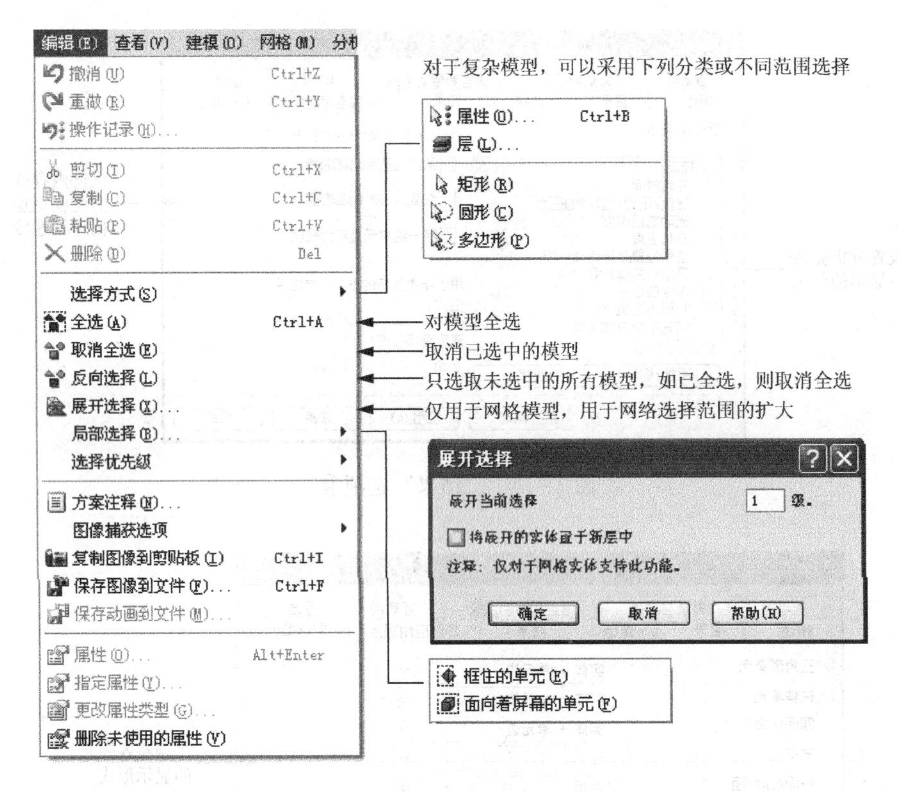

图 2－16 “编辑”菜单

3．保存动画到文件

本命令在分析完成并生成结果文件后才被激活，可以将查看的动画保存到指定的文件夹中。

2.3.3 查看

“查看”菜单如图 2－17 所示，本菜单提供了 Moldflow2013 显示内容和方式的选择，主要用来自定义用户界面，使用户根据需要方便地使用相应的命令。

通过“工具栏”级联菜单可以自定义操作工具区，具体选项如下。

1．标准

“标准”工具栏如图 2－18 所示，可以对项目模型进行基本的操作，同主菜单“文件”、“编辑”中的相应命令。从左到右每个工具图标功能依次为：打开工程、导入模型、新建方案、保存、撤销、重做、操作记录、删除、编辑属性（同菜单“编辑→属性”命令）、打印、搜索帮助和这是什么。

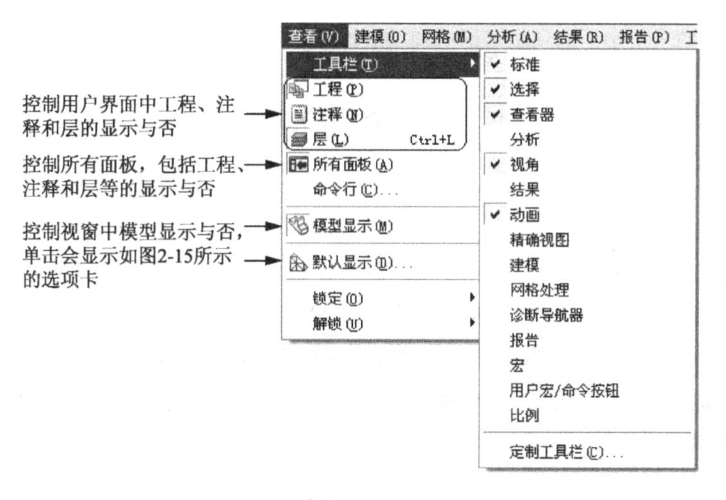

图 2－17　“查看”菜单及“工具栏”级联菜单

图 2－18　“标准”工具栏

2. 选择

“选择”工具栏如图 2－19 所示，可以以不同方式选择模型中的图元，同主菜单“编辑”中的相应命令。从左到右的每个工具图标功能依次为：按属性选择、圆形选择、多边形选择、全选、取消全选、反向选择、展开选择、仅选择框住的项目、仅选择面向屏幕的单元、选择保存的选择列表、保存选择列表和删除选择列表。最后两项是对选定的图形编号列表进行保存和删除。

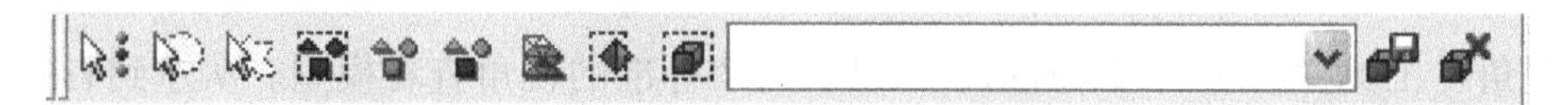

图 2－19　“选择”工具栏

3. 查看器

“查看器”工具栏如图 2－20 所示，可以对视窗中的模型实行全方位的查看。从左到右每个工具图标功能依次为：选择、旋转、平移、局部放大、动态缩放、居中、上一视图、下一视图、测量（间距）、全屏、透视图、锁定/解锁视图、锁定/解锁动画、锁定/解锁图、默认显示（单击会弹出如图 2－15 所示的选项卡）、编辑剖切平面、移动剖切平面、增加 *XY* 曲线、检查结果、水平拆分、垂直拆分。最后两个命令同时按下时，模型显示窗口分为四块小视窗单独显示模型（如图 2－97 所示）。

图 2－20　“查看器”工具栏

4. 分析

“分析”工具栏如图 2－21 所示，可以按照分析流程实现分析的相关设置。从左到右每个工具图标功能依次为：分析序列（如图 2－22 所示）、选择材料、工艺设置、设定注射位置、冷却液入口、快速加热和冷却进水口、排气位置、固定约束、销钉约束、弹性约束、普通约束、限制性浇口节点、收缩、实验设计、点载荷、边载荷、面载荷、压力载荷、热载荷、体载荷和开始分析。

图 2－21　“分析”工具栏

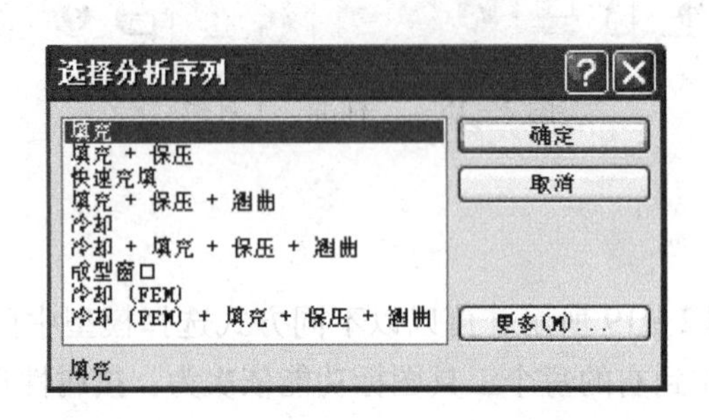

图 2－22　“选择分析序列”选择框

5. 视角

“视角”工具栏如图 2－23 所示，可以从六个标准的视角查看模型。从左到右每个工具图标功能依次为：前视图、右视图、顶部视图、后视图、左视图、底部视图、保存视角（单击后命名并保存当前模型的视角）和删除视角。

图 2－23　“视角”工具栏

6. 结果

“结果”工具栏如图 2－24 所示，可以查看分析结果。从左到右每个工具图标功能依次为：新建结果图（单击会显示如图 2－25 所示的对话框）、图形属性（如图 2－26 所示，“阴影”、“等值线”选项效果分别如图 2－27、图 2－28 所示）、检查结果、翘曲结果查看工具、还原原始位置、图形注释、保存曲线、保存整体图形属性、将当前图属性另存为默认值、在 Patran 中保存图形、在 XML 中保存图形、导出翘曲塑件的网格/几何、新建报告、比较标准编辑器和导出以查看缺陷。

图 2－24 “结果”工具栏

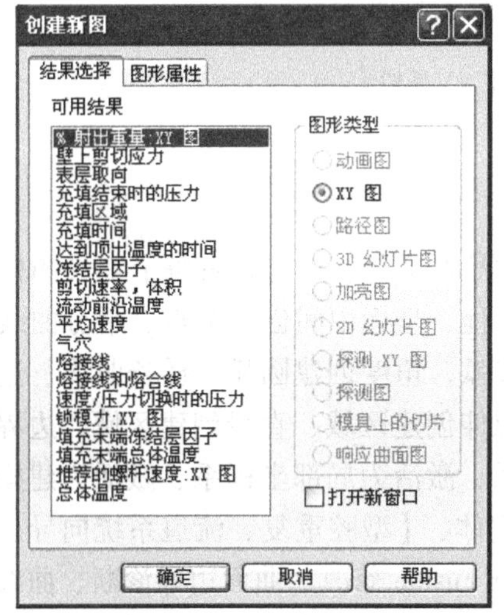

图 2－25 “创建新图”对话框

图 2－26 “图形属性”对话框

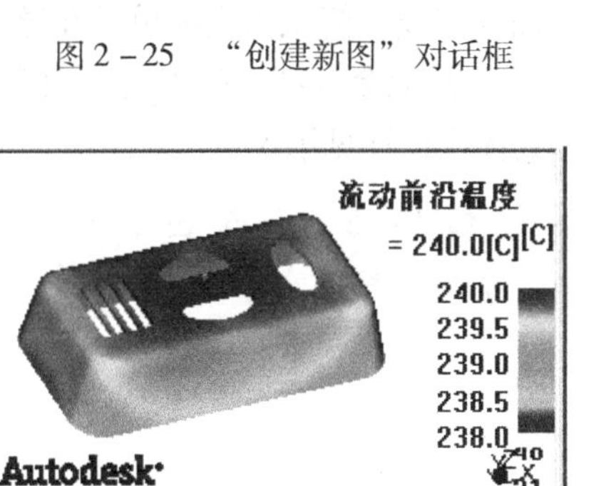

图 2－27 “流动前沿温度”阴影显示

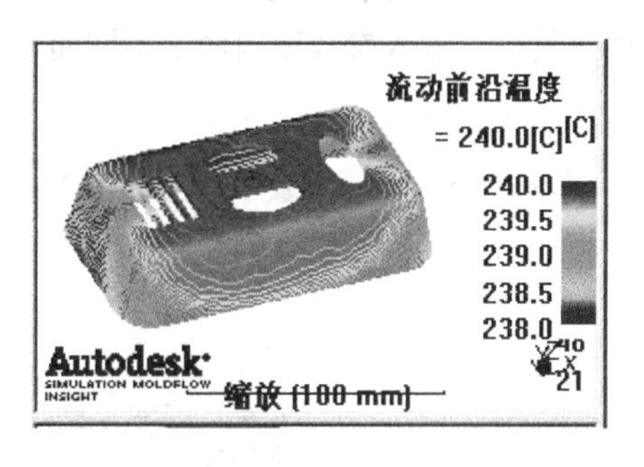

图 2－28 “流动前沿温度”等值线显示

7．动画

“动画”工具栏如图 2－29 所示，可以动态播放分析的结果。从左到右每个工具图标功能依次为：向后、向前、动画播放、暂停、停止播放、循环播放、回弹播放动画和动画控制。

图 2－29 “动画”工具栏

8．精确视图

“精确视图”工具栏如图 2 – 30 所示，可以控制模型的移动或旋转。从左到右每个工具图标功能依次为：平移 + X、平移 + Y、放大、平移− X、平移− Y、缩小、旋转 + X、旋转 + Y、旋转 + Z、旋转− X、旋转− 30Y 和旋转− Z。

图 2 – 30 “精确视图”工具栏

9．建模

“建模”工具栏如图 2 – 31 所示，可以创建所需的模型。从左到右每个工具图标功能依次为：坐标创建节点、通过删除冗余文件压缩工程、坐标中间创建节点、平分曲线创建节点、偏移创建节点、交点、创建直线、点创建圆弧、角度创建圆弧、样条曲线、连接曲线、断开曲线、边界创建区域、节点创建区域、拉伸创建区域、直线创建区域、边界创建孔、节点创建孔、创建模具镶件、创建局部坐标系、激活为局部坐标系、激活为建模基准面、平移、旋转、三点旋转、缩放、镜像、查询实体、【型腔重复、流道系统向导、冷却回路向导、模具表面向导】、通过 Autodesk Inventor Fusion 修改、曲面边界诊断、曲线连通性诊断、查找曲面连接线、编辑曲面连接线、删除曲面连接线、简化为主体单元和导出以查看缺陷。除了单击【】中的选项会弹出相应的向导框外，其他命令都会弹出类似如图 2 – 32 所示的工具框，输入参数项因命令不同而有所差异。具体操作详见第 5 章。

图 2 – 31 “建模”工具栏

图 2 – 32 “建模”工具框

10. 网格处理

“网格处理”工具栏如图 2－33 所示，可以对网格进行生成、修补和编辑。从左到右每个工具图标功能依次为：生成网格、定义局部网格密度、创建三角形、创建柱体单元、创建四面体、网格修复向导、插入节点、移动节点、对齐节点、清除节点、匹配节点、合并节点、交换边、缝合自由边、充填孔、重新划分网格、平滑节点、单元取向、删除实体、投影网格、整体合并、自动修复、修改纵横比、从网格/STL 创建区域、全部取向、重新划分四面体的网格、显示/隐藏网格诊断、纵横比诊断、重叠单元诊断、取向诊断、连通性诊断、自由边诊断、厚度诊断、尺寸诊断、出现次数诊断、双层面网格匹配诊断、零面积单元诊断、网格统计、冷却回路诊断、喷水管/隔水板诊断、柱体单元数诊断、柱体单元长径比诊断、质心太近诊断和折叠面诊断。单击按钮后会弹出如图 2－34 所示的工具框，可根据不同命令进行相应的操作和参数设置。具体操作详见第 4 章。

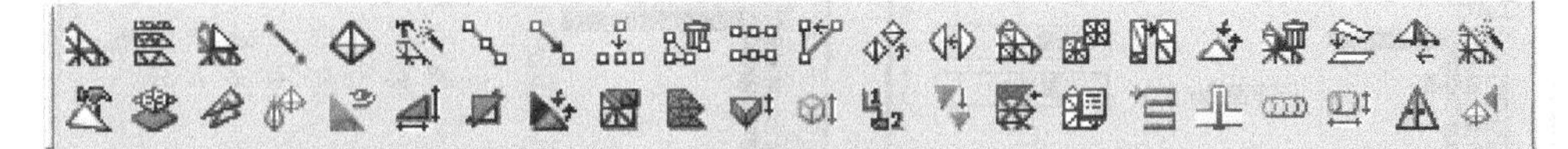

图 2－33 “网格处理”工具栏

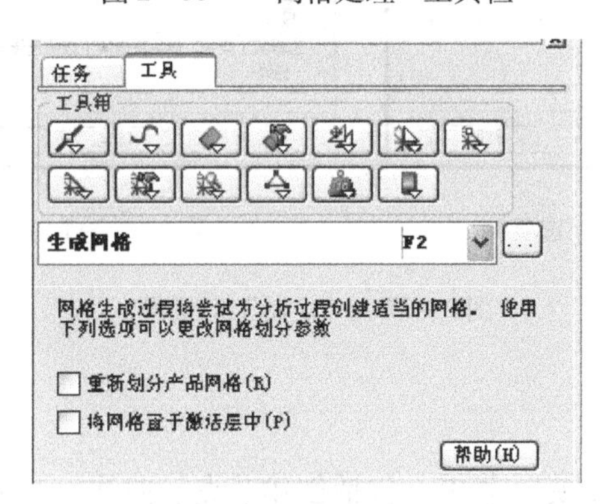

图 2－34 “网格处理”工具框

11. 报告

“报告”工具栏如图 2－35 所示，可以对报告进行编辑。从左到右每个工具图标功能依次为：添加报告封面、添加报告图像、添加报告动画、添加报告文本块、编辑报告、打开报告和预览报告。

12. 宏

“宏”工具栏如图 2－36 所示，可以将操作命令编辑为宏命令进行操作。从左到右每个工具图标功能依次为：开始宏录制、停止宏录制和播放宏。

图 2－35 “报告”工具栏

图 2－36 “宏”工具栏

13. 定制工具栏

单击“定制工具栏”会弹出如图2-37所示的对话框，包括“工具栏”和“命令”两个选项卡。

(1)“工具栏”选项卡如图2-37（a）所示，通过“工具栏”列表中的复选框控制工具栏的显示与否；“平面图标”复选框控制按钮显示方式；“显示工具提示”复选框控制鼠标停留在按钮上时要不要显示功能提示。

(2)“命令”选项卡如图2-37（b）所示，可以对每个工具栏中添加或减少相应的命令按钮。

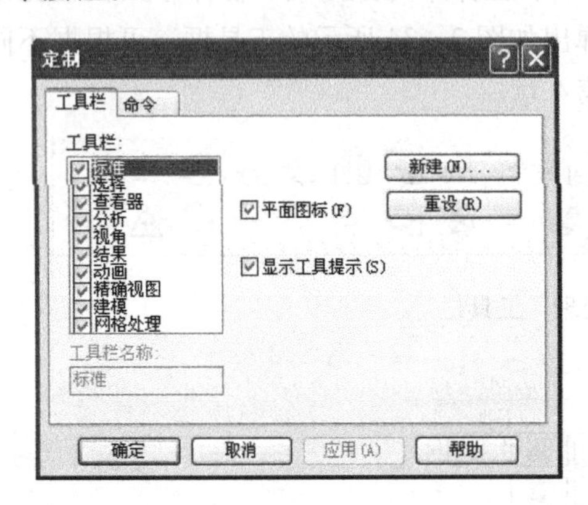

(a)“工具栏”选项卡

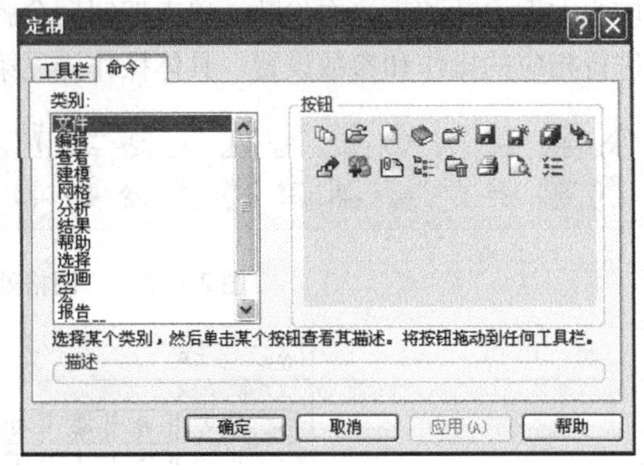

(b)“命令”选项卡

图2-37 “定制”对话框

2.3.4 建模

如图2-38所示为“建模”菜单，包括创建节点、曲线、区域、孔和镶件，局部坐标系/建模基准面，型腔重复、流道系统、冷却回路、模具表面向导，以及曲面诊断、修复工具等。具体命令功能同如图2-31所示的“建模”工具栏中的对应按钮。

具体操作详见本书第5章。

2.3.5 网格

“网格”菜单如图2-39所示，包括网格的创建、编辑、诊断和统计等。具体命令功能同如图2-33所示的“网格处理”工具栏中的对应按钮。

具体操作详见本书第4章。

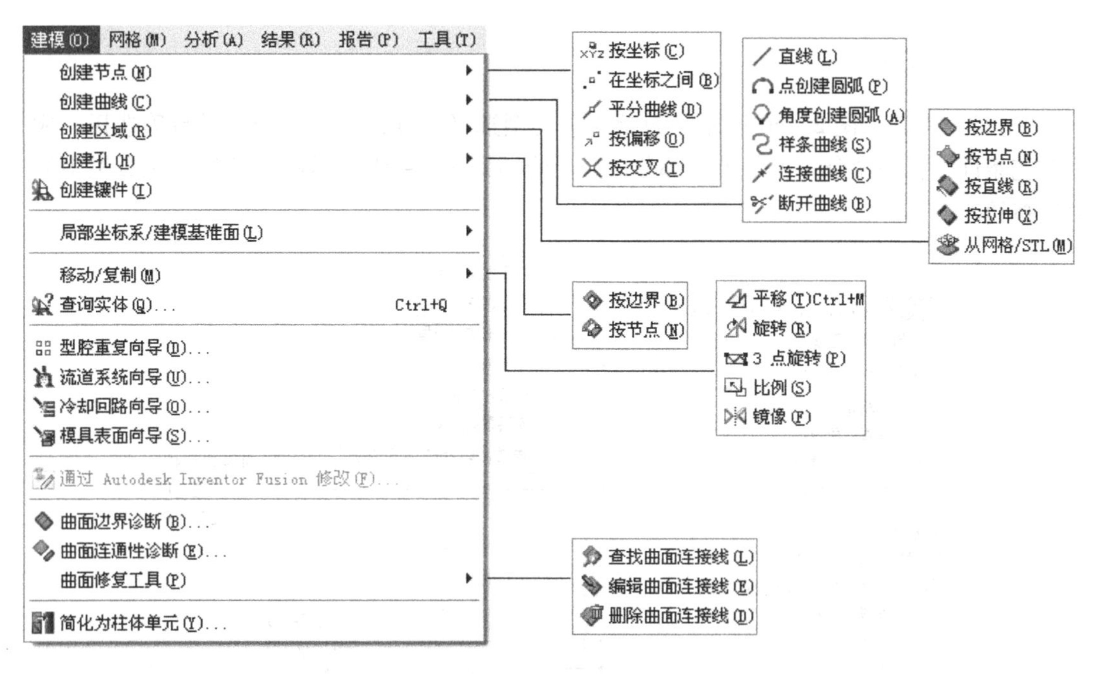

图 2-38 “建模”菜单

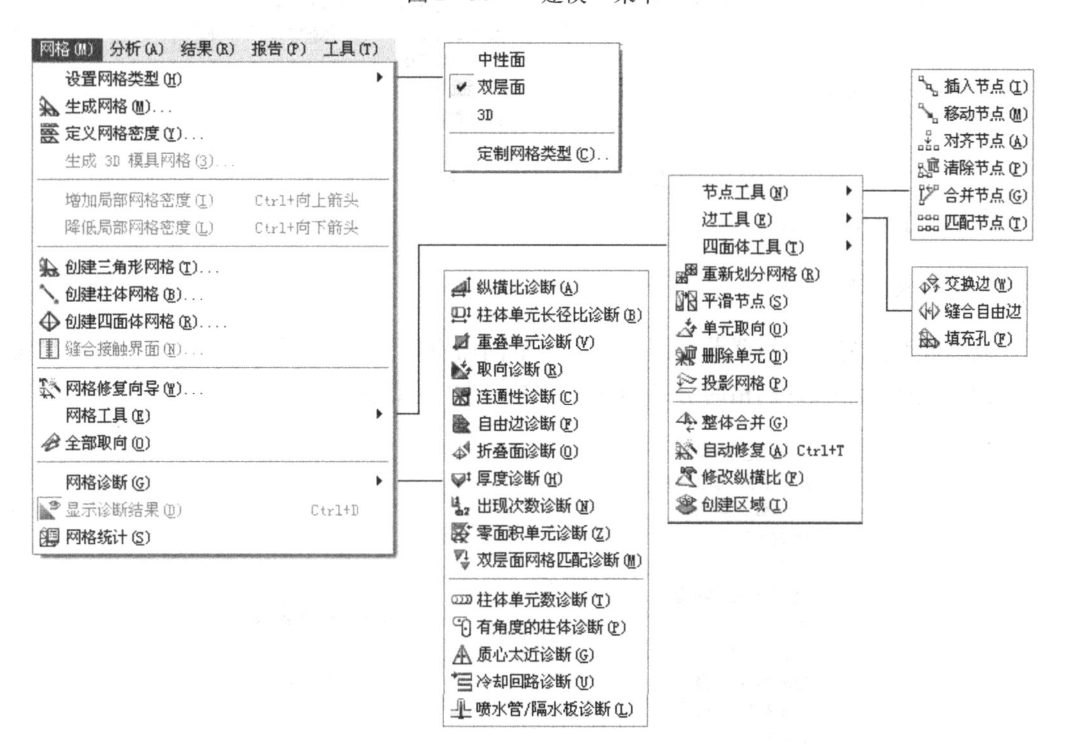

图 2-39 “网格”菜单

2.3.6 分析

“分析”菜单如图2-40所示，包括工艺类型选择、分析序列选择、材料等选择、成型工艺条件设置等命令。本菜单大部分命令功能同如图2-21所示的“分析”工具栏中的对应按钮。

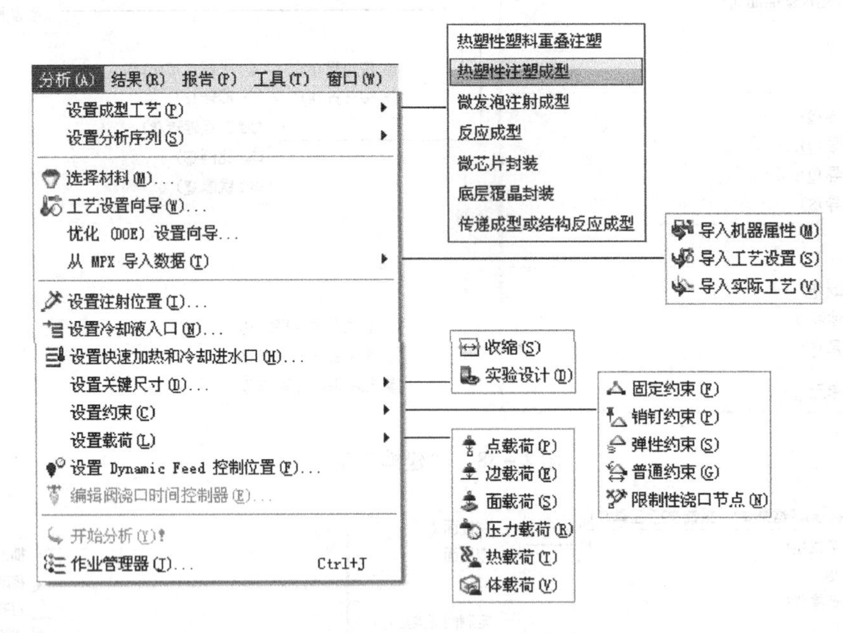

图2-40 “分析”菜单

其中部分菜单功能如下。

1. 设置成型工艺

“设置成型工艺”的级联菜单因网格类型不同而有所差异，如图2-40所示为双层面时的菜单，中性面和3D网格时分别如图2-41、图2-42所示。

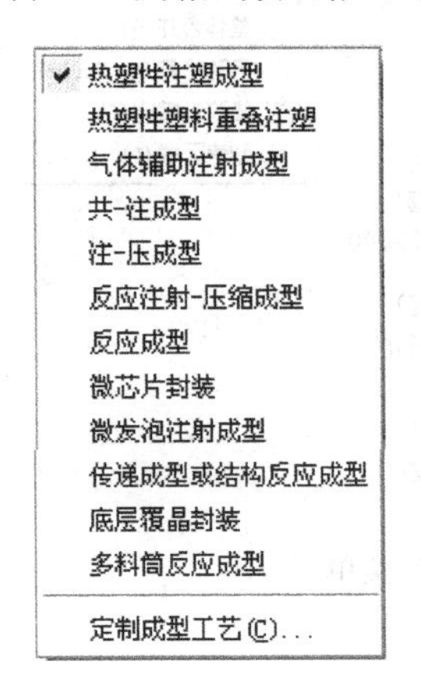

图2-41 中性面级联菜单

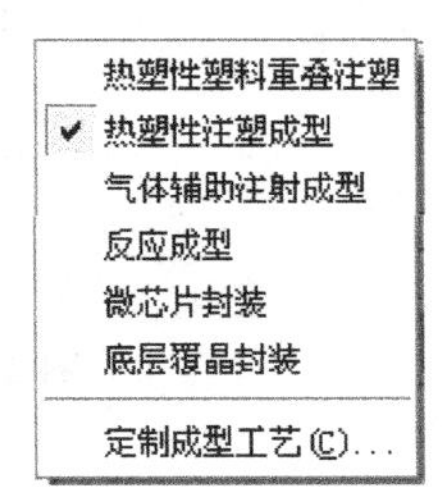

图2-42 3D网格级联菜单

2. 设置分析序列

"设置分析序列"同如图2－22所示的功能，可根据需要选择相应的分析过程进行模拟。

3. 选择材料

"选择材料"可用于设定分析模型所用的原材料，设置框如图2－43所示，具体操作详见第8章。

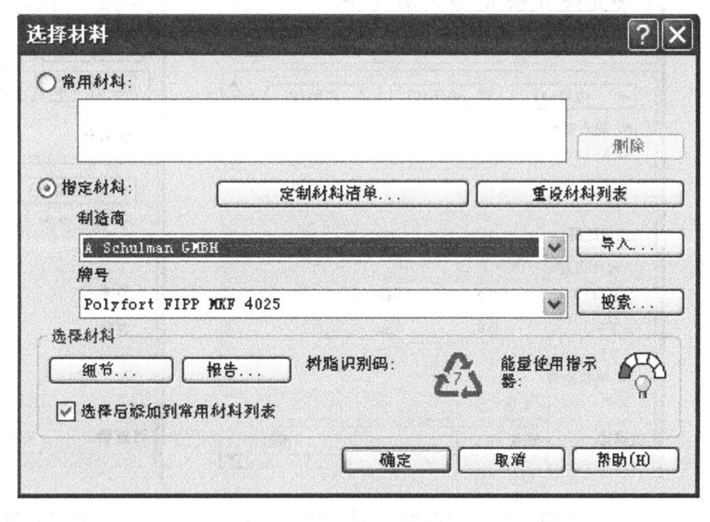

图2－43 "选择材料"对话框

4. 工艺设置向导

"工艺设置向导"可用于设定成型工艺参数，设置框如图2－44所示，设置步骤及具体参数因分析序列不同而有所差异，具体设置详见第9章。

5. 设置浇口位置

"设置浇口位置"可以在网格模型上设置浇口位置，必须选择到相应位置的节点上。浇口位置设置主要有如图2－45所示的两种情况：第一种进行初始分析或采用浇注系统向导设置流道系统时，浇口位置直接点选在塑件模型相应位置的节点；第二种当采用人工创建或已有浇注系统的情况下，浇口位置则点选在主流道的起始端的节点。

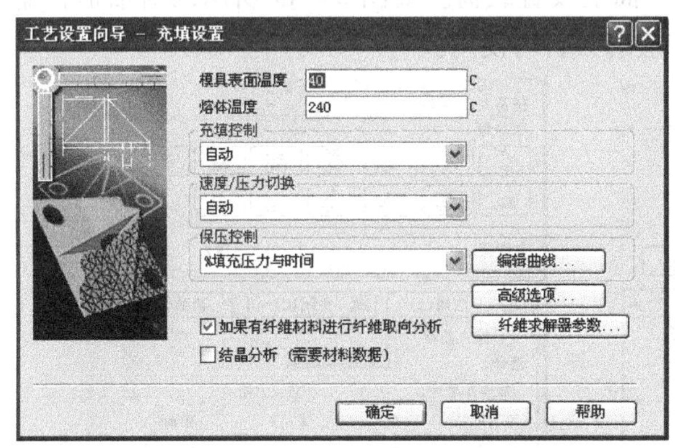

图2－44 "工艺设置向导"对话框

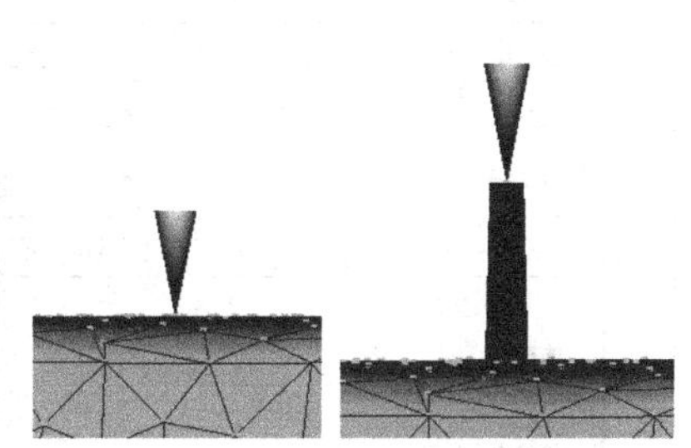

图2－45 浇口位置设置两种情况

6. 设置关键尺寸

"设置关键尺寸"包括收缩和实验设计，对话框分别如图2－46、图2－47所示。可以查看定义的关键尺寸在模流分析后是否满足所设定的要求，只能在中性面和双层面模型中使用。

图 2－46　“收缩”对话框

图 2－47　“实验设计”对话框

7. 设置约束

“设置约束”可以对一些节点设置约束。如图 2－48 所示的对话框，输入参数因选项不同而有所差异，一般在应力分析时使用。

8. 设置载荷

“设置载荷”可以在相应的点、边、面上设置载荷。如图 2－49 所示的对话框，输入参数因选项不同而有所差异，也主要在应力分析时使用。

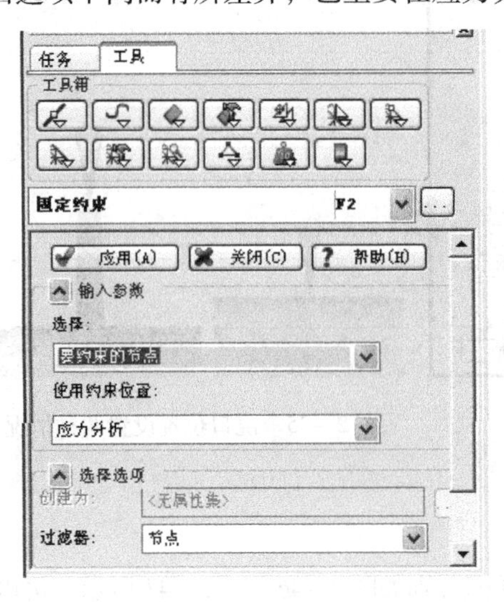

图 2－48　“固定约束”对话框

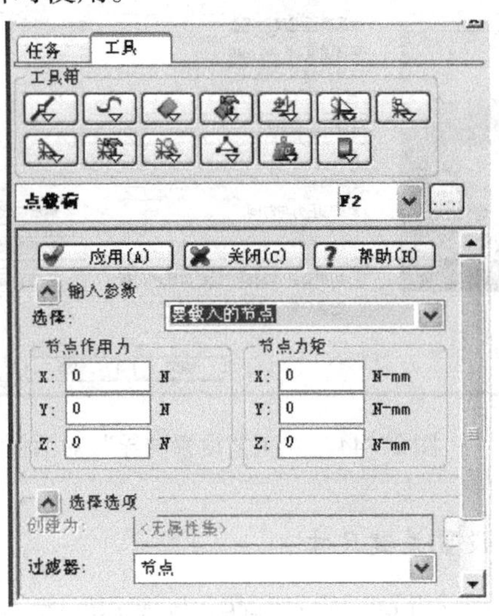

图 2－49　“点载荷”对话框

9．设置 Dynamic Feed 控制位置

“设置 Dynamic Feed 控制位置”主要针对热流道系统，可以设置热流道浇口处压力与时间的关系。

10．编辑阀浇口时间控制器

“编辑阀浇口时间控制器”主要针对顺序控制进浇的阀浇口，可以设定阀浇口的开合时间，参见 6.5.3 节“针阀式喷嘴及其设置”。

11．作业管理器

单击“作业管理器”会弹出如图 2－50 所示的对话框，可以对工作队列中的方案自动依次地进行模流分析，同时通过“作业管理器”窗口实时查看分析过程。

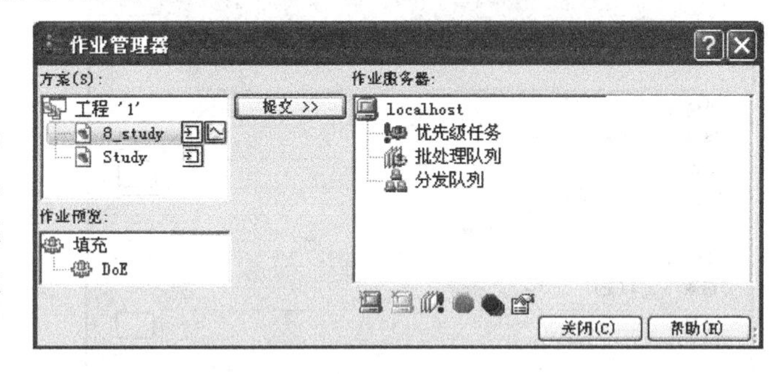

图 2－50 “作业管理器”对话框

2.3.7 结果

“结果”菜单如图 2－51 所示，可以对结果进行查询和处理，大多数菜单命令要在分析结束后才被激活，主要命令功能如下。

1．新建图

“新建图”可以根据需要新建一个或多个分析结果，单击该命令后弹出如图 2－52 所示的“创建新图”对话框，可在左边的“可用结果”栏中选择需要添加的分析结果，在

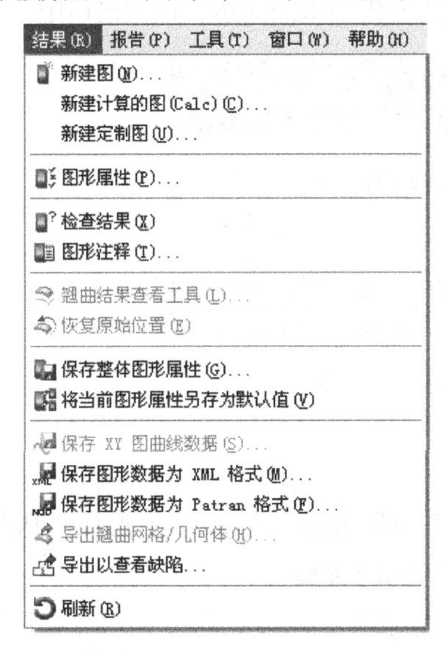

图 2－51 “结果”菜单

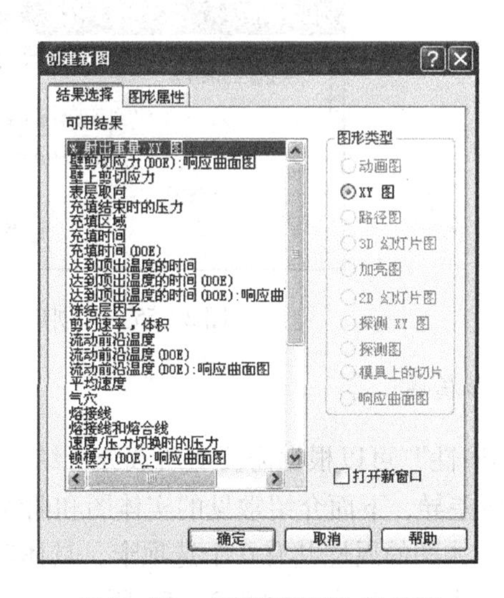

图 2－52 “创建新图”对话框

右边的“图形类型”选项中设定图形显示的类型。另外，通过“图形属性”选项卡可对图形的相关属性进行设定（同菜单“结果”→“图形属性”命令）。

2. 新建计算的图

“新建计算的图”可以创建一个新的图形，单击该命令会弹出如图 2－53 所示的对话框，根据需要可以自定义图形属性，如新图名、单位、函数类型和结果类型（如图 2－54 所示）等。

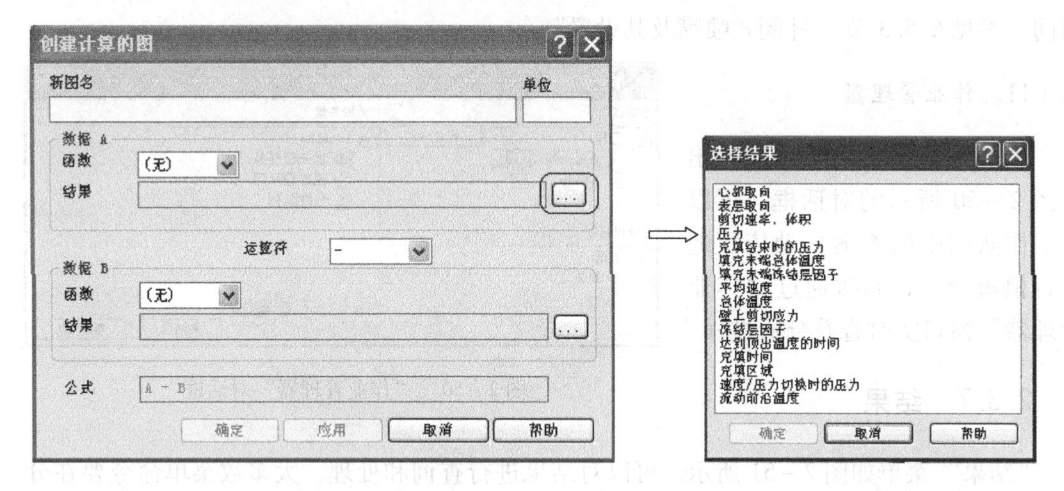

图 2－53 “创建计算的图”对话框　　　　图 2－54 “选择结果”对话框

3. 新建定制图

“新建定制图”可以创建新的结果图，单击该命令会弹出如图 2－55 所示的“创建定制图”对话框，自定义“图名”及相应参数后，会作为新的分析结果图显示在模型窗口中。

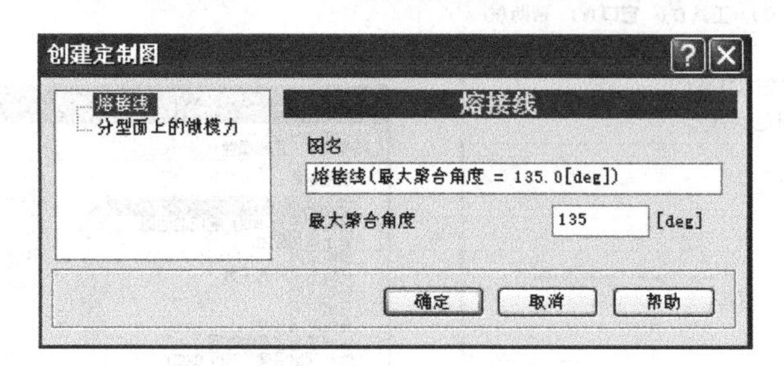

图 2－55 “创建定制图”对话框

4. 图形属性

“图形属性”可以根据需要对所选分析结果图的属性进行编辑。图形属性因结果类型不同而有所差异，下面介绍常见的实体图和曲线图的两种属性。

（1）实体图的属性共有 6 个选项卡，具体功能如下。

①“方法”选项卡：如图 2－56 所示，主要包括“阴影”和“等值线”两种显示模

式，如图2－27、图2－28所示。

②“动画”选项卡：如图2－57所示，可以自定义动画的帧数和显示方法，“单一数据表动画”中的两种显示模式如图2－58、图2－59所示。

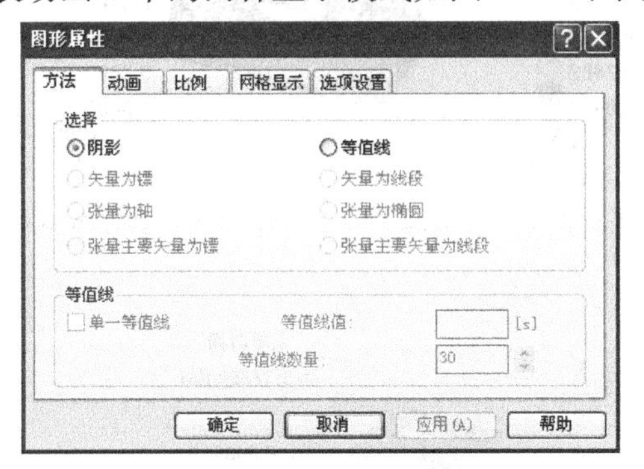

图2－56 “方法”选项卡

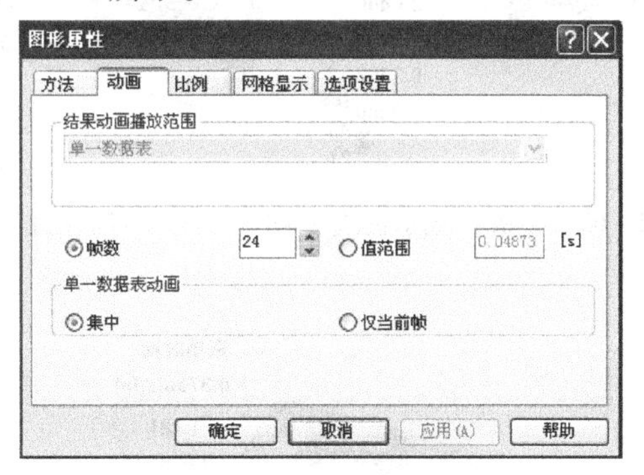

图2－57 “动画”选项卡

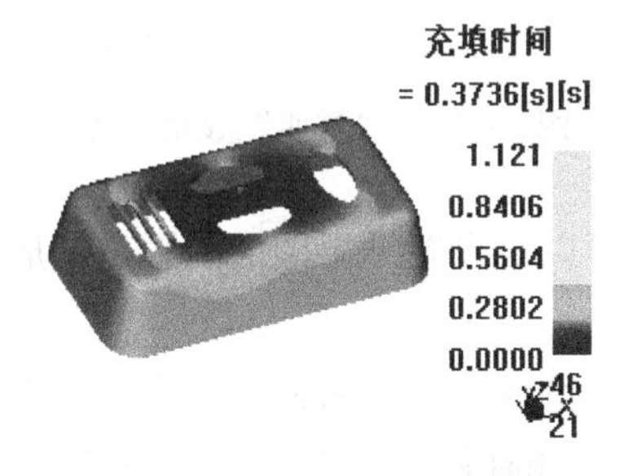

图2－58 “集中”显示模式

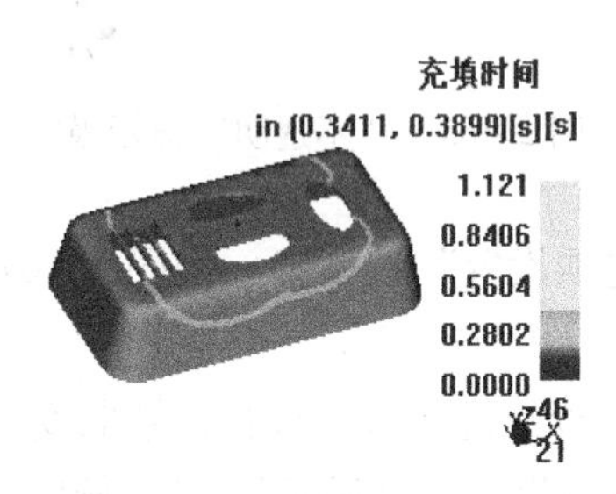

图2－59 “仅当前帧”显示模式

③“比例”选项卡：如图2－60所示，可以自定义结果图的显示范围。

④“网格显示”选项卡：如图2－61所示，可以自定义网格显示的类型，包括“未变形零件上的边缘显示”（分别如图2－62、图2－63、图2－64所示）、“变形零件上的边缘显示”（变形分析可用）和“曲面显示”（分别如图2－65和图2－66所示）。

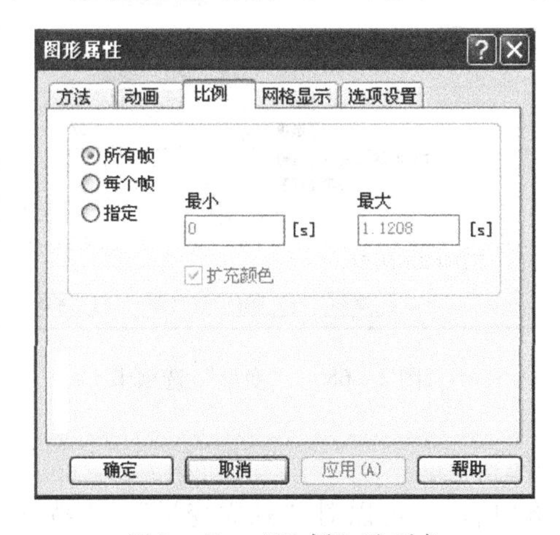

图2－60 “比例”选项卡

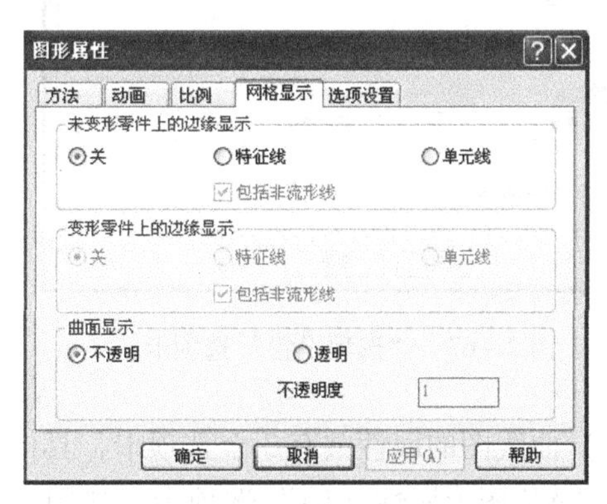

图2－61 “网格显示”选项卡

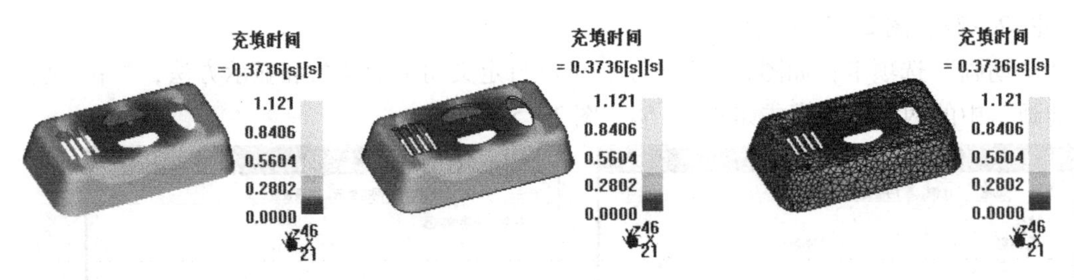

图 2-62　“关”显示模式　图 2-63　“特征线”显示模式　图 2-64　“单元线”显示模式

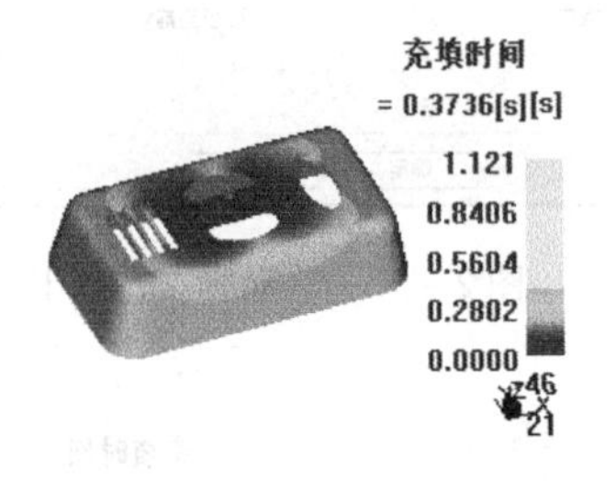

图 2-65　“不透明”显示模式

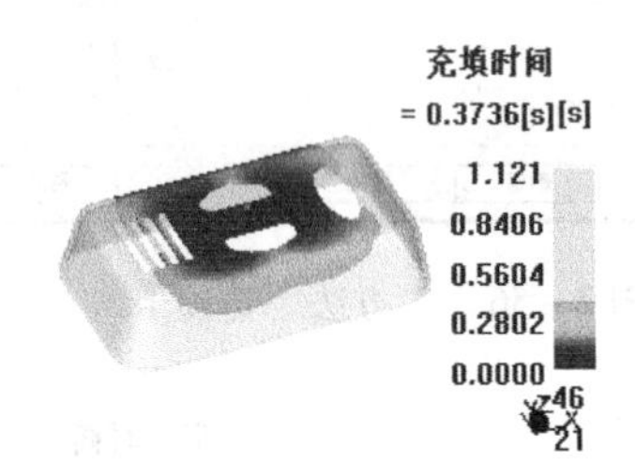

图 2-66　“透明”显示模式

⑤“选项设置”选项卡：如图 2-67 所示，可以对设置结果图的阴影显示形式和颜色显示效果。

⑥“变形”选项卡：只有在翘曲变形分析结果图属性中才有此选项卡，如图 2-68 所示。可以对结果图的“颜色”、“比例因子”和“收缩补偿”等进行相应的设置。

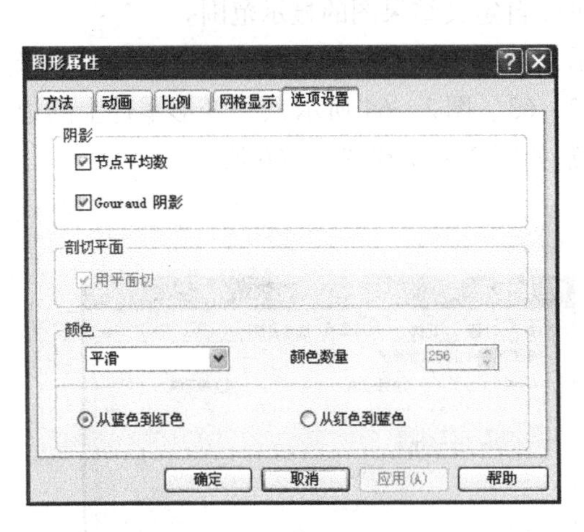

图 2-67　“选项设置”选项卡

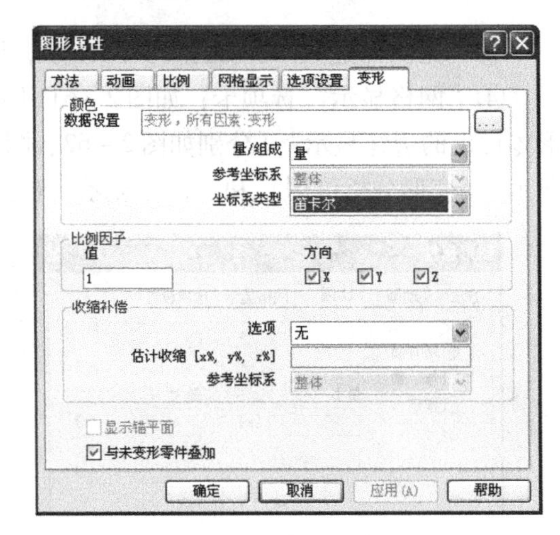

图 2-68　“变形”选项卡

（2）曲线图的属性共有 3 个选项卡，具体功能如下。

①“XY 图形属性（1）”选项卡：如图 2-69 所示，可以对“独立变量”、“特征”、“图例位置与尺寸”和“曲线”等项进行设定。

②“XY 图形属性（2）”选项卡：如图 2－70 所示，可以自定义 *X*、*Y* 轴数值的范围，图形标题及 *X*、*Y* 轴标题。

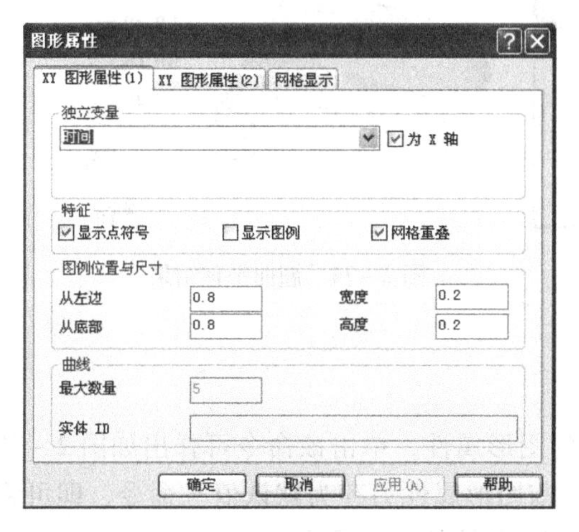

图 2－69　“XY 图形属性（1）”选项卡

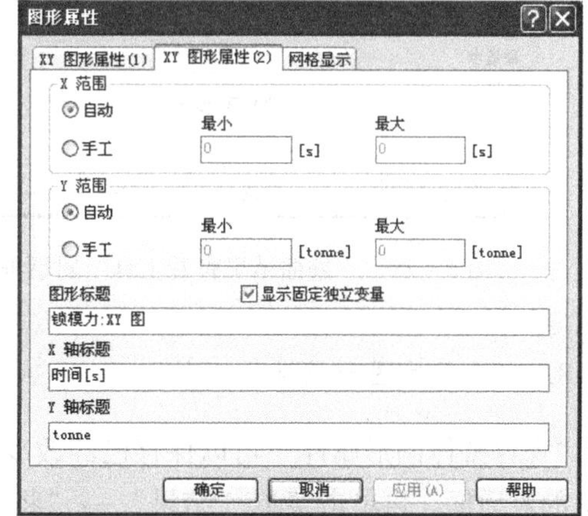

图 2－70　“XY 图形属性（2）”选项卡

③“网格显示”选项卡：对话框及功能同图 2－61 所示。

5．检查结果

“检查结果”可以通过鼠标单击模型（如实体或曲线等）结果图来实时查询点选处的结果值。如需对实体图不同位置的数值进行比较，则按住键盘上“Ctrl”键选取需要查询的多个位置即可，如图 2－71、图 2－72 所示。

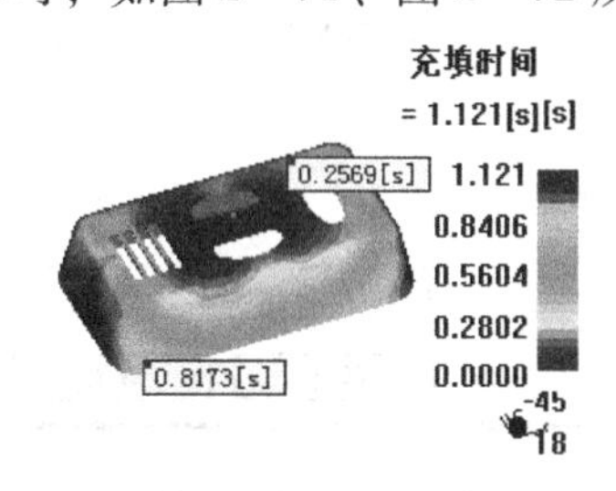

图 2－71　“充填时间”结果查询

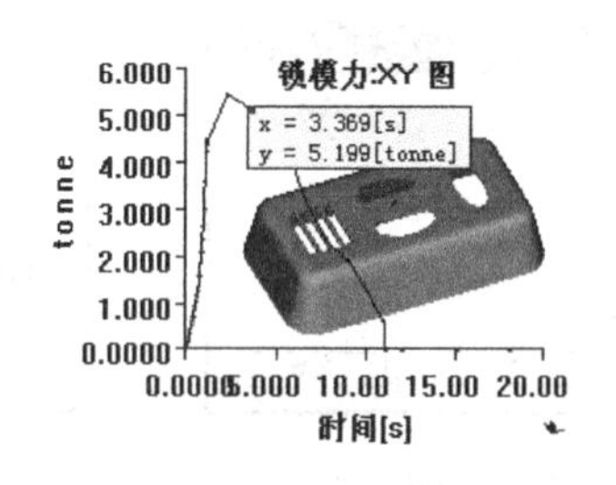

图 2－72　“锁模力”结果查询

6．图形注释

单击“图形注释”可以在弹出的“图形注释”框中对图形添加一些注释。

7．翘曲结果查看工具和恢复原始位置

“翘曲结果查看工具”、“恢复原始位置”两个命令只有在完成了翘曲分析后才被激活，前者可以实时查看翘曲变形情况，单击后会弹出如图 2－73 所示的对话框，选择“平移”选项，在“位移（x，y，z）”文本框中输入“0 60”可以得到如图 2－74 所示的变形图，而后者将模型恢复到原始状态。

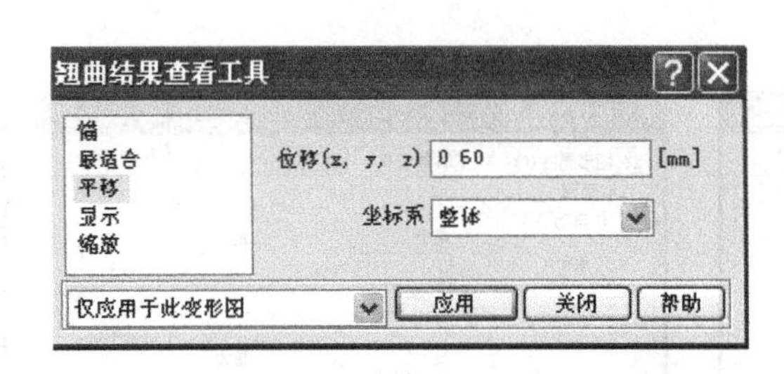

图 2－73 “翘曲结果查看工具”对话框

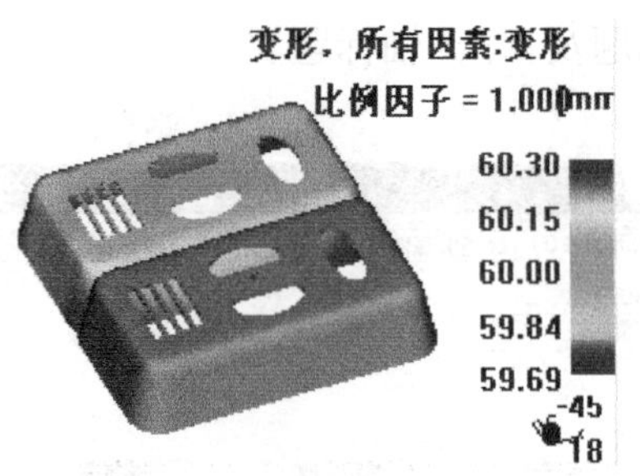

图 2－74 翘曲平移结果

8. 保存整体图形属性

“保存整体图形属性”可以保存已经改变的图形属性，单击该命令可弹出如图 2－75 所示的对话框。再单击菜单“结果”→“将当前图形属性另存为默认值”命令，即可将当前设置的图形属性保存为默认值，同时也应用到其他的图形属性。

9. 导出翘曲网格/几何体

“导出翘曲网格/几何体”可以将翘曲模型的网格/几何体导出为其他模式的文件，单击该命令会弹出如图 2－76 所示的对话框，可以根据需要对文件格式、单位、方向和比例进行设置，单击“确定”按钮即可完成文件的保存。

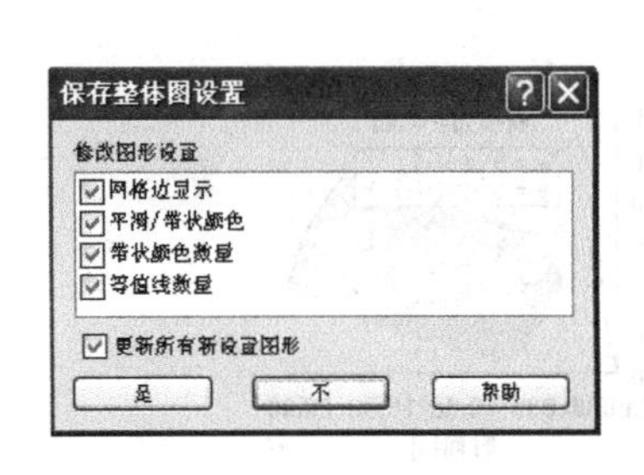

图 2－75 “保存整体图设置”对话框

图 2－76 “导出翘曲网格/几何体”对话框

2.3.8 报告

“报告”菜单如图 2－77 所示，可以生成和编辑报告，命令功能同如图 2－35 所示的“报告”工具栏中的对应按钮，部分菜单命令要在生成报告后才被激活。

1. 报告生成向导

“报告生成向导”的具体操作步骤如下。

Step1：单击该命令会弹出如图 2－78 所示的向导一，根据需要从“可用方案”框里

选择相应方案通过 添加 >> 按钮添加到右侧“所选方案”框中（也可以利用 << 删除 按钮将所选方案移除）。

图 2－77　“报告”菜单

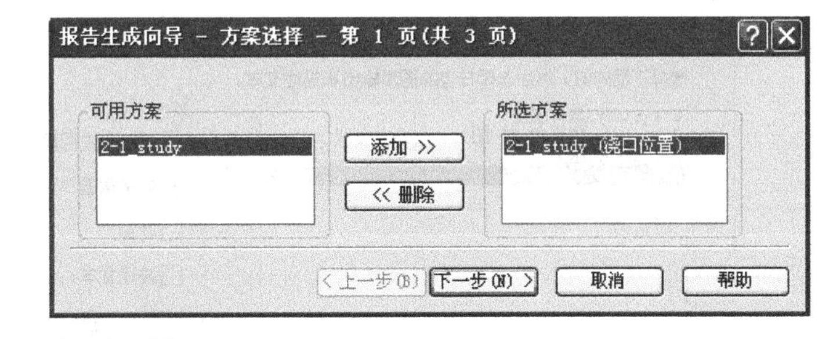

图 2－78　“报告生成向导-方案选择”对话框

Step2：单击“下一步”按钮，显示如图 2－79 所示的向导二，从左侧“可用数据”框中将需要生成报告的结果选项添加到右侧的“选中数据”框中（也可以利用 << 删除 按钮将所选数据移除）。

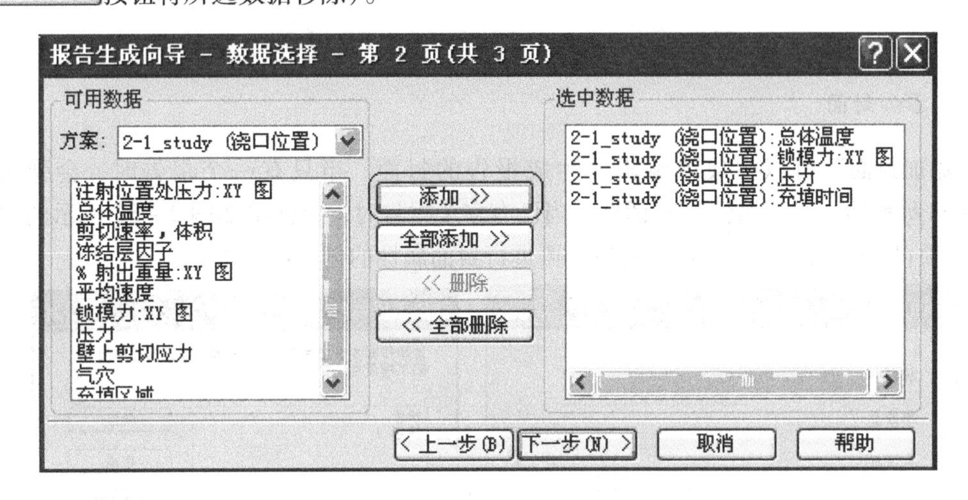

图 2－79　“报告生成向导-数据选择”对话框

Step3：单击“下一步”按钮，显示如图 2－80 所示的向导三。

其中，“报告格式”可以设置生成报告的格式；“报告模板”包括“标准模板”和“用户创建的模板”；“封面”属性同菜单“报告”→“添加封面”命令，如图 2－81 所示；“项目细节”可以对“报告项目”中的项目细节及其相关属性进行相应的设置或编辑，不同的项目细节有所不同。

Step4：单击“生成”按钮即可生成报告，并在工程管理视窗中显示。

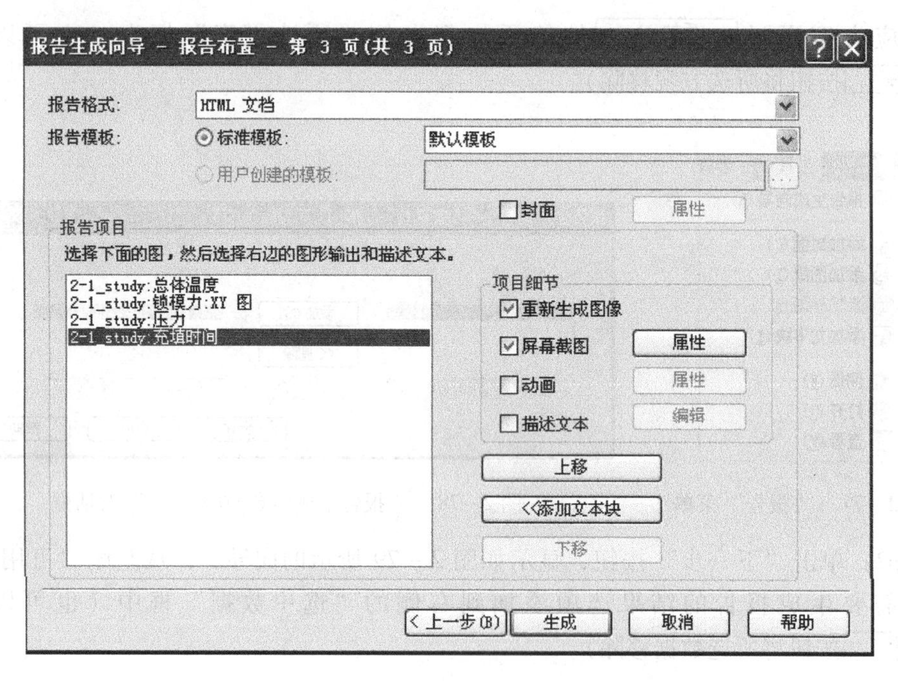

图 2－80　“报告生成向导-报告布置”对话框

2．添加封面

“添加封面”可以生成或编辑已生成报告的封面。当只有一个报告时，会弹出如图 2－81所示的“封面属性”对话框；当已有多个报告时，会弹出如图 2－82 所示的“选择工程项目”对话框，选择相应的报告再进行封面属性的创建或编辑。

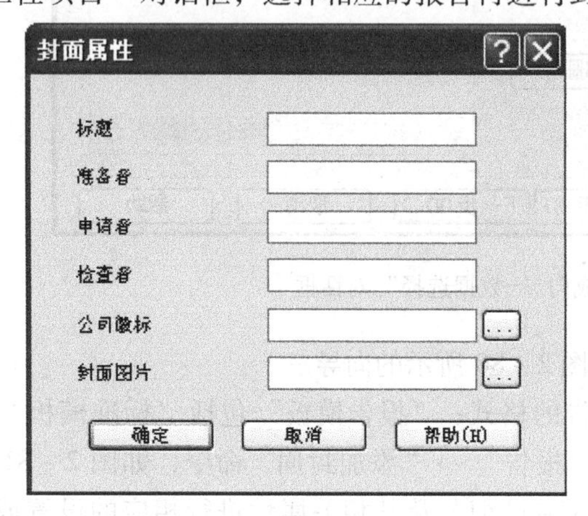

图 2－81　“封面属性”对话框

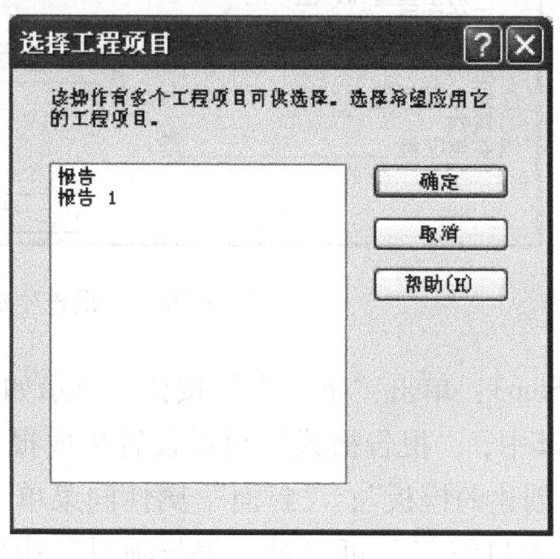

图 2－82　“选择工程项目”对话框

3．添加图像

“添加图像”可以根据需要将结果图像添加到已经生成的报告中。“添加图像”对话框及“屏幕截图属性”设置框分别如图 2－83、图 2－84 所示。

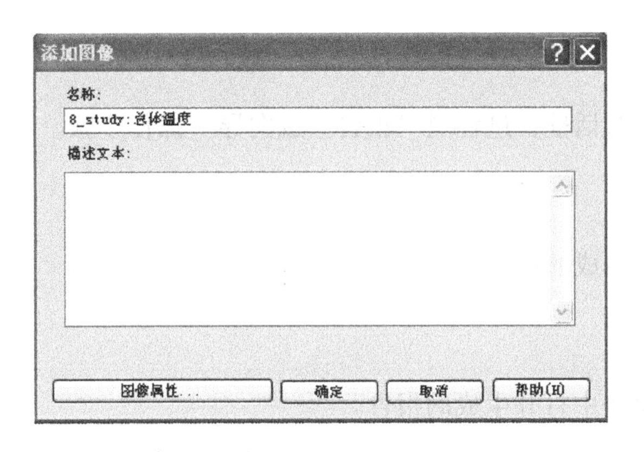

图 2－83　“添加图像”对话框

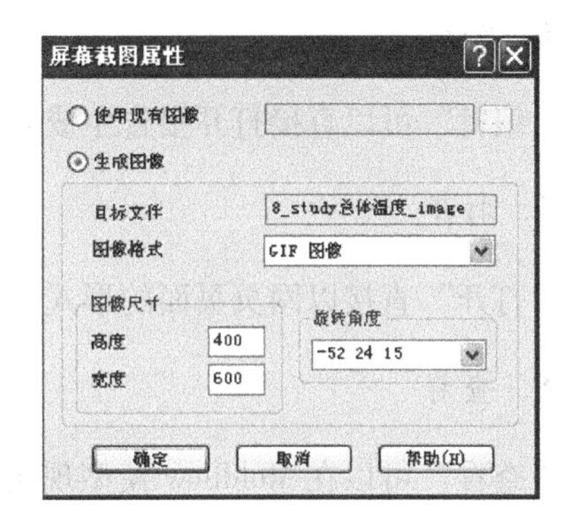

图 2－84　“屏幕截图属性”设置框

4. 添加动画

“添加动画”可以根据需要将模拟结果的动画添加到已经生成的报告中。“添加动画”对话框及“动画属性”设置框分别如图 2－85、图 2－86 所示。

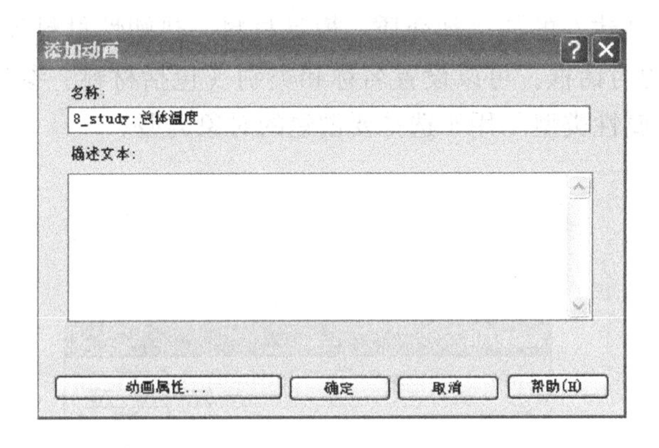

图 2－85　“添加动画”对话框

图 2－86　“动画属性”设置框

5. 添加文本块

“添加文本块”可以在如图 2－87 所示的对话框的“描述文本”栏中输入相应的文本，然后将其添加到已经生成的报告中。

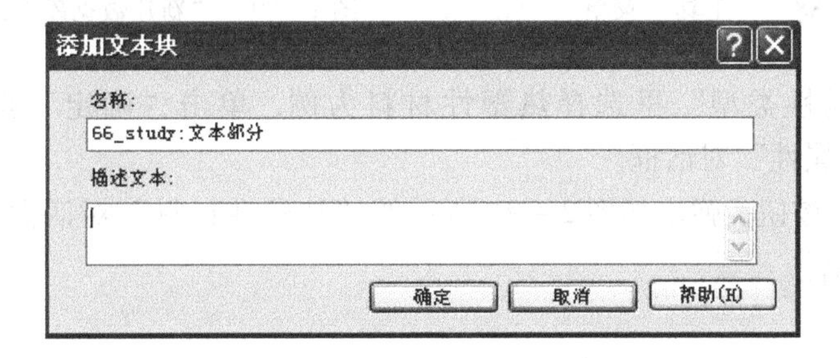

图 2－87　“添加文本块”对话框

6. 编辑

“编辑”可以直接打开报告生成向导对话框，过程同“报告生成向导”操作步骤。

7. 打开

“打开”直接以网页页面的形式打开生成的报告。

8. 查看

“查看”可以在Moldflow模型现实窗口中打开生成的报告。

2.3.9 工具

“工具”菜单如图2-88所示，主要菜单命令如下。

1. 新建个人数据库

“新建个人数据库”可以根据需要创建新的如冷却介质、模具材料、热塑性材料等数据库，单击后会弹出如图2-89所示的对话框，可以设置名称和类别（包括材料、参数、工艺条件、几何/网格/BC和全部），“属性类型”用于选择要创建的对象类型。

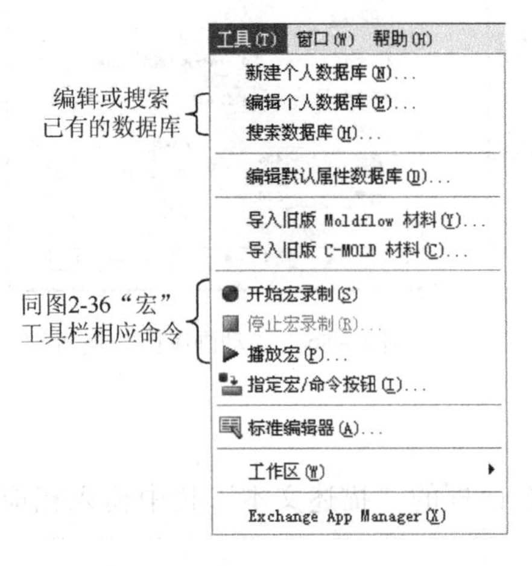

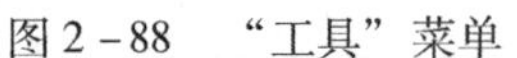

图2-88 “工具”菜单

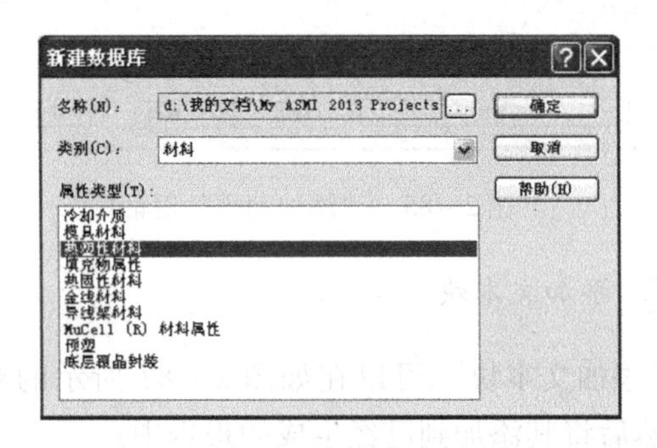

图2-89 “新建数据库”对话框

这里以在“属性类型”里选择热塑性材料为例，单击“确定”按钮后会弹出如图2-90所示的“属性”对话框。

单击“新建”按钮，弹出如图2-91所示的“热塑性材料”对话框，可以设置热塑性材料的一系列属性。

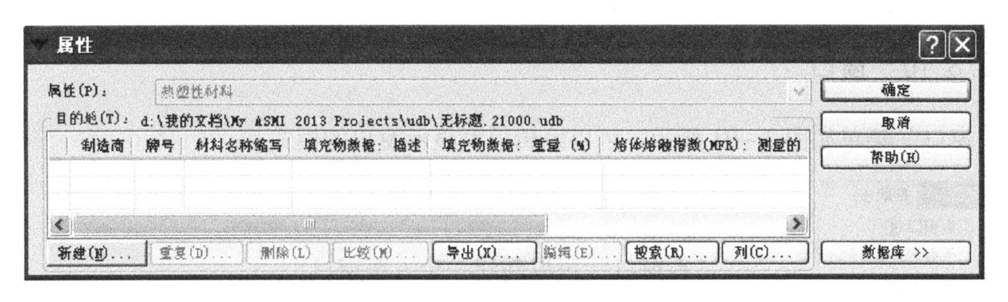

图 2－90　“属性”对话框

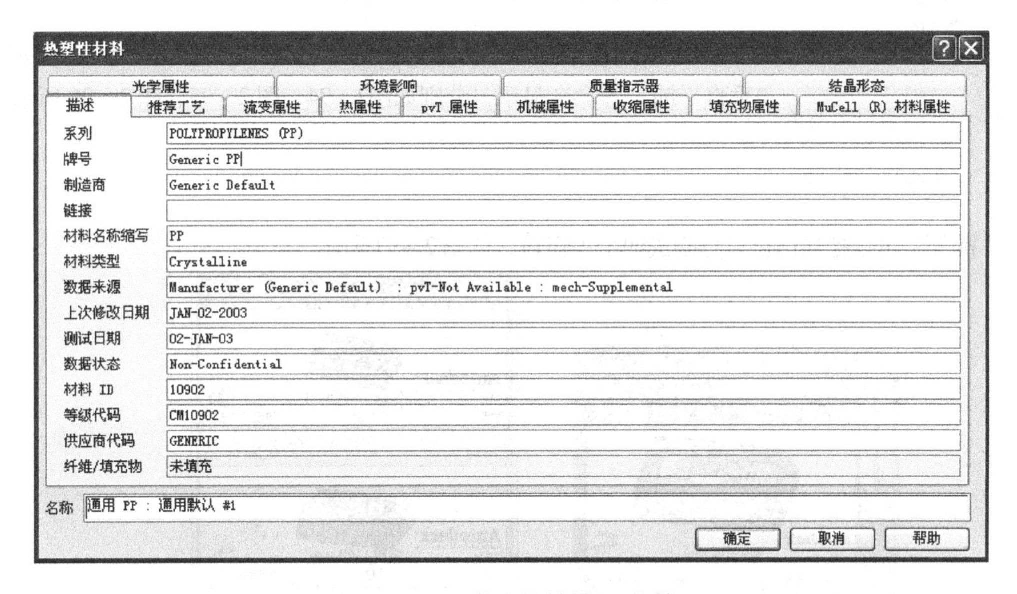

图 2－91　“热塑性材料”对话框

2. 编辑默认属性数据库

“编辑默认属性数据库”可以对数据库中的属性进行编辑，单击该命令会弹出如图 2－92所示的“属性”对话框，双击需要编辑的选项，会弹出对应的编辑框，可以对相应的参数进行编辑。

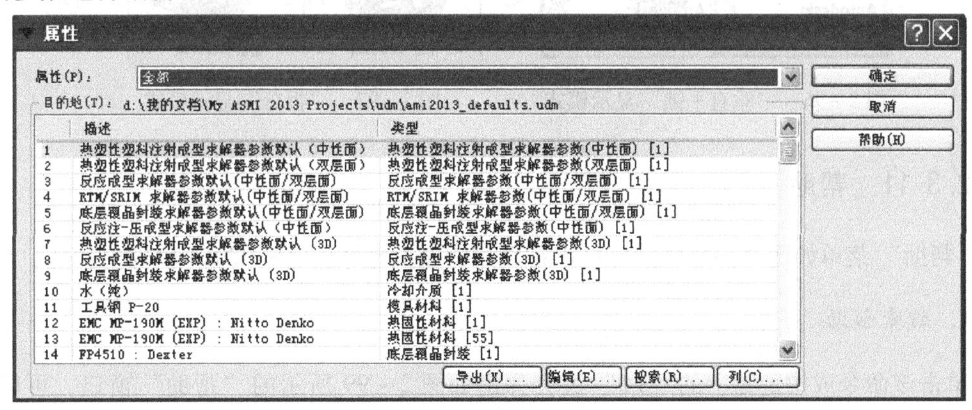

图 2－92　“属性”对话框

2.3.10 窗口

“窗口”菜单如图 2 – 93 所示，可以编辑模型显示窗口的模式。

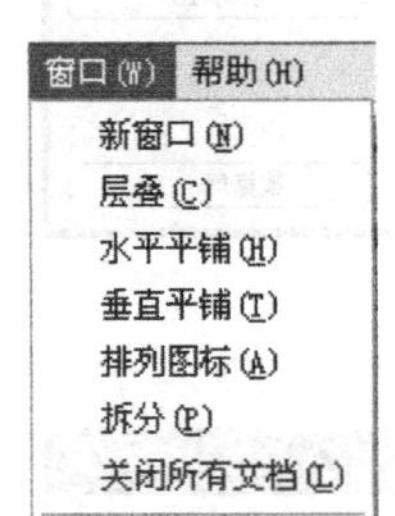

图 2 – 93 “窗口”菜单

1. 新窗口

“新窗口”可以新建一个方案窗口。

2. 窗口显示模式

当一个工程中有多个方案时，可以利用“层叠”、“水平平铺”、“垂直平铺”等命令显示，分别如图2 – 94、图 2 – 95、图 2 – 96 所示。

3. 拆分

“拆分”可以把当前窗口分割成四个小窗口，如图 2 – 97 所示。

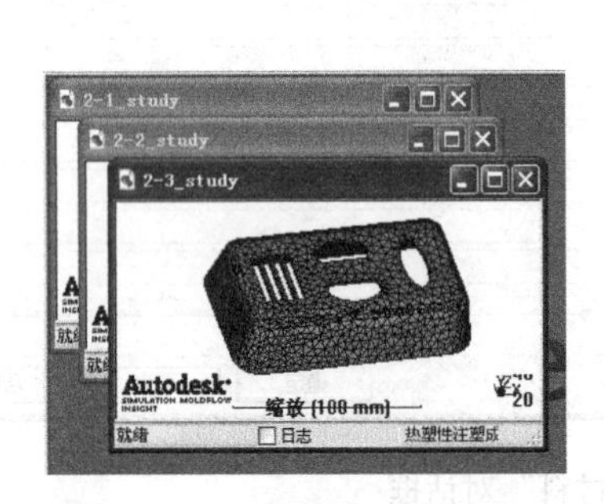

图 2 – 94 “叠层”显示模式

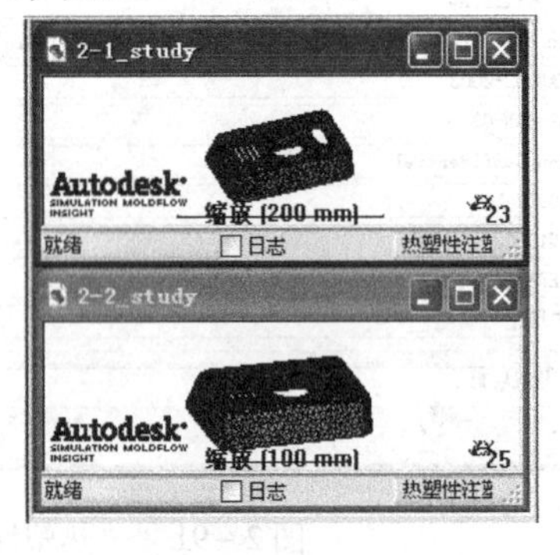

图 2 – 95 “水平平铺”显示模式

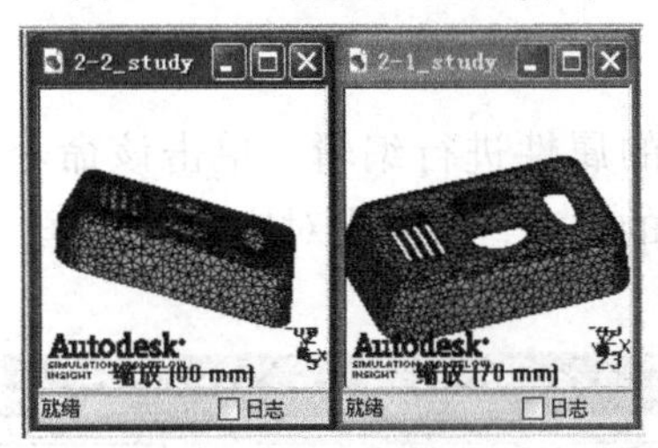

图 2 – 96 “垂直平铺”显示模式

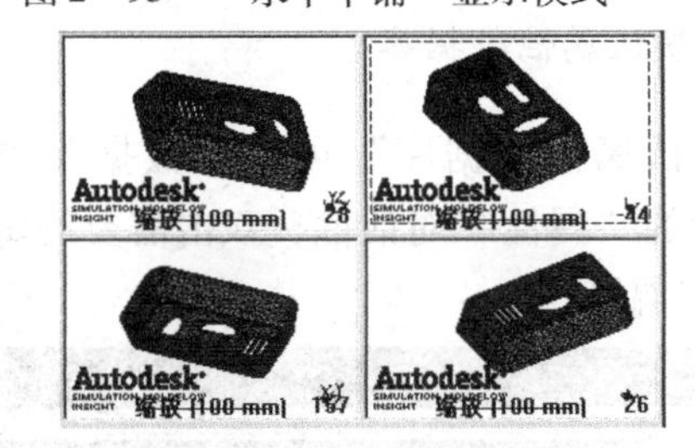

图 2 – 97 “拆分”显示模式

2.3.11 帮助

“帮助”菜单如图 2 – 98 所示，可以帮助用户全面地掌握 ASMI2013 软件的功能。

1. 搜索帮助

单击该命令或按键盘上的“F1”键会弹出如图 2 – 99 所示的“帮助”窗口，可以通过“目录”、“索引”、“搜索”等选项卡查找到需要帮助的内容。

2. 这是什么

单击该命令或按“Shift + F1”组合键，可以用鼠标单击需要帮助的地方，会弹出相应的帮助窗口。

3. 键盘快捷键

单击该命令会弹出如图 2 - 100 所示的键盘快捷键帮助窗口。

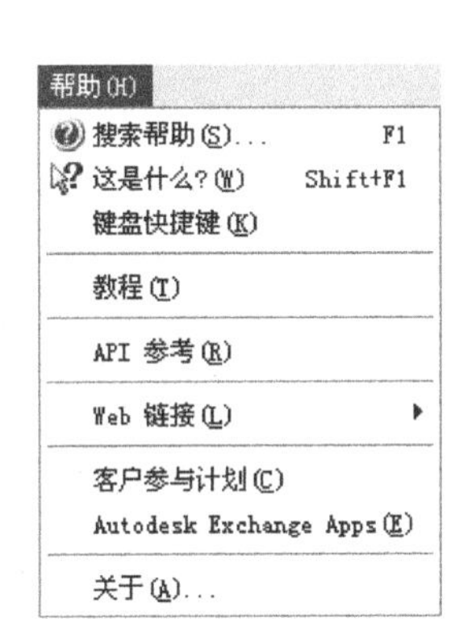

图 2 - 98 “帮助”菜单

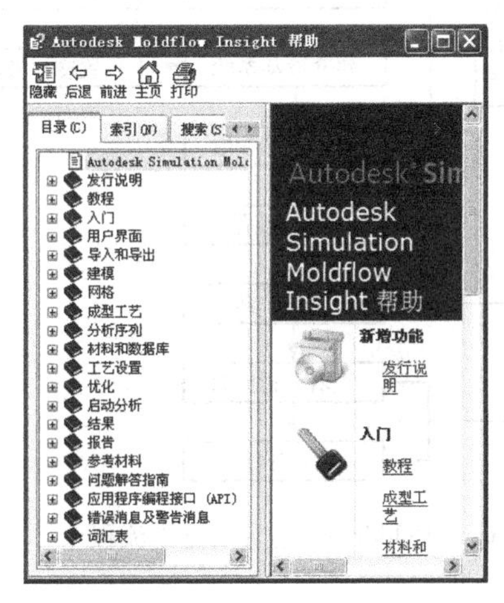

图 2 - 99 “帮助”窗口

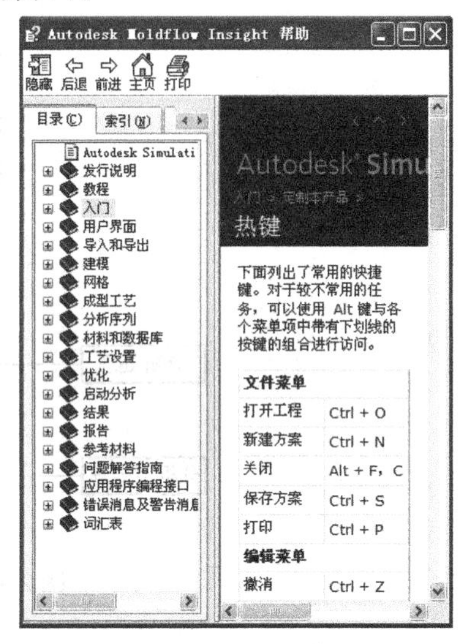

图 2 - 100 键盘快捷键“帮助”窗口

4. 教程

单击该命令会弹出与图 2 - 99 类似的“帮助”窗口进入教程，可以轻松跟随教材学习并掌握 ASMI 2013 软件的操作。

2.4 Moldflow 分析流程

利用 ASMI 进行注射分析的基本流程主要包括前处理和后处理，如图 2 - 101 所示，前处理包括模型建立和参数（边界条件）设定，该部分主要由设计人员操作，而分析处理主要由计算机通过计算分析完成，然后根据查看和分析的结果按照要求制作分析报告等。

1. 分析前处理

（1）模型建立：在 Moldflow 分析中，首先建立一个工程项目（即文件夹），分析过程的文件都保存在该项目中，便于文档管理。然后导入一个三维数据模型（可以由 Pro/E、UG 等软件创建的通用数据格式），再对模型进行合理的网格划分，根据统计结果对有缺陷的网格进行修补完善。

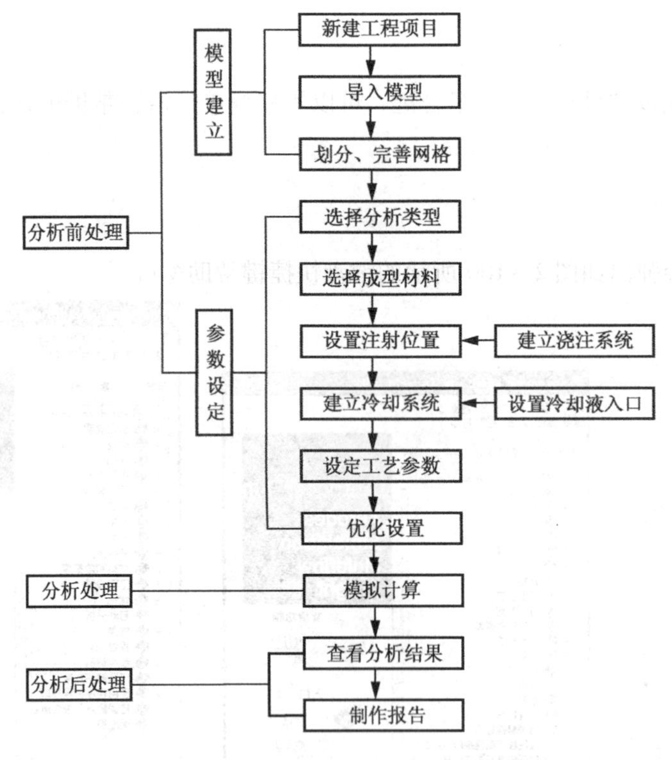

图 2 – 101　Moldflow 注射分析基本流程

（2）参数设定：在模型网格划分完后，按照实际要求设定相应参数，如分析类型、成型材料和工艺参数（如温度、充填时间、保压力等）等，还要根据注射模具总体方案设置相应的浇注系统、冷却系统等。

2. 分析处理

分析前处理完成后，就可以根据设定的模拟分析类型由系统自动进行模拟计算了。

3. 分析后处理

分析处理完成后，会产生相应结果，经常用到的有最佳浇口位置、温度场、压力场、翘曲变形、熔接痕、气穴、锁模力和冻结因子等。通过这些分析结果可以进行分析评判，并根据优化目的制作相应的分析报告。

2.5　Moldflow 基本分析应用

下面以如图 2 – 1 所示的模型为例，阐述应用 Moldflow 进行“浇口位置”和“填充”分析的基本流程（本书均采用传统用户界面进行操作）。

2.5.1 分析前处理

1. 新建工程

启动 ASMI，单击菜单“文件”→“新建项目”命令或双击工程管理区中的“新建工程...”图标，弹出如图 2－102 所示的“创建新工程”对话框，在“工程名称”栏中输入“2－1”，并指定“创建位置”的文件路径，单击“确定”按钮创建一个新工程。此时在工程管理区中会显示工程“2－1”，如图 2－103 所示。

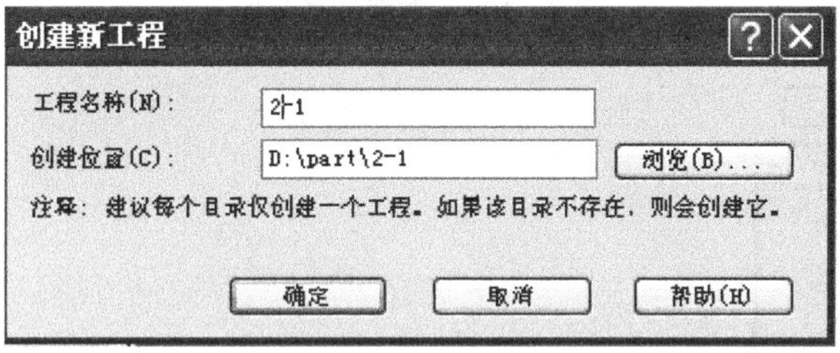

图 2－102 “创建新工程”对话框

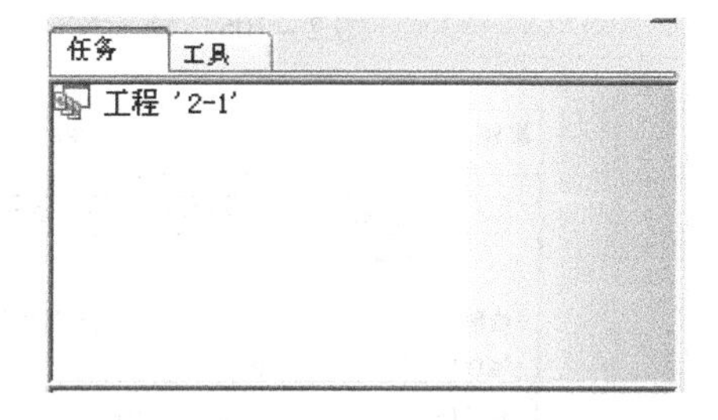

图 2－103 工程管理区

2. 导入模型

单击菜单“文件”→“导入”命令或单击工具栏命令，进入模型导入对话框，选择“\实例模型\chapter2 \ 2－1. stl”，单击“打开”按钮，系统弹出如图 2－104 所示的“导入”对话框。选择“双层面”网格类型，尺寸单位采用默认的“毫米”，单击“确定”按钮，导入如图 2－105 所示的模型。此时，方案任务区中列出了默认的分析任务和初始设置等，如图 2－106 所示。

3. 调整模型方位

单击菜单“建模”→“移动/复制”→“旋转”，弹出如图 2－107 所示的“旋转”对话框，在“输入参数”区的“选择”栏中选取模型；在“轴”栏中选择“X 轴”选项；在“角度”栏中输入“90”；单击选中“移动”单选项；然后单击“应用”按钮，完成如图 2－108所示的旋转结果。

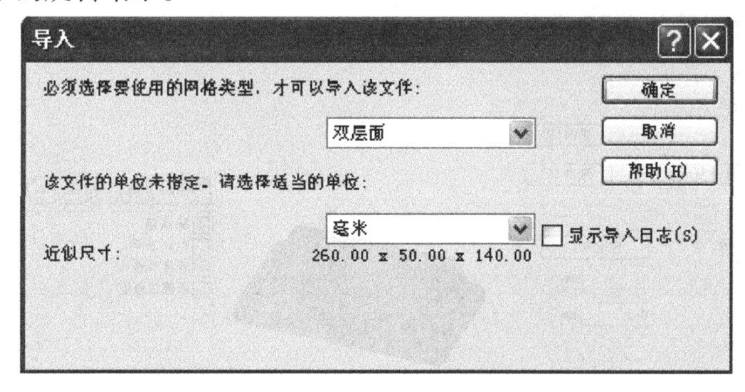

图 2－104 “导入”对话框

图 2－105　导入模型

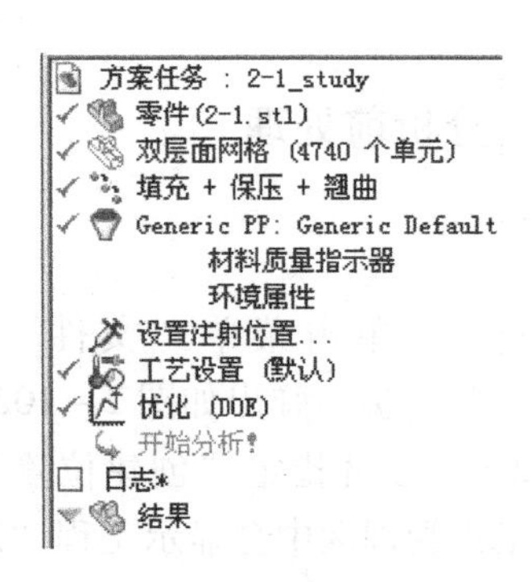

图 2－106　方案任务视窗

图 2－107　“旋转”对话框

图 2－108　旋转结果

4. 处理网格

Step1：网格划分。单击菜单“网格”→“生成网格”命令或双击任务区中的“创建网格...”图标，弹出如图 2－109 所示的“生成网格”对话框。在“全局网格边长”栏中输入“4”，单击“立即划分网格”按钮，系统将自动对模型进行划分，完成如图 2－110 所示的网格模型。此时在层管理区中增加了“新建节点”层和“新建三角形”层，如图 2－111 所示。

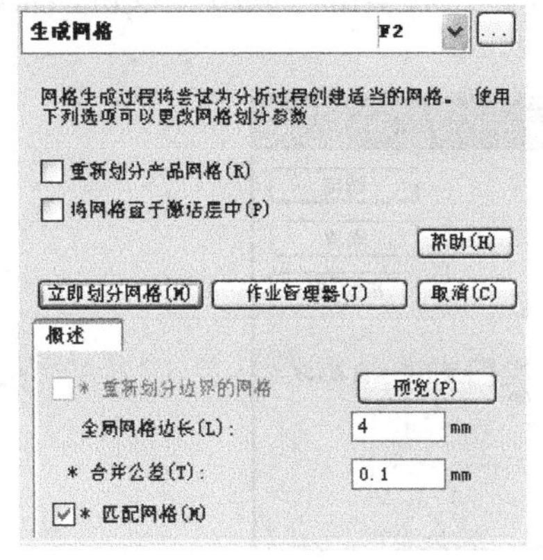

图 2－109　“生成网格”对话框

图 2－110　网格模型

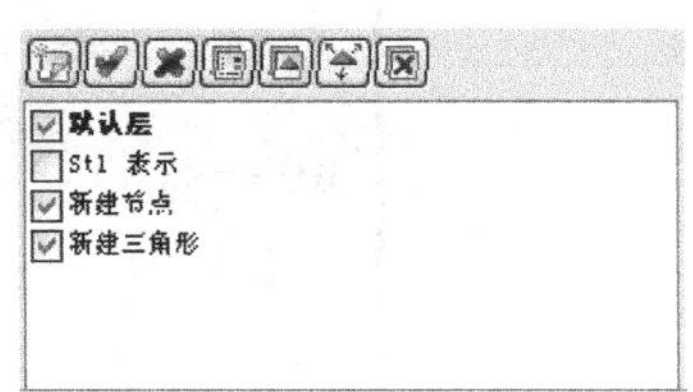

图 2－111　层管理区

Step2：网格诊断。网格诊断的目的是为了检验出模型中存在的不合理网格，并将其修改成合理网格，便于 Moldflow 顺利求解。单击菜单“网格”→“网格统计”，弹出如图 2－112所示的“网格统计”对话框，单击“显示”按钮，系统弹出如图 2－113 所示的“三角形”信息框。

图 2－112　“网格统计”对话框

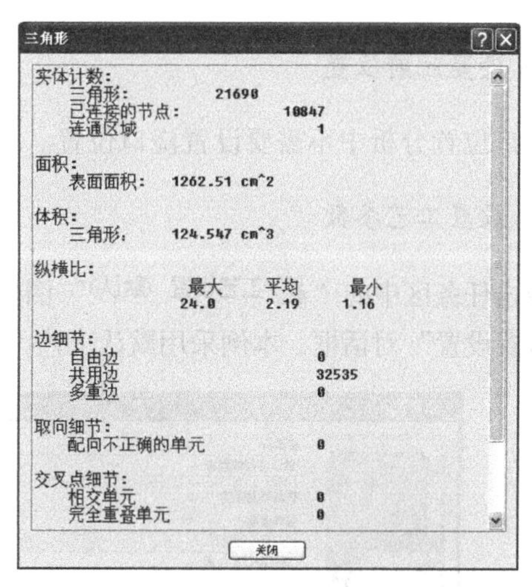

图 2－113　“三角形”信息框

【说明】“三角形”信息框显示模型除纵横比最大值偏大（范围为 1.16～24.0，尽可能将最大值降低到 10 以内，这步省略，具体操作见第 4 章）外，其他统计项如自由边、多重边、配向不正确的单元、相交、完全重叠单元个数均为 0，匹配率达到 91.3%（大于 80%），均符合计算要求。

5. 选择分析类型

Moldflow 提供了很多的分析类型，一般来说，对于新产品和不能确定浇口位置的塑件，首先选择“浇口位置”分析类型，目的是找出塑件“最佳浇口位置”，然后创建相应的浇注系统，再进行其他的分析。

单击菜单“分析”→“设置分析序列”命令或双击方案任务区中的“✓ 填充”图标，系统会弹出如图 2－114 所示的“选择分析序列”对话框。选择“浇口位置”选项，单击“确定”按钮，此时方案任务区中的“填充”图标变为“浇口位置”图标，如图 2－115 所示。

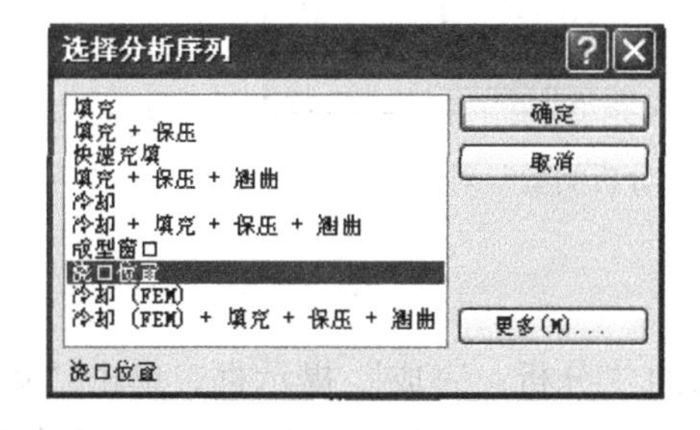

图 2－114　“选择分析序列”对话框

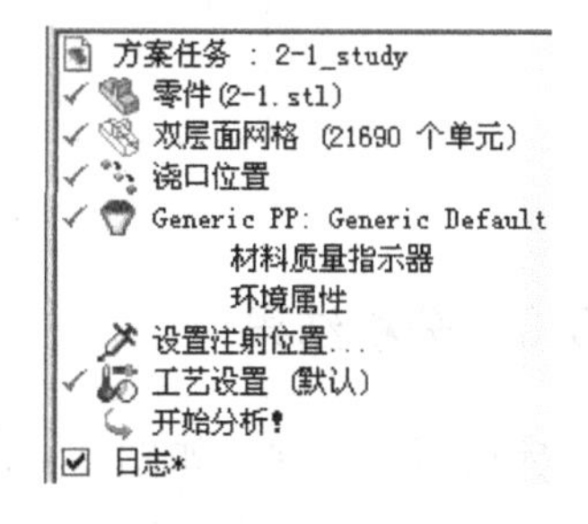

图 2－115　方案任务视窗

6. 选择成型材料

方案任务区中的“材料”栏显示“ Generic PP: Generic Default ”图标，这里采用默认的 PP 材料。

7. 设置注射位置

浇口位置分析中不需要设置浇口位置。

8. 设置工艺参数

双击任务区中的“ 工艺设置（默认）”图标，弹出如图 2-116 所示的“工艺设置向导-浇口位置设置”对话框，本例采用默认工艺。

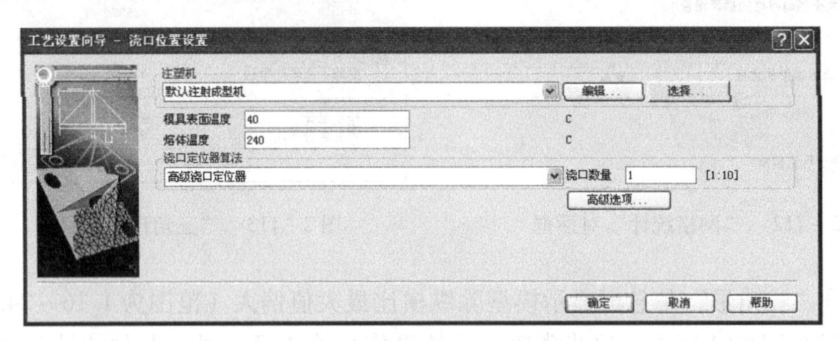

图 2-116 “工艺设置向导-浇口位置设置”对话框

2.5.2 分析处理

双击方案任务区中的“ 开始分析！”图标，系统将弹出如图 2-117 所示的对话框，单击“确认”按钮，ASMI 求解器开始执行计算分析。

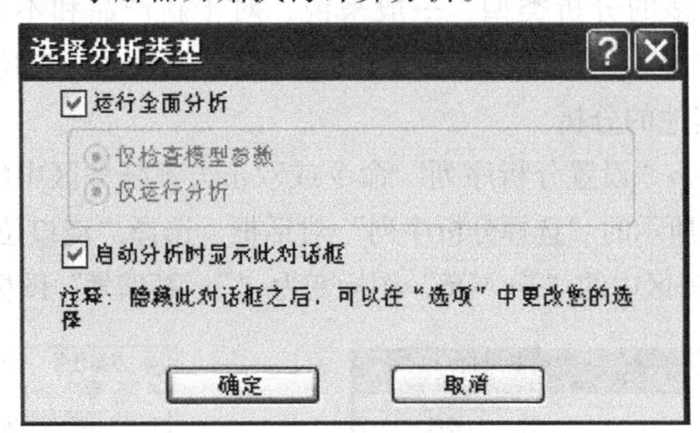

图 2-117 “选择分析类型”对话框

2.5.3 分析结果

计算完成后，会弹出如图 2-118 所示的“分析：完成”提示框，单击“确定”按钮，在任务区的“结果”中会显示分析的结果。可以勾选任务区中的“日志”复选框，从如图2－119所示的日志里可以看到“建议的浇口位置有：靠近节点＝15687”。同时在工程管理区复制出如图2－120所示的“2－1_ study（浇口位置）”模型，模型显示区中的模型如图2－121所示。

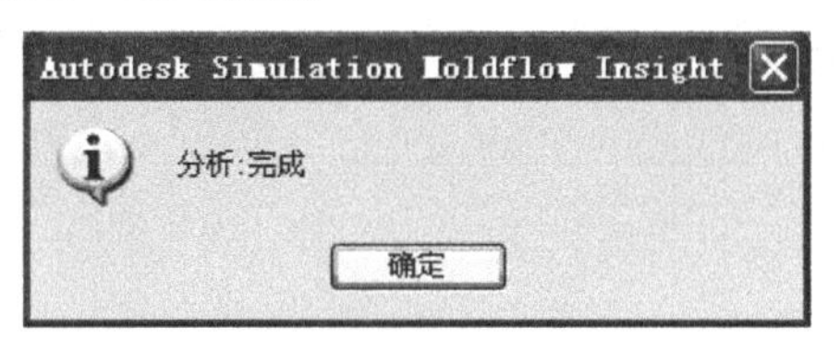

图2－118 “分析：完成”提示框

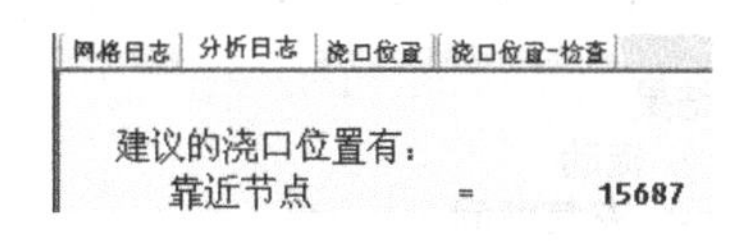

图2－119 分析日志结果

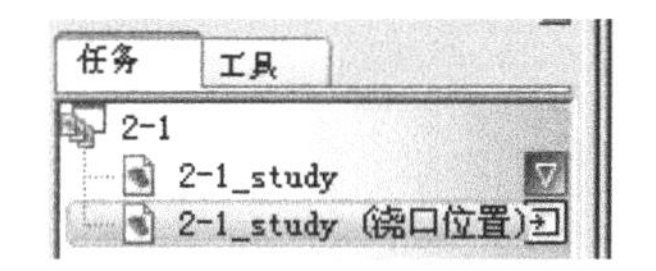

图2－120 复制的浇口位置模型

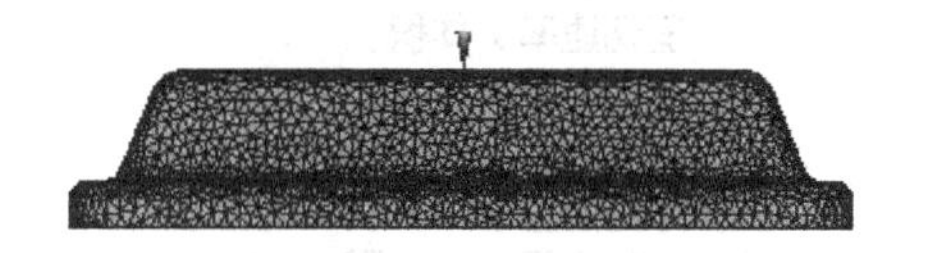

图2－121 最佳浇口位置模型

2.5.4 二次分析前处理

双击工程管理区中的“2－1_ study（浇口位置）”模型。

1. 选择分析类型

采用默认的“填充”分析。

2. 选择成型材料

这里继承复制模型中的默认材料。

3. 设置工艺参数

本例仍采用默认工艺。

2.5.5 二次分析处理

双击方案任务区中的“开始分析!”图标，系统会弹出对话框，单击“确认”按钮，ASMI求解器开始执行计算分析。

2.5.6 二次分析结果

计算完成后，会弹出“分析：完成”提示框，单击“确定”按钮，ASMI生成大量的文字、图像和动画结果，分类显示在方案任务区中，如图2－122所示。可以按照需要选择选项查看相应的结果，这里列举几项如下。

1. 充填时间

充填时间：选择“充填时间”复选框，显示如图 2－123 所示的结果，总时间为 1.553s。可以利用工具栏中的动画播放器 1.553 s 的相关按钮进行实时动态显示熔料充填型腔过程。

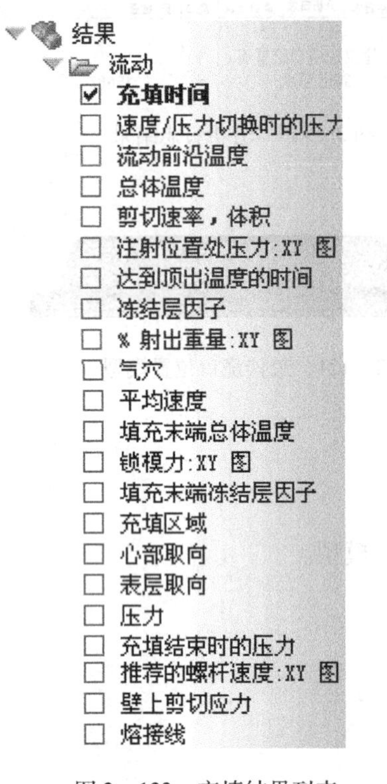

图 2－122　充填结果列表

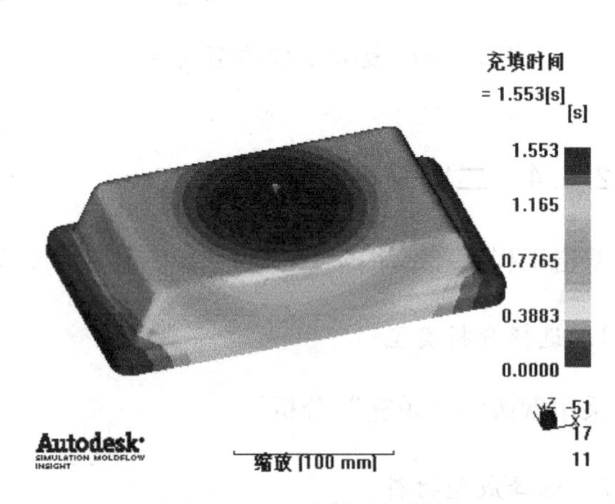

图 2－123　充填时间结果

2. 其他结果

总体温度、压力（也可以动态的方式显示）、气穴位置及锁模力分别如图 2－124、图 2－125、图 2－126 和图 2－127 所示。所列结果由于篇幅所限，所以不再一一列出。

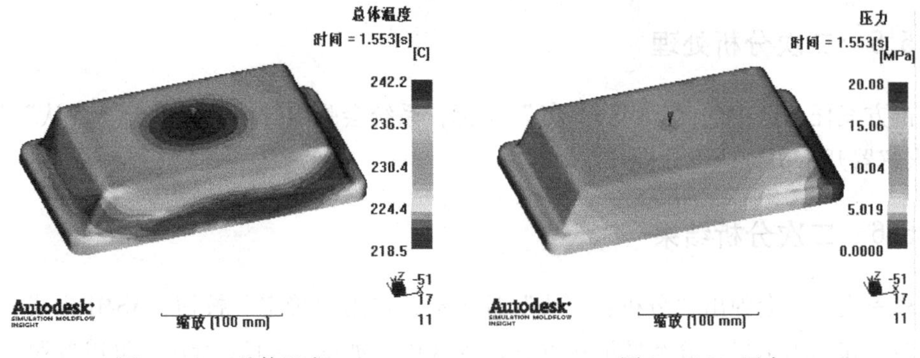

图 2－124　总体温度　　　图 2－125　压力

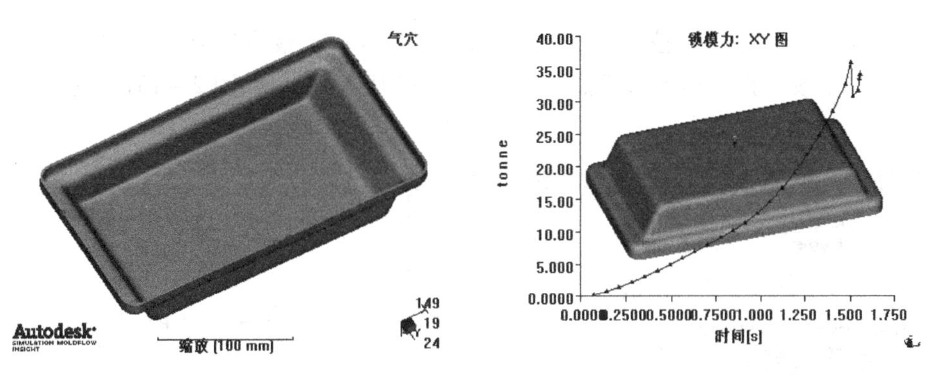

图 2－126　气穴位置　　　　图 2－127　锁模力：XY 图

2.5.7　生成报告

Step1：单击菜单“报告”→“报告生成向导”按钮，弹出如图 2－128 所示的“报告生成向导-方案选择”对话框。本操作中“所选方案”中已经存在该方案，不需另外从“可用方案”中添加。

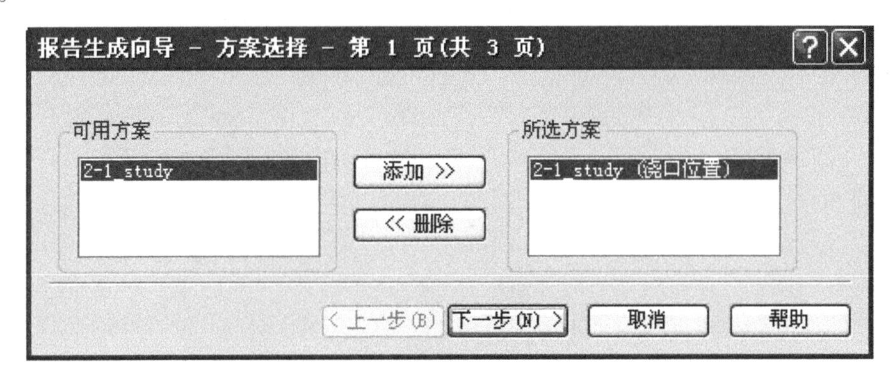

图 2－128　“报告生成向导-方案选择”对话框

Step2：单击“下一步”按钮，显示如图 2－129 所示的“报告生成向导-数据选择”对话框，从左侧“可用数据”框中将图示选项添加到右侧的“选中数据”框中。

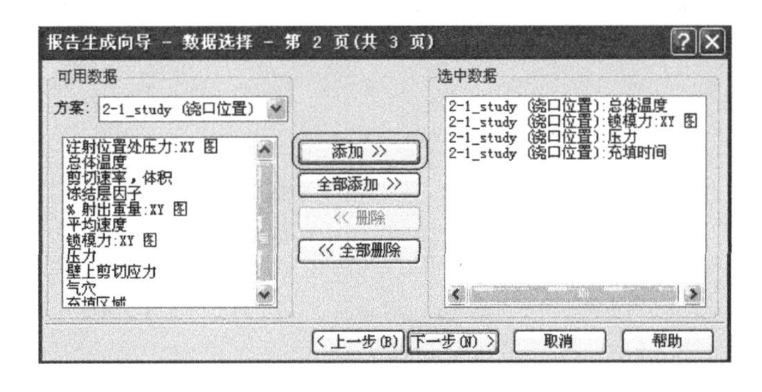

图 2－129　“报告生成向导-数据选择”对话框

Step3：单击“下一步”按钮，显示如图2－130所示“报告生成向导-报告布置”对话框，单击“生成”按钮即可生成报告，在工程管理区会显示如图2－131所示的“报告(HTML)”。

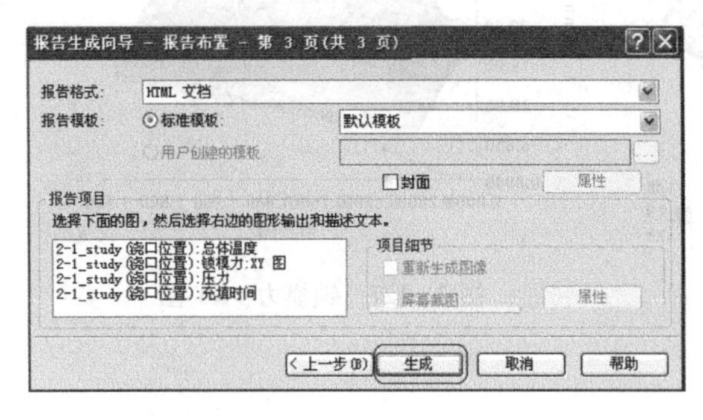

图2－130 “报告生成向导-报告布置”对话框

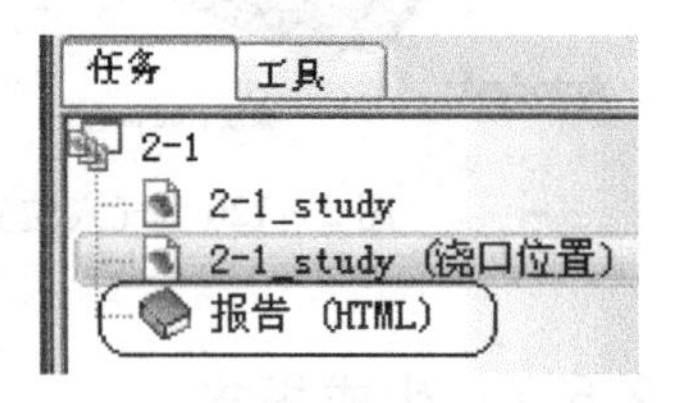

图2－131 工程管理区

本实例模拟结果见光盘\实例模型\Chapter2 \2－1 结果。

第3章　新建工程与导入模型

教学目标

通过本章的学习，了解Moldflow导入模型的处理流程，熟悉常用CAD软件导入或导出不同格式模型的操作步骤，熟练运用Moldflow软件进行新建工程和导入模型，掌握模型在Moldflow系统坐标系中的位置要求和调整方法。

教学内容

主要项目	知识要点
CAD软件导出模型	常用CAD软件导出模型的方法和步骤
Moldflow新建工程与导入模型	Moldflow新建工程及导入新模型的类型和步骤
模型位置确定	模型在Moldflow中的位置要求及其调整方法

引例

由2.4节可知Moldflow分析流程的第一步就是新建工程项目，为了便于文档的管理，应该合理设置工程项目的路径和名称。

如图3-1所示为第1章引例的塑件STP模型（见光盘：\ 实例模型\Chapter3 \3-1. stp)，尝试应用CAD（一般通用软件均可打开该格式模型）软件打开或导入本模型，再输出STL格式文件，然后导入Moldflow软件中，并按照位置要求进行必要的调整和确认。

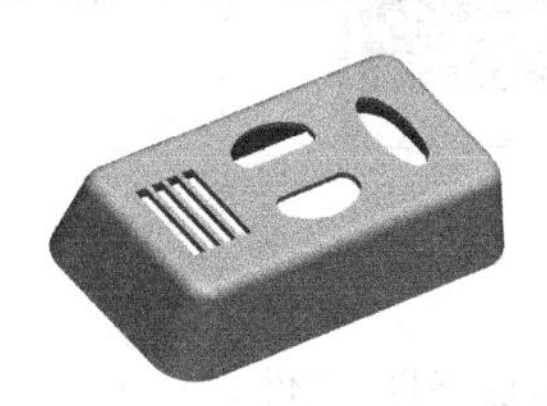

图3-1　塑件STP模型

在应用 Moldflow2013 软件进行模拟分析前，必须准备好相应的模型，模型的创建主要有两种方法：第一种在 Moldflow2013 中应用建模功能直接创建新模型，该方法由于 Moldflow 软件建模功能所限，所以创建效率和效果比 CAD 软件差些；第二种方法是导入其他 CAD 软件中创建好的模型，由于 Moldflow 与其他 CAD 系统具有很好的数据接口，所以，大多情况下使用本方法。

能被 Moldflow 导入的模型格式主要如图 3－2 所示，其中最常用的是 . stl 格式。

所有模型
Stereolithography (*.stl)
Moldflow MFL (*.mfl)
Moldflow 3D (*.m3i)
C-MOLD (*.cmf)
Autodesk Inventor 零件 (*.ipt)
Autodesk Inventor 部件 (*.iam)
方案文件(*.sdy)
MPI 2.0 工程(moldflow.prj)
IDEAS Universal (*.unv)
Ansys Prep 7 (*.ans)
Nastran (*.nas)
Nastran Bulk Data Format 7 (*.bdf)
Patran (*.pat)
Patran out (*.out)
Fem (*.fem)
IGES (*.igs, iges)
Parasolid (*.x_t, x_b)
SAT (v4-v7) (*.sat)
Pro/E 零件 (*.prt, prt.*)
Pro/E Assembly (*.asm, asm.*)
SolidWorks 零件 (*.sldprt)
SolidWorks Assembly (*.sldasm)
CATIA V5 零件 (*.catpart)
CATIA V5 Assembly (*.catproduct)
STEP (*.stp, step)
NX (*.prt)
Rhino (*.3dm)
Alias (*.wire)
ASCII/二进制模型 (*.udm)

图 3－2　Moldflow 导入格式

3.1　常用 CAD 软件导出模型

下面以导出 . stl 格式为例，介绍几种常用的 CAD 软件，如 Solidworks、Pro/E、UG 导出模型的操作方法。

1. Solidworks 软件

如图 3－3 所示为 Solidworks 的操作界面，导出模型的操作过程如下。

Step1：启动 Solidworks 软件，打开要转换格式的文件。

Step2：单击菜单“文件”→“另存为”命令或工具条“保存”→“另存为”命令，将弹出如图 3－4 所示的“另存为”对话框，在“保存类型”下拉列表中选择“STL”选项，然后单击“保存”按钮，弹出如图 3－5 所示的确认框。

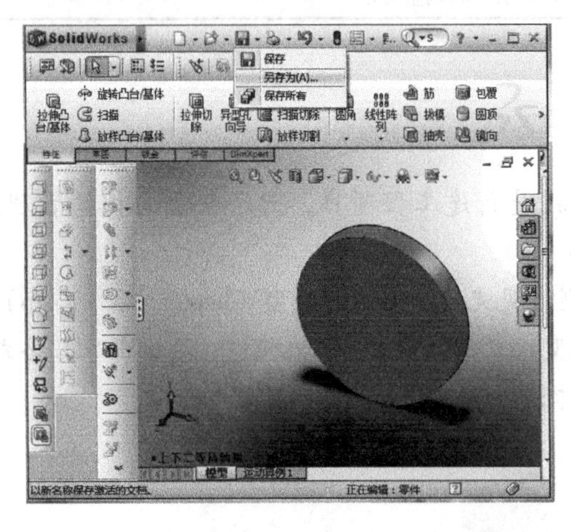

图 3－3　Solidworks 操作界面

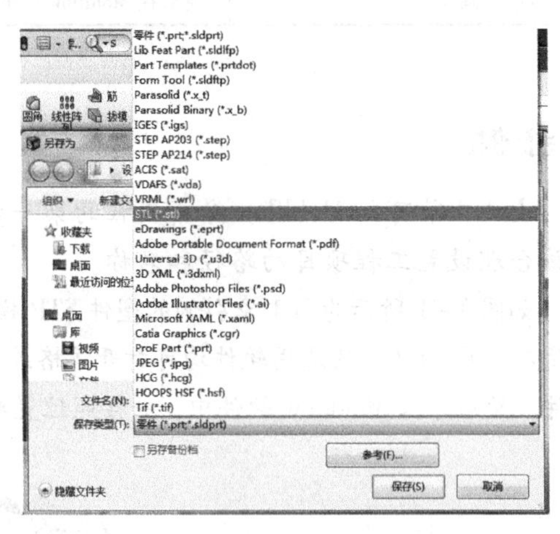

图 3－4　“另存为”对话框

Step3：单击“是”按钮即可生成 STL 文件。

2. Pro/E 软件

如图 3－6 所示为 Pro/E 的操作界面，导出模型的操作过程如下。

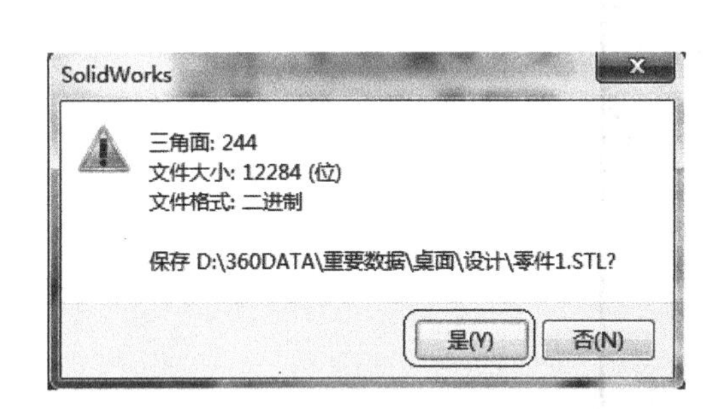

图 3－5　生成 STL 文件确认框

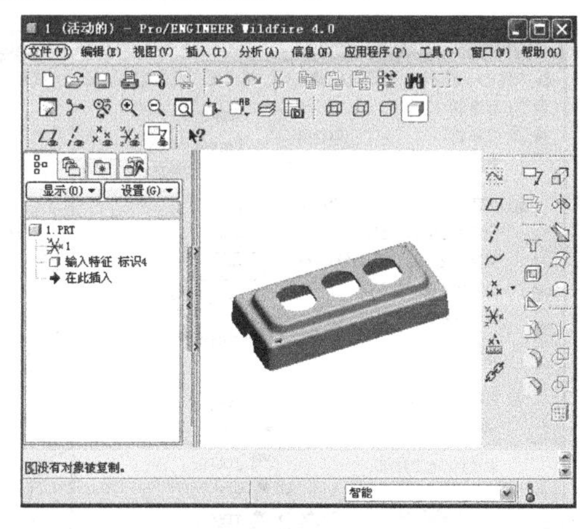

图 3－6　Pro/E 模型界面

Step1：启动 Pro/E 软件，打开要转换格式的文件。

Step2：单击菜单“文件”→“保存副本”命令后会弹出如图 3－7 所示的“保存副本”对话框，设置新模型的名称和类型（选 STL）后，单击“确定”按钮，将弹出如图 3－8 所示的“输出 STL”对话框。

图 3－7　“保存副本”对话框

图 3－8　“输出 STL”对话框

Step3：根据需要对“弦高”、“角度控制”参数进行设置。

Step4：单击“确定”按钮即可导出相应的 STL 文件。

3. UG 软件

如图 3－9 所示为 UG 的操作界面，导出模型的操作过程如下。

Step1：启动 UG 软件，打开要转换格式的文件。

Step2：单击菜单“文件”→“导出”→“STL”命令后会弹出如图 3－10 所示的“快速成形”对话框，根据需要可以对两个公差进行相应的设置。

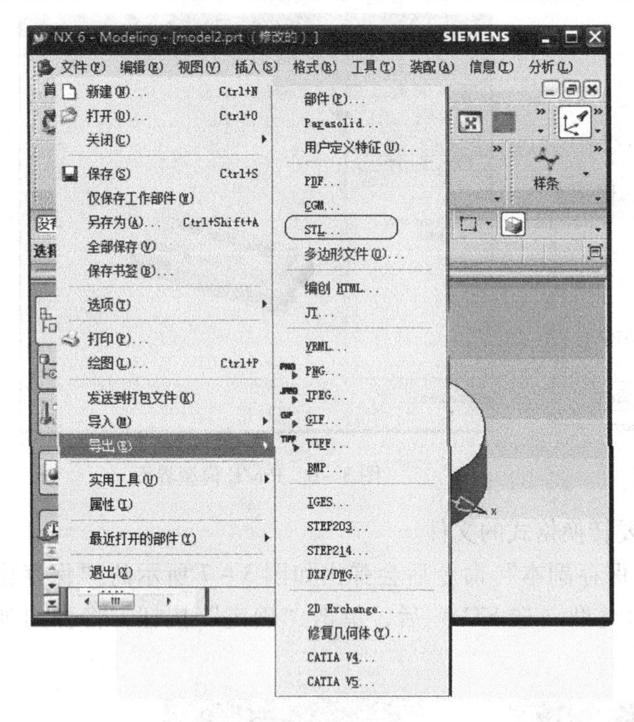

图 3－9　UG 操作界面

图 3－10　“快速成形”对话框

Step3：单击“确定”按钮，弹出如图 3－11 所示的选项框一。

Step4：单击“确定”按钮，弹出如图 3－12 所示的“类选择”对话框。

图 3－11　选项框一

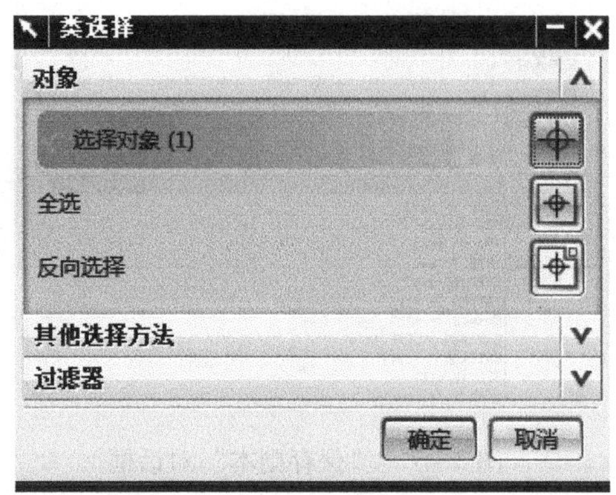

图 3－12　“类选择”对话框

Step5：利用“类选择”对话框选取 UG 显示窗口中的模型。

Step6：单击“确定”按钮，在后面弹出的如图 3－13、图 3－14 所示的选项框中按默认选项，再单击“确认”按钮即可导出相应的 STL 文件。

图 3－13　选项框二

图 3－14　选项框三

3.2　Moldflow 软件新建工程

在进行模型分析之前，首先应创建一个新工程（即定义工程名和位置），以便于文档管理，在一个工程里可以对同一个模型进行多方案的分析比较，也可以导入多个不同的模型进行分析优化。

Step1：单击菜单“文件”→“新建工程”命令或双击如图 3－15 所示的“新建工程”选项，将弹出如图 3－16 所示的“创建新工程”对话框，可以定义“工程名称”（即文件夹）及其“创建位置”（即存放文件夹位置）。

Step2：单击“确定”按钮，完成创建。

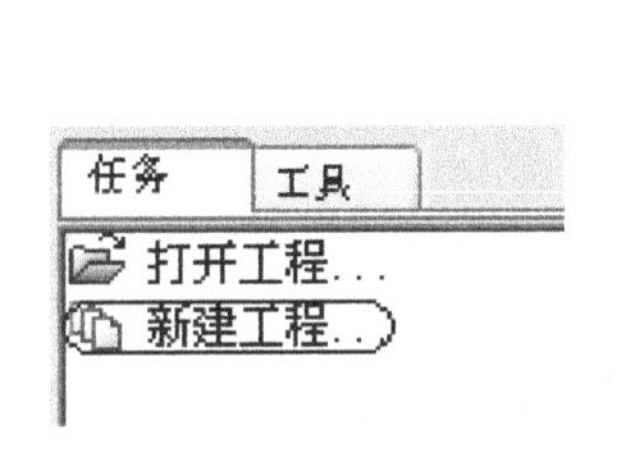

图 3－15　工程管理区

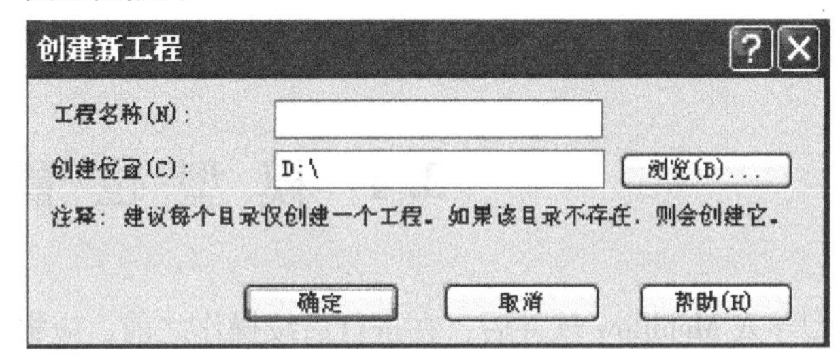

图 3－16　“创建新工程”对话框

3.3　Moldflow 软件导入模型

Step1：单击菜单“文件”→“导入”命令或单击工具条命令，将弹出模型导入对话框，找到模型所在位置，单击“打开”按钮后会弹出如图 3－17 所示的“导入”对话框。

Step2：根据需要对模型的网格类型和单位进行设置。

Step3：单击“确定”按钮，模型导入并显示到模型显示区，同时工程管理器、任务区、图层管理区和模型显示区会加载并显示相应的参数，如图 3－18 所示。

如果启动 Moldflow 后，直接单击“文件”→“导入”命令，则在导入模型后也会弹出图 3－16所示的“创建新工程”对话框，再对工程参数进行设置，可达到同样的效果。

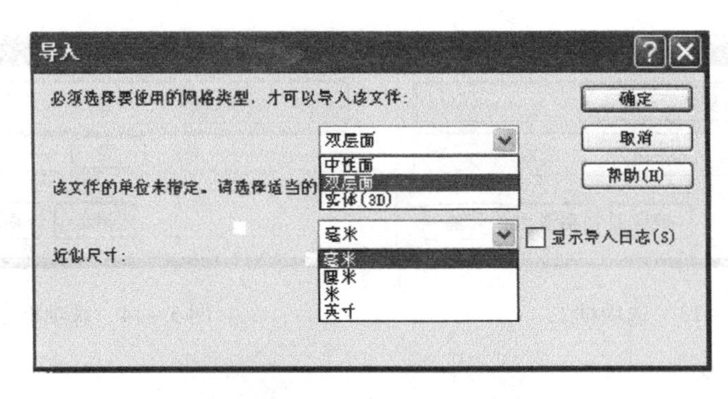

图 3－17　“导入”对话框

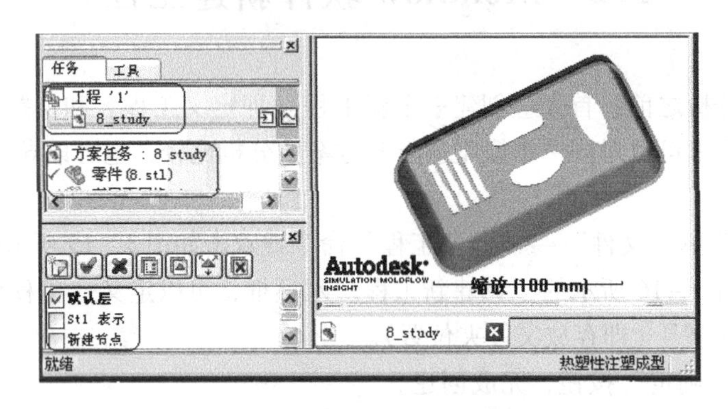

图 3－18　导入模型后的界面

3.4　模 型 位 置

模型导入 Moldflow 软件后，在进行后续操作之前，应根据模型的分型面和注射方向来确定其在软件系统坐标系中的位置，其位置关系应如图 3－19 所示，应符合以下两项要求。

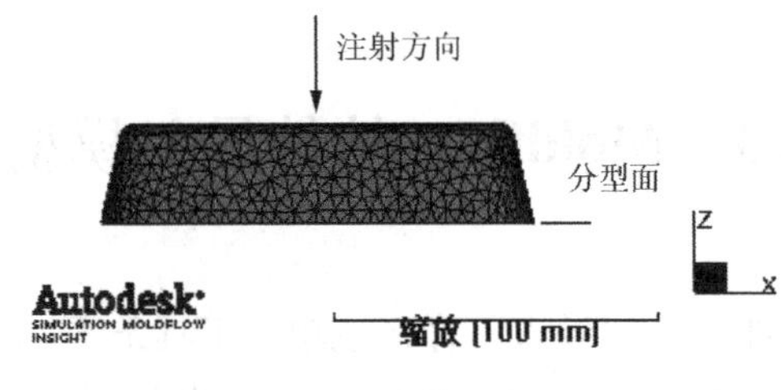

图 3－19　模型位置

（1）分型面位于系统坐标系 *XY* 平面内。

（2）注射方向与系统坐标系 *Z* 轴方向相反。

当模型不满足以上位置条件时，可以通过菜单“建模”→“移动/复制”中的“旋转”命令（详细操作见 5.4 节）对模型进行调整。

本章引例操作结果见光盘：\实例模型\Chapter3 \ 3－1 结果。

第4章 网格划分与处理

教学目标

通过本章的学习，了解网格类型及网格处理流程，熟悉各种网格工具命令的功能，熟练运用网格工具进行网格划分、统计、诊断和修复，掌握 Moldflow 软件进行网格处理的方法和技巧。

教学内容

主 要 项 目	知 识 要 点
网格类型	Moldflow 中网格的类型及其特点、适用场合
网格的划分与统计	网格划分的基本要求，网格的划分操作，网格信息中各项含义及数值要求
网格处理	网格诊断操作，网格修复方法的选择
网格诊断与修复实例	实际操作中的技巧和方法

引 例

网格划分与处理是 Moldflow 分析前处理中的主要内容之一，也是进行浇注系统、冷却系统、工艺设置及后处理的基础。

如图 4-1 所示是由第 3 章引例导入的模型（见光盘：\实例模型\Chapter3 \ 3-1 结果\ 3-1. mpi），根据该塑件的尺寸和结构选取适当的网格类型，然后进行网格划分、统计，并诊断出有缺陷的网格，最后选用合适的命令进行修复，使其符合分析的要求。

图 4-1 塑件 STL 模型

4.1 网格类型

注射成型 CAE 软件中采用的有限元方法就是利用假想的线或面将连续介质的内部和边界分割成有限大小的、有限数目的、离散的单元来研究。这样，就把原来一个连续的整体简化成有限个单元的体系，从而得到真实结构的近似模型，最终的数值计算就是在这个离散化的模型上进行的。直观上，物体被划分成网格状，在 CAE 中将这些单元称为网格。

正因为网格是整个数值仿真计算的基础，所以网格的划分和处理在整个注射成型 CAE 分析中占有很重要的地位。

在 Moldflow 软件中，模型划分生成的网格主要有以下三种类型，如图 4 －2 所示。

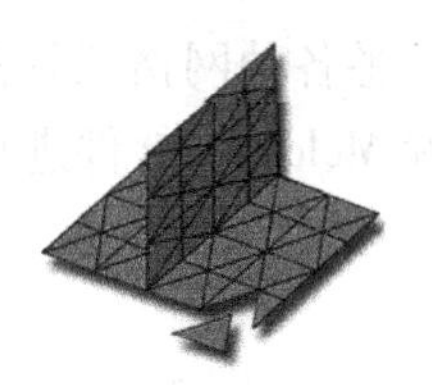

（a）中性面网格

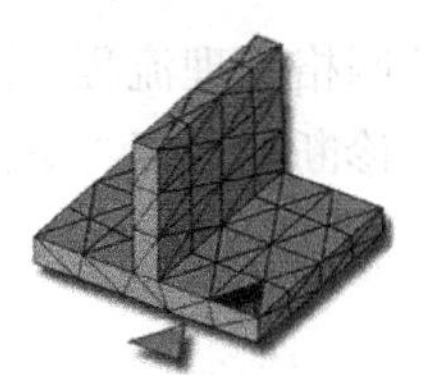

（b）双层面网格

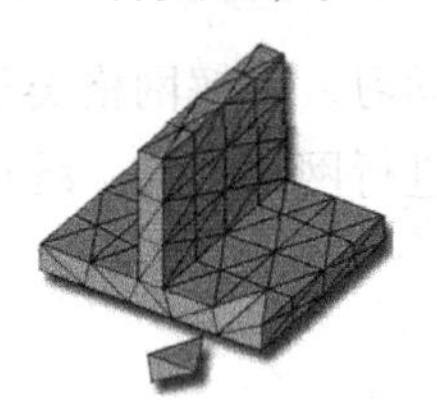

（c）实体(3D)网格

图 4 －2　模型网格类型

1. 中性面网格

中性面流技术的应用始于 20 世纪 80 年代。其数值方法主要采用基于中性面的有限元/有限差分/控制体积法。由 CAE 软件直接读取 CAD 模型，自动分析出塑件的中间模型，并在模型壁厚的中间处生成由三节点的三角形单元组成的单层网格，在创建网格过程中要实时提取模型的壁厚信息，并赋予相应的三角形单元。利用该二维平面三角网格进行有限元计算，计算出各时段的温度场、压力场，用有限差分法计算厚度方向上的温度变化，用体积控制法追踪流动前沿，将最终分析计算的结果在中性面模型上显示出来。但是忽略了熔体在厚度方向上的速度分量，并假定熔体中的压力不沿厚度方向变化，实际上中性面模型将三维流动问题简化为二维问题和厚度方向上的一维分析。

由此可见，中性面模型已经成为注塑模 CAD/CAE/CAM 技术发展的瓶颈，采用实体/表面模型来取代中性面模型势在必行。在 20 世纪 90 年代后期基于双层面流技术的流动模拟软件便应运而生。

2. 双层面网格

与中性面网格不同，双层面网格创建在模型的上下两层表面上，而不是在中间。相应的，与基于中性面的有限差分法在中性面两侧进行不同，厚度方向上的有限差分仅在表面内侧进行。在流动过程中，上下两表面的塑料熔体同时并且协调流动。因此，双层面流技

术所应用的原理与方法与中性面流没有本质上的差别，所不同的是双层面流采用了一系列相关的算法，将沿中性面流动的单股熔体演变为沿上下表面协调流动的双股熔体。由于上下表面处的网格无法一一对应，而且网格形状、方位与大小也不可能完全对称，所以如何将上下对应表面的熔体流动前沿所存在的差别控制在工程上所允许的范围内是实施双层面流技术的难点所在。但是熔体仅沿着上下表面流动，在厚度方向上未做任何处理，缺乏真实感。因此，从某种意义上讲，双层面流技术只是一种从二维半数值分析（中性面流）向三维数值分析（实体流）过渡的手段。

3. 实体（3D）网格

实体网格由四节点的四面体单元组成，每一个四面体单元又是由四个中性面模型中的三角形单元组成的。实体流技术在实现原理上仍与中性面流技术相同，所不同的是在数值分析方法上有较大差别。在实体流技术中熔体的厚度方向的速度分量不再被忽略，熔体的压力随厚度方向变化，这时只能采用立体网格，依靠三维有限差分法或三维有限元法对熔体的充模流动进行数值分析。因此，与中性面流或双层面流相比，基于实体流的注塑流动模拟软件目前存在的最大问题就是计算量巨大而且计算时间过长。

三种模型网格在技术上各有特点，具体比较见表4-1。在实际工程应用中，应根据塑件的具体结构和壁厚情况，采用较为合适的分析模型，以最快的速度获得相对准确和满意的分析结果。

表4-1　三种网格类型比较

塑　　件	中性面网格	双层面网格	实体（3D）网格
划分方法	抽取塑件的中性面，然后在中性面上划分网格	抽取塑件的表面作为模具的型芯型腔面，然后进行网格划分	直接在3D模型上进行有限的元网格划分
优　　点	网格单元少，分析速度快，计算效率高	无须抽取中性面，后处理更具真实感	计算精度高
缺　　点	中性面抽取困难、分析精度低	零件上下表面上的网格要求一定的对应关系，网格划分要求高	网格单元数量大，运算效率低
适用场合	壁厚较均匀的薄壳类塑件	特征较复杂的薄壳类塑件	厚壁或厚度变化较大的塑件

4.2　网格划分与统计

4.2.1　网格划分

下面以本章引例模型为例，说明双层面网格划分过程。

1. 打开工程

启动 ASMI，单击菜单“文件”→“打开”命令，选择“\实例模型\chapter3 \3－1结果\3－1. mpi”，单击“打开”按钮，打开如图4－3所示的模型。

2. 生成网格

Step1：单击菜单“网格”→“生成网格”命令或双击任务区中的“创建网格...”按钮或右击任务区中的“创建网格...”图标，从弹出的快捷菜单中选择“生成网格”命令（如图4－4所示），会弹出如图4－5所示的“生成网格”对话框。

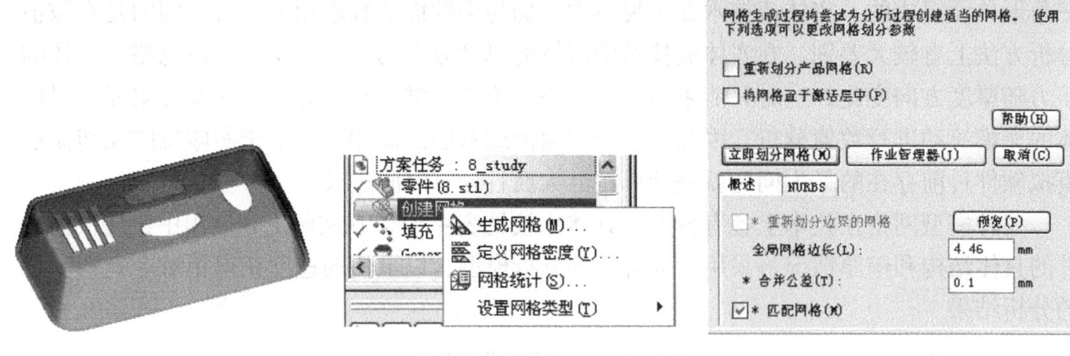

图4－3 “4－1”STL模型　　图4－4 创建网格快捷菜单　　图4－5 “生成网格”对话框

其中主要命令的具体含义如下。

（1）“重新划分产品网格”复选框：对窗口中已经存在的网格模型重新进行网格的划分。

（2）“将网格置于激活层中”复选框：将划分好的网格放在活动层中。

（3）“全局网格边长”文本框：设定网格单元的边长。

【应用】在“全局网格边长”文本框中输入希望的网格大小，网格大小会对结果的精度产生一定的影响，如图4－6所示。ASMI一般会推荐一个网格边长值，但不一定适用，为保证基本分析精度，网格边长一般选取为最小塑件壁厚的1.5～2倍（网格设定过小，会大大增加计算量）。在平直区域，网格大小和设定边长一致，而在曲面、圆弧及其他细节处，ASMI会自动调小边长值。

（4）“合并公差”文本框：当节点间距小于公差设定值时自动合并。

（5）“匹配网格”复选框：可定义曲面或转角处边缘角的弦高值（见图4－7中的 h），以控制该处网格形状。

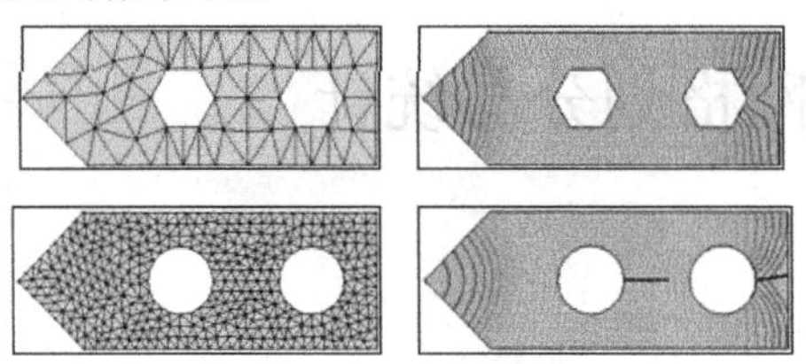

图4－6 网格大小对计算精度的影响

图4－7 弦高示意

Step2：根据需要设定相应参数后（这里均为默认值），单击“立即划分网格”按钮，即可生成如图4－8所示的网格模型，同时任务区中的“创建网格...”图标变成“✓双层面网格（4926 个单元）”图标，即表示网格类型为双层面网格，单元数为4926个。

在如图4－4所示的创建网格快捷菜单中其他几个命令功能如下。

（1）定义网格密度：同菜单“网格”→“定义网格密度”命令，单击后会弹出如图4－9所示的“定义网格密度”对话框，可以根据不同的网格类型设置网格的密度。

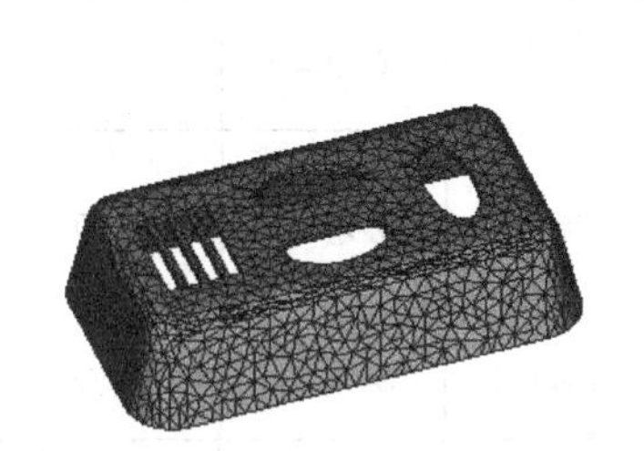

图4－8　网格模型

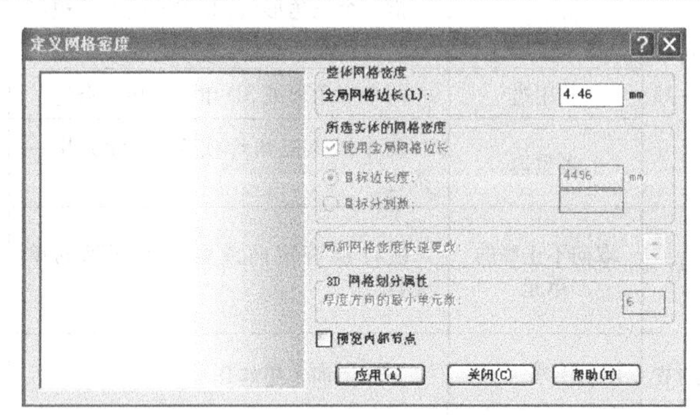

图4－9　“定义网格密度”对话框

（2）网格统计：同菜单“网格”→“网格统计”命令，参见4.2.2节的内容。

（3）设置网格类型：同菜单“网格”→“设置网格类型”命令，可以对导入的模型重新设定网格类型，有中性面、双层面和3D三个选项。

4.2.2　网格统计

网格划分完成后，一般均需对网格信息进行查看，以检验模型网格细节是否符合分析要求，如有不符合要求的，需要对网格进行诊断并修改至分析要求，以保证模拟结果的准确性。

Step1：单击菜单“网格”→“网格统计”命令，会弹出如图4－10所示的“网格统计”对话框。

Step2：对话框中的“单元类型”下拉列表选择“三角形”选项（还有“柱体”、“四面体”等选项）。

Step3：单击“显示”按钮，弹出如图4－11所示的“三角形”网格统计信息框。

不同网格类型对统计信息的要求不一样，具体见表4－2。

表4－2　不同网格类型对统计信息的要求

名　称	内　容	简　介	数　值		
			中性面	双层面	3D
实体计数	四面体	3D网格个数	无	无	有
	三角形	三角形单元个数	有	有	无
	已连接的节点	节点个数	有	有	有
	连通区域	模型连通区域的个数，如模型连通性存在问题，则该值有可能大于1	必须＝1	必须＝1	必须＝1
面积	表面面积	网格的面积	有	有	无
体积	三角形/四面体	网格的体积	有	有	有

续表

名　称	内　容	简　介	数　值		
			中性面	双层面	3D
纵横比		三角形最长边与其上的高之比（如图4－12所示 a/b）			
边细节（如图4－13所示）	自由边	指一个三角形或3D单元的某一边没有与其他单元共用	肯定≠0	必须＝0	必须＝0
	共用边	两个三角形或3D单元共用一条边	肯定≠0	肯定≠0	
	多重边	两个以上三角形或3D单元共用一条边	可＝0或≠0	必须＝0	
取向细节	取向不正确的单元	统计没有定向或取向不正确的单元数	必须＝0	必须＝0	必须＝0
交叉点细节（如图4－14所示）	相交单元	不同平面上单元相互交叉	必须＝0	必须＝0	必须＝0
	完全重叠单元	单元重叠	必须＝0	必须＝0	必须＝0
匹配百分比	匹配百分比	指模型上下表面网格单元的匹配程度（如图4－15所示）			
	相互百分比				

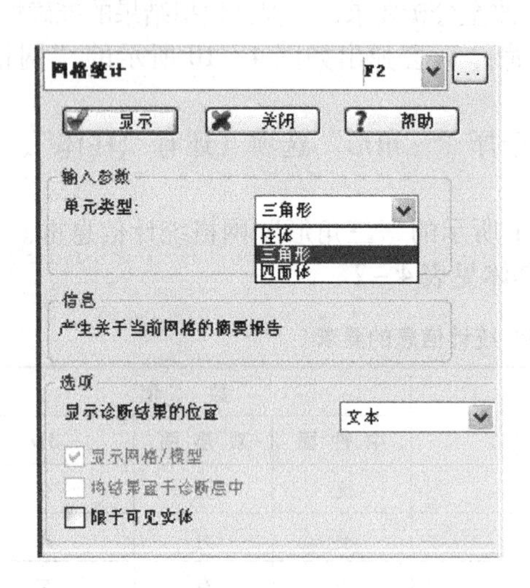

图4－10　“网格统计”对话框

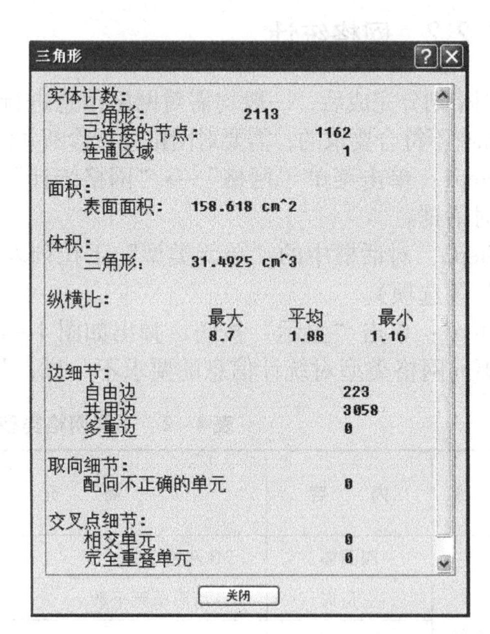

图4－11　“三角形”统计信息框

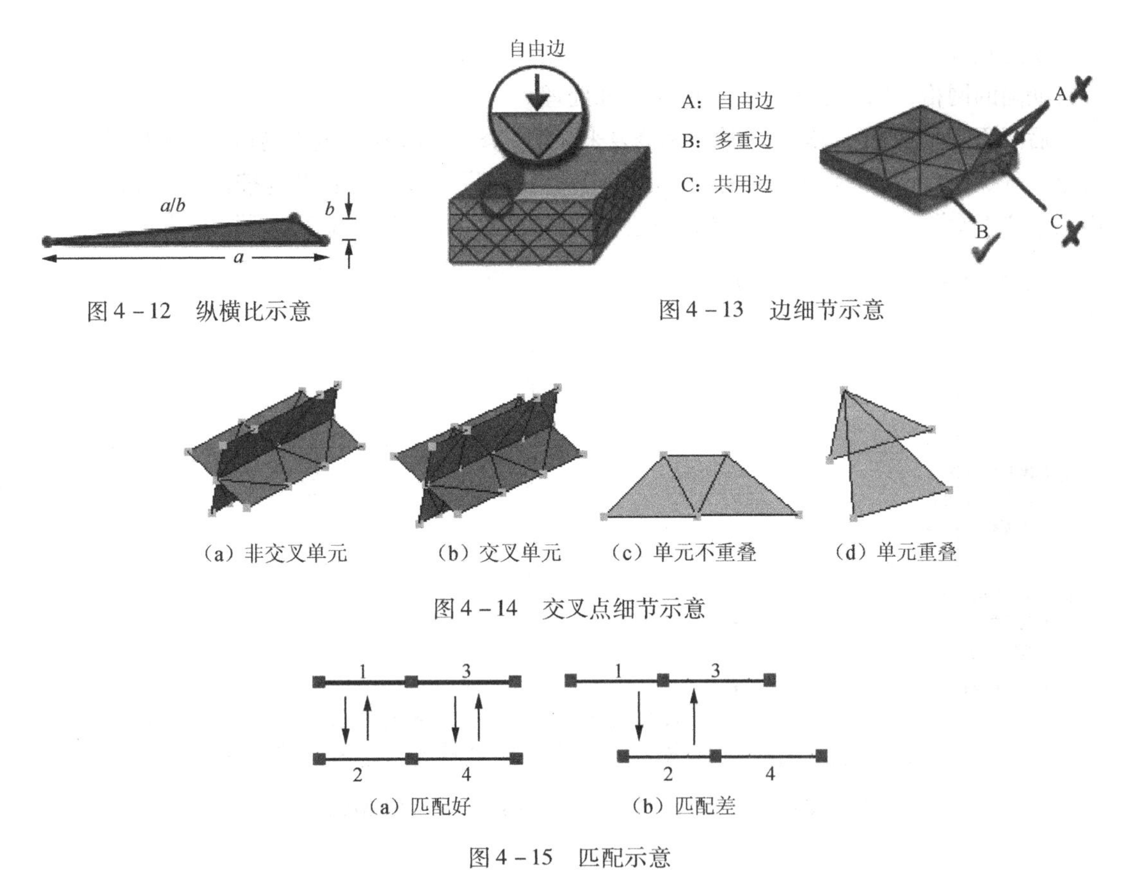

图 4－12　纵横比示意

图 4－13　边细节示意

（a）非交叉单元　（b）交叉单元　（c）单元不重叠　（d）单元重叠

图 4－14　交叉点细节示意

（a）匹配好　（b）匹配差

图 4－15　匹配示意

1．纵横比

纵横比对分析计算结果影响较大，三角形网格最佳的形状为正三角形（纵横比值约为 1.62），但在模型某些细节处划分的网格通常很难达到正三角形的要求，只有通过三角单元的修复功能，尽可能使纵横比降低。因此，在中性面网格或双层面网格分析中，一般纵横比推荐极大值不超过 20；在 3D 网格中，纵横比推荐极大值和极小值分别为 50 和 5，平均应该为 15 左右。

2．取向

网格划分好后每个三角形会按照一定的原则取向，在双层面中的单元取向应该朝向模型表面的外侧。

3．匹配百分比

采用双层面网格时，应考虑上下表面网格匹配率，对于流动＋保压分析，匹配率应在 85% 以上；对于翘曲分析，则应在 90%。如果匹配率不高，则一般表明网格密度设置不够大或塑件较厚，不适于双层面网格（可采用 3D 网格）。

根据网格要求和统计信息，可以基本判断网格中存在的缺陷，其中有的缺陷网格可以通过模型直观显现，而有的缺陷网格无法直观显示出来，因此需要通过专门的诊断工具来查找缺陷的网格，以便于进行相关的修复和处理。

后面两节就围绕网格缺陷的诊断和修复来介绍如图 4－16 所示的“网格”菜单中的相关命令，命令左侧的图标与如图 4－17 所示的“网格处理”工具条中的相应按钮命令相同（单击菜单“查看”→“工具栏”命令，勾选“网格处理”可调出“网格处理”工具条）。

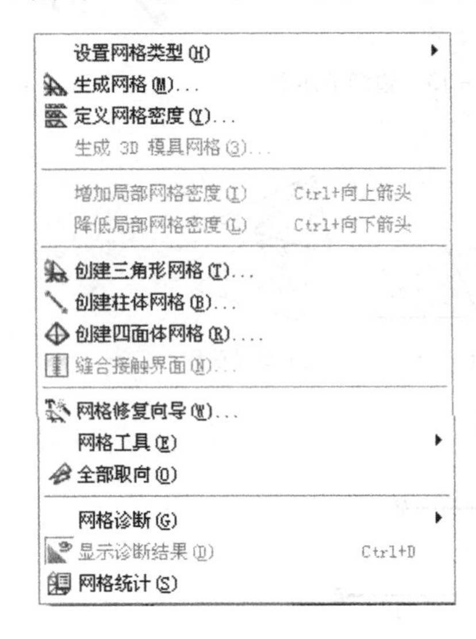

图 4－16 “网格”菜单

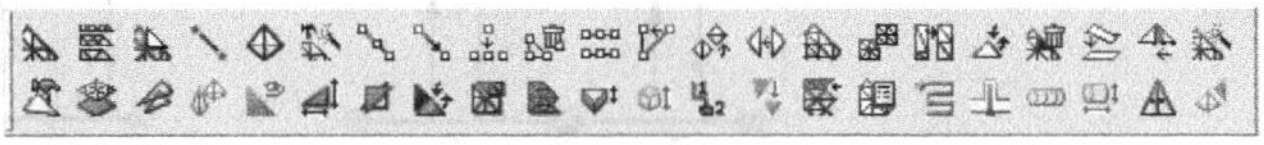

图 4－17 “网格处理”工具条

4.3 网格诊断

下面还是以本章引例模型为例，说明双层面网格诊断的过程。

单击菜单“网格”→“网格诊断”命令，会出现如图 4－18 所示的子菜单命令，主要命令操作步骤和功能介绍如下。

4.3.1 纵横比诊断

“纵横比诊断”命令用于诊断网格纵横比的大小，具体操作如下。

Step1：单击本命令后会弹出如图 4－19 所示的“纵横比诊断”对话框。

Step2：在“输入参数”区输入需要诊断的最小和最大纵横比数值，这里在“最小值”文本框中输入“10”。

一般“最大值”文本框可不输入数值，这样可以诊断出所有纵横比大于最小值的网格单元。

纵横比诊断(A)
柱体单元长径比诊断(B)
重叠单元诊断(V)
取向诊断(R)
连通性诊断(C)
自由边诊断(F)
折叠面诊断(O)
厚度诊断(H)
出现次数诊断(N)
零面积单元诊断(Z)
双层面网格匹配诊断(M)
柱体单元数诊断(T)
有角度的柱体诊断(P)
质心太近诊断(G)
冷却回路诊断(U)
喷水管/隔水板诊断(L)

图4－18 “网格诊断”子菜单

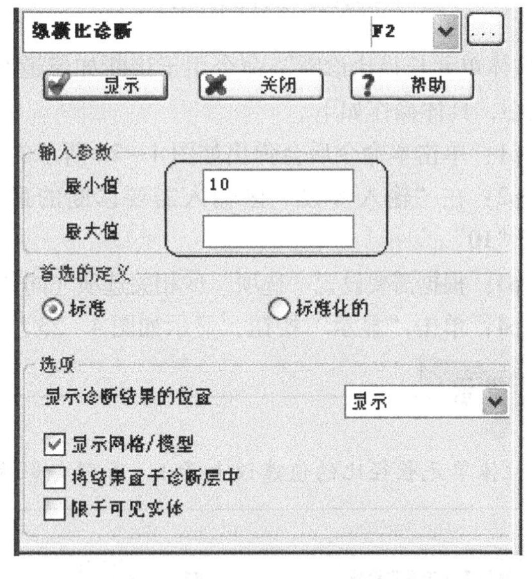

图4－19 “纵横比诊断”对话框

Step3：根据需要选择“首选的定义”区中的单选项，包括“标准”（保持与低版本的网格纵横比计算相一致）和“标准化的”两项，都是计算三角形单元纵横比的格式。

Step4：根据需要设定“选项”区的相关选项，其中：

“显示诊断结果的位置”下拉列表中有“显示”（如图4－20所示）和“文本”（如图4－21所示）两个选项。

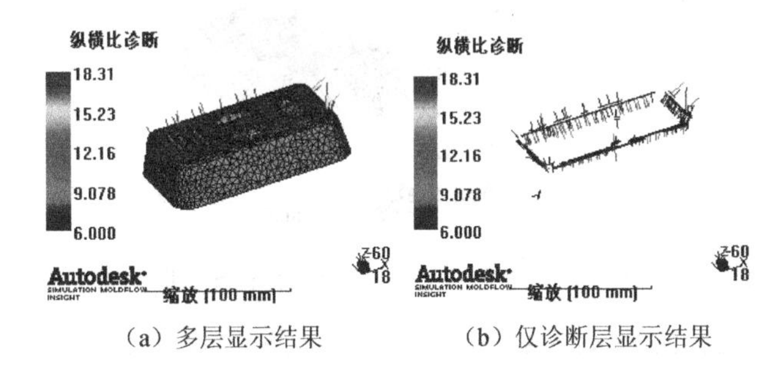

（a）多层显示结果　　（b）仅诊断层显示结果

图4－20 诊断显示结果

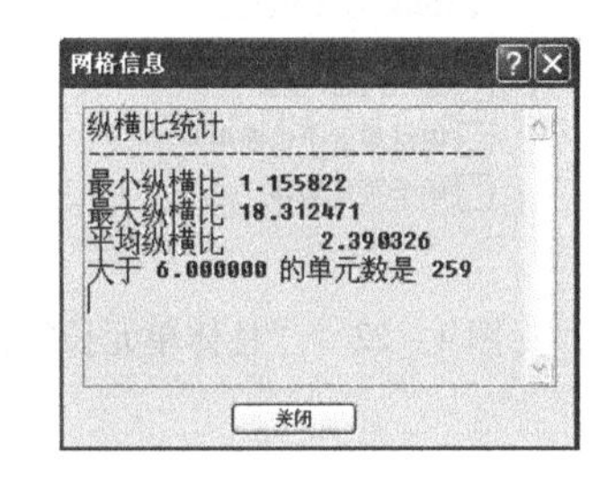

图4－21 文本显示结果

“显示网格/模型”复选框控制整个网格模型显示与否；

“将结果置于诊断层中”复选框将诊断出来的单元单独置于诊断层中。

Step5：单击“显示”按钮，显示如图4－20所示的结果。

【应用】如勾选“将结果置于诊断层中”复选框，则单击“显示”按钮后，在软件界面的图层管理区中会自动生成“诊断结果”层。只要仅勾选“诊断结果”层，则在模型显示区会显示诊断层上的图元，如图4－20（b）所示，便于后续的编辑或修改。

4.3.2 柱体单元长径比诊断

“柱体单元长径比诊断”命令用于诊断如流道系统、冷却系统或零件柱体等单元的长径比大小，具体操作如下。

Step1：单击本命令后会弹出如图4－22所示的“柱体单元长径比诊断”对话框。

Step2：在“输入参数”区输入需要诊断的最小和最大长径比数值，这里分别输入“0”和“10”。

Step3：根据需要设置“选项”区相关选项（同“纵横比诊断”对话框中的“选项”区）。

Step4：单击“显示”按钮，显示如图4－23所示的结果。

> **提示**
>
> 柱体单元长径比的值建议大于1，否则会影响冷却分析。

柱体单元长径比诊断 F3
显示 关闭 帮助
输入参数
最小值 0
最大值 10
信息
检查柱体单元长径比。
选项
显示诊断结果的位置 显示
显示网格/模型
将结果置于诊断层中
限于可见实体

图4－22 “柱体单元长径比诊断”对话框

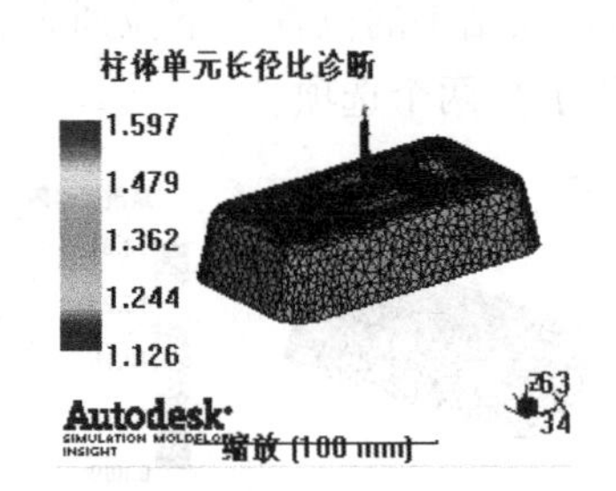

图4－23 柱体单元长径比诊断结果

4.3.3 重叠单元诊断

“重叠单元诊断”命令用于诊断网格中的重叠单元，具体操作如下。

Step1：单击本命令后会弹出如图4－24所示的“重叠单元诊断”对话框。

Step2：在“输入参数”区根据需要勾选“查找交叉点”和“查找重叠”复选框，控制其诊断与否。

Step3：根据需要设置“选项”区相关选项（同“纵横比诊断”对话框中的“选项”区），建议勾选“将结果置于诊断层中”复选框，便于查看和编辑。

Step4：单击“显示”按钮即会显示相应的结果。

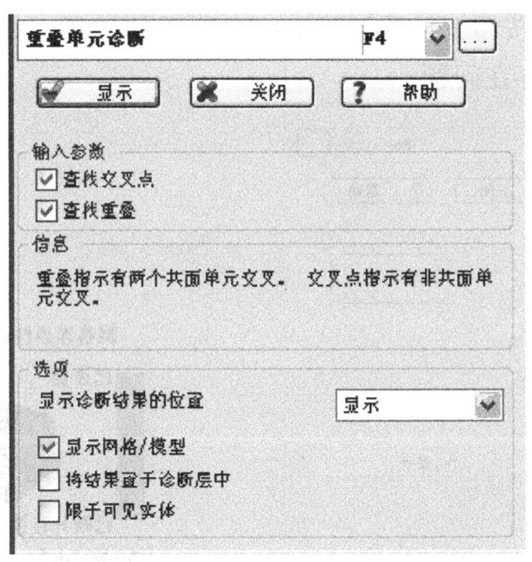

图 4 – 24 “重叠单元诊断”对话框

4.3.4 取向诊断

“取向诊断”命令用于诊断网格单元的取向与否或是否正确，具体操作如下。

Step1：单击本命令后会弹出如图 4 – 25 所示的“取向诊断”对话框。

Step2：根据需要设置“选项”区相关选项（同“纵横比诊断”对话框中“选项”区），建议勾选“将结果置于诊断层中”复选框，便于查看和编辑。

Step3：单击“显示”按钮，显示如图 4 – 26 所示的结果。

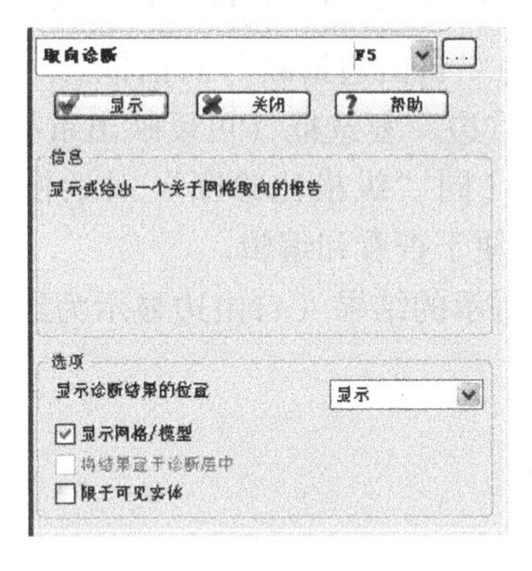

图 4 – 25 “取向诊断”对话框

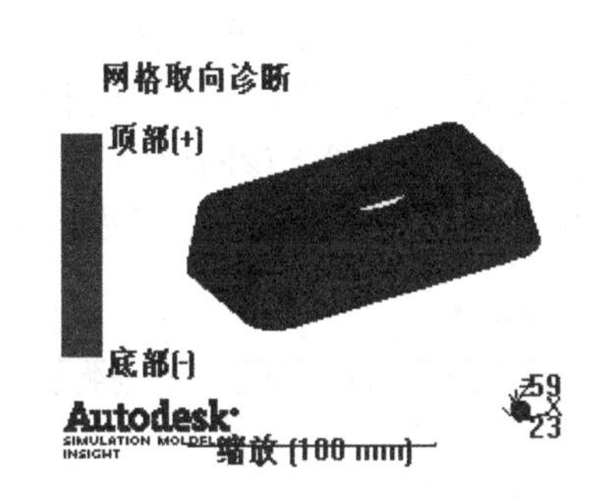

图 4 – 26 取向诊断结果

4.3.5 连通性诊断

“连通性诊断”命令用于诊断模型网格是否连通，具体操作如下。

Step1：单击本命令后会弹出如图 4 – 27 所示的“连通性诊断”对话框。

Step2：在“输入参数”区的“从实体开始连通性检查”文本框中选取模型上的任何一个节点。

Step3：根据需要设置“选项”区的相关选项（同“纵横比诊断”对话框中“选项”区）。

Step4：单击“显示”按钮，显示如图4-28所示的结果。如结果中有显示红色的部分，则说明该部分连通性存在问题。

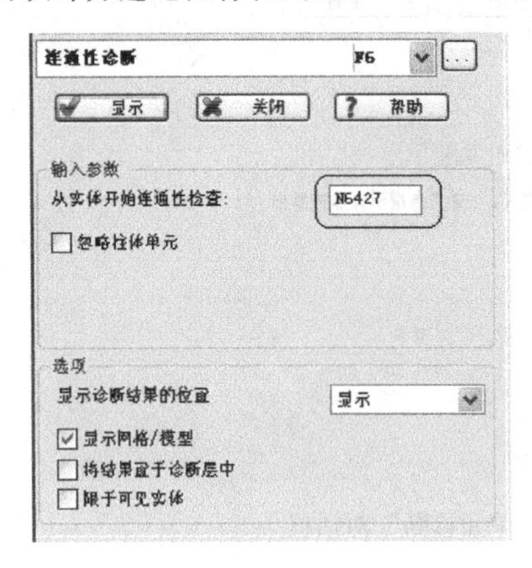

图4-27 “连通性诊断”对话框

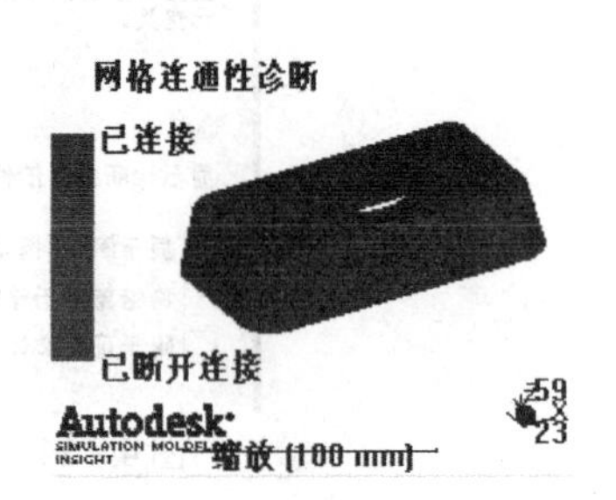

图4-28 连通性诊断结果

【常见问题剖析】常见连通性不好的原因主要有：①导入模型在CAD建模中存在问题，如某些特征以线接触或未完全连接到实体上（通过网格统计信息即可快速判断）；②浇注系统浇口与模型节点不连接（通过“连通性诊断”查看）。

4.3.6 自由边诊断

“自由边诊断”命令用于诊断模型网格中是否存在自由边，具体操作如下。

Step1：单击本命令后会弹出如图4-29所示的“自由边诊断”对话框。

Step2：建议勾选“输入参数”区的“查找多重边”复选框（可反映出重叠单元）。

Step3：根据需要设置“选项”区的相关选项（同“纵横比诊断”对话框中“选项”区），建议勾选“将结果置于诊断层中”复选框，便于查看和编辑。

Step4：单击“显示”按钮，显示如图4-30所示的结果（自由边显示为红色）。

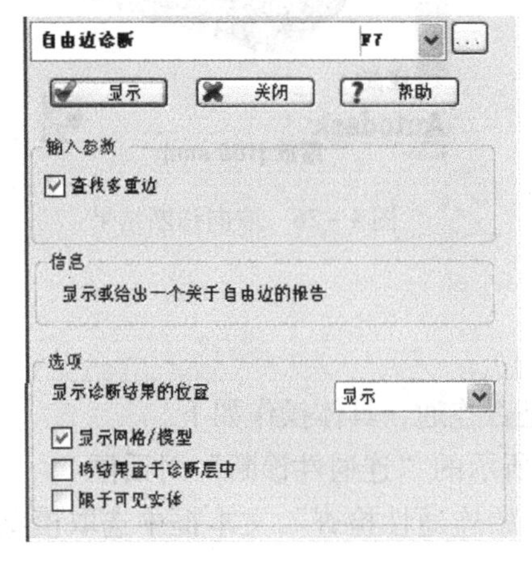

图4-29 “自由边诊断”对话框

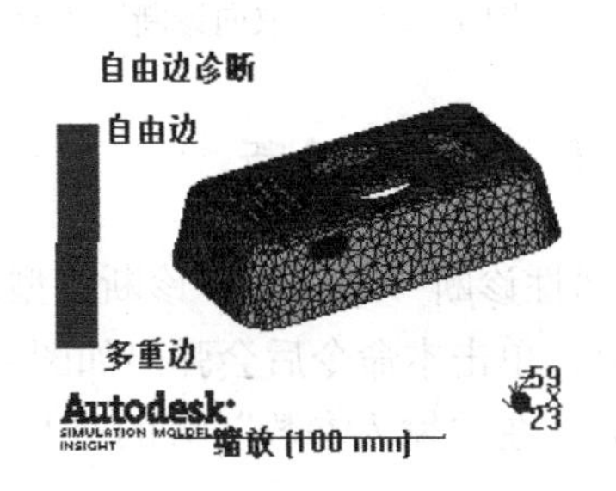

图4-30 自由边诊断结果

4.3.7 折叠面诊断

“折叠面诊断”命令用于诊断模型网格的折叠面单元，具体操作如下。

Step1：单击本命令后会弹出如图 4－31 所示的“折叠面诊断”对话框。

Step2：根据需要设置“选项”区相关选项（同“纵横比诊断”对话框中的“选项”区），建议勾选“将结果置于诊断层中”复选框，便于查看和编辑。

Step3：单击“显示”按钮，显示结果。

图 4－31　“折叠面诊断”对话框

4.3.8 厚度诊断

“厚度诊断”命令用于诊断模型单元的厚度，具体操作如下。

Step1：单击本命令后会弹出如图 4－32 所示的“厚度诊断”对话框。

Step2：在“输入参数”区中输入需要诊断壁厚的最小、最大值。

Step3：根据需要设置“选项”区相关选项（同“纵横比诊断”对话框中的“选项”区）。

Step4：单击“显示”按钮，显示如图 4－33 所示的结果。

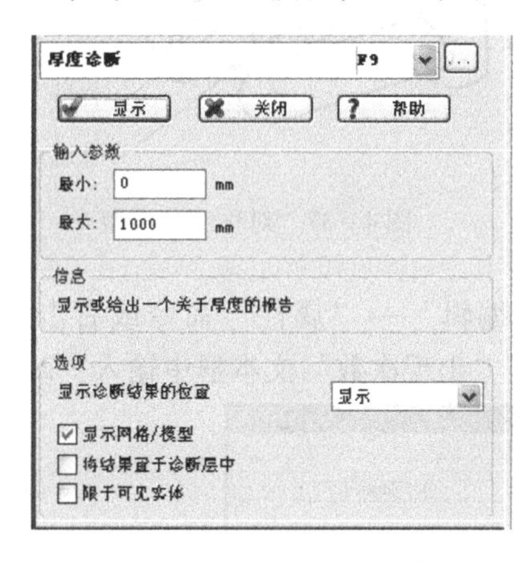

图 4－32　“厚度诊断”对话框

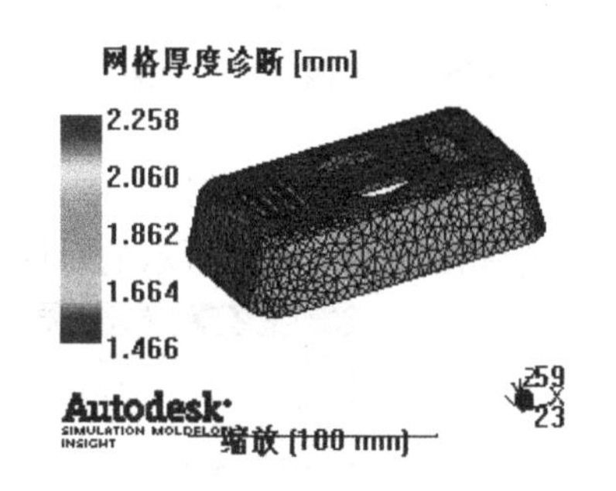

图 4－33　厚度诊断结果

4.3.9 出现次数诊断

“出现次数诊断”命令用于诊断模型的出现次数，具体操作如下。

Step1：单击本命令后会弹出如图 4－34 所示的“出现次数诊断”对话框。

Step2：根据需要设置“选项”区相关选项（同“纵横比诊断”对话框中的“选项”区）。

Step3：单击“显示”按钮，显示如图 4－35 所示的结果。

【应用】对于同一产品采用一模多腔对称布局时，可以选择其中对称的部分，将其属性中“出现次数”栏设置成与之对应腔数进行替代分析以减少分析时间。

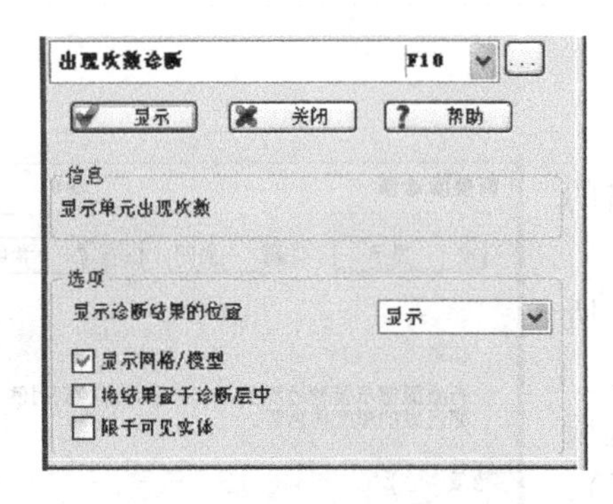

图 4－34　“出现次数诊断”对话框

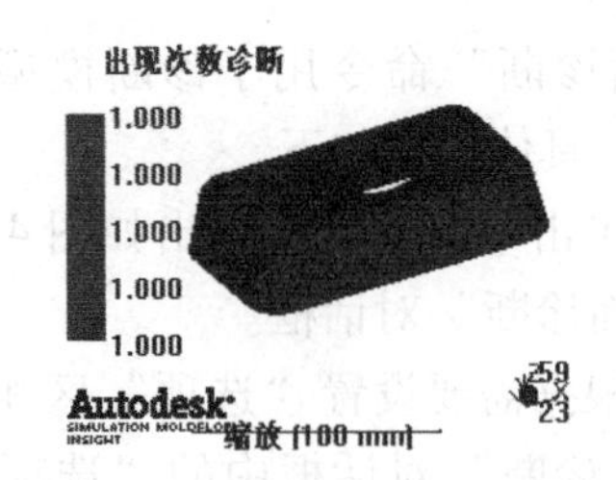

图 4－35　出现次数诊断结果

如图 4－36 所示为一模四腔对称侧浇口布局形式，在 Moldflow 中通过以下步骤设置，即可达到同样的分析效果。

Step1：模型和流道创建成如图 4－37 所示的对称部分。

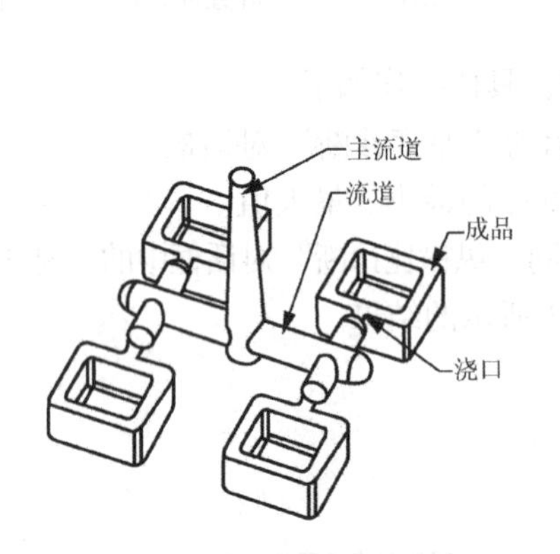

图 4－36　一模四腔对称侧浇口布局

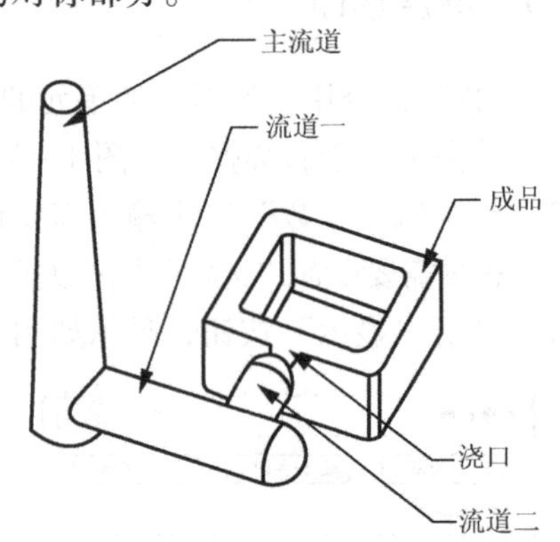

图 4－37　对称部分模型

Step2：选取“流道一”部分，单击菜单“编辑”→“属性”命令或右击选择“属性”命令，将弹出如图 4－38 所示的对话框，在“出现次数”文本框中输入“2”。

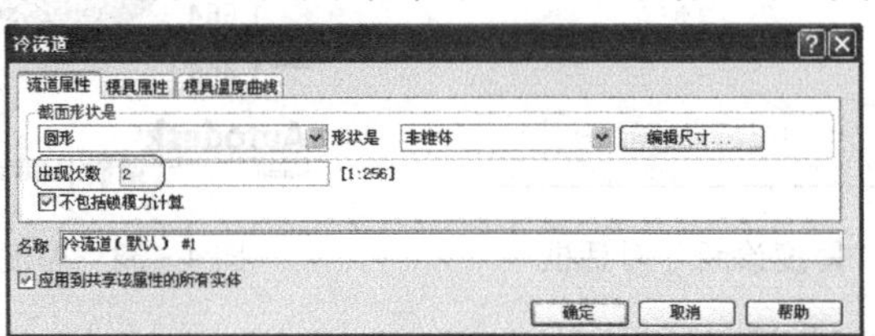

图 4－38　“冷流道”对话框

Step3：选取“流道二”部分，单击菜单“编辑”→“属性”命令，在其对话框中的“出现次数”文本框中输入“4”。

Step4：选取“浇口”部分，单击菜单“编辑”→“属性”命令，在其对话框中的“出现次数”文本框中输入“4”。

Step5：选取“成品”部分，单击菜单“编辑”→“属性”命令，在其对话框中的“出现次数”文本框中输入“4”。

提示

由于主流道本来就只有一个，所以其“出现次数”无须另外设置。

4.3.10 零面积单元诊断

“零面积单元诊断”命令主要用于诊断面积极小的几乎成一条直线的三角形单元（纵横比极大），网格模型中不应存在零面积的单元，具体操作如下。

Step1：单击本命令后会弹出如图4-39所示的“零面积单元诊断”对话框。

Step2：在“输入参数”区输入需要诊断的条件参数。

Step3：根据需要设置“选项”区相关选项（同“纵横比诊断”对话框中“选项”区），建议勾选“将结果置于诊断层中”复选框，便于查看和编辑。

Step4：单击“显示”按钮，显示相应结果。

图4-39 “零面积单元诊断”对话框

4.3.11 双层面网格匹配诊断

“双层面网格匹配诊断”命令主要用于诊断双层面上下两表面单元的匹配情况，具体操作如下。

Step1：单击本命令后会弹出如图4-40所示的“双层面网格匹配诊断”对话框。

Step2：根据需要选择是否勾选“相互网格匹配”复选框。

Step3：根据需要设置“选项”区相关选项（同“纵横比诊断”对话框中的“选项”区）。

Step4：单击“显示”按钮，显示如图4-41所示的结果。

图4-40 “双层面网格匹配诊断”对话框

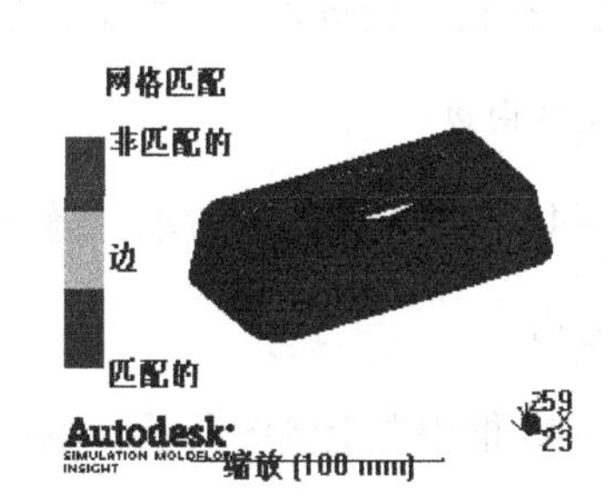

图4-41 双层面网格匹配诊断结果

4.3.12 柱体单元数诊断

“柱体单元数诊断”命令主要用于诊断柱体单元（如浇注系统、冷却系统等）数量，具体操作如下。

Step1：单击本命令后会弹出如图4-42所示的“柱体单元数诊断”对话框。

Step2：在“输入参数”区输入需要诊断的条件参数。

Step3：根据需要设置“选项”区相关选项（同“纵横比诊断”对话框中的“选项”区）。

Step4：单击“显示”按钮，显示如图4-43所示的结果。

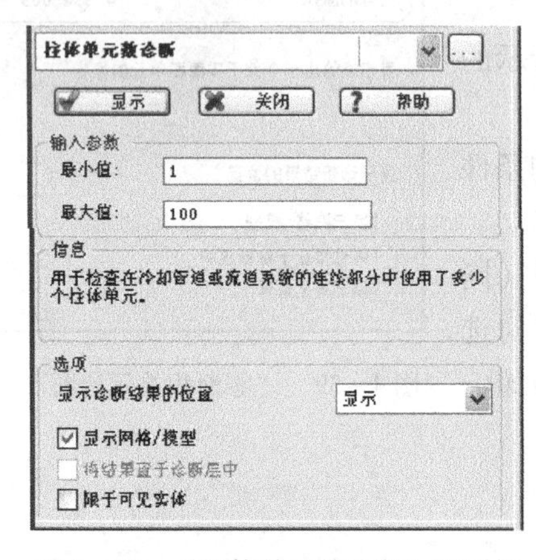

图4-42 “柱体单元数诊断”对话框

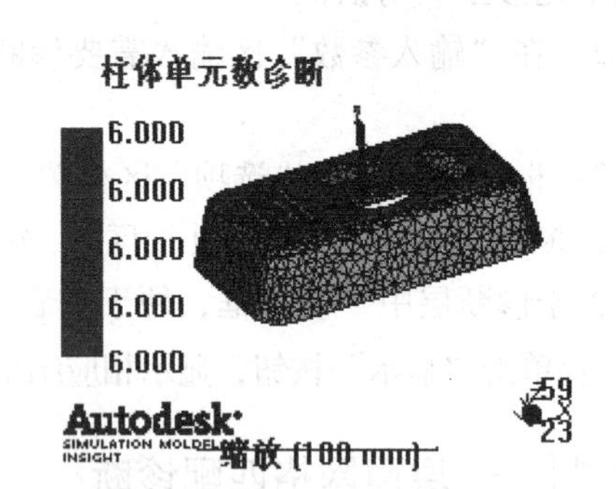

图4-43 柱体单元数诊断结果

4.4 网格修复向导

由上节可知模型网格划分后难免会产生前述的一些缺陷，这些缺陷会影响后处理能否顺利进行或模拟结果的准确性。因此，在模拟之前必须对这些缺陷进行修复并达到分析要求。网格修复可以说是前处理中重要的一个内容，对于复杂模型而言，耗时较多。

在Moldflow中，网格修复向导可以自动进行并完成网格的缺陷修复，比较容易操作，但不一定能把所有缺陷均修复完整并到达预期的要求，下面简要介绍该命令的操作过程。

Step1：单击菜单“网格”→“网格修复向导”命令，弹出如图4-44所示的对话框，单击“完成”按钮，会进入下一个对话框。下面分别介绍各对话框的修复内容。

1. 缝合自由边

如图4-44框中左上侧图所示，缝合默认或指定数值距离内的自由边。

2. 填充孔

如图4-45框中左上侧图所示，填补模型中的空洞。

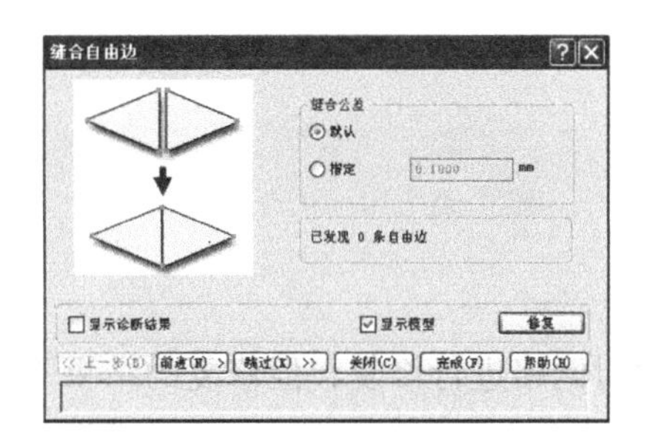

图 4－44　网格修复向导一：缝合自由边

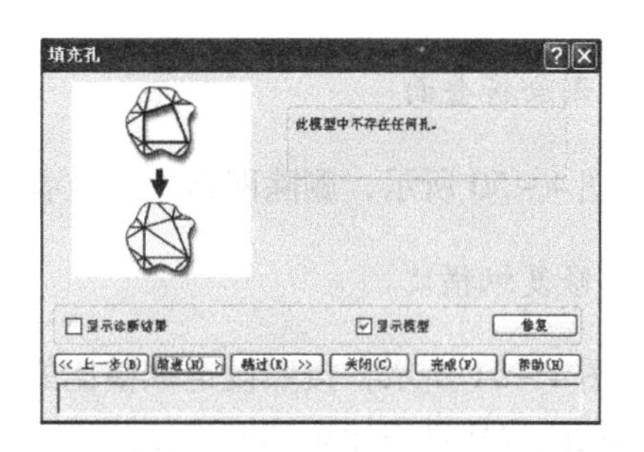

图 4－45　网格修复向导二：填充孔

3．修复突出

如图 4－46 框中左上侧图所示，去除有突出的单元。

4．修复退化单元

如图 4－47 框中左上侧图所示，通过合并或交换边等方法修复形状较差的单元。

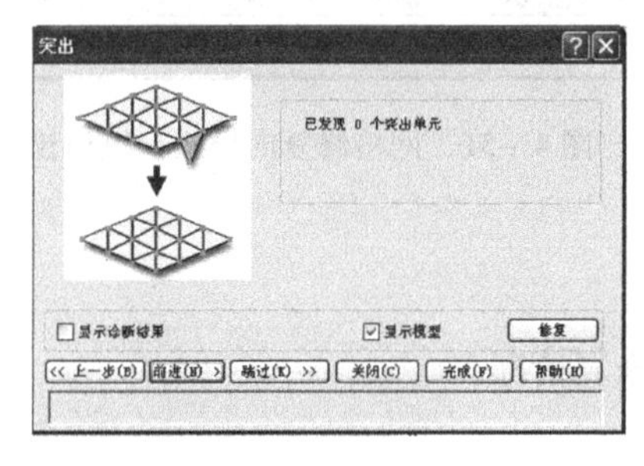

图 4－46　网格修复向导三：突出

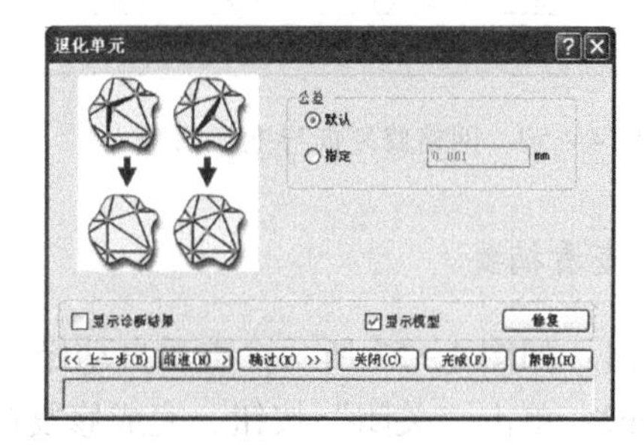

图 4－47　网格修复向导四：退化单元

5．反向法线

如图 4－48 框中左上侧图所示，调整单元的法线方向（Moldflow 中网格每个单元的法线都需要具有按规定设定的取向要求）。

6．修复重叠

如图 4－49 框中左上侧图所示，删除网格中的重叠单元。

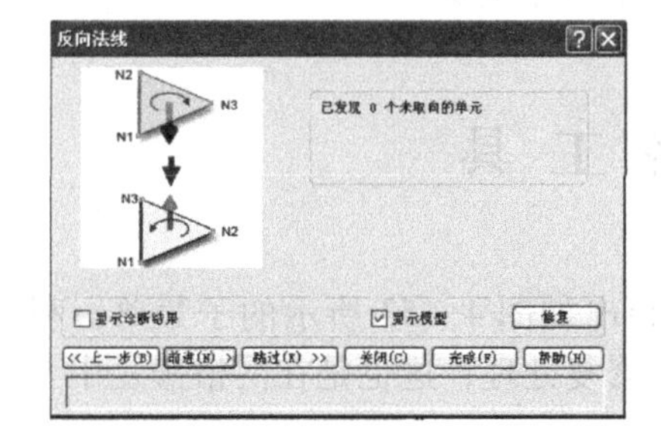

图 4－48　网格修复向导五：反向法线

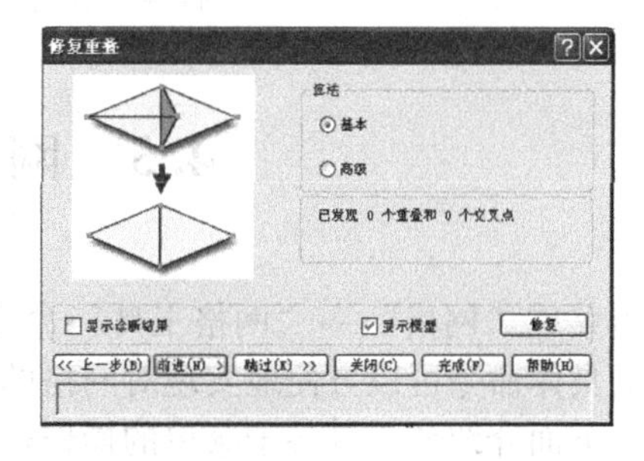

图 4－49　网格修复向导六：修复重叠

7. 删除折叠面

如图 4 – 50 所示，删除网格中的重叠单元。

8. 修复纵横比

如图 4 – 51 所示，按照设定纵横比的目标值对网格进行修复，但修复的结果不一定能符合要求或网格纵横比全部能修复到该设定值。

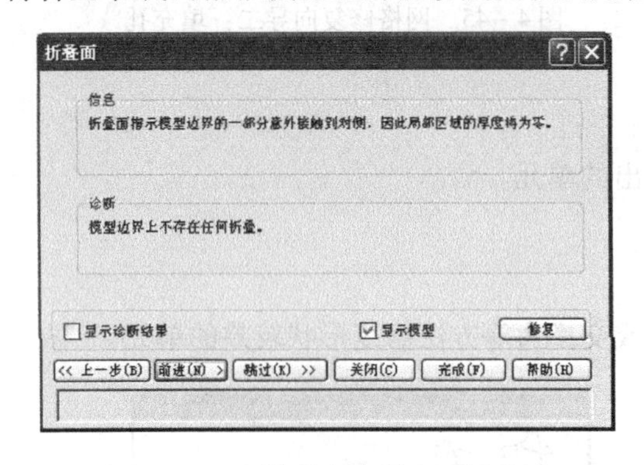

图 4 – 50 网格修复向导七：折叠面

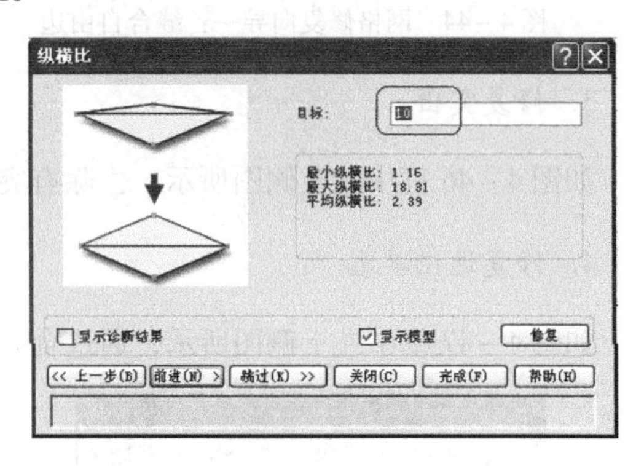

图 4 – 51 网格修复向导八：纵横比

9. 查看摘要

Step1：如图 4 – 52 所示，查看自动修复中的修复情况。

Step2：单击“关闭”按钮，完成修复向导。

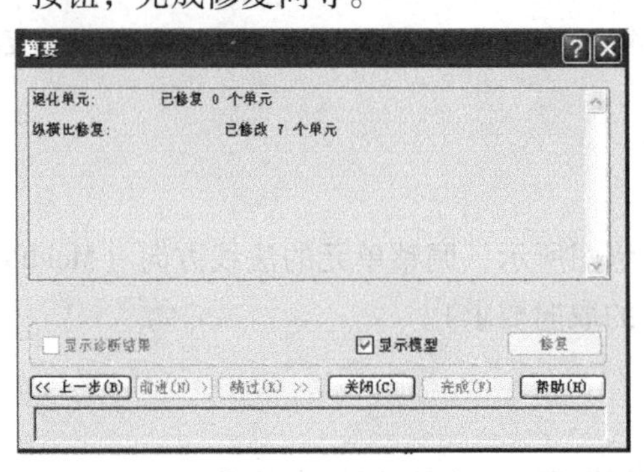

图 4 – 52 网格修复向导九：摘要

4.5 网格工具

单击菜单“网格”→“网格工具”命令，弹出如图 4 – 53 所示的子菜单，利用网格工具下的具体命令可以方便地实现对网格的人工修复处理，这也是在网格修复中普遍采用的方法，下面介绍该工具各子菜单的操作过程。

4.5.1 节点工具

应用“节点工具”可以对模型网格中的节点进行相关的处理，其子菜单如图4－54所示。

1. 插入节点

Step1：单击本命令后会弹出如图4－55所示的“插入节点”对话框。

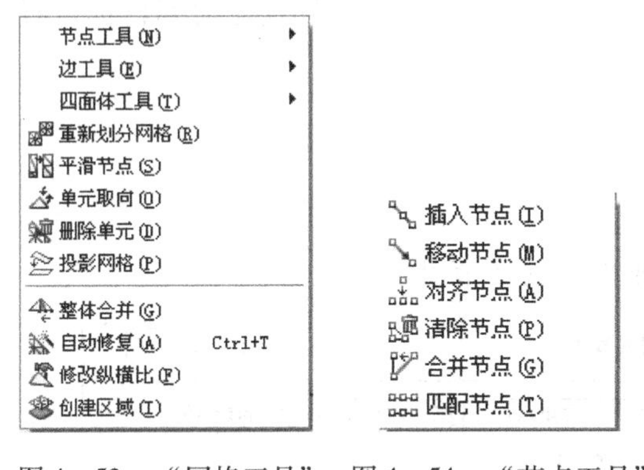

图4－53 “网格工具”子菜单

图4－54 “节点工具”子菜单

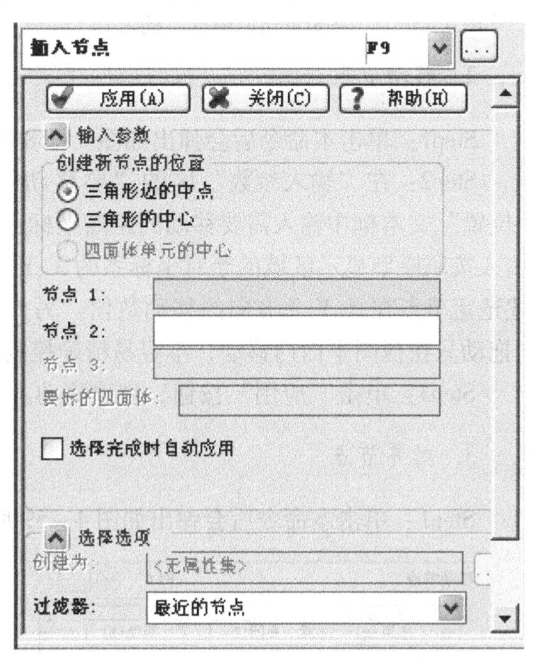

图4－55 “插入节点”对话框

Step2：根据需要选择“过滤器”可选项，包括任何项目、最近的节点和节点（不同命令可选项有所不同）。为便于准确选定所需单元，本步骤一般在选取单元前根据所选对象选定。

Step3：根据需要选择“创建新节点的位置”区中的相应选项。其中第一个选项需要分别选取如图4－56（a）所示圈定的两个相邻节点；第二个选项需要分别选取如图4－57（a）所示圈定的三个相邻节点。

Step4：单击“应用”按钮，分别创建如图4－56（b）、图4－57（b）所示的结果。

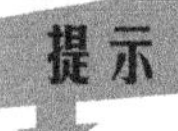

提示

勾选对话框中“选择完成时自动应用”复选框，可达到Step4同样的效果。

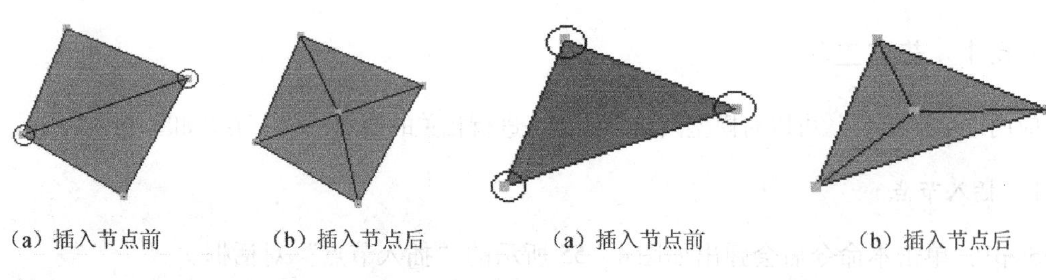

(a) 插入节点前　(b) 插入节点后　(a) 插入节点前　(b) 插入节点后

图 4－56　“三角形边的中点”插入　　图 4－57　“三角形的中心”插入

2. 移动节点

Step1：单击本命令后会弹出如图 4－58 所示的“移动节点”对话框。

Step2：在“输入参数”区的“要移动的节点”文本框可选取需要移动的节点。在“位置”文本框中输入需要移动的距离坐标，这个坐标有两个选项，“绝对”单选钮指需输入按照模型显示区域的绝对坐标系的 *X*、*Y*、*Z* 坐标数值；“相对”单选钮指需输入相对于上述选定节点在 *X*、*Y*、*Z* 方向的移动数值。另外，也可以直接用鼠标将节点拖动到目标位置（拖动只在视图平面内移动，不容易精确控制）。

Step3：单击“应用”按钮，创建移动。

3. 对齐节点

Step1：单击本命令后会弹出如图 4－59 所示的“对齐节点”对话框。

图 4－58　“移动节点”对话框

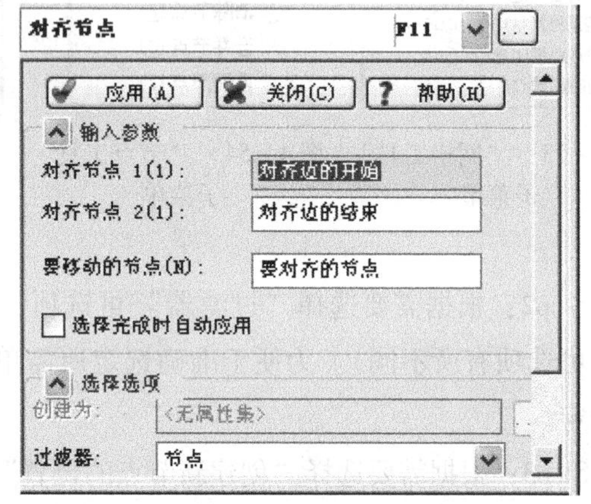

图 4－59　“对齐节点”对话框

Step2：在“输入参数”区可分别选取如图 4－60（a）所示的三个节点 1、2、3（通常选取连续的三个节点，但也可以不连续）。

Step3：单击“应用”按钮，创建如图 4－60（b）所示的结果（移动第三点使三点处在直线位置）。

4. 清除节点

Step1：单击本命令后会弹出如图 4－61 所示的“清除节点”对话框。

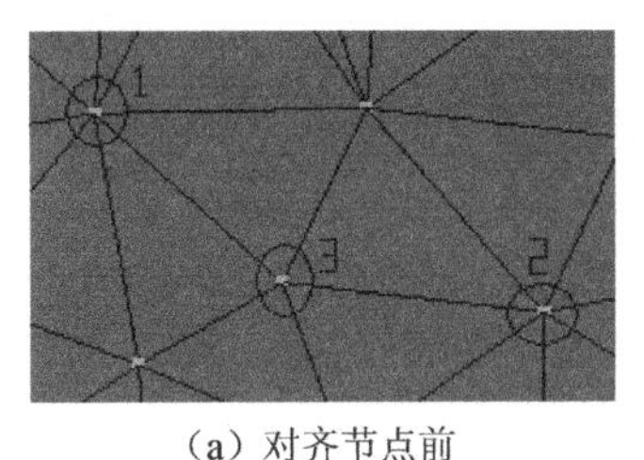

（a）对齐节点前

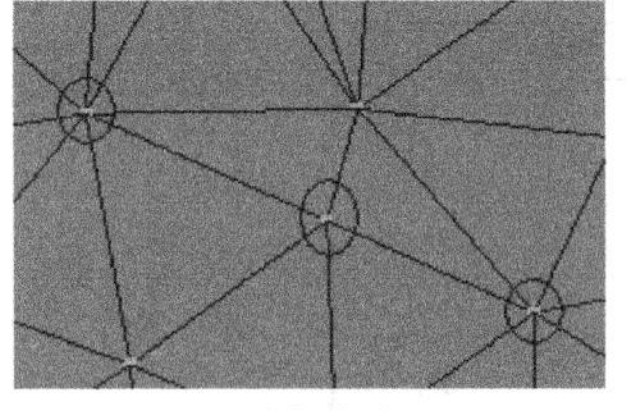
（b）对齐节点后

图 4－60　对齐节点

清除节点
应用(A)　关闭(C)　帮助(H)
输入参数
删除未连接到任何单元的节点
选择选项
创建为：〈无属性集〉
过滤器：任何项目

图 4－61　“清除节点”对话框

Step2：单击“应用”按钮，即可清除多余的节点。

5．合并节点

Step1：单击本命令后会弹出如图 4－62 所示的“合并节点”对话框。

Step2：在“输入参数”区分别选取如图 4－63（a）所示的两个节点 1 和 2。

Step3：单击“应用”按钮，创建如图 4－63（b）所示的结果（第一个节点位置不变，第二个节点向第一个节点合并）。

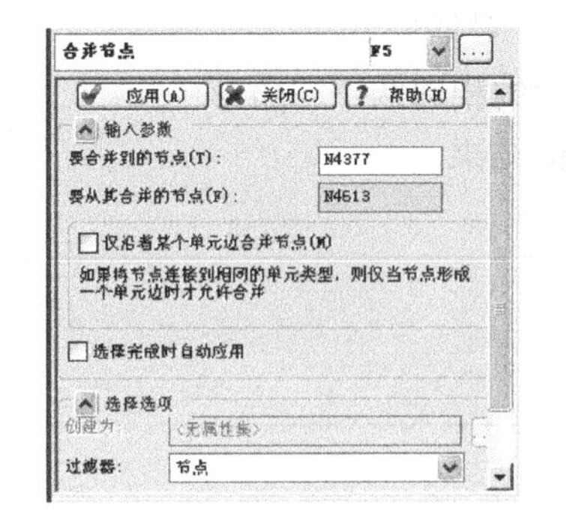

图 4－62　“合并节点”对话框

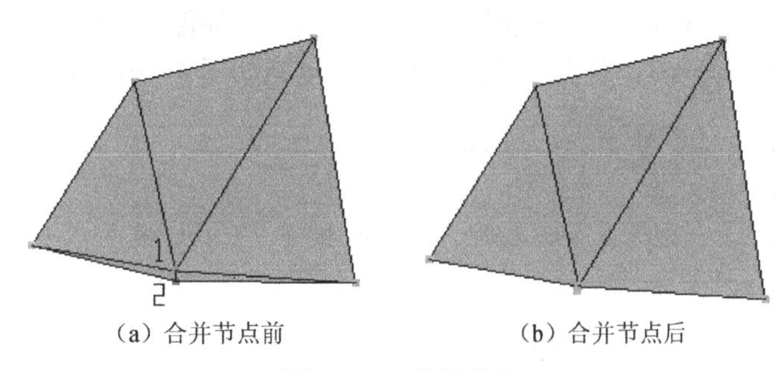

（a）合并节点前　　（b）合并节点后

图 4－63　合并节点

6．匹配节点

“匹配节点”可用于修改网格以获得更好的网格匹配。

Step1：单击本命令后会弹出如图 4－64 所示的“匹配节点”对话框。

Step2：在“输入参数”区分别选择一个节点和节点对应面上的一个三角形单元。

Step3：单击“应用”按钮，即可将所选节点投影到所选三角形单元上，以重新建立良好的网格匹配。

4.5.2　边工具

应用边工具可以对模型网格中的三角形边进行相关的处理，边工具子菜单如图 4－65 所示。

图 4 - 64　“匹配节点”对话框

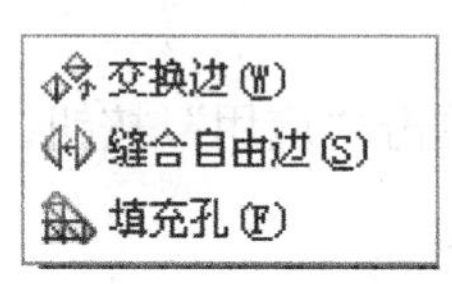

图 4 - 65　“边工具”子菜单

1. 交换边

“交换边”可以实现两个相邻三角形共用边的交换。

Step1：单击本命令后会弹出如图 4 - 66 所示的“交换边”对话框。

Step2：在“输入参数”区分别选择如图 4 - 67（a）所示的相邻两个三角形单元。

Step3：单击“应用”按钮，创建如图 4 - 67（b）所示的结果。

提 示

选择多个单元时，需同时按下“Ctrl”键。

2. 缝合自由边

“缝合自由边”可以用于修复自由边，功能同图 4 - 44。

Step1：单击本命令后会弹出如图 4 - 68 所示的“缝合自由边”对话框。

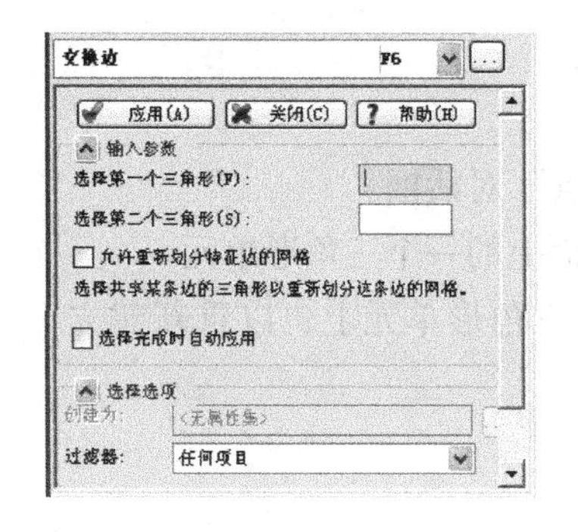

图 4 - 66　“交换边”对话框

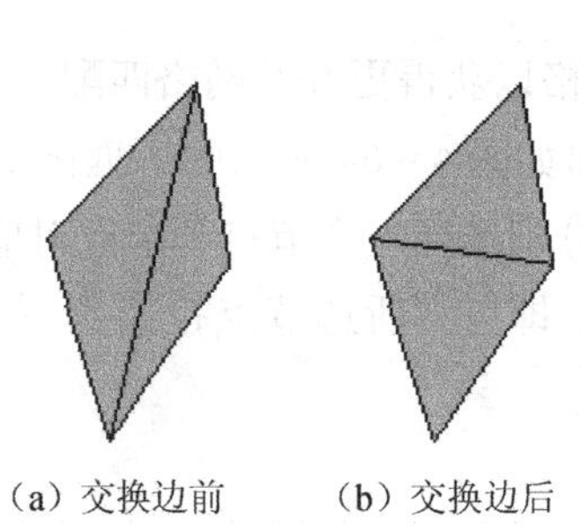

（a）交换边前　（b）交换边后

图 4 - 67　交换边

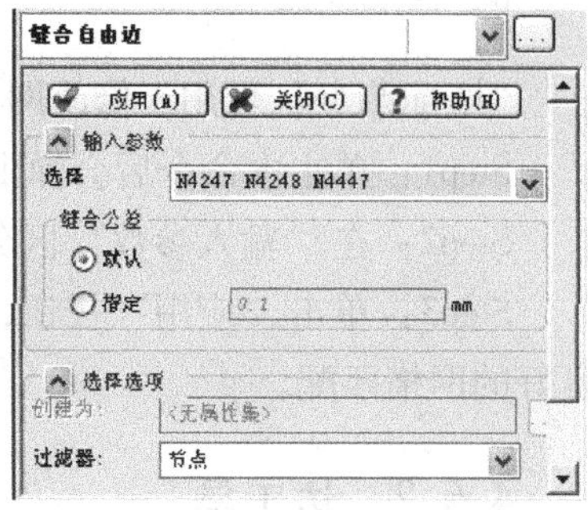

图 4 - 68　“缝合自由边”对话框

Step2：在“输入参数”区选取如图4－69（a）所示圈定的三个节点。

Step3：在“缝合公差”区（可以默认或指定距离）选择“指定”单选钮并输入“3”mm。

Step4：单击“应用”按钮，创建如图4－69（b）所示的结果。

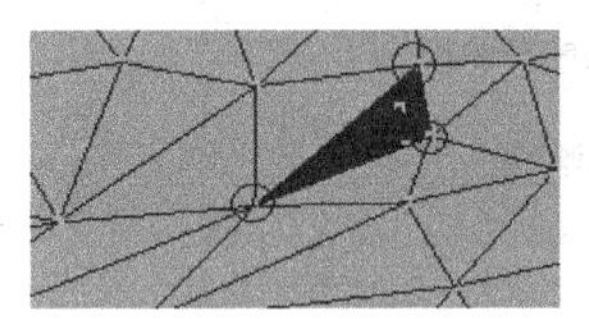

（a）缝合自由边前

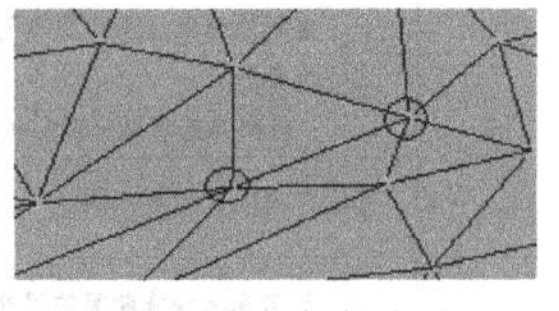

（b）缝合自由边后

图4－69　缝合自由边

3. 填充孔

“填充孔”可以用来修补网格孔洞，功能同图4－45。

Step1：单击本命令后会弹出如图4－70所示的“填充孔”对话框。

Step2：在“输入参数”区的“选择”文本框中选取如图4－71（a）所示孔边上的任意一个节点，然后单击“搜索”按钮，系统自动搜索出孔的自由边。

Step3：单击“应用”按钮，创建如图4－71（b）所示的结果。

图4－70　“填充孔”对话框

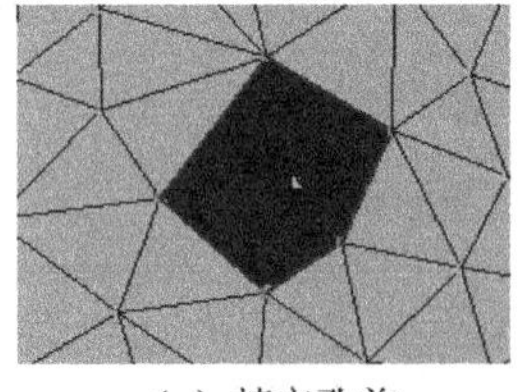

（a）填充孔前

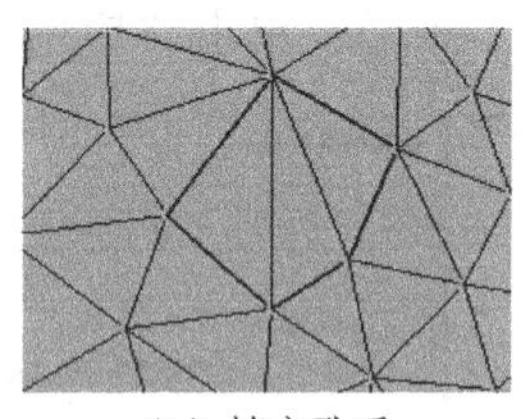

（b）填充孔后

图4－71　填充孔

4.5.3　四面体工具

“四面体工具”指重新划分四面体的网格，主要针对3D模型。

Step1：单击本命令后会弹出如图4－72所示的对话框。

Step2：在“输入参数”区中，“重新划分指定的四面体区域的网格”用来定义重新划分网格的四面体区域；“选定区域”可以直接选取需要重新划分网格的区域。

“厚度方向的目标单元数”定义沿着厚度方向生成单元数目。

“按边长重新划分曲面的网格”重定义划分表面网格的单元边长。

Step3：单击“应用”按钮，即可重新划分。

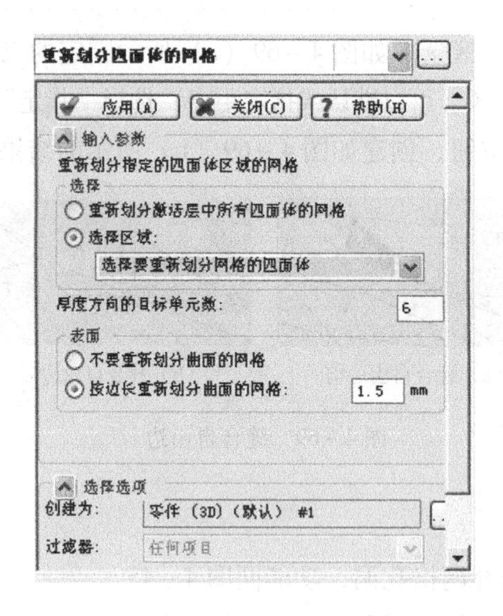

图 4-72　“重新划分四面体的网格”对话框

4.5.4　重新划分网格

“重新划分网格”可以对已划分好的网格再进行自定义划分。

Step1：单击本命令后会弹出如图 4-73 所示的“重新划分网格”对话框。

Step2：在“输入参数”区“实体”下拉列表中选择如图 4-74（a）所示的需要重新划分的网格单元，然后设置“目标边长度”数值（这里输入比原来边长小的某个值）。

Step3：单击“应用”按钮，创建如图 4-74（b）所示的结果。

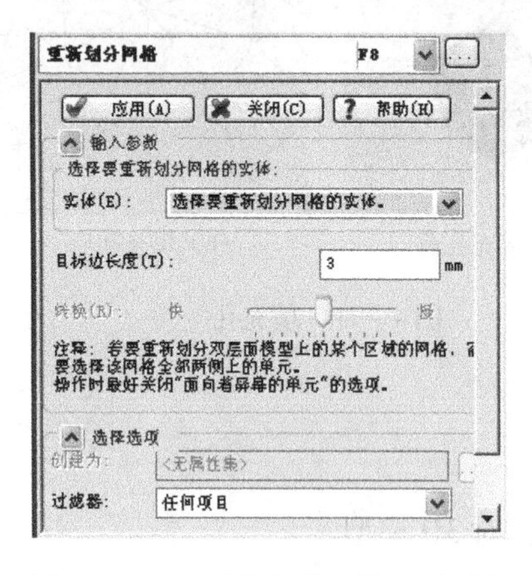

图 4-73　“重新划分网格”对话框

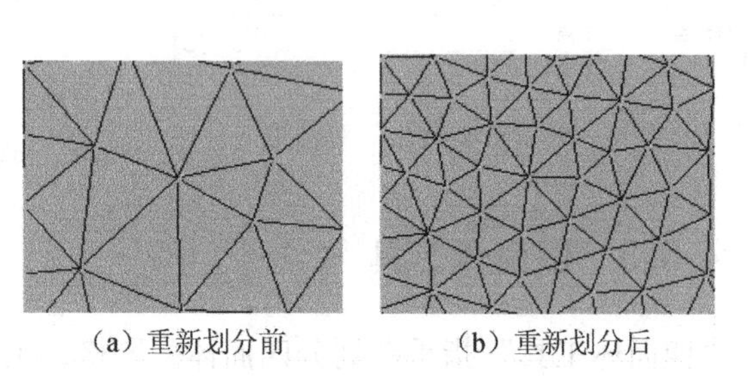

（a）重新划分前　（b）重新划分后

图 4-74　重新划分网格

4.5.5　平滑节点

“平滑节点”可以平滑一系列网格节点。

Step1：单击本命令后会弹出如图 4-75 所示的“平滑节点”对话框。

Step2：在“输入参数”区“节点”下拉列表中选取如图 4－76（a）所示圈定的四个节点。

Step3：单击“应用”按钮，创建如图 4－76（b）所示的结果。

图 4－75　“平滑节点”对话框

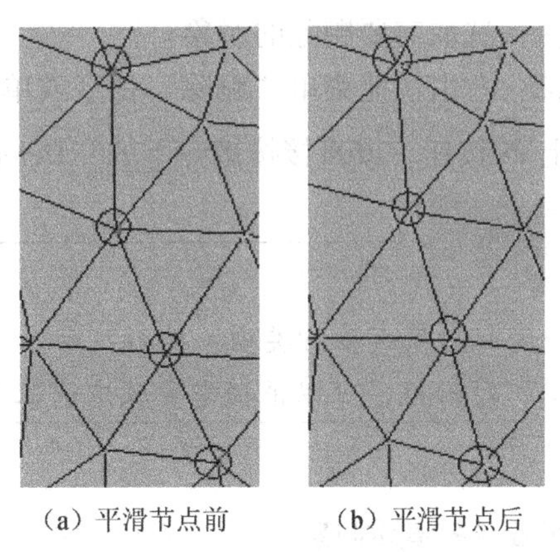

（a）平滑节点前　　（b）平滑节点后

图 4－76　平滑节点

4.5.6　单元取向

“单元取向”可以对取向不正确的单元重新定向。

Step1：单击本命令后会弹出如图 4－77 所示的“单元取向”对话框。

Step2：在“输入参数”区的“要编辑的单元”下拉列表中选取取向错误的单元，在“参考”文本框中可以直接在模型上选取取向正确的单元作为参考单元（也可以不选）。

Step3：单击“应用”按钮，完成单元取向。

4.5.7　删除单元

Step1：单击本命令后会弹出如图 4－78 所示的“删除实体”对话框。

Step2：“输入参数”区选取要删除的网格单元。

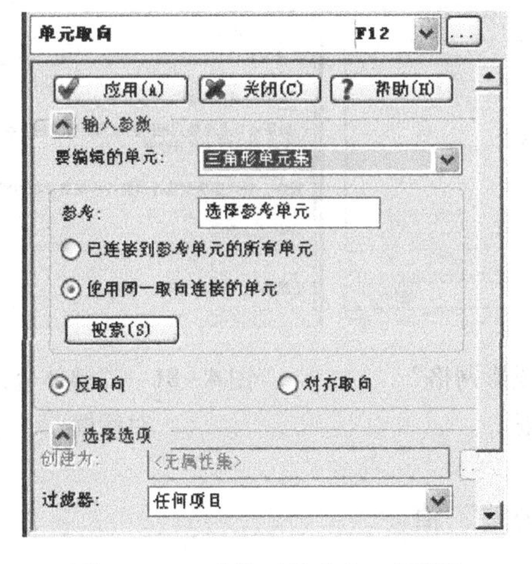

图 4－77　“单元取向”对话框

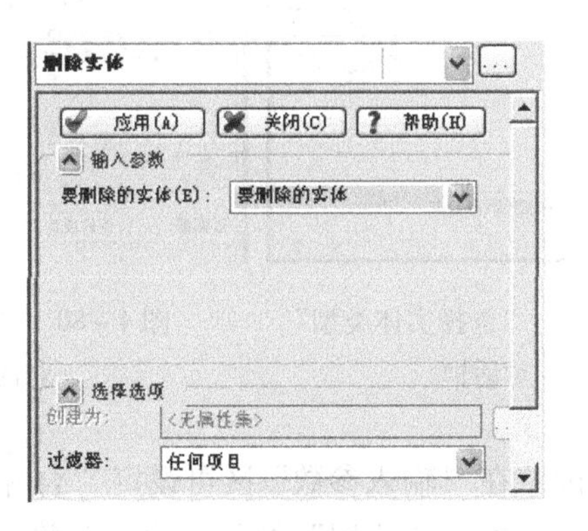

图 4－78　“删除实体”对话框

Step3：单击“应用”按钮，完成删除。

【应用】在Moldflow中删除的对象可以是节点、线段、三角形单元或柱体单元等，删除的操作方法如下。

Step1：选取需要删除的对象。

Step2：右击快捷菜单“删除”命令或单击软件界面菜单“编辑/删除”命令，或单击工具条上✕按钮，或直接按键盘上的“Delete”键。

> **提示**
>
> 当选取对象有多种类型，执行“删除”命令时会弹出如图4-79所示的“选择实体类型”对话框，可以根据需要从中选取需要删除的对象，单击“确定”按钮即可。

4.5.8　投影网格

当某一网格单元严重背离模型表面，或不再符合网格表面模型时，本命令可以还原网格，使网格遵循模型表面。

Step1：单击本命令后会弹出如图4-80所示的“投影网格”对话框。

Step2：在“输入参数”区中选取要投影的网格单元。

Step3：单击“应用”按钮，完成投影。

4.5.9　整体合并

“整体合并”可以自动合并所有距离小于设定公差值的节点，因此本命令可以消除网格中的零面积区域，也可大大减小纵横比过大的三角形单元数量。

Step1：单击本命令后会弹出如图4-81所示的“整体合并”对话框。

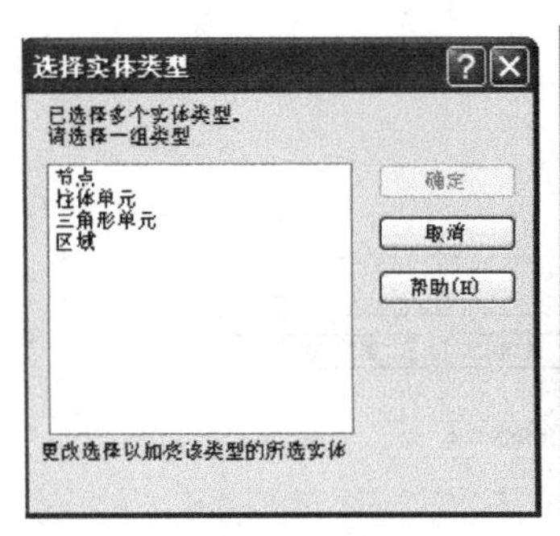

图4-79　“选择实体类型”对话框

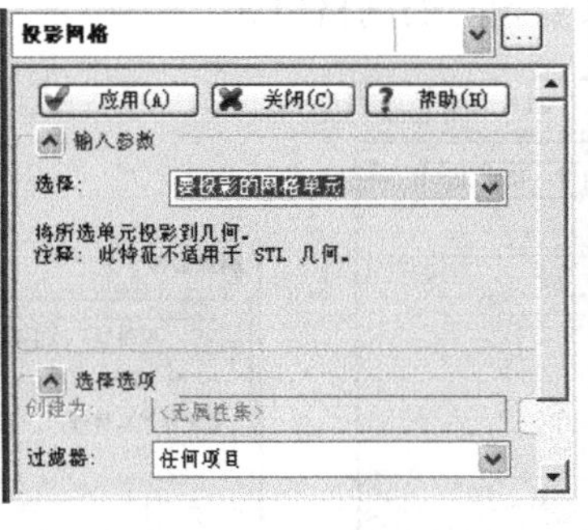

图4-80　“投影网格”对话框

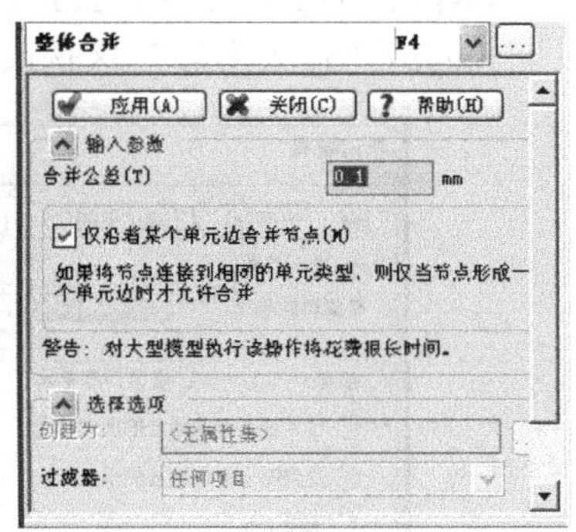

图4-81　“整体合并”对话框

Step2：在“输入参数”区可设定“合并公差”值。

Step3：单击“应用”按钮，完成合并。

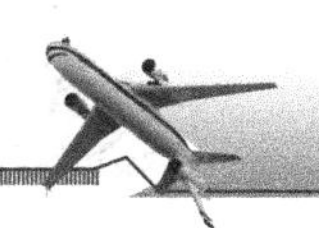

提示

合并公差取大值，可以合并较多的纵横比较大的三角形单元，节约纵横比修复时间，但是可能会使网格模型产生一定的变形现象，因此公差值选取应综合考虑。

4.5.10 自动修复

“自动修复”可以自动修复网格中的交叉点或重叠单元。

Step1：单击本命令后会弹出如图4－82所示的“自动修复”对话框。

Step2：单击“应用”按钮，完成自动修复。

4.5.11 修改纵横比

“修改纵横比”可以对网格的纵横比进行修改。

Step1：单击本命令后会弹出如图4－83所示的“修改纵横比”对话框。

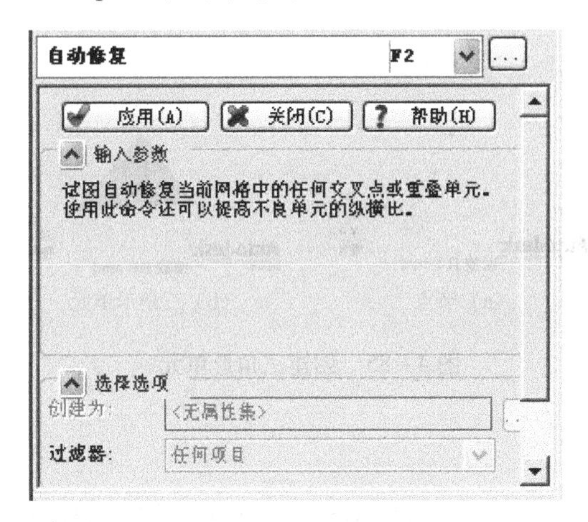

图4－82 “自动修复”对话框

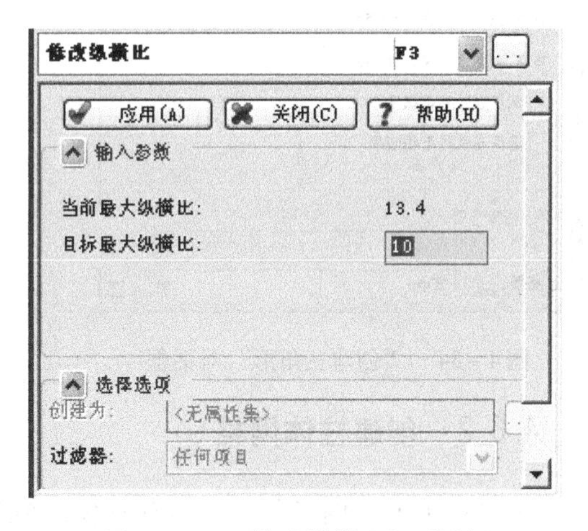

图4－83 “修改纵横比”对话框

Step2：在“输入参数”区可设定“目标最大纵横比”值。

Step3：单击“应用”按钮，对网格进行纵横比修改。

提示

应用本命令修复的结果不一定能符合网格模型形状要求，网格纵横比也不一定全部能达到该目标设定值，因此对于未修复的三角形单元仍需要手工进行修复。

4.6　网格其他命令

在主菜单“网格”下面还有几个子菜单，它们的功能介绍如下。

4.6.1　创建三角形网格

Step1：单击“网格”→“创建三角形网格”命令，会弹出如图 4－84 所示的“创建三角形”对话框。

Step2：在“输入参数”区中分别选取如图 4－85（a）所示的三个节点。

Step3：单击“应用”按钮，创建如图 4－85（b）所示的结果。

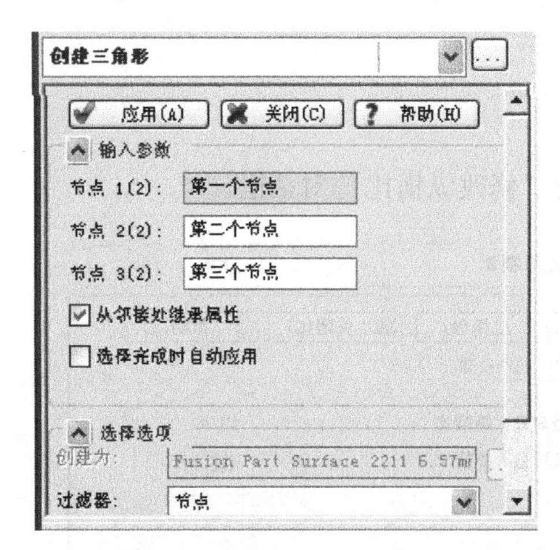

图 4－84　“创建三角形”对话框

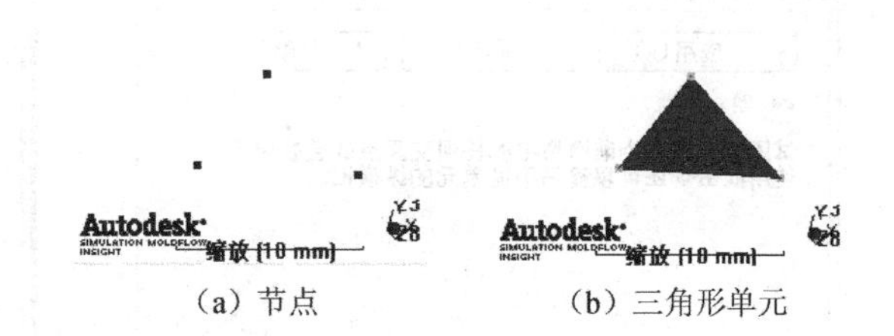

（a）节点　　（b）三角形单元

图 4－85　创建三角形单元

4.6.2　创建柱体网格

Step1：单击“网格”→“创建柱体网格”命令，会弹出如图 4－86 所示的“创建柱体单元”对话框。

Step2：在“输入参数”区的“第一”、“第二”文本框中分别输入两个节点坐标值或直接选取两个已有节点；在“柱体数”文本框中输入数值以定义柱体的段数（类似网格划分）。

Step3：单击“选择选项”区“创建为”右侧的[…]按钮会弹出如图 4－87 所示的“指定属性”对话框

Step4：根据需要单击“新建”按钮，弹出如图 4－88 所示的柱体属性列表，从中选取需要的柱体属性。

Step5：根据需要单击“指定属性”对话框中的“编辑”按钮，可以对所指定属性如柱体形状、尺寸等进行编辑，完成后单击“确定”按钮。

Step6：单击“应用”按钮，创建相应的柱体单元。

图 4－86　“创建柱体单元”对话框

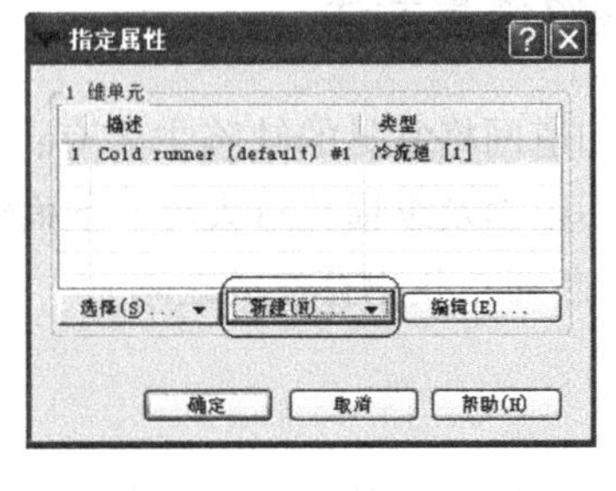

图 4－87　“指定属性”对话框

关键尺寸
冷主流道
冷流道
冷浇口
加热管
喷水管
热主流道
热流道
热浇口
管道
软管
连接器
隔水板
零件柱体

图 4－88　柱体属性列表

4.6.3　创建四面体网格

Step1：单击“网格”→“创建四面体网格”命令，会弹出如图 4－89 所示的“创建四面体”对话框。

Step2：在“输入参数”区中分别选取如图 4－90（a）所示的四个节点（不在同一平面）。

Step3：单击“应用”按钮，创建如图 4－90（b）所示的结果。

图 4－89　“创建四面体”对话框

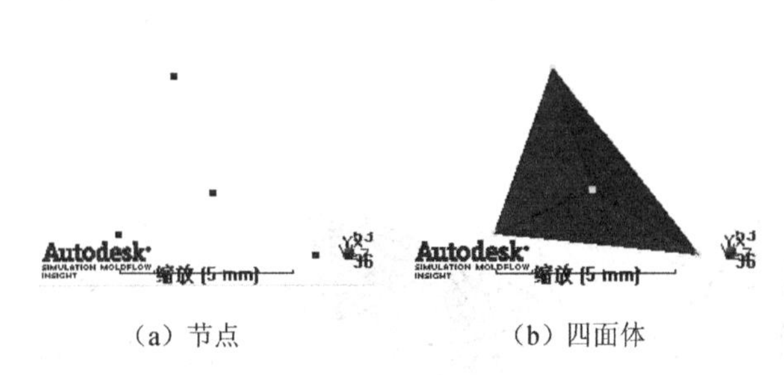

（a）节点　　（b）四面体

图 4－90　创建四面体

4.6.4　全部取向

可以修复模型中定向错误的单元，单击“网格”→“全部取向”命令即可完成全部网格单元取向。

4.7 网格修复方法及实例操作

4.7.1 网格常见缺陷修复方法

根据网格统计，可以知道网格常见的缺陷主要有：自由边（或多重边）、重叠或交叉单元、单元未取向或取向不正确及纵横比过大等，下面简要介绍这些缺陷的常用修复命令（修复前利用相应的网格诊断命令找出存在的缺陷）。

1. 自由边/多重边

常见的自由边如图4－91所示，其中情况一存在自由边的同时还存在多重边，因此该单元是多余的，直接删除即可；情况二缺失一个三角形单元，需要修补完整，可以采用菜单“网格”→“创建三角形网格”命令或“网格”→“网格工具”→“边工具”→“填充孔”命令来修复；情况三缺失单元较多，建议应用菜单“网格”→“网格工具”→“边工具”→“填充孔”命令修复，较为方便。

【应用】在双层面网格中如果存在多重边，则说明共有该边的三角形单元中起码有一个是多余的。

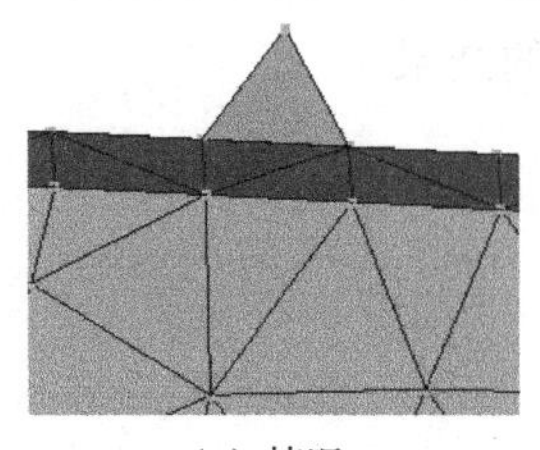

（a）情况一

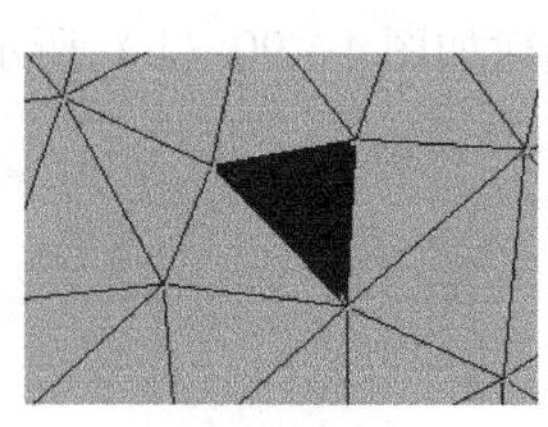

（b）情况二

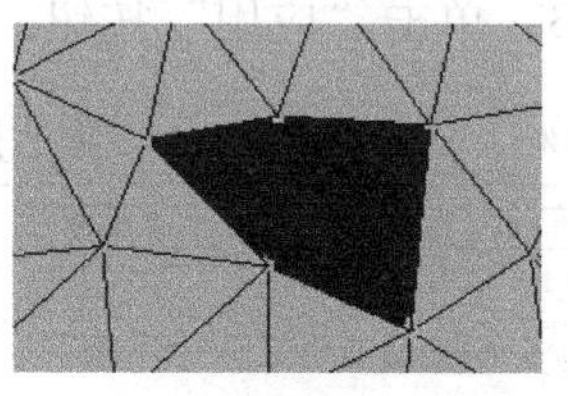

（c）情况三

图4－91　常见自由边缺陷

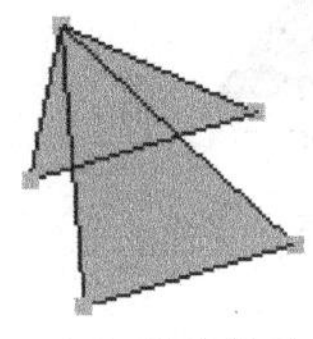

（a）重叠单元

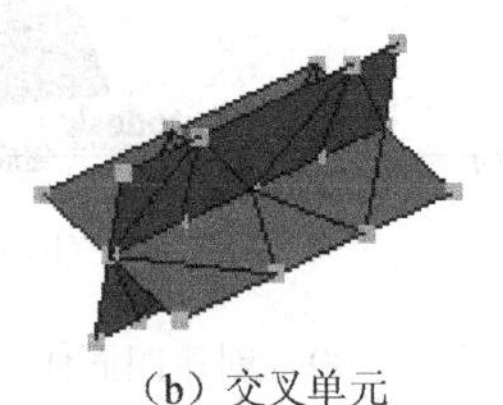

（b）交叉单元

图4－92　重叠、交叉单元

2. 重叠/交叉

重叠、交叉单元如图4－92所示，它们一般都会在“自由边诊断”结果中体现出来，结合“自由边/多重边”一起修复，根据实际情况将多余的重叠单元删除即可。对于交叉单元，需根据实际情况进行相应处理。

3. 单元未取向或取向不正确

通常直接应用菜单“网格”→“全部取向”命令（该方法简单方便，建议优先使用）或菜单“网格”→“网格工具”→“单元取向”命令（手工单个或局部操作）来修复。

4. 纵横比过大

纵横比过大在网格中是常见的问题，也是修复网格中最费时的工作，根据不同情况选择合适的修复方法可以取得事半功倍的效果。修改纵横比有重新划分网格、自动修复功能（不能完全修复）、整体合并、插入节点（有时会产生另外大纵横比的单元）、合并节点（适用于两节点较近的情况）、移动节点、重新局部划分网格、交换边等方法。如图4－93所示为根据不同情况采用相应的修复方法。

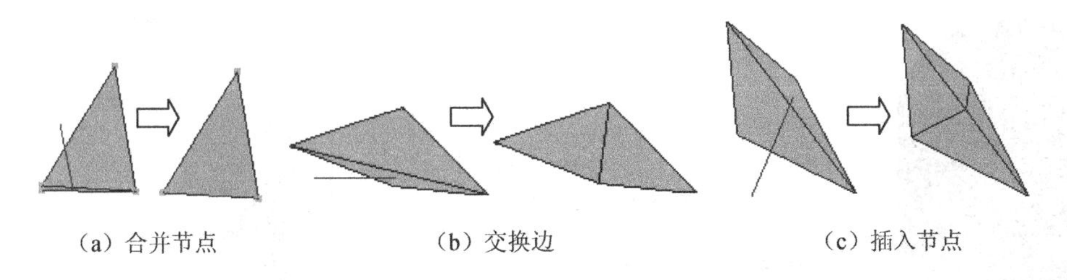

图4－93 常见纵横比缺陷及采用的相应修复方法

图4－93（a）情况宜采用菜单“网格”→“网格工具”→“点工具”→“合并节点”命令将距离最小的相邻两节点合并。

图4－93（b）情况宜采用菜单“网格”→“网格工具”→“边工具”→“交换边”命令修复。

提示

“交换边”命令要求这两个三角形必须在同一平面内，如不在同一平面则采用菜单“网格”→“网格工具”→“点工具”→“插入节点”命令修复（如图4－93（c）情况）或采用其他方法（参见4.7.2节网格修复实例）。

【技巧】避免纵横比过大过多的方法如下。

（1）简化模型：确保模型完整，拓扑关系正确，小于产品壁厚二分之一左右的圆角、倒角及微小的台阶、凹槽、孔洞予以清除。

（2）适当细分网格：根据产品大小和壁厚，尽可能细致地划分网格，但对计算机配置要求较高。

4.7.2 网格修复实例

下面以4－2模型（见光盘：\实例模型\Chapter4 中的4－2练习）为例介绍网格诊断和修复过程。

1. 打开模型

启动MPI，单击工具条命令，进入“打开工程”对话框，选择“\实例模型\Chapter4中的4－2练习\4－2.mpi”，单击“打开”按钮，显示如图4－94所示的模型。

2. 网格统计

单击菜单“网格”→“网格统计”命令，弹出如图4－95所示的“网格统计”对话框，“输入参数”区的“单元类型”选“三角形”，单击“显示”按钮，弹出如图4－96所示的“三角形”统计信息框。

图4－94　模型

图4－95　“网格统计”对话框

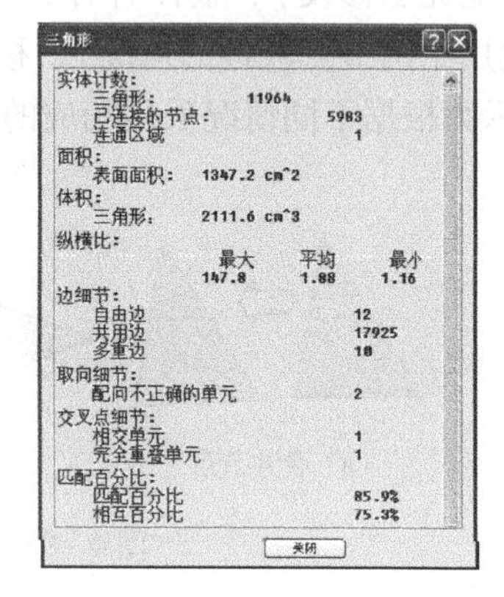

图4－96　“三角形”统计信息框

3. 网格诊断与修复

对照表4－1中网格要求，可知本模型的网格中存在自由边、多重边、配向不正确、相交单元、完全重叠单元和最大纵横比过大等问题，下面按照以下顺序进行逐个缺陷的诊断和修复。

Step1：自由边诊断。

单击菜单“网格”→“网格诊断”→“自由边诊断”命令，弹出如图4－97所示的“自由边诊断”对话框。在“输入参数”区中勾选“查找多重边”复选框，在“选项”区中勾选“将结果置于诊断层中”复选框，单击“显示”按钮，然后在软件界面的层管理区中仅勾选“诊断结果”层，显示如图4－98所示的自由边（颜色条上部颜色显示）和多重边（颜色条下部颜色显示）。

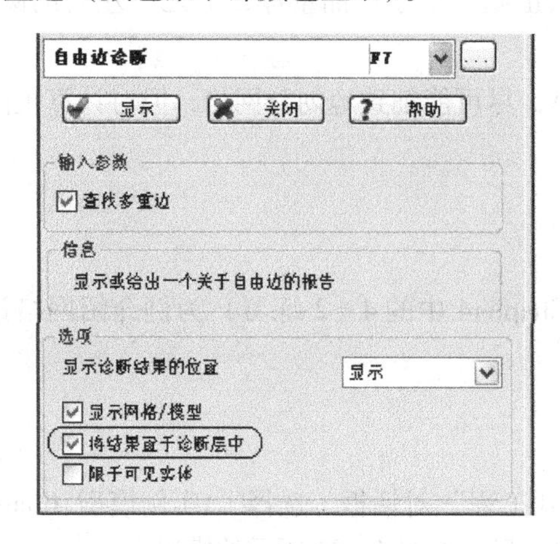

图4－97　“自由边诊断”对话框

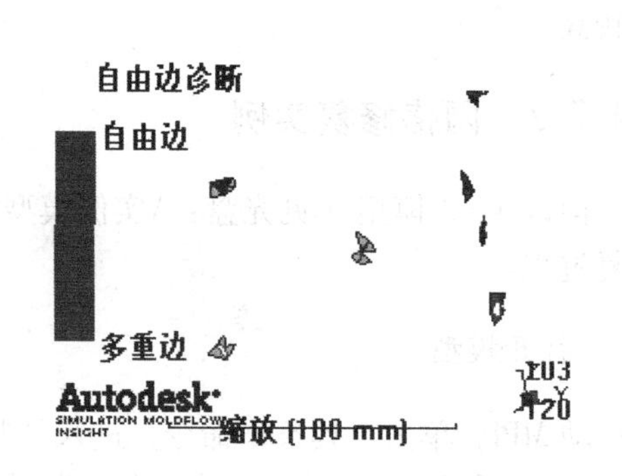

图4－98　模型中的自由边与多重边

Step2：自由边修复。

自由边主要存在以下两种情况。

第一种类似如图 4 – 99 所示的由连续红色自由边形成封闭的情况，主要原因是缺失三角形单元，常通过以下两种方法进行修复。

【操作技巧】通过缩放、旋转或平移模型等方法找到缺陷单元并尽量放置于视窗中央。为便于确认缺陷单元，一般单击界面工具条上的"居中"命令后，再单击缺陷单元（即保证在模型旋转操作中围绕该点旋转，这样缺陷单元始终居中于视窗），再将层管理区中的"新建三角形单元"层勾选显示，然后可以通过旋转清楚地查看和确认模型上的缺陷单元，如图 4 – 100 所示。

图 4 – 99　仅显示自由边

（1）单击菜单"网格"→"创建三角形网格"命令，弹出如图 4 – 101 所示的"创建三角形"对话框，在"输入参数"区中依次选取如图 4 – 102（a）所示圈定的三个相邻节点（注：选取节点时需勾选"新建节点"层复选框）来创建新的三角单元，单击"应用"按钮创建如图 4 – 102（b）所示的结果。同样，再次选取如图 4 – 102（b）所示圈定的三个节点，单击"应用"按钮完成如图 4 – 102（c）所示的修复结果。这种方法一般用于缺失少量三角形单元时的修复。

图 4 – 100　三角形单元和自由边显示

图 4 – 101　"创建三角形"对话框

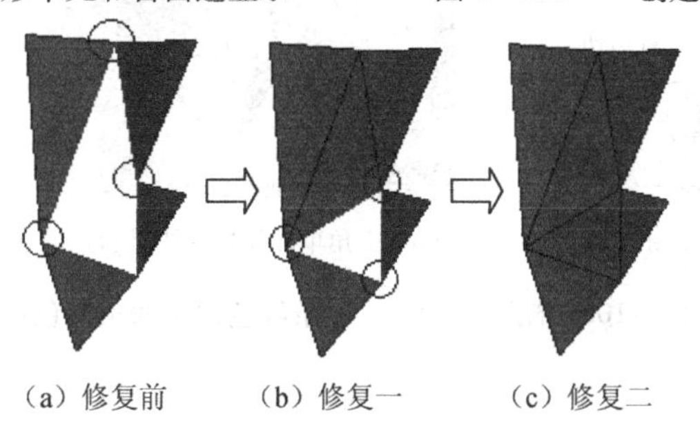

（a）修复前　（b）修复一　（c）修复二

图 4 – 102　"创建三角形网格"修复过程

（2）单击菜单“网格”→“网格工具”→“边工具”→“填充孔”命令，弹出如图4－103所示的“填充孔”对话框。在“输入参数”区“选择”文本框中选取自由封闭边中的任何一个节点，再单击“搜索”按钮，系统自动找出如图4－104（a）所示的封闭自由边并高亮显示，然后单击“应用”按钮完成如图4－104（b）所示的对该孔的填充。这种方法一般用于任意大小封闭孔洞网格的修补。

图4－103 “填充孔”对话框

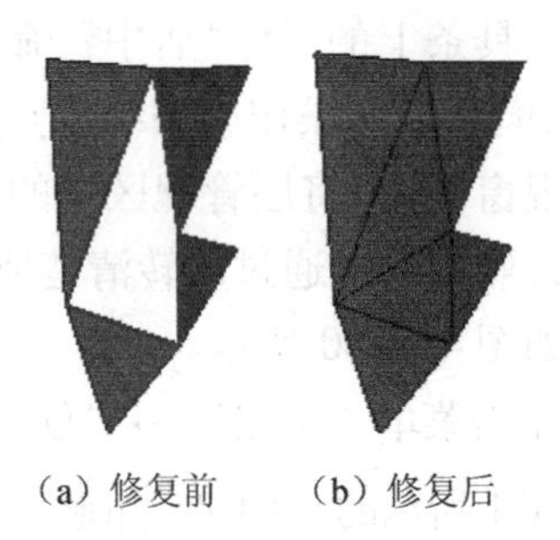

（a）修复前　（b）修复后

图4－104 “填充孔”修复

第二种类似如图4－105（a）、图4－106（a）、图4－107（a）所示的常见缺陷单元，既有红色边（红色表示为自由边），又有蓝色边（蓝色表示为多重边）或全部都是蓝色边的三角形单元，这主要是存在多余的三角形单元，因此将这些三角形单元直接删除即可。

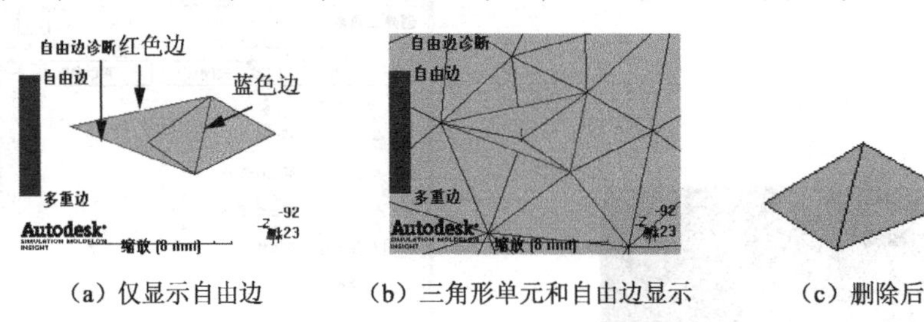

（a）仅显示自由边　（b）三角形单元和自由边显示　（c）删除后

图4－105 缺陷单元一：两条红色边＋一条蓝色边

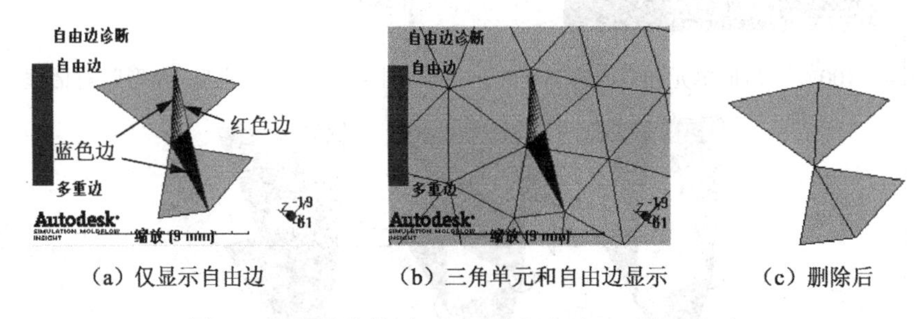

（a）仅显示自由边　（b）三角单元和自由边显示　（c）删除后

图4－106 缺陷单元二：一条红色边＋两条蓝色边

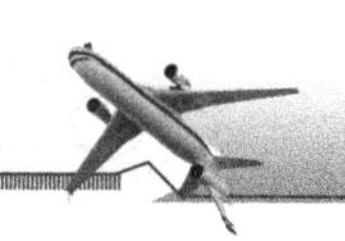

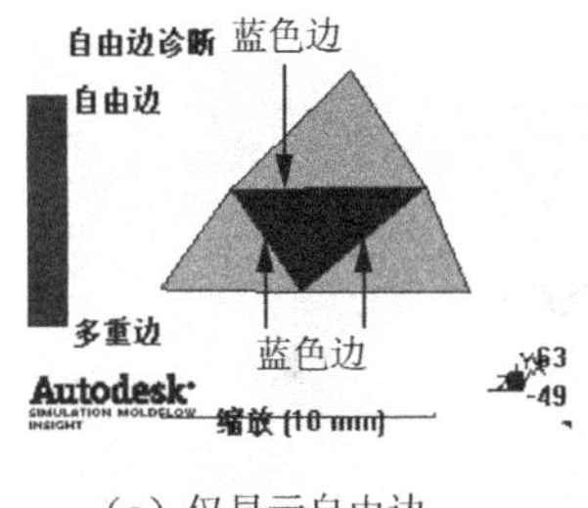

(a) 仅显示自由边

(b) 三角单元和自由边显示

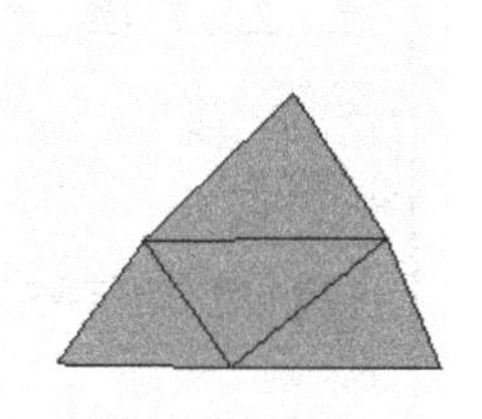

(c) 删除后

图 4－107 缺陷单元三：三条蓝色边

【删除方法】删除单元的方法如下。

(1) 选取需删除的单元后单击工具条上的 ✕ 命令。

(2) 选取需删除的单元后，单击菜单“编辑”→“删除”命令或直接按键盘上的“Delete”键。

(3) 单击菜单“网格”→“网格工具”→“删除单元”命令，会弹出“删除单元”对话框，然后在“输入参数”区的“要删除的实体”栏中选取需删除的单元后，单击“应用”按钮。

通过上述方法将模型中的自由边（或多重边）修复完成后，视窗中左侧的颜色条会自动消失。

Step3：再次网格统计。

单击菜单“网格”→“网格统计”命令，弹出如图 4－108 所示的“三角形”统计信息框，结果显示“边细节”和“交叉点细节”两项已符合网格要求，但“纵横比”和“取向细节”仍存在问题，下面对这两项分别进行修复。

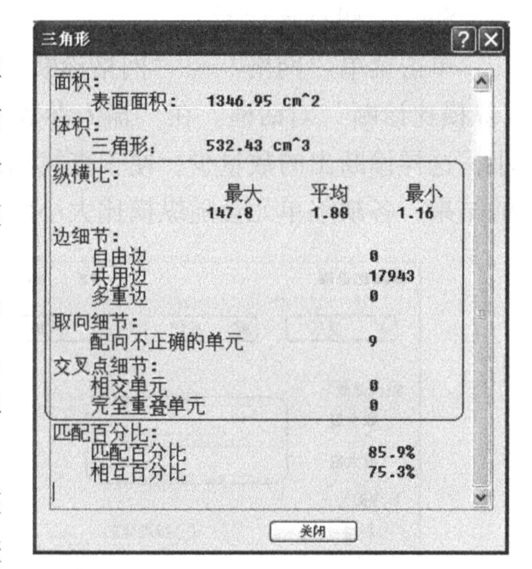

图 4－108 “三角形”统计信息框

【说明】相比如图 4－96 所示的统计信息框中的信息，可知“配向不正确的单元”数量增加了，主要原因是在自由边修复过程中新创建的三角形单元有可能存在取向不正确现象。

【技巧】当“三角形”统计信息中同时存在“边细节”和“交叉点细节”缺陷时，也可以先进行“交叉点细节”诊断（即“重叠单元诊断”对话框设置如图 4－109 所示）。诊断结果如图 4－110 所示，显示了一个相交单元和一个重叠单元。根据实际情况将这两个缺陷单元删除即可，然后再进行自由边的诊断和修复。

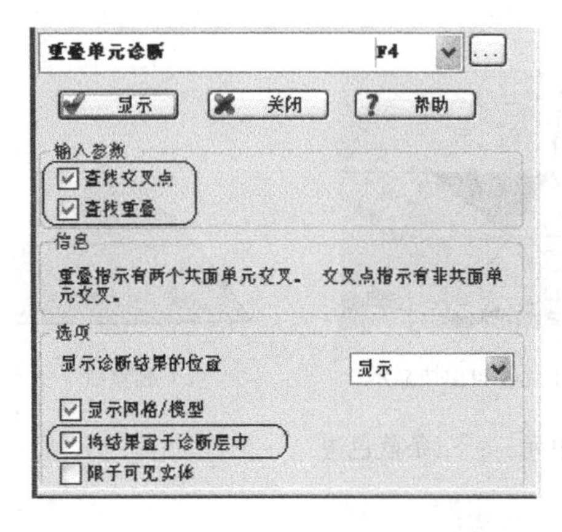
重叠单元诊断 F4
显示 关闭 帮助
输入参数
查找交叉点
查找重叠
信息
重叠指示有两个共面单元交叉。交叉点指示有非共面单元交叉。
选项
显示诊断结果的位置 显示
显示网格/模型
将结果置于诊断层中
限于可见实体

图 4－109　“重叠单元诊断”对话框

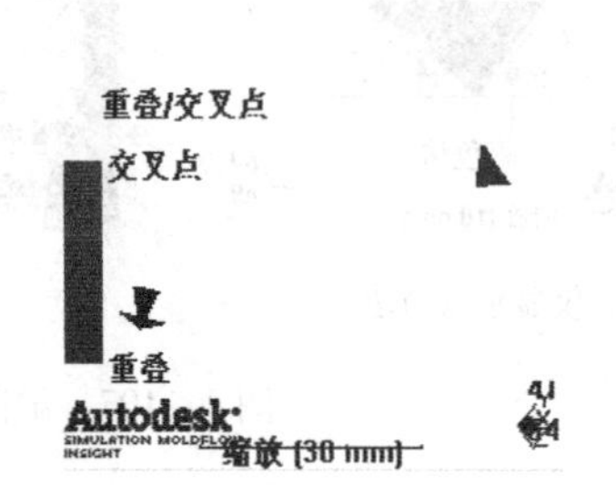

图 4－110　重叠单元诊断结果

但这里建议首先进行“边细节”诊断（即“自由边诊断”），因为网格中的相交单元/完全重叠单元都会在“自由边诊断”结果中反映出来，所以当对“自由边/多重边”修复完成后，相交单元/完全重叠单元基本消失了。如果统计中还存在“交叉点细节”缺陷，则再利用“重叠单元诊断”并修复。

因此，在网格诊断并修复时，建议按照如下缺陷顺序进行：自由边/多重边、相交单元/完全重叠单元、纵横比（边和交叉点细节修复时可能会产生大纵横比的新三角形单元）、取向（纵横比修复时有可能会产生取向不正确的新三角形单元）。

Step4：纵横比诊断。

单击菜单“网格”→“网格诊断”→“纵横比诊断”命令，弹出如图 4－111 所示的“纵横比诊断”对话框。在“输入参数”区中的“最小值”文本框中输入“50”（逐步减小，这样诊断出的数量少，便于查找和修复），单击“显示”按钮，显示如图 4－112 所示的结果，各缺陷单元会随纵横比大小而引出不同颜色的线。

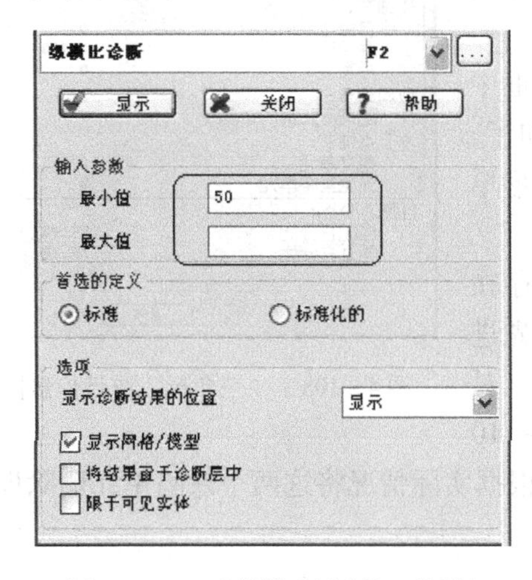
纵横比诊断 F2
显示 关闭 帮助
输入参数
最小值 50
最大值
首选的定义
标准　标准化的
选项
显示诊断结果的位置 显示
显示网格/模型
将结果置于诊断层中
限于可见实体

图 4－111　“纵横比诊断”对话框

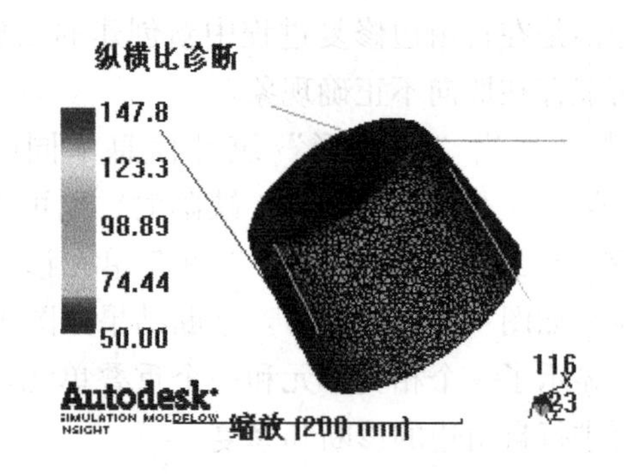

图 4－112　纵横比诊断结果

Step5：纵横比修复。

从纵横比最大（即引线颜色最红）的三角形单元开始修复，通过缩放、旋转或平移模型等方法找到纵横比最大单元并尽量放置于视窗中央。同样，为便于确认该单元，单击界面工具 “居中”按钮，再单击该单元（或其相邻单元），如果引线指向单元不清，可以旋转模型找到该单元，如图4－113所示。

该缺陷有点类似如图4－93（b）所示类型，因此会很容易联想到应用“交换边”命令来修复，看看是否适用。单击菜单“网格”→“网格工具”→“边工具”→“交换边”命令，弹出如图4－114所示的对话框。在“输入参数”区中分别选取如图4－115所示的两个三角形单元，单击“应用”按钮后会弹出如图4－116所示的警示框，说明应用“交换边”命令不能执行，其原因主要是由于这两个三角形单元不在同一个平面内（通过放大旋转可以看得出来，如图4－117所示），这种情况经常会出现在曲面划分的网格中。

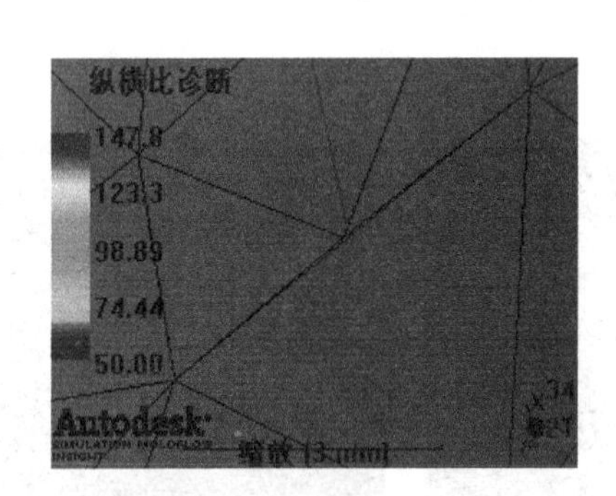

图4－113 纵横比最大单元

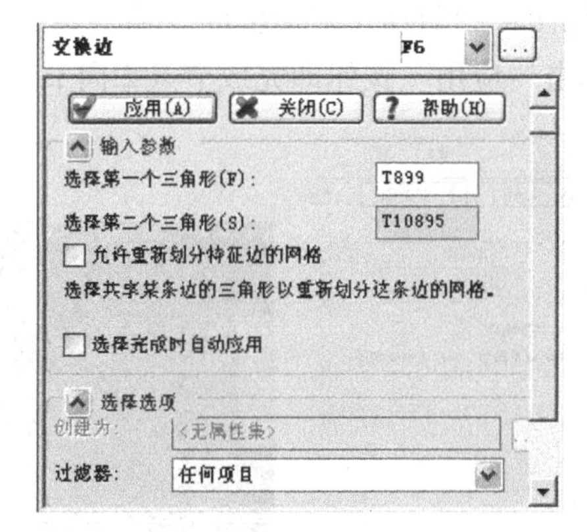

图4－114 “交换边”对话框

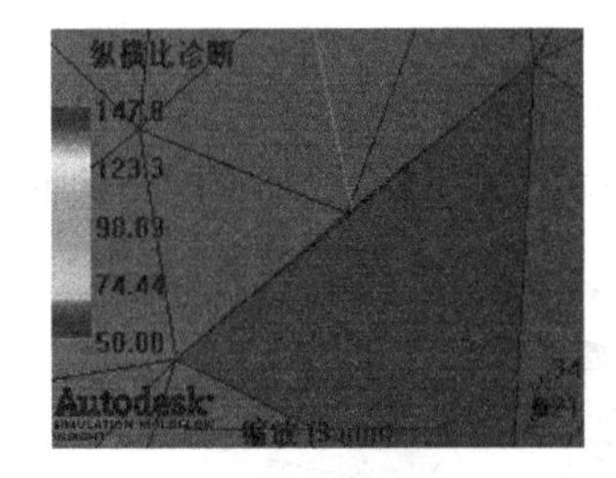

图4－115 选取三角形单元（相邻两个）

图4－116 “建模时出错”警示框

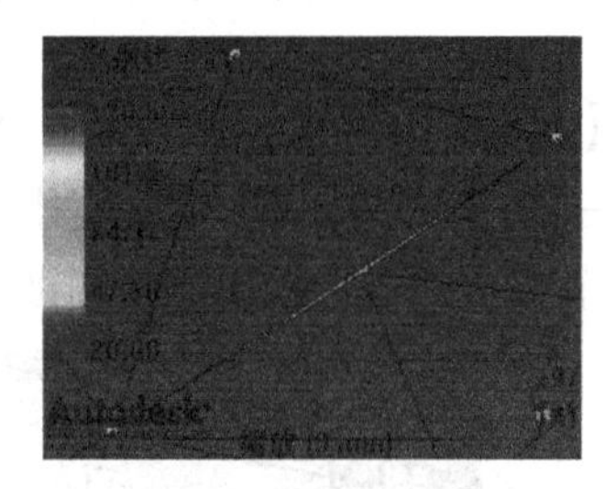

图4－117 两个三角形单元成夹角

因此可以采用以下两种常用方法来修复该类单元。

（1）首先将如图4－115所示的两个三角形单元直接删除，结果如图4－118所示，然后应用菜单“网格”→“网格工具”→“边工具”→“填充孔”命令，在弹出的如图4－119所示对话框的“选择”文本框中选取自由边上的任何一个节点（如图中圈定的节点），再单击“搜索”按钮，然后单击“应用”按钮即完成孔的修复，结果如图4－120所示。

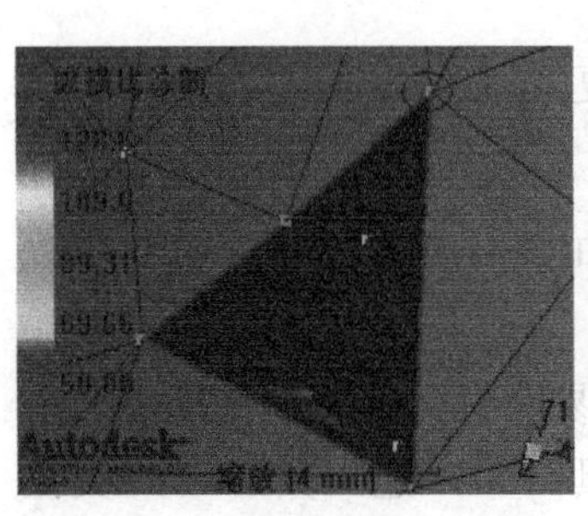
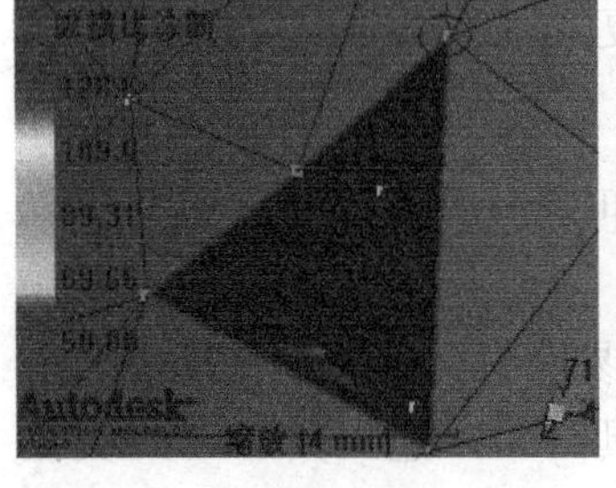

图 4－118　删除三角形单元（相邻两个）

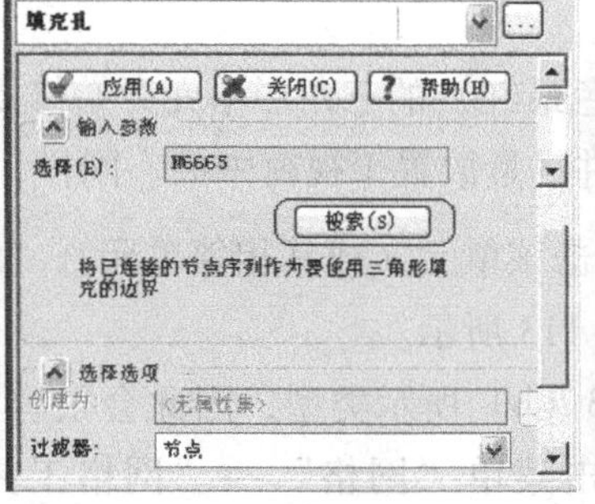

图 4－119　“填充孔”对话框

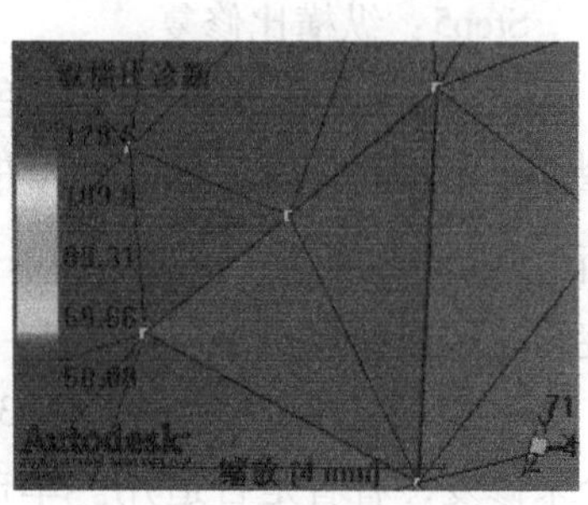

图 4－120　“填充孔”修复

（2）利用菜单“网格”→“网格工具”→“节点工具”→“合并节点”命令修复。在弹出的如图 4－121所示对话框的“输入参数”区中依次选取如图 4－122 所示的节点 1、2，然后单击“应用”按钮即完成节点 2 向节点 1 的合并，结果如图 4－123 所示。

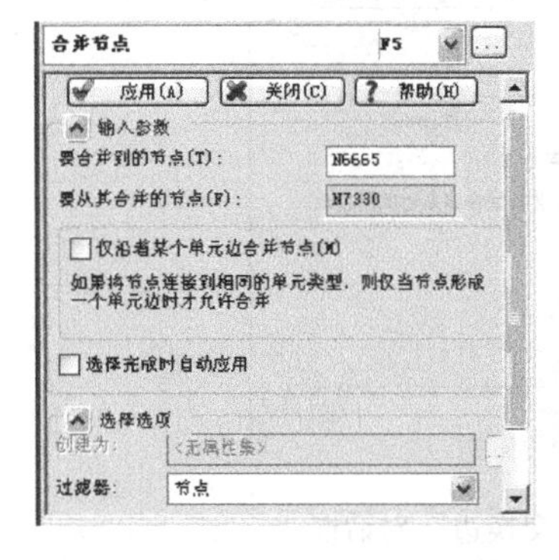

图 4－121　“合并节点”对话框

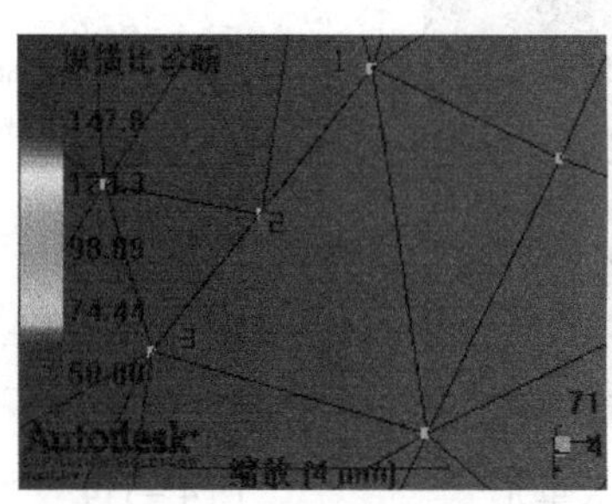

图 4－122　依次选取两个节点

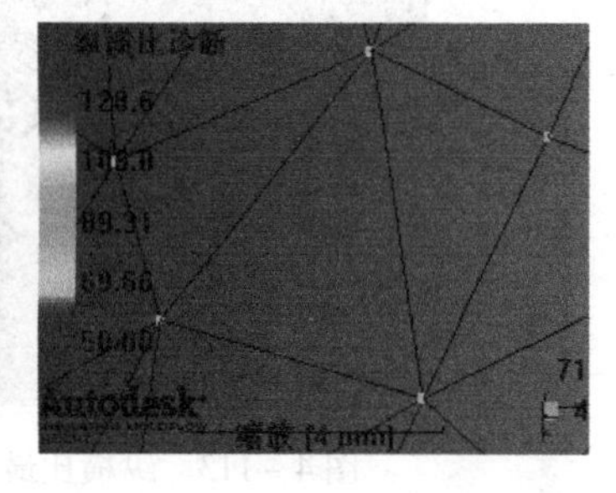

图 4－123　“合并节点”修复结果

【注意】“合并节点”命令比较适合相邻节点间距较近且是平面网格的场合，如图 4－124（a）所示的情况；而图 4－122 中节点 1 基本在节点 2、3 中间，尤其对于曲面网格，节点合并容易造成模型细微的变形。

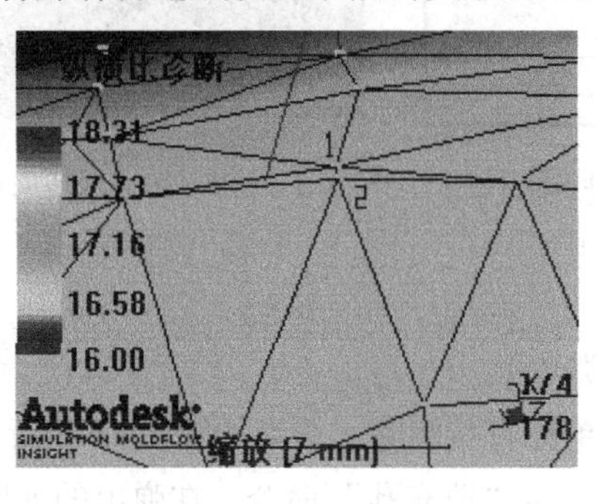

（a）合并前

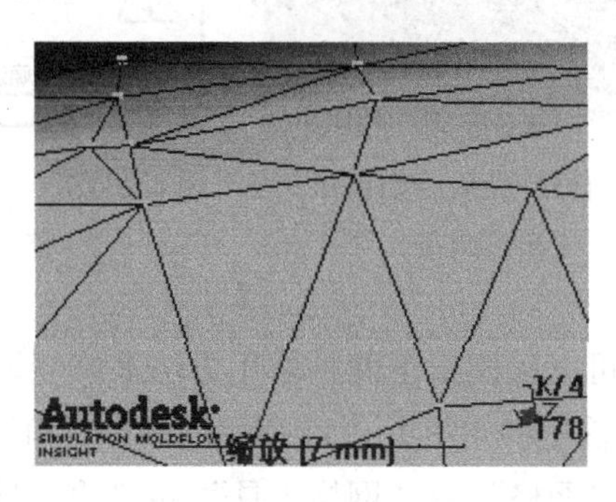

（b）合并后

图 4－124　适合合并的节点

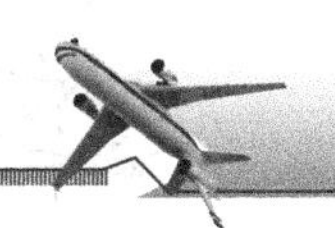

Step6：按照 Step5 中修复方法依次将纵横比修复到 20 以内。

Step7：取向诊断。

单击菜单“网格”→“网格诊断”→“取向诊断”命令，弹出如图 4－125 所示的“取向诊断”对话框。单击“显示”按钮，会显示如图 4－126 所示的结果（本步骤可以省略，直接进入 Step 8 取向修复）。

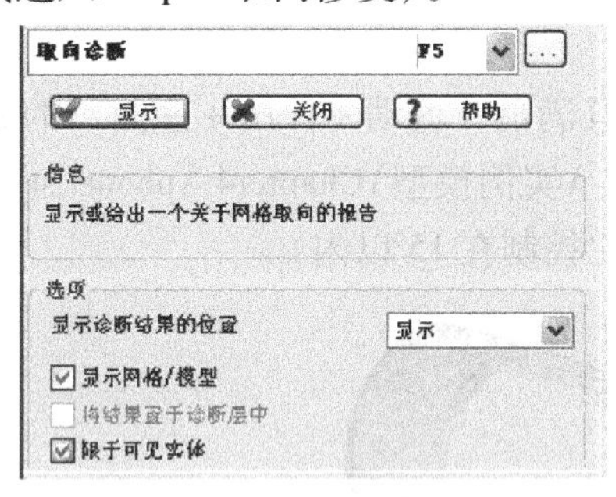

图 4－125 “取向诊断”对话框

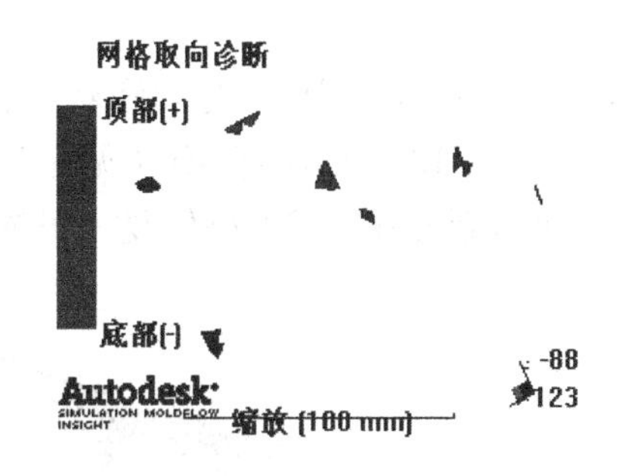

图 4－126 仅显示取向诊断结果

Step8：取向修复。

单击菜单“网格”→“全部取向”命令，即可自动修复取向不正确的所有单元。

另外也可单击菜单“网格”→“网格工具”→“单元取向”命令，弹出如图 4－127 所示的“单元取向”对话框，在“输入参数”区的“要编辑的单元”下拉列表中选取需要修复取向的单元（即红色显示的三角形单元，多选时按“Ctrl”键），然后单击“应用”按钮即可修复（单元成蓝色）。

Step9：再次网格统计。

当上述缺陷均修复完成后，再次单击“网格”→“网格统计”命令查看网格信息，确认网格完整。

Step10：清除多余节点。

单击菜单“网格”→“网格工具”→“节点工具”→“清除节点”命令，弹出如图 4－128 所示的“清除节点”对话框，单击“应用”按钮即可清除多余的节点。因为在修复网格过程中会不可避免地产生一些与网格不连接的节点，所以建议尽量清除，以免影响后续的操作。

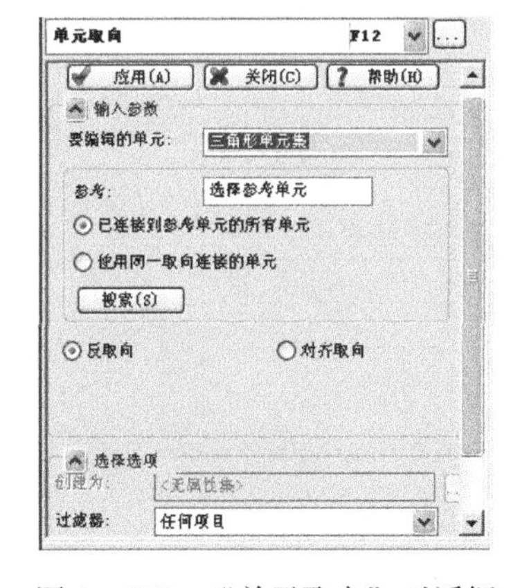

图 4－127 “单元取向”对话框

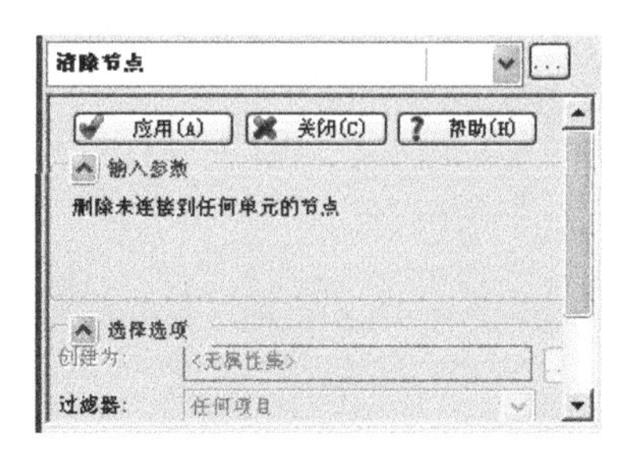

图 4－128 “清除节点”对话框

本实例修复结果见光盘：\实例模型\Chapter4 \ 4 -2 结果。

本章引例修复结果见光盘：\实例模型\Chapter4 \ 4 -1 引例结果。

本章课后习题

1. 完成本章引例模型网格划分和修复，使其满足“流动 + 保压 + 翘曲”的分析要求。

2. 导入如图 4 -129 所示的模型（见光盘：\实例模型\Chapter4 \phone. stl)，设置合理的网格边长进行划分并完成网格修复（纵横比控制在 15 以内）。

图 4 -129　phone 模型

第5章 建模工具

教学目标

通过本章的学习，了解建模的基本思路，熟练使用各种建模工具进行节点、曲线和区域等元素的创建和编辑，熟练运用建模向导进行模具结构的创建，掌握Moldflow软件建模方法和技巧。

教学内容

主要项目	知识要点
创建元素	节点、曲线、区域、孔和镶件等创建方法
编辑元素	移动/复制和查询实体的操作方法
模具结构创建	利用型腔重复、流道系统、冷却回路及模具表面等向导来创建的基本操作
其他操作	LCS/建模基准面、面操作和简化为柱体单元操作

引例

Moldflow中的建模工具可以创建节点、曲线和区域等基本图元，为模型创建浇注系统、冷却系统等，但Moldflow中的建模工具毕竟没有专业CAD软件的建模功能强大，直接创建原始模型效率相对较低，因此，根据CAD和CAE软件的各自优势，结合塑件和模具的具体结构，一般建议：

（1）原始模型尽可能在CAD软件中创建，但有些会影响网格划分质量的（如小柱体等）细小结构，可以在Moldflow进行创建添加。

（2）浇注系统和冷却系统尽可能在Moldflow中创建。

（3）一模多腔的情况，模型复制和布局也尽可能在Moldflow中完成。

由此看来，建模操作处理也是Moldflow分析前处理中的主要内容之一，是完善模型、顺利进行工艺设置及后处理的基础。

如图5－1（a）所示为一个塑件模型，如图5－1（b）所示为Moldflow STL模型（\实例模型\chapter5\引例模型\shoujigai. stl，无凸台)，试利用 Moldflow 的建模工具在图 5-1 (b)生成网格的基础上创建四个圆凸台 $\Phi 2\mathrm{mm} \times 2\mathrm{mm}$。

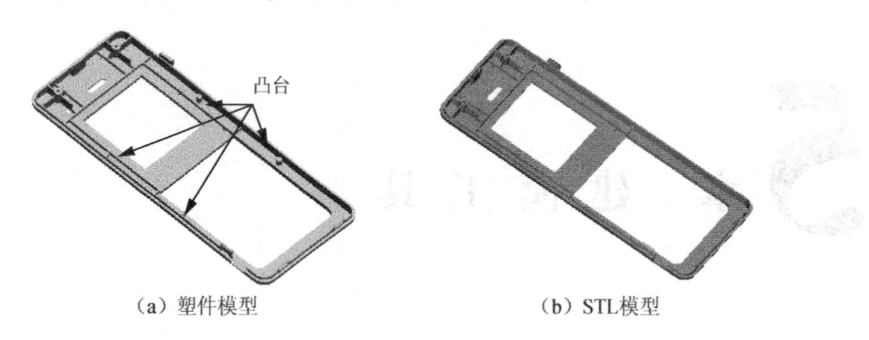

(a) 塑件模型　　(b) STL模型

图 5-1　模型

5.1　建模菜单

单击主菜单“建模”命令，会出现如图 5-2 所示的菜单，它与如图 5-3 所示工具条中的相应命令（单击菜单“查看”→“工具栏”命令，勾选“建模”复选框可调出“建模”工具条）相同。菜单左侧图标与建模工具条中对应按钮相同，主要命令功能介绍如下。

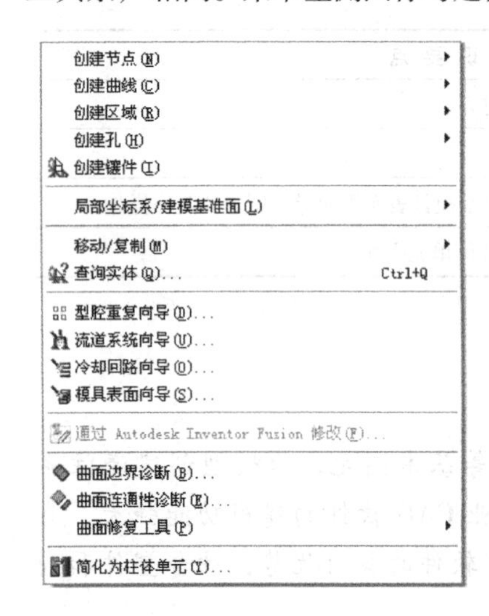

图 5-2　“建模”菜单

图 5-3　“建模”工具条

5.2　创建元素

5.2.1　创建节点

“创建节点”子菜单中有如图 5-4 所示的几种命令，其操作步骤和功能分别介绍如下。

1. 按坐标

Step1：单击本命令后会弹出如图 5－5 所示的“坐标创建节点”对话框。

Step2：在“输入参数”区的“坐标”文本框中输入 *X*、*Y*、*Z* 的绝对坐标值。

Step3：单击“应用”按钮，创建节点。

【说明】在 Moldflow 中，输入节点时有绝对坐标值和相对坐标值两种情况。

（1）“绝对坐标”指输入的是相对于系统坐标系的 *X*、*Y*、*Z* 坐标值。

（2）“相对坐标”指输入的是相对于某个节点的 *X*、*Y*、*Z* 增量值。

输入节点绝对坐标值或相对坐标值时，一种方法是在坐标之间用一个空格隔开，如“10 10 10”；另一种方法是在坐标值之间用逗号隔开，如“10，10，10”。另外，当 *X*、*Y*、*Z* 三个数值中非零坐标值后面的坐标值均是“0”时，该“0”可以省略，如“10 0 0 ”可以写成“10”；“0 10 0”可以写成“0 10”。

2. 在坐标之间

Step1：单击本命令后会弹出如图 5－6 所示的“坐标中间创建节点”对话框。

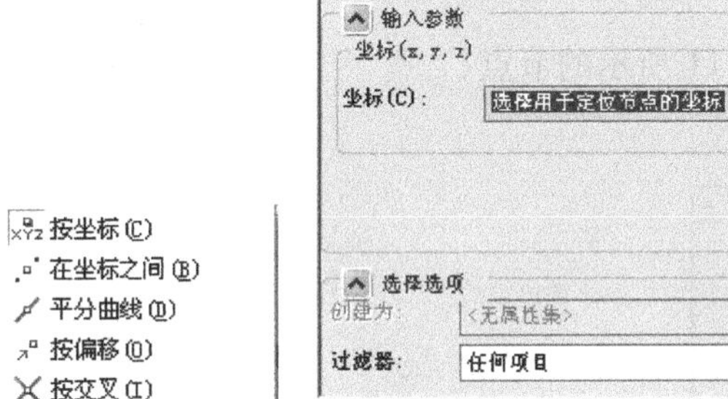

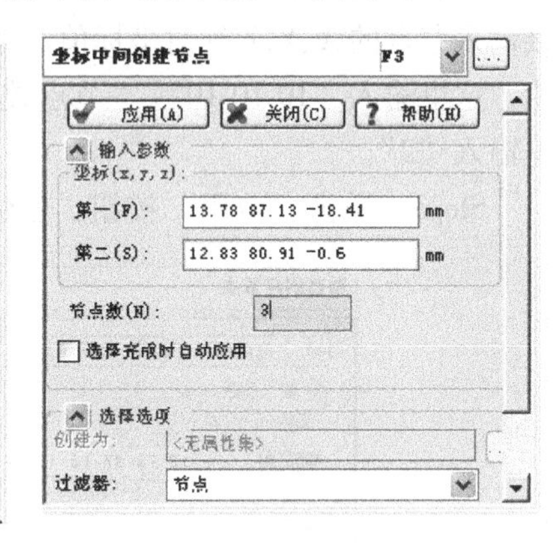

图 5－4 “创建节点”子菜单　　图 5－5 “坐标创建节点”对话框　　图 5－6 “坐标中间创建节点”对话框

Step2：在“输入参数”区的“坐标”下的文本框中分别选取如图 5－7 所示圈定的两个节点或直接输入两个节点的 *X*、*Y*、*Z* 绝对坐标值。“节点数”指在选取的两个节点之间生成等距分布节点的数量，这里输入“3”。

Step3：单击“应用”按钮，创建如图 5－7 所示的节点。

3. 平分曲线

Step1：单击本命令后会弹出如图 5－8 所示的“平分曲线创建节点”对话框。

Step2：在“输入参数”区的“选择曲线”下拉列表中选取如图 5－9 所示的曲线。“节点数”指在曲线上生成等距分布节点的数量，这里输入“7”；勾选“在曲线末端创建节点”复选框（勾选后，会在曲线末端创建节点，这两个节点包含在“节点数”文本框中输入的数量中）。

Step3：单击“应用”按钮，创建如图 5－9 所示的节点。

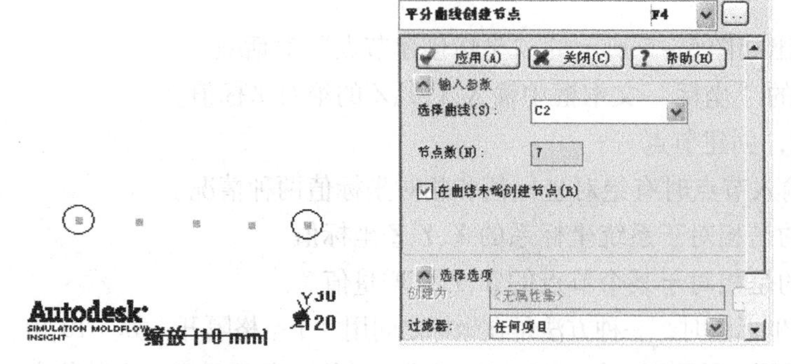

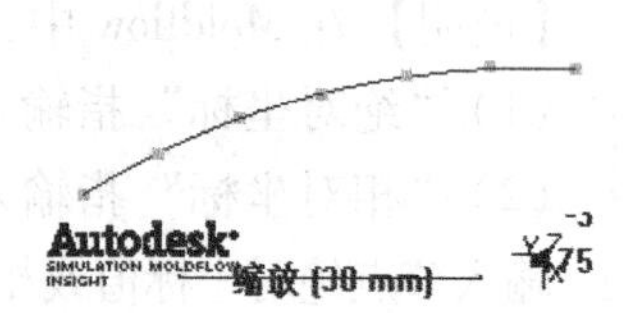

图 5－7　坐标中间创建节点　图 5－8　“平分曲线创建节点”对话框　图 5－9　平分曲线创建节点

4．按偏移

Step1：单击本命令后会弹出如图 5－10 所示的“偏移创建节点”对话框。

Step2：在“输入参数”区的“基准”文本框中选取如图 5－11 所示圈定的节点或直接输入节点的 X、Y、Z 绝对坐标值。在“偏移”文本框中输入相对于基准点的 X、Y、Z 增量值，这里输入“10 10 10”。“节点数”指生成节点的数量（后一个以前一个为基准），这里输入“2”。

Step3：单击“应用”按钮，创建如图 5－11 所示的节点。

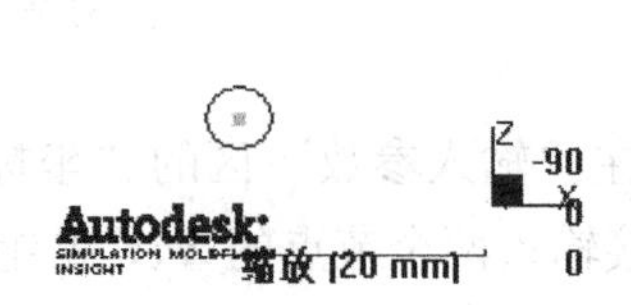

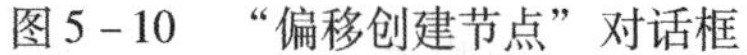
图 5－10　“偏移创建节点”对话框　　图 5－11　偏移创建节点

5．按交叉

Step1：单击本命令后会弹出如图 5－12 所示的“交点”对话框。

Step2：在“输入参数”区中分别选取如图 5－13 所示的两条相交曲线。

Step3：单击“应用”按钮，创建如图 5－13 所示的节点（即两曲线的交点）。

图 5-12 “交点”对话框

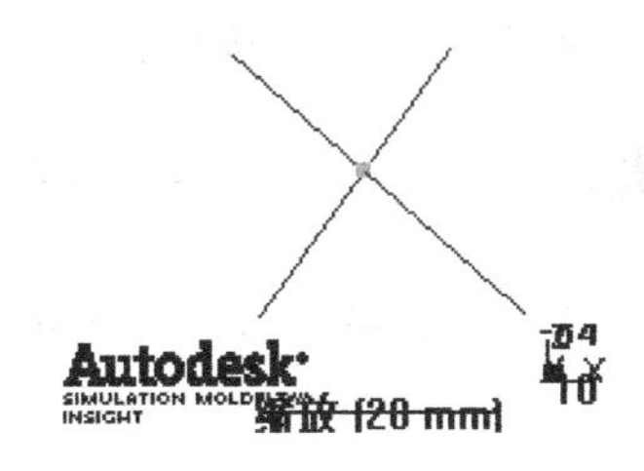

图 5-13 交叉创建节点

5.2.2 创建曲线

“创建曲线”子菜单中有如图 5-14 所示的几种命令，其操作步骤和功能分别介绍如下。

1. 直线

Step1：单击本命令后会弹出如图 5-15 所示的“创建直线”对话框。

Step2：在“输入参数”的“第一”文本框中选取一个节点或直接输入节点的 *X*、*Y*、*Z* 坐标值（这里是绝对坐标值）；在“第二”文本框中选取一个节点，或者根据需要在选择“绝对”或“相对”单选钮后输入相应的坐标值。

Step3：单击“应用”按钮，创建如图 5-16 所示的直线。

直线(L)
点创建圆弧(P)
角度创建圆弧(A)
样条曲线(S)
连接曲线(C)
断开曲线(B)

图 5-14 “创建曲线”子菜单　　图 5-15 “创建直线”对话框　　图 5-16 创建直线

2. 点创建圆弧

Step1：单击本命令后会弹出如图 5－17 所示的“点创建圆弧”对话框。

Step2：在“输入参数”区中分别选取三个节点或直接输入三个节点的 *X*、*Y*、*Z* 绝对坐标值。

Step3：根据需要选择“圆弧”或“圆”单选钮，这里选择“圆弧”单选钮。

Step4：单击“应用”按钮，创建如图 5－18 所示的圆弧。

圆弧是顺着第一、二、三个节点顺序创建的。

图 5－17　“点创建圆弧”对话框

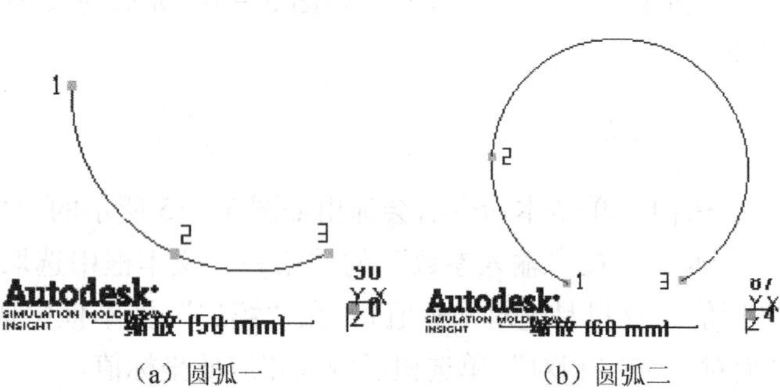

(a) 圆弧一　　(b) 圆弧二

图 5－18　点创建圆弧

3. 角度创建圆弧

Step1：单击本命令后会弹出如图 5－19 所示的“角度创建圆弧”对话框。

Step2：在“输入参数”区的“中心”文本框中选取如图 5－20 所示圈定的节点或直接输入中心节点的 *X*、*Y*、*Z* 绝对坐标值。在“半径”文本框中输入“5”。在“开始角度”、“结束角度”文本框中分别输入“0”、“120”。

Step3：单击“应用”按钮，创建如图 5－20 所示的圆弧。

本命令的圆弧或圆是在 *X*－*Y* 平面内创建的，当“起始角度”值为 0，“结束角度”值为 360 时创建的是一个圆。

角度创建圆弧 F4
应用(A) 关闭(C) 帮助(H)
输入参数
中心 -4.55 81.9 -0.42 mm
半径(R) 5 mm
开始角度(S): 0
结束角度(E) 120
这些角度位于当前激活的坐标系的 XY 平面上。
自动在曲线末端创建节点
选择选项
创建为: 建模实体
过滤器: 任何项目

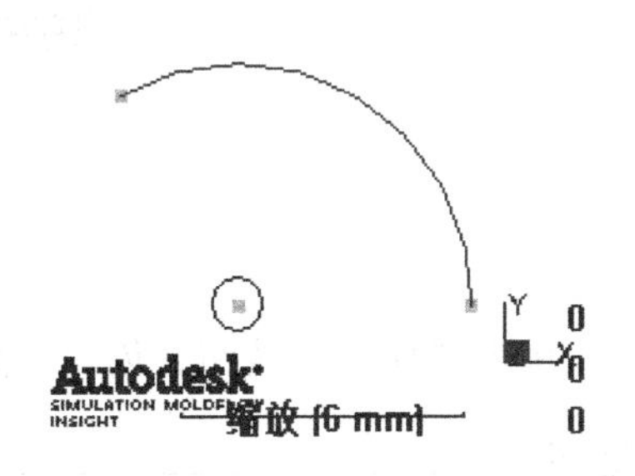

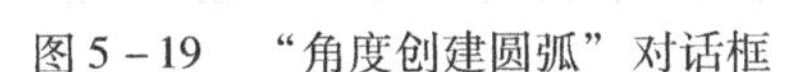
图5－19　“角度创建圆弧”对话框　　　图5－20　角度创建圆弧

4. 样条曲线

Step1：单击本命令后会弹出如图5－21所示的“样条曲线”对话框。

Step2：在“输入参数”区的“坐标”文本框中选取节点（直接连续选取即可，自动将所选节点坐标添加到下面的“所选坐标”列表框中）或直接输入中心节点的 X、Y、Z 绝对坐标值（输入完以后单击“添加”按钮将坐标添加到下面的“所选坐标”列表框中，然后继续输入下一个节点坐标值）。

Step3：单击“应用”按钮，创建如图5－22所示的样条曲线（四个节点）。

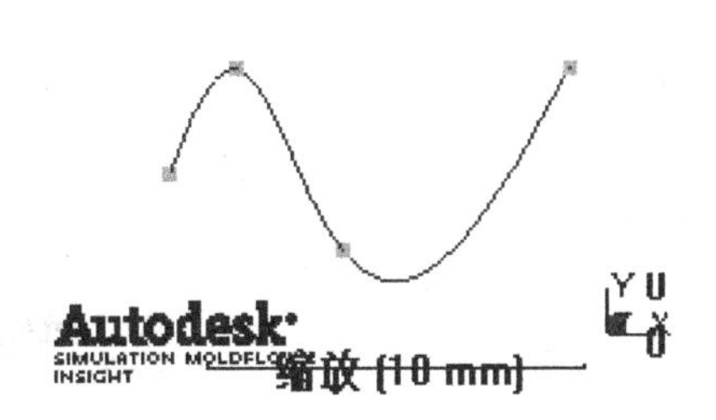

图5－21　“样条曲线”对话框　　　图5－22　创建样条曲线

5. 连接曲线

Step1：单击本命令后会弹出如图5－23所示的“连接曲线”对话框。

Step2：在“输入参数”区中分别选取如图5－24（a）所示的两条曲线。在“圆角因子”文本框中输入“1”（该值的范围为1～100，当设置为“0”时创建一条直线，大于“0”时创建一条曲线）。

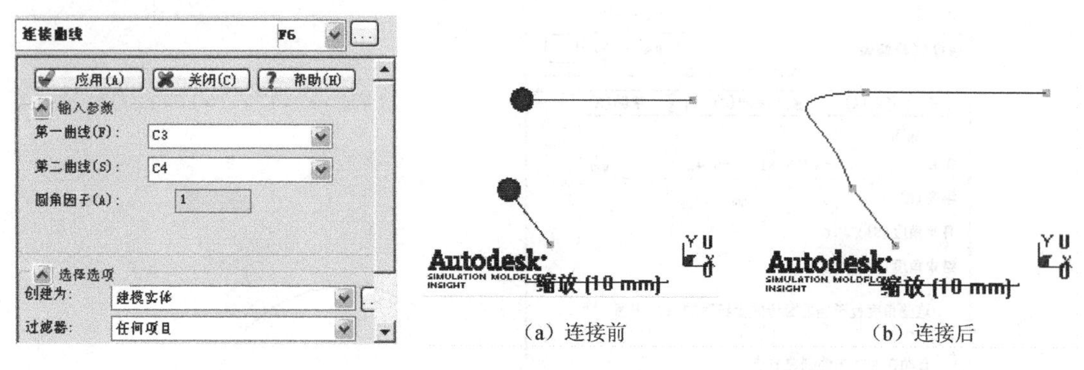

(a) 连接前　　(b) 连接后

图 5－23　“连接曲线”对话框　　图 5－24　创建连接曲线

Step3：单击“应用”按钮，创建如图 5－24（b）所示的曲线。

提示

选取曲线时靠近需要连接的那端，选中后会在该端出现蓝色球标，如图 5－24（a）所示。

6. 断开曲线

Step1：单击本命令后会弹出如图 5－25 所示的“断开曲线”对话框。

Step2：在“输入参数”区中分别选取两条相交曲线 C1、C2。

Step3：单击“应用”按钮，创建如图 5－26（b）所示的结果（即原来两条曲线打断后成为四条曲线）。

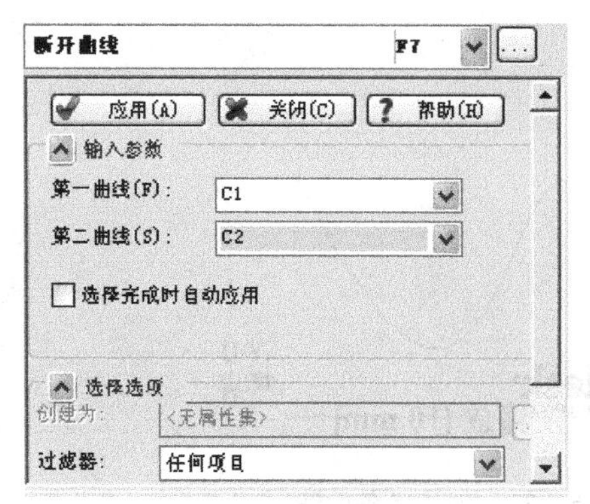

图 5－25　“断开曲线”对话框

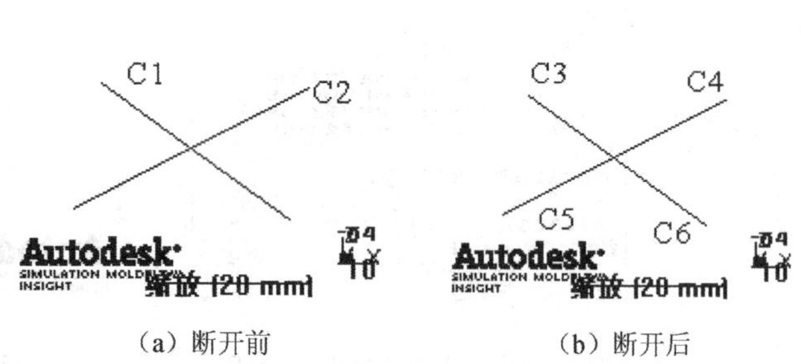

(a) 断开前　　(b) 断开后

图 5－26　断开曲线

5.2.3　创建区域

“创建区域”子菜单中有如图 5－27 所示的几种命令，其操作步骤和功能分别介绍如下。

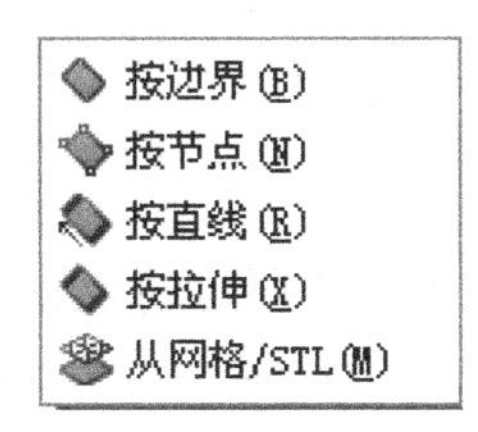

图 5-27 “创建区域”子菜单

1. 按边界

Step1：单击本命令后会弹出如图 5-28 所示的“边界创建区域”对话框。

Step2：在“输入参数”区的“选择曲线”下拉列表中选取如图 5-29（a）所示的封闭边界曲线。

Step3：单击“应用”按钮，创建如图 5-29（b）所示的区域。

图 5-28 “边界创建区域”对话框

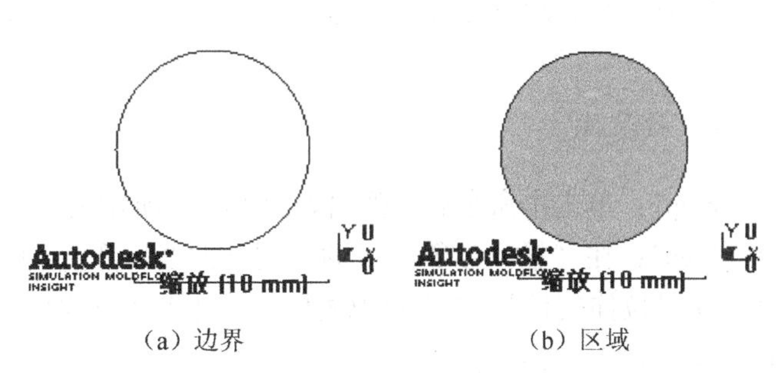

图 5-29 边界创建区域

2. 按节点

Step1：单击本命令后会弹出如图 5-30 所示的“节点创建区域”对话框。

Step2：在“输入参数”区的“选择节点”文本框中依顺序选取如图 5-31（a）所示的一系列节点（按住“Ctrl”键）。

Step3：单击“应用”按钮，创建如图 5-31（b）所示的区域。

图 5-30 “节点创建区域”对话框

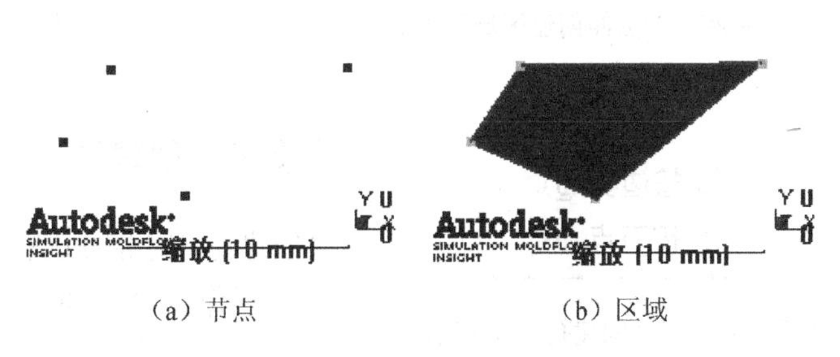

图 5-31 节点创建区域

3. 按直线

Step1：单击本命令后会弹出如图5－32所示的“直线创建区域”对话框。

Step2：在“输入参数”区中分别选取如图5－33（a）所示的两条共面曲线。

Step3：单击“应用”按钮，创建如图5－33（b）所示的区域。

图5－32　“直线创建区域”对话框

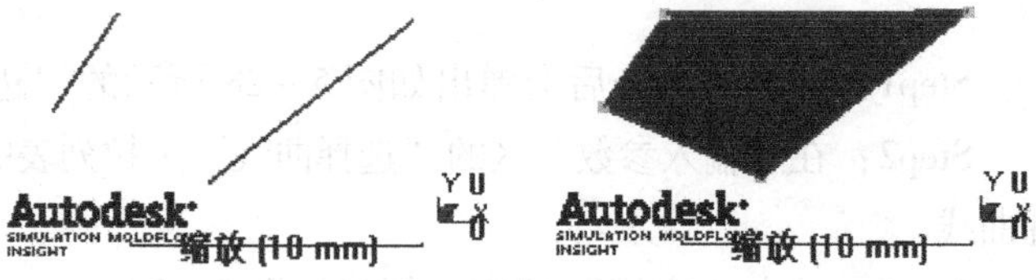

（a）直线　（b）区域

图5－33　直线创建区域

4. 按拉伸

Step1：单击本命令后会弹出如图5－34所示的“拉伸创建区域”对话框。

Step2：在“输入参数”区的“选择曲线”下拉列表中选取如图5－35（a）所示的曲线。在“拉伸矢量”文本框中输入控制沿 X、Y、Z 轴方向的拉伸矢量值，这里输入“0 20 0”（即只沿 Y 方向拉伸）。

Step3：单击“应用”按钮，创建如图5－35（b）所示的区域。

图5－34　“拉伸创建区域”对话框

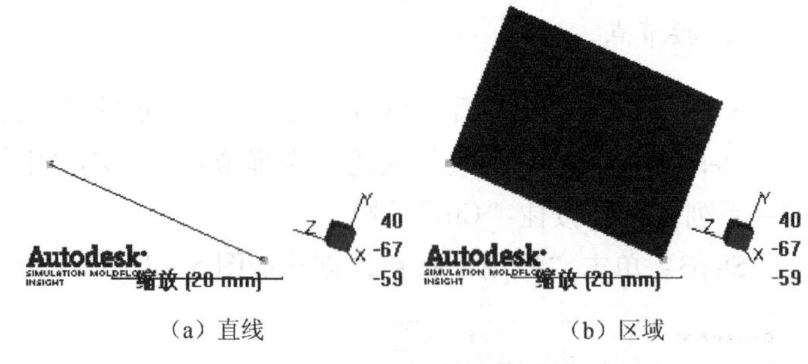

（a）直线　（b）区域

图5－35　拉伸创建区域

5.2.4　创建孔

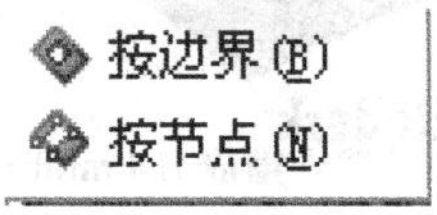

按边界(B)
按节点(N)

图5－36　“创建孔”子菜单

“创建孔”是指在已有区域上创建孔，其子菜单如图5－36所示，其操作步骤和功能分别介绍如下。

1. 按边界

Step1：单击本命令后会弹出如图5－37所示的“边界创建孔”对话框。

Step2：在“输入参数”区中分别选取如图5－38（a）所示的边界区域和区域上封闭的曲线。

Step3：单击“应用”按钮，创建如图5－38（b）所示的孔。

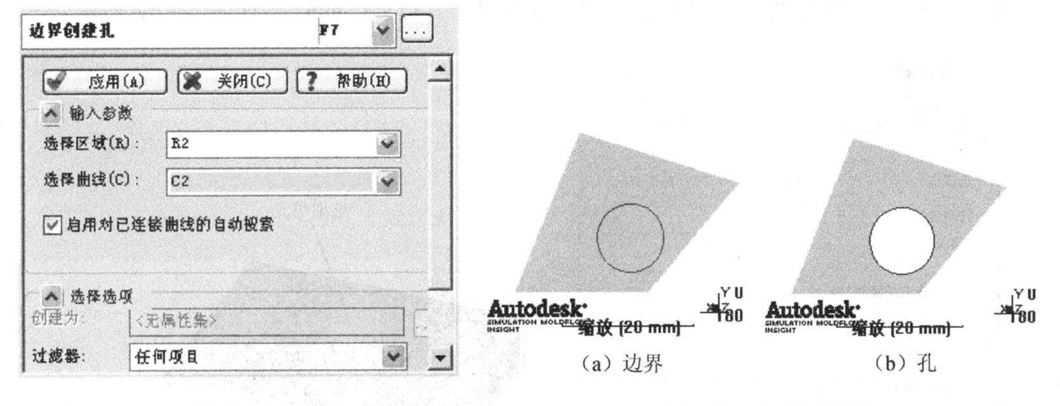

图5－37 “边界创建孔”对话框 图5－38 边界创建孔

2. 按节点

Step1：单击本命令后会弹出如图5－39所示的“节点创建孔”对话框。

Step2：在“输入参数”区中分别选取如图5－40（a）所示的区域和区域上的三个节点（按住“Ctrl”键依顺序选择一系列节点）。

Step3：单击“应用”按钮，创建如图5－38（b）所示的孔。

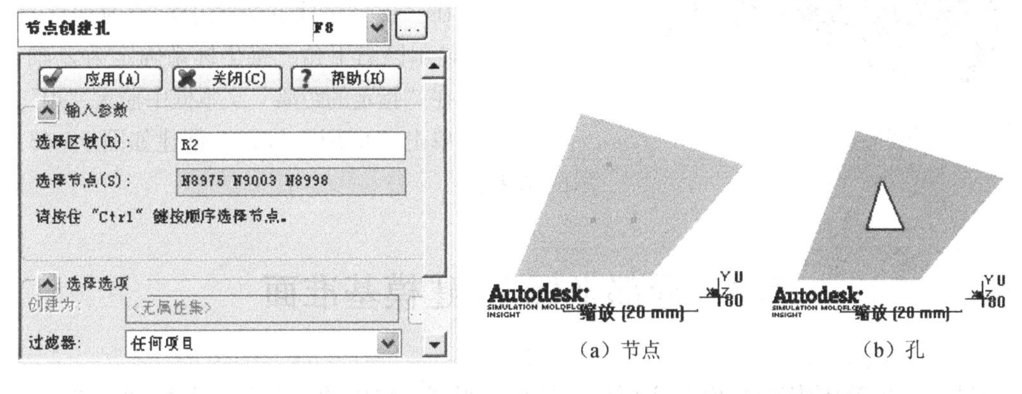

图5－39 “节点创建孔”对话框 图5－40 节点创建孔

5.2.5 创建镶件

镶嵌在塑料制品内部的金属或非金属件（如玻璃、木材或已成型的塑料等）称为镶件。镶入镶件的目的主要是为了提高塑件的局部强度，满足某些特殊的使用要求（如导电、导磁、抗耐磨和装配连接等）及保证塑件的精度、尺寸形状的稳定性等。在 Moldflow 中可以先将塑件导入进行网格划分，然后利用本命令创建镶件。

单击本命令后，会弹出如图 5 -41 所示的“创建模具镶件”对话框，在“输入参数”区的“选择”下拉列表中选取镶件对应的网格单元，“方向”确定镶件创建的方向（可选 X、Y、Z 轴），“投影距离”用来指定镶件的高度，然后单击“应用”按钮即可创建镶件。

【应用】在已有模型的圆孔处创建一个高为 10mm 的金属镶件。

Step1：打开网格模型“\实例模型\Chapter5 \5 -1 \5 -1. mpi”，如图 5 -42 所示。

图 5 -41　“创建模具镶件”对话框

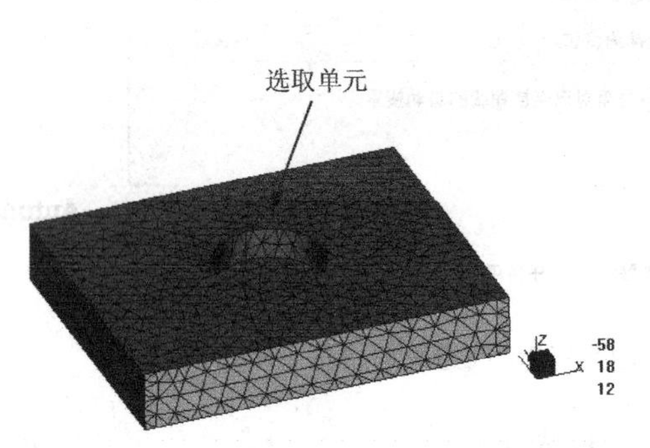

图 5 -42　模型

Step2：单击菜单“建模”→“创建镶件”命令。

Step3：在“选择”下拉列表中选取圆孔内侧表面的三角形单元（同时按下“Ctrl”键）。

Step4：在“方向”下拉列表中设置为垂直于平板，由模型显示区右下角三维坐标系确定为 Z 轴。

Step5：在“指定的距离”文本框中输入“10”。

Step6：单击“应用”按钮，创建如图 5 -43 所示的结果。

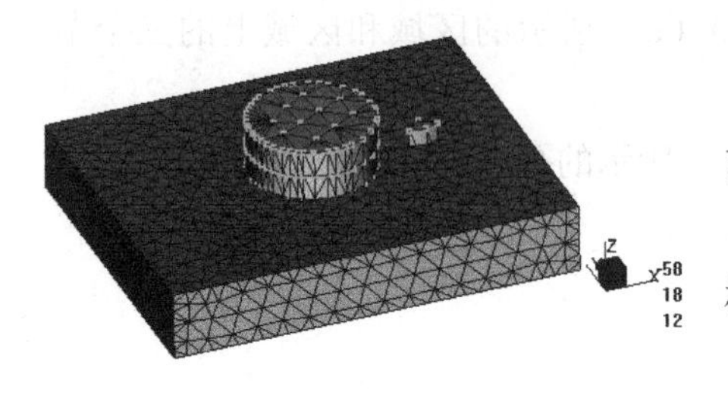

图 5 -43　创建结果

5.3　局部坐标系/建模基准面

“局部坐标系/建模基准面”主要用于模型与视图窗口中的坐标系不协调的时候，较少使用。其子菜单如图 5 -44 所示，命令左侧的图标与工具条对应按钮相同。

1. 定义

Step1：单击本命令后弹出如图 5 -45 所示的“创建局部坐标系”对话框。

定义(D)...
激活为局部坐标系(V)
激活为建模基准面(I)

图 5－44　“LCS/建模基准面”对话框　　图 5－45　“创建局部坐标系”对话框

Step2：在“输入参数”区中分别输入三个坐标值。“第一”文本框中的坐标代表新坐标系的原点位置；“第二”文本框中的坐标代表新坐标系 *X* 轴的轴线与方向；“第三”文本框中的坐标与第二个节点组成新坐标系的 *XY* 平面，由此确定 *Y* 轴和 *Z* 轴的方向，分别选取如图 5－46 所示的三个节点。

Step3：单击“应用”按钮即可创建如图 5－47 所示的局部坐标系。

图 5－46　选择模型节点

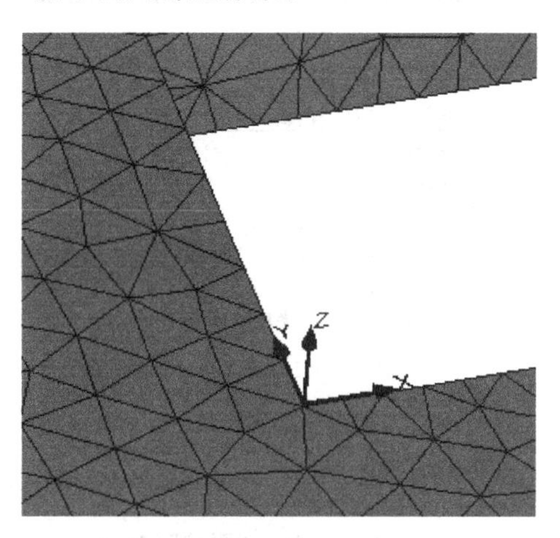

图 5－47　局部坐标系

2. 激活为局部坐标系

新定义的局部坐标系在没有激活之前不能作为当前坐标系来使用，这时需要使用本命令来激活。具体步骤：选取新定义的局部坐标系后单击本命令即可完成激活。

3. 激活为建模基准面

选取新定义的局部坐标系后单击本命令即可激活为基准面。

5.4 编 辑 元 素

5.4.1 移动/复制

移动/复制命令可以方便地实现对模型或单元的移动和复制等操作，其子菜单如图5－48所示，命令左侧的图标与工具条对应按钮相同。

平移(T) Ctrl+M
旋转(R)
3 点旋转(P)
比例(S)
镜像(F)

图5－48 “移动/复制”子菜单

1. 平移

Step1：单击本命令后会弹出如图5－49所示的“平移”对话框。

Step2：在“输入参数”区的“选择”下拉列表中选取要移动的模型（可以是STL、网格或节点、单元等）；在“矢量”文本框中输入移动矢量值“50 0 50”（控制沿X、Y、Z轴方向的位移）。

Step3：根据需要选择“移动”或“复制”单选钮，这里选“复制”单选钮；在“数量”文本框中输入“2”。

Step4：单击“应用”按钮，创建如图5－50所示的结果。

图5－49 “平移”对话框

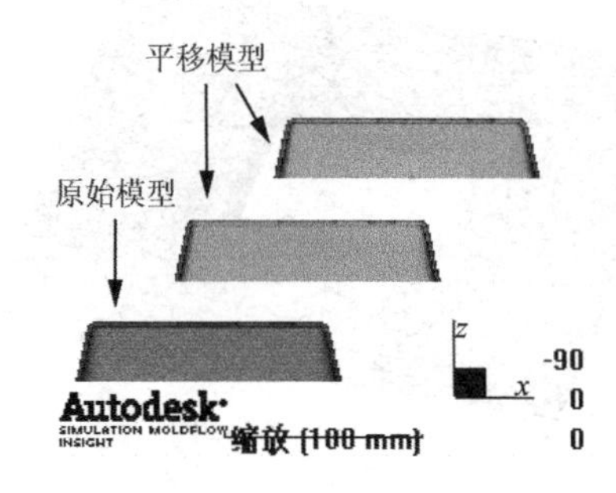

图5－50 平移模型

2. 旋转

Step1：单击本命令后会弹出如图5－51所示的“旋转”对话框。

Step2：在“输入参数”区的“选择”下拉列表中选取要旋转的模型（可以是STL、网格或节点、单元等）；在“轴”下拉下列中选择模型旋转的轴（可选X、Y、Z轴）；在“角度”文本框中输入需要旋转的角度值；“参考点”指旋转参考点（默认为系统坐标系原点）。

Step3：根据需要选择“移动”或“复制”单选钮，这里选“复制”单选钮；在“数量”栏输入“1”。

Step4：单击“应用”按钮，创建如图5－52所示的结果。

【说明】轴与角度按照右手螺旋法则确定，在角度前加“－”号表示反方向。

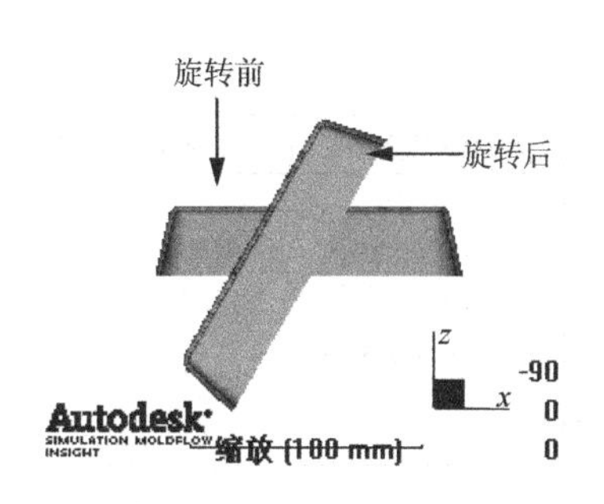

图 5－51 “旋转”对话框　　图 5－52 旋转模型

3. 3 点旋转

Step1：单击本命令后会弹出如图 5－53 所示的“3 点旋转”对话框。

Step2：在“输入参数”区的“选择”下拉列表中选取要旋转的模型（可以是 STL、网格或节点、单元等）。在“坐标”区中分别输入三个节点的坐标值，“第一”节点将旋转成为系统默认坐标系的原点；“第二”节点与第一节点所确定的直线，将旋转成为坐标系的 X 轴；“第三”节点与前面两个节点所确定的平面，将旋转成为坐标系 XY 面。这里按照如图 5－53 所示设置三坐标。

Step3：根据需要选择“移动”或“复制”单选钮，这里选“复制”单选钮。

Step4：单击“应用”按钮，创建如图 5－54 所示的结果。

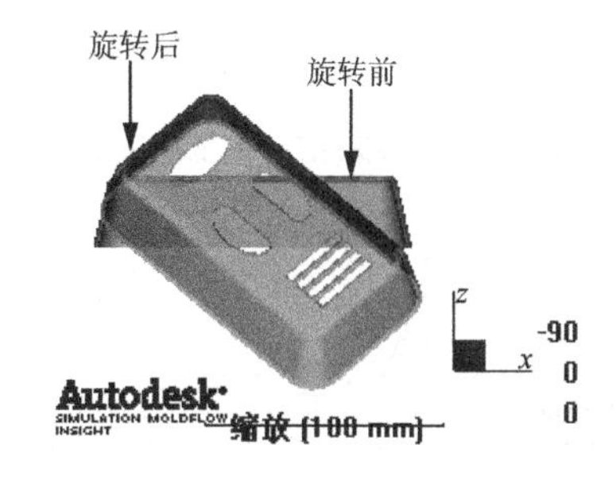

图 5－53 “3 点旋转”对话框　　图 5－54 三点旋转模型

4. 比例

Step1：单击本命令后会弹出如图 5－55 所示的“缩放”对话框。

Step2：在“输入参数”区的“选择”下拉列表中选取要旋转的模型（可以是 STL、网格或节点、单元等）；在“比例因子”文本框中输入“0.5”（小于 1 缩小，大于 1 放大）；在“参考点”文本框中输入参考中心坐标值，默认为“0 0 0 ”。

Step3：根据需要选择“移动”或“复制”单选钮，这里选“复制”单选钮。

Step4：单击“应用”按钮，创建如图5－56所示的结果。

图5－55 “缩放”对话框

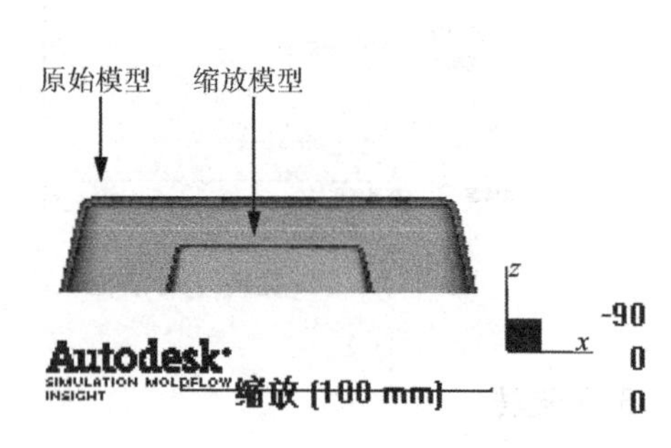

图5－56 缩放模型

5. 镜像

Step1：单击本命令后会弹出如图5－57所示的“镜像”对话框。

Step2：在“输入参数”区的“选择”下拉列表中选取要旋转的模型（可以是STL、网格或节点、单元等）；在“镜像”下拉列表中有“XY平面”、“YZ平面”、“XZ平面”三个选项可选，这里选择YZ平面；“参考点”输入“80 0 0”（即定义的镜像平面穿过该节点并平行于YZ平面）。

Step3：根据需要选择“移动”或“复制”单选钮，这里选“复制”单选钮。

Step4：单击“应用”按钮，创建如图5－58所示的结果。

图5－57 “镜像”对话框

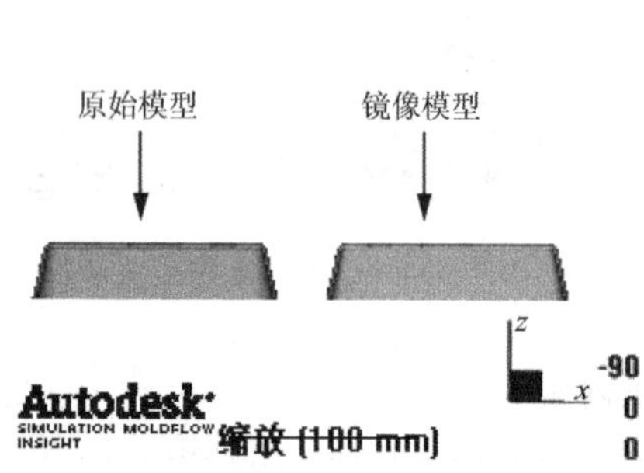

图5－58 镜像模型

5.4.2 查询实体

Step1：单击本命令后会弹出如图5－59所示的“查询实体”对话框。

Step2：在“选择实体”区的“实体”文本框中选取需要查询的实体（可以是STL、节点或三角形单元等）。

Step3：单击“显示”按钮，即可显示查询结果（一般勾选“选项”区中“将结果置于诊断层中”复选框，这样通过仅显示“查询的实体”层即可方便地查找到相应实体）。

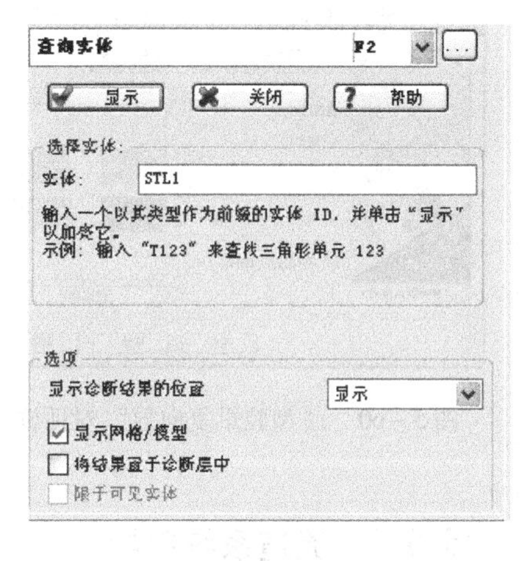

图5－59 “查询实体”对话框

提示

查询节点，输入如N123（N代表节点，123代表所查询节点的编号）；查询三角形单元，输入如T234（T代表三角形单元，234代表所查询三角形单元的编号），查询柱体，输入如B345（B代表柱体，234代表所查询柱体的编号）。

5.5 模具结构创建

5.5.1 型腔重复向导

在一模多腔（相同型腔）布局的情况下，一般在导入模型并对其进行网格划分和修复完成后，利用本命令进行多腔线性布局。

Step1：单击本命令后会弹出如图5－60所示的“型腔重复向导”对话框。

Step2：在对话框中根据型腔布局需要输入相应的参数。

在“型腔数”文本框中可输入需创建模腔的总数，这里输入“4”。

在“列”文本框中可输入列数，这里输入“2”。

在“行”文本框中可输入行数（行数或列数必须是型腔数的一个因子）。

在“列间距”文本框中需输入列间距，这里输入“200”。

在“行间距”文本框中需输入行间距，这里输入“100”。

设置好以后可以单击“预览”按钮查看效果。

Step3：单击“完成”按钮，创建如图5－61所示的结果。

提示

这里的“行”指沿着 X 轴方向，“列”指沿着 Y 轴方向。

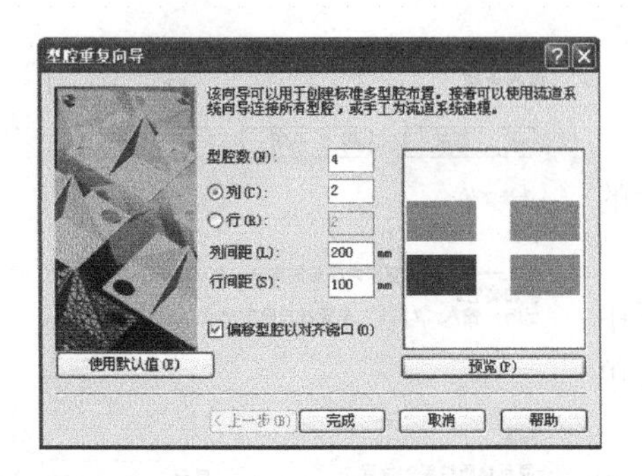

图 5 - 60　“型腔重复向导”对话框

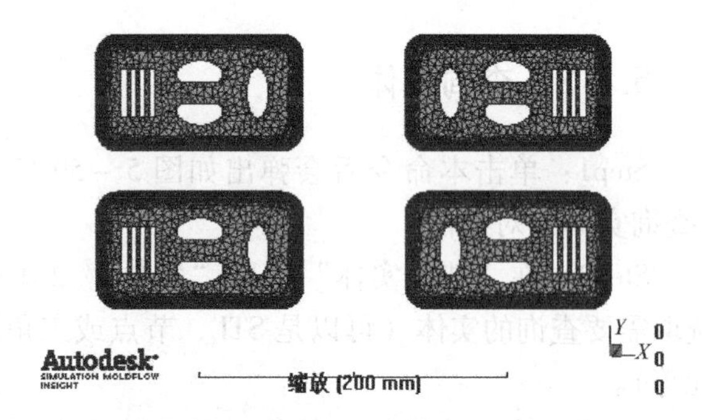

图 5 - 61　型腔重复向导结果

5.5.2　流道系统向导

“流道系统向导”可以用来自动创建注塑模具的浇注系统，但对于较为复杂或不规则的浇注系统通常需要通过手工创建节点、曲线，并进行相应的属性设置来完成。

浇注系统创建的具体操作详见第 6 章“浇注系统创建”。

5.5.3　冷却回路向导

“冷却回路向导”可以用来自动创建注塑模具的冷却系统，同样对于较为复杂或不规则的冷却系统通常需要通过手工创建节点、曲线，并进行相应的设置来完成。

冷却系统创建的具体操作详见第 7 章“温控系统创建”。

5.5.4　模具表面向导

“模具表面向导”可以创建一个包围模型的长方体模具表面，即模具的动定模块。

Step1：单击本命令后会弹出如图 5 - 62 所示的对话框。

Step2：“原点”区的设置可以选择“居中”（系统自动以模型中心作为长方体模块中心），也可以自定义中心坐标值；“尺寸”区根据模型三维尺寸输入相应的三维尺寸“*X*”、“*Y*”和“*Z*”。这里按照如图 5 - 62 所示设置。

Step3：单击“完成”按钮，创建如图 5 - 63 所示的结果。

图 5 - 62　“模具表面向导”对话框

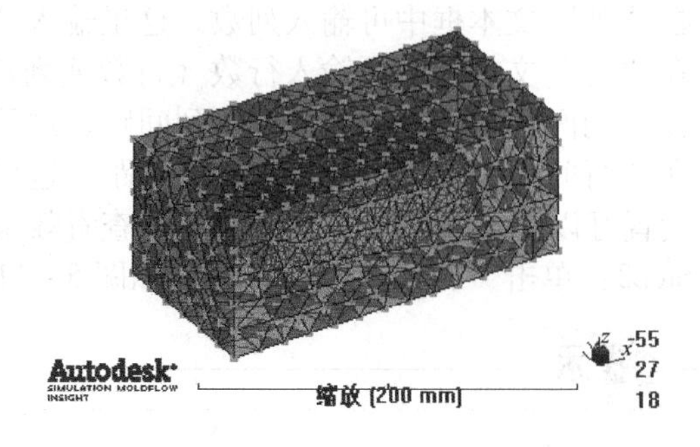

图 5 - 63　模具表面创建结果

5.6 曲 面 操 作

5.6.1 曲面边界诊断

“曲面边界诊断”用来诊断模型的所有边界线（包括外部和内部边界）是否正确或有效。

Step1：单击本命令后会弹出如图5-64所示的“曲面边界诊断”对话框。

Step2：在“输入参数”区根据需要勾选相应选项。

Step3：单击“显示”按钮，即可显示诊断结果。

5.6.2 曲面连通性诊断

“曲面连通性诊断”用来诊断模型曲面的连通性，检查模型中是否存在自由边和多重边。

Step1：单击本命令后会弹出如图5-65所示的“曲面连通性诊断”对话框。

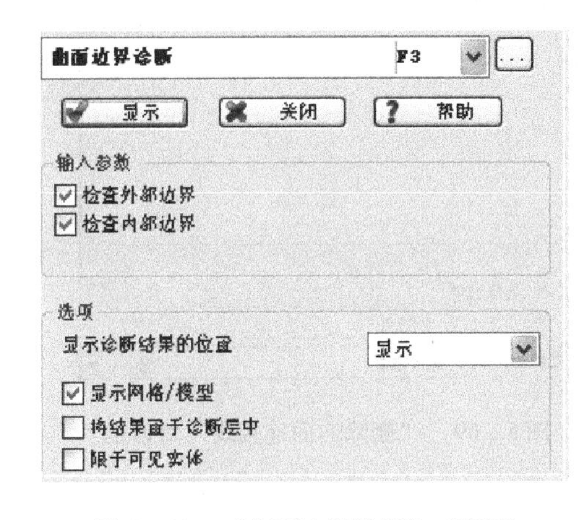

图5-64 “曲面边界诊断”对话框

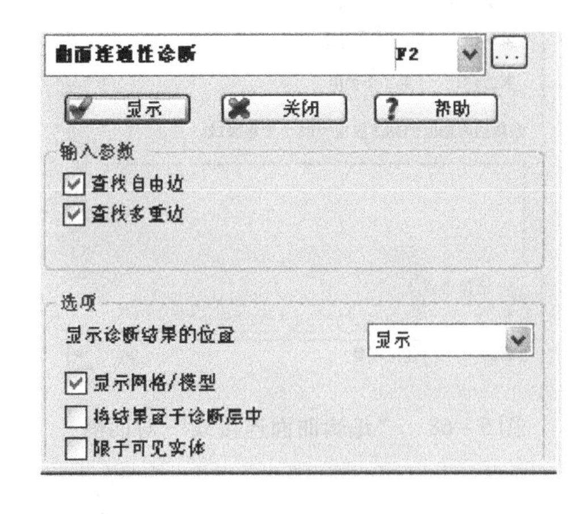

图5-65 “曲面连通性诊断”对话框

Step2：在“输入参数”区根据需要勾选相应选项。

Step3：单击“显示”按钮，即可显示诊断结果。

5.6.3 曲面修复工具

“曲面修复工具”用来修复模型曲面中存在的缺陷，其子菜单如图5-66所示。

“曲面修复工具”子菜单包括“查找曲面连接线”、“编辑曲面连接线”和“删除曲面连接线”命令，单击后分别弹出如图5-67、图5-68、图5-69所示的对话框。

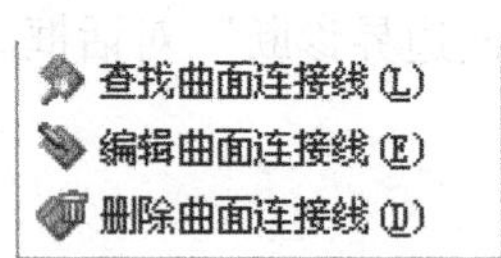

图 5－66 “曲面修复工具”子菜单

图 5－67 “查找曲面连接线”对话框

图 5－68 “编辑曲面连接线”对话框

图 5－69 “删除曲面连接线”对话框

5.7 简化为柱体单元

“简化为柱体单元”可将三角形单元简化为曲线，从而在划分网格后得到一维柱体单元。

单击本命令会弹出如图 5－70 所示的对话框。

图 5－70 “简化为柱体单元”对话框

本章课后习题

1. 利用建模工具完成本章引例模型中的四个凸台的创建。

2. 试在如图 5－71 所示模型（见光盘：\实例模型\Chapter5\课后习题\5－2. mpi）的方孔内创建镶件，高为 8mm。

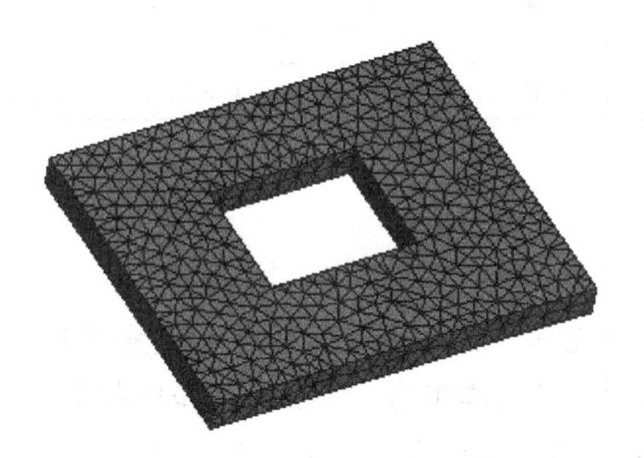

图 5－71 塑件模型

第6章 浇注系统创建

教学目标

通过本章的学习，了解注射模浇注系统组成及其结构设计要点，熟悉 Moldflow 浇注系统的向导创建和手工创建的基本步骤，熟练运用合适的方法进行不同类型浇注系统的创建，掌握 Moldflow 浇注系统的创建方法和技巧。

教学内容

主要项目	知识要点
浇注系统	注射模浇注系统的作用、组成、各部分结构设计要点
向导创建	向导创建对话框功能、适用场合及各种浇注系统向导创建方法和步骤
手工创建	手工创建方法、适用场合，不同浇口形式创建步骤

引例

在注射成型计算机模拟之前，必须分析和初步拟定塑件所采用的模具方案与具体结构，比如对于分型面、模腔数量及其布局、浇注系统和冷却系统形式等有个统筹的考虑。

如图 6－1 所示是由第 4 章引例完成修复的网格模型，试采用不同布局、不同浇注系统形式进行创建和设置。

图 6－1　网格模型

6.1 浇注系统简介

浇注系统是将从注射机喷嘴射出的熔融塑料输送到模具型腔内的通道，如图 6－2 所示。通过浇注系统，塑料熔体将模具型腔充填满并使注射压力有效传递到型腔的各个部位，使塑件组织密实并防止成型缺陷的产生。

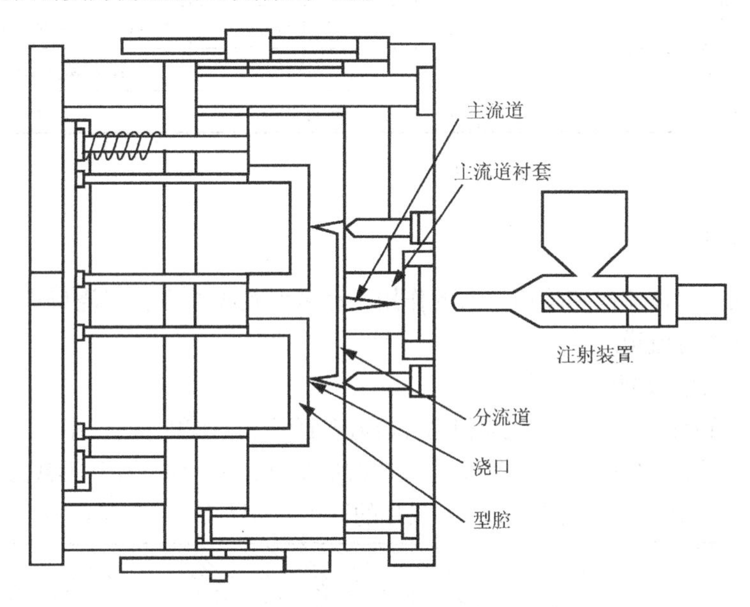

图 6－2 普通浇注系统示意

在注射成型模具中，常见的浇注系统有普通浇注系统（冷流道）和热流道浇注系统。

6.1.1 普通浇注系统组成

普通浇注系统一般由如图 6－3 所示的四部分组成：主流道、分流道、浇口和冷料穴。下面结合 Moldflow 软件使用需要分别介绍各部分的结构和尺寸设计。

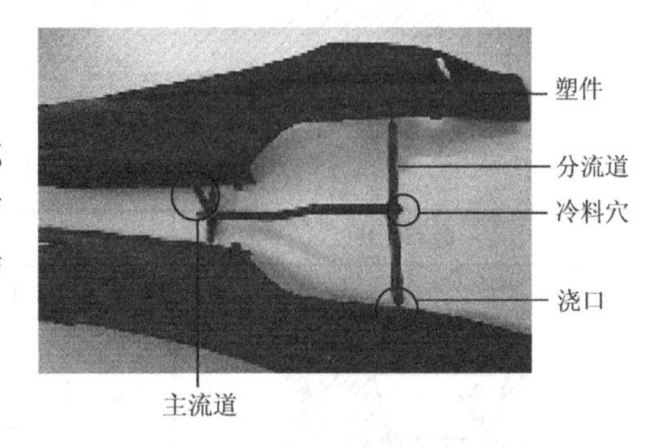

图 6－3 普通浇注系统实物

1. 主流道设计

主流道垂直于分型面，应尽可能设置在模具的对称中心位置上。在实际使用中，模具的主流道部分常设计成可拆卸更换的主流道衬套式（俗称浇口套）。为使凝料顺利拔出，其主要形状、尺寸及技术要求见表 6－1。

表6-1　主流道部分的主要尺寸及技术要求　　（尺寸单位：mm）

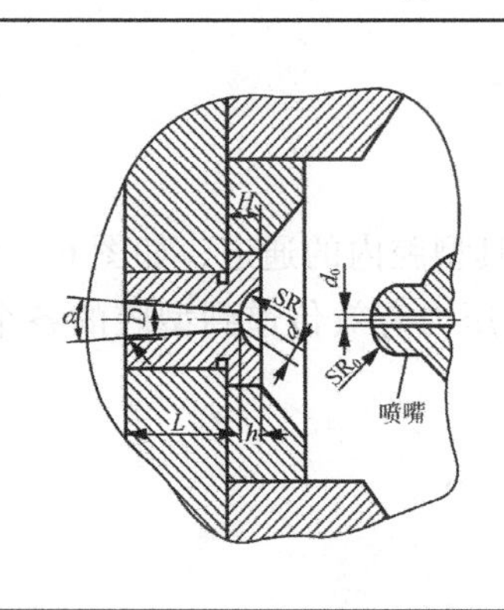

符号	名称	尺寸或技术要求
d	主流道小端直径	注射机喷嘴孔径 $d_0+(0.5\sim1)$
D	主流道大端直径	$d+2L\tan\frac{\alpha}{2}$
SR	主流道始端球面半径	喷嘴球面半径 $SR_0+(1\sim2)$
h	球面配合高度	3～5
α	主流道锥角	2°～6°（塑料流动性差时取大值）
L	主流道长度	结合模具结构尽量≤60
r	转角半径	1～3

2. 分流道设计

分流道起改变熔体流向和均衡送料的作用，在多型腔或单型腔多浇口进料时均需在相应的分型面上设置分流道。

1）分流道的截面形状与尺寸

分流道的截面形状应尽量使其表面积比（流道表面积与其体积之比）小。常用的分流道截面形式如图6-4所示，有圆形、梯形、U形、半圆形及矩形等。梯形及U形截面分流道加工较容易，且热量损失与压力损失均不大，是最常用的形式，其尺寸可参考表6-2设计。

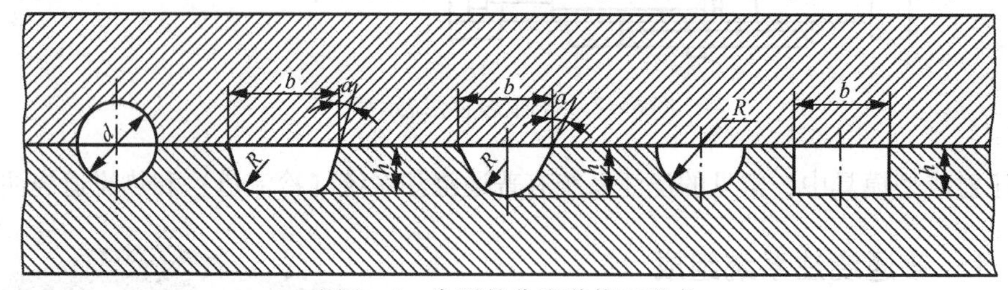

图6-4　常用的分流道截面形式

表6-2　梯形和U形截面的推荐尺寸　　（尺寸单位：mm）

截面形状	截面尺寸							
梯形	b	4	6	(7)	8	(9)	10	12
	h	2b/3						
	R	一般取3						
	α	5°～15°						
U形	b	4	6	(7)	8	(9)	10	12
	R	0.5 b						
	h	1.25 R						
	α	5°～15°						

注：括号内尺寸不推荐采用。

2）分流道的长度

根据型腔在分型面上的排布情况，分流道可分为一次分流道、两次分流道甚至三次分流道。在满足模具结构的前提下，分流道的长度要尽可能短。如图 6-5 所示，分流道长度的设计参数尺寸：$L_1 = 6 \sim 10mm$，$L_2 = 3 \sim 6mm$，$L_3 = 6 \sim 10mm$。L 的尺寸根据型腔的多少和型腔的大小来确定。

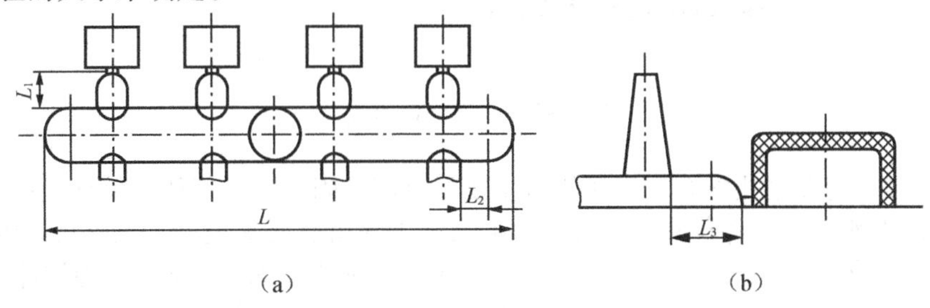

图 6-5　分流道长度

3）分流道的布置形式

分流道的布置有平衡式和非平衡式两类。

（1）平衡式：如图 6-6（a）所示，从主流道到各型腔的分流道和浇口的长度、形状、断面尺寸都相等。这种设计可实现各个型腔均衡地进料，均衡地补料，设计中尽可能采用平衡布局。

（2）非平衡式：如图 6-6（b）、（c）所示，一般适用于型腔数较多的情况，其流道的总长度可比平衡式布置短一些，因而可减少回头料，适合性能和精度要求不高的塑件，为实现各型腔同时充满，必须把分流道或浇口设计成不同的尺寸。

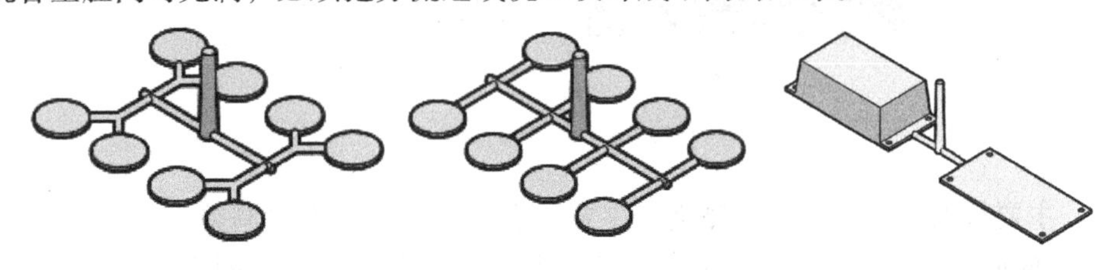

（a）平衡式（自然平衡）　（b）非平衡式（同模多腔）　（c）非平衡式（异模多腔）

图 6-6　分流道布置形式

3. 浇口设计

浇口设计包括浇口类型、浇口位置、浇口数量和尺寸等方面的设计，因此浇口的设计要充分考虑塑件外观、尺寸、壁厚及模具的具体布局等多方面的因素。

除了直接浇口外，浇口是浇注系统中截面最小的部分，对熔体剪切速率、流向、补缩、平衡进料等很多方面都起到重要的作用，因此对塑件的质量影响很大。以下简述常见浇口的设计要求。

1）直接浇口

直接浇口是熔融塑料从主流道直接注入型腔的浇口，由于料流经过浇口时不受任何限制，所以它属于非限制性浇口，形式如图 6-7 所示，一般设在塑件的底部。

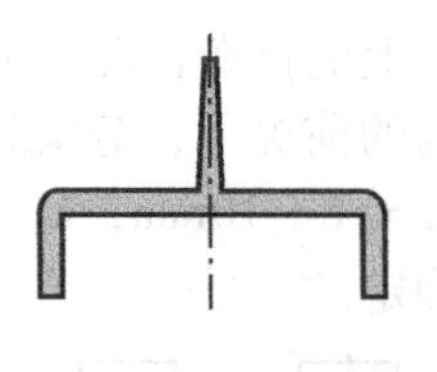

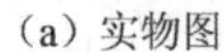

（a）实物图　　（b）示意图

图 6－7　直接浇口形式

（1）主要特点及适用场合：直接浇口主要具有流动阻力小，保压补缩作用强，利于型腔气体顺序从分型面排出等优点；但浇口截面大，去除留有明显痕迹，也容易产生内应力，引起塑件变形、缩孔等缺陷。一般适用于大型厚壁、长流程、深腔类的单模腔塑件成型。

（2）尺寸：一般仿主流道尺寸设计，尽量减少定模板和定模座板的厚度（控制长度）。

2）侧浇口

侧浇口一般开设在分型面上，塑料熔体从内侧或外侧充填模具型腔，其截面形状多为矩形（扁槽），是限制性浇口，也是应用较广泛的一种浇口形式，形式如图 6－8 所示，一般设在塑件的侧面。

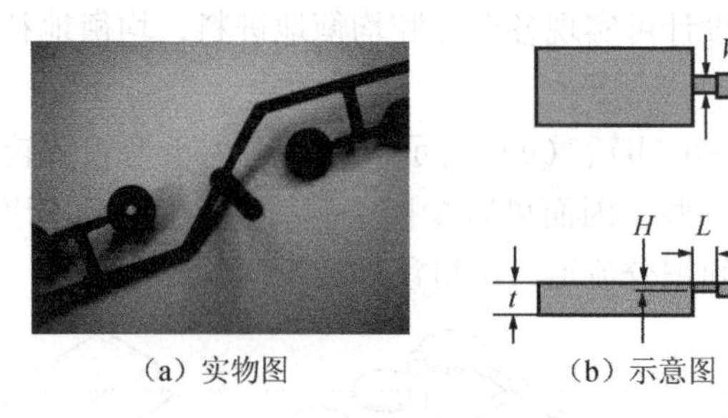

（a）实物图　　（b）示意图

图 6－8　侧浇口形式

（1）主要特点及适用场合：侧浇口主要具有加工容易，方便调整充模时的剪切速率和浇口封闭时间，浇口截面小，去除方便等优点。适应性广，普遍应用于中小型塑件的多腔模具成型中。

（2）尺寸：矩形浇口的尺寸大小可参考表 6－3。

表 6－3　矩形截面侧浇口的参考尺寸　　（尺寸单位：mm）

项　目	尺 寸 值
长度 *L*	2.0～3.0
宽度 *W*	1.5～5.0
厚度 *H*	0.5～2.0 或取塑件壁厚的 1/3～2/3

3）点浇口

点浇口是一种截面尺寸很小的浇口，也叫针点式浇口，形式如图 6－9 所示，一般设在塑件的顶部。

（1）主要特点及适用场合：点浇口由于截面积较小，所以具有以下特点。

① 料流通过时，压力差加大，较大地提高了剪切速率并产生较大的剪切热，从而降

低黏度，提高流动性，利于填充；

② 去除容易，且痕迹小，可自动拉断，利于自动化操作；

③ 压力损失大，补缩效果差，易缩孔。

点浇口模具应采用三板式双分型面（定模部分），适用于黏度随剪切速率变化而明显改变的塑料，可用于一模多腔成型或单腔多浇点成型。

（2）尺寸：如图 6－10 所示。

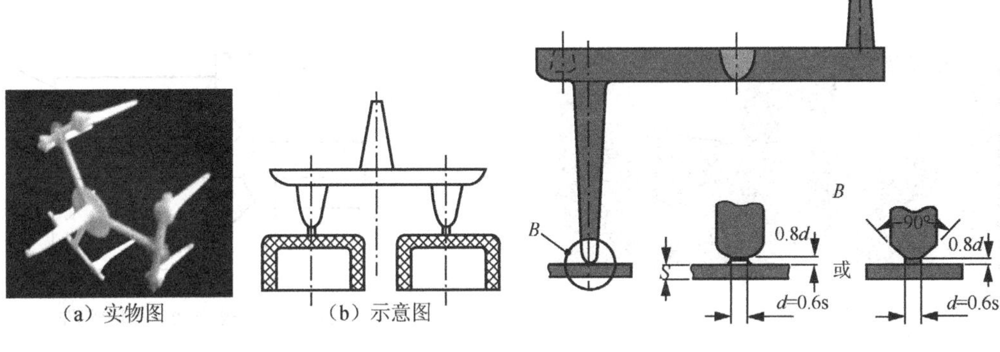

（a）实物图　（b）示意图

图 6－9　点浇口形式

图 6－10　点浇口尺寸

4）潜伏式浇口

潜伏式浇口又称隧道浇口，常见形式有如图 6－11、图 6－12 所示的三种。

（1）主要特点及适用场合：潜伏式浇口由点浇口演变而来，具备点浇口的特点；分流道的布置及形式和侧浇口系统相似，在脱模或分型时利用其剪切力自动切断浇口，塑件不需要进行浇口处理；主要适用于外表面质量相对较高的塑件成型。

（2）尺寸：外形为锥面，截面为圆形或椭圆形，尺寸设计可参考点浇口，角度参见图 6－13。

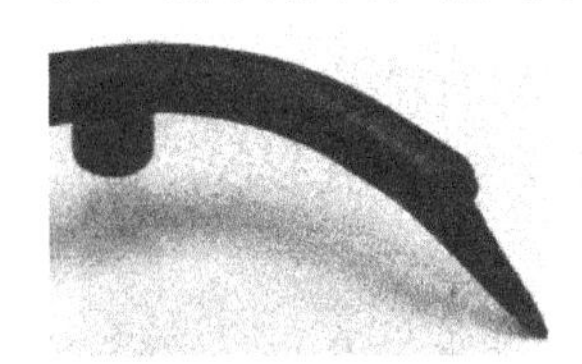
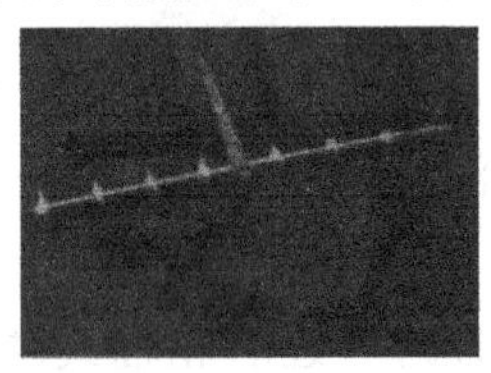
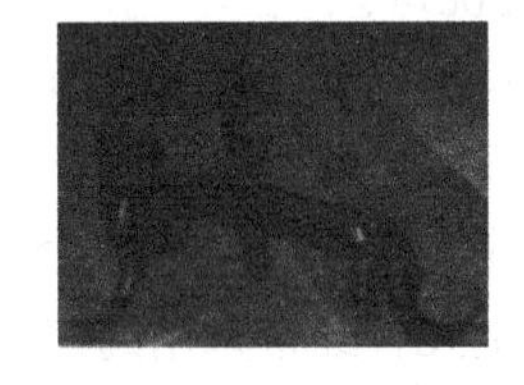

图 6－11　潜伏式浇口实物

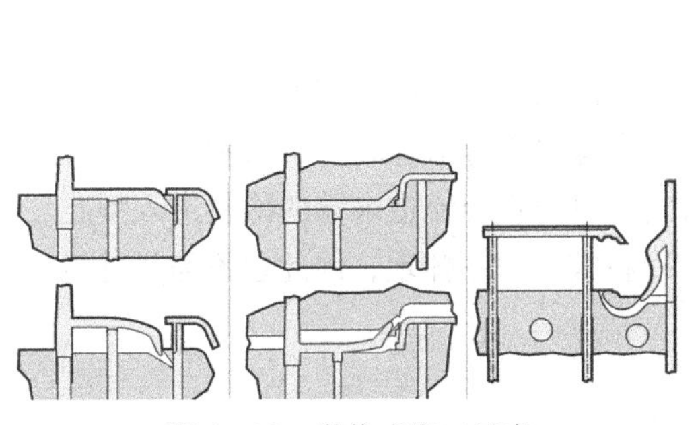

图 6－12　潜伏式浇口示意

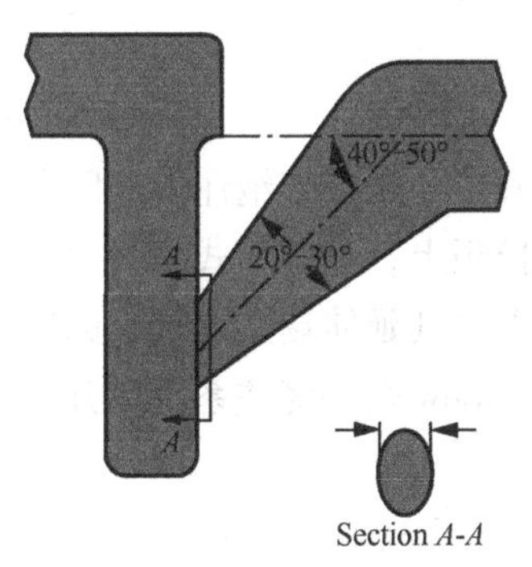

图 6－13　潜伏式浇口尺寸

5）扇形浇口

扇形浇口是一种沿浇口方向宽度逐渐增加、厚度逐渐减少的呈扇形的侧浇口，形式如图6－14、图6－15所示，一般设在塑件的侧面。

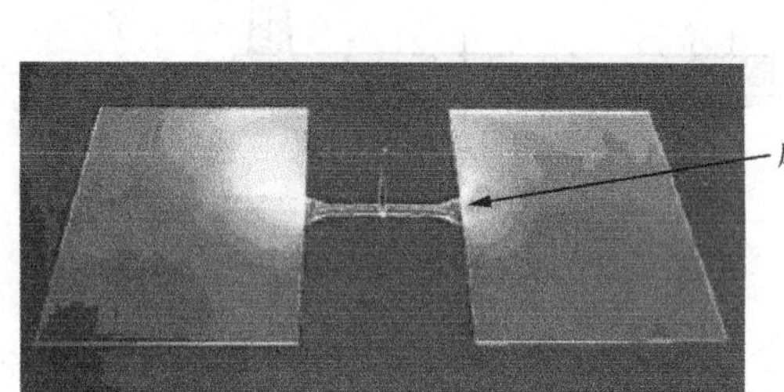

图6－14　扇形浇口实物

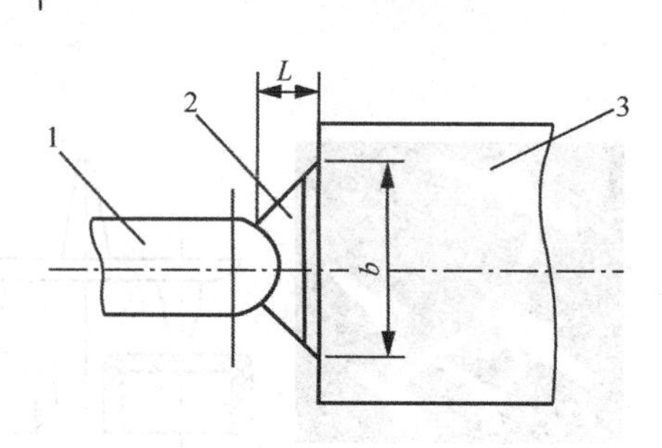

1—分流道；2—扇形浇口；3—塑件

图6－15　扇形浇口示意

（1）适用场合：适用于成型横向尺寸较大的薄片状塑件及平面面积较大的扁平塑件，如盖板、标卡和托盘类等。

（2）尺寸：与型腔接合处矩形台阶的长度 $l=1.0\sim1.3$mm，厚度 $t=0.25\sim1.0$mm，进料口的宽度 b 视塑件大小而定，一般取6mm至浇口处1/4型腔侧壁的长度，整个扇形的长度 L 可取6mm左右。

6）平缝浇口

平缝浇口形式如图6－16所示，主要适用于成型大面积的扁平塑件。

浇口厚度 $t=0.25\sim1.5$ mm，浇口长度 $l=0.65\sim1.2$ mm，其长度应尽量短，浇口宽度 b 约为对应型腔侧壁宽度的25%～100%。

除了以上几种经常采用的浇口以外，还有轮辐式浇口（如图6－17、图6－18所示）、爪形浇口（如图6－19所示）、护耳浇口（如图6－20所示）等形式，这里由于篇幅所限，所以不再赘述。

4. 冷料穴

冷料穴主要用来容纳注射间隔所产生的冷料，以免冷料堵塞浇口，一般开设在主流道对面的动模板上，具体形式与拉料杆配合。有时因分流道较长，塑料熔体充模的温降较大时，也要求在其延伸端开设较小的冷料穴，以防止分流道末端的冷料进入型腔。

在Moldflow软件浇注系统创建中，冷料穴一般不体现，因此也不需另外设置。

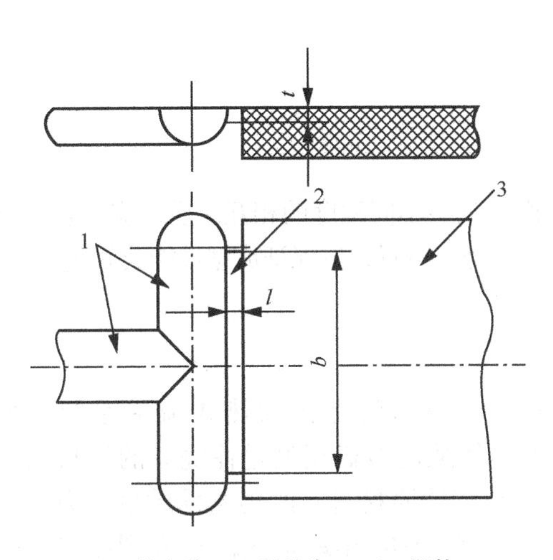

1—分流道；2—平缝浇口；3—塑件

图6－16　平缝浇口示意

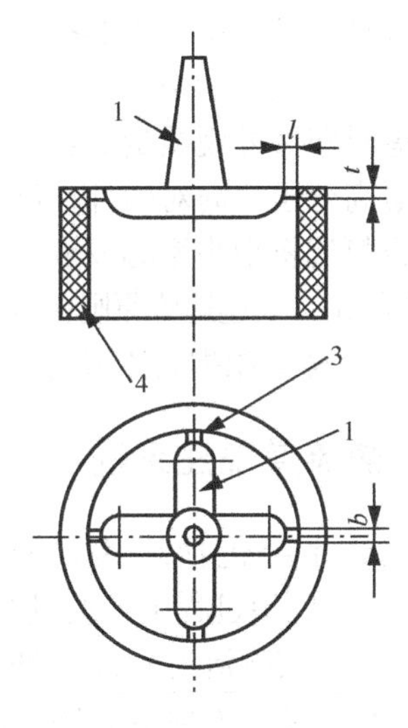

1—主流道；2—分流道；3—轮辐浇口；4—塑件

图6－17　轮辐式浇口示意

6－18　轮辐式浇口的实物图片

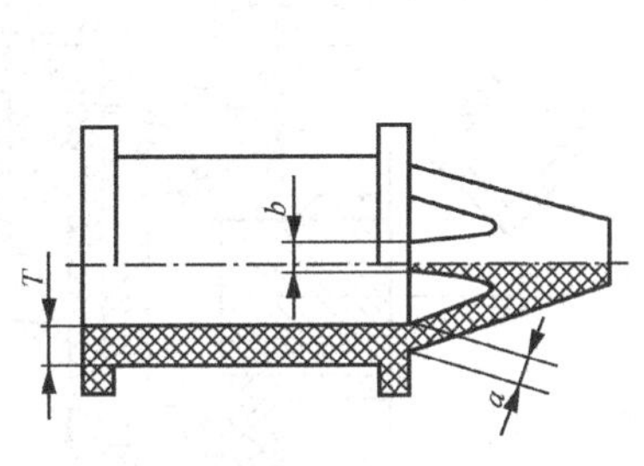

图6－19　爪形浇口的形式

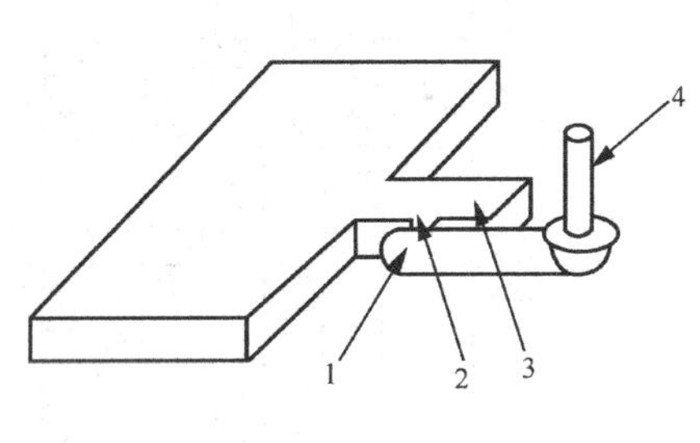

1—分流道；2—侧浇口；
3—护耳；4—主流道

图6－20　护耳浇口的形式

6.1.2　浇口位置选择原则

浇口位置的选择需要根据塑件的结构工艺及特征，成型质量和技术要求，并综合分析塑料熔体在模内的流动特性、成型条件等因素。通常下述几项原则在设计实践中可供参考。

（1）浇口开设在塑件截面最厚的部位。

（2）避免产生喷射和蠕动（蛇形流）。特别是在使用低黏度塑料熔体时更应注意，通过扩大浇口尺寸、采用冲击型浇口或护耳浇口，使料流直接流向型腔壁或粗大型芯，可防止浇口处产生喷射现象而在充填过程中产生波纹状痕迹。

（3）尽量缩短熔体的流动距离。

（4）尽可能减少或避免熔接痕，提高熔接强度。

（5）应有利于型腔中气体的排出。

（6）不在承受载荷的部位设置浇口。

（7）考虑对塑件外观质量的影响。

（8）考虑高分子定向对塑件性能的影响。

（9）防止料流将细小型芯或嵌件挤压变形。

需要指出的是，上述这些原则在应用时常常会产生某些不同程度的相互矛盾，应综合分析权衡，分清主次因素，根据具体情况确定出比较合理的浇口位置，以保证成型性能及质量。

6.1.3　热流道浇注系统

热流道浇注系统包括绝热式和加热式两种，常用的就是指加热式流道系统。如图6－21所示，在成型过程中，通过对浇注系统加热使从注射机喷嘴送往浇口的塑料始终保持熔融状态。相较冷流道而言，加热式流道系统在节约原材料，改善制件质量、力学性能及提高自动化程度等方面具有突出的优势，因此，自1940年取得热流道专利以来，热流道系统逐渐得到了广泛的应用。目前，欧美的热流道模具占注射模总数的80%左右，尤其在大型塑件的注射模中占有率更高。

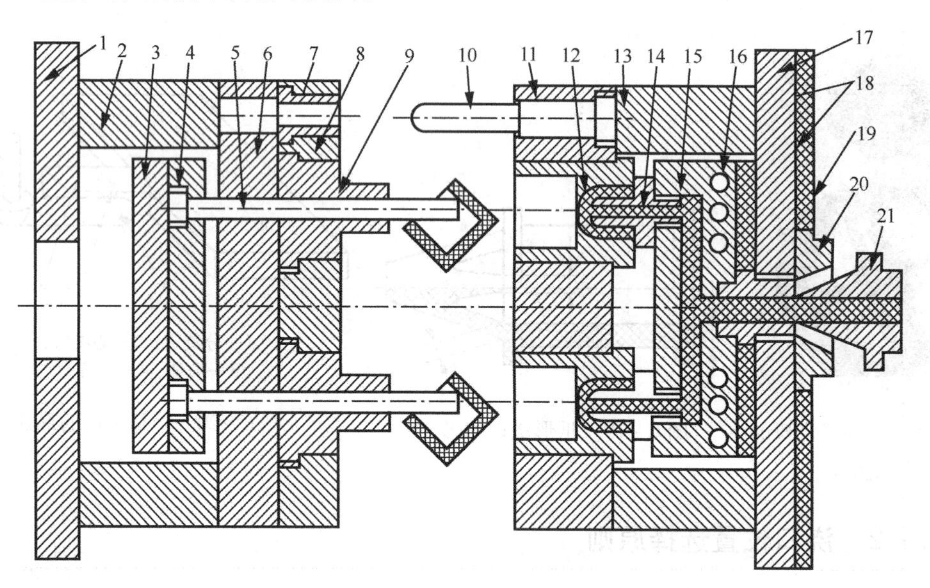

1—动模座板；2—垫块；3—推板；4—推杆固定板；5—推杆；6—支承板；7—导套；8—动模板；9—型芯；10—导柱；11—定模板；12—凹模；13—垫块；14—喷嘴；15—热流道板；16—加热器孔；17—定模座板；18—绝热层；19—浇口套；20—定位圈；21—二级喷嘴

图6－21　热流道注射模示意

热流道系统通常包含以下四部分。

1. 热流道板

热流道板的主要任务是恒温地将熔体从主流道送入各个单独喷嘴，在熔体传送过程中，熔体的压力降尽可能减小，并不允许材料降解。常用热流道板的形式有：一字形、H

形、Y 形和十字形等。

2. 喷嘴

喷嘴将熔体从热流道板送入模具型腔。常用的有开放式和针阀式等喷嘴，如图 6 - 22 所示。

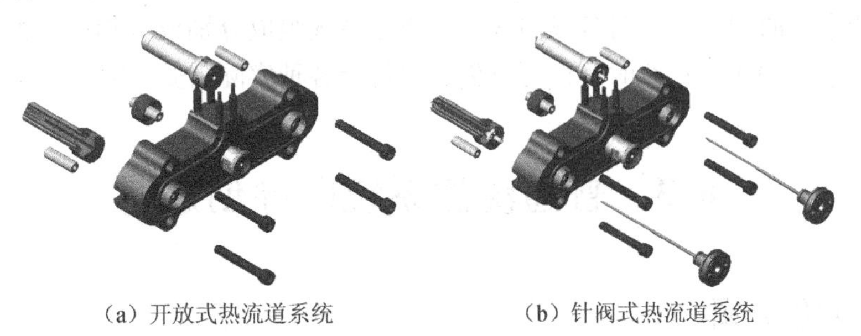

（a）开放式热流道系统　　（b）针阀式热流道系统

图 6 - 22　喷嘴形式

3. 加热元件

加热元件用来加热并保证流道内熔体一直处于熔融状态。常用的有加热棒、加热圈、管式加热器及螺旋式加热器等。

4. 温控器

温控器用来精确控制加热元件的温度。常用的有通断式、比例控制式和新型智能化温控器。

热流道实例如图 6 - 23、图 6 - 24 所示。

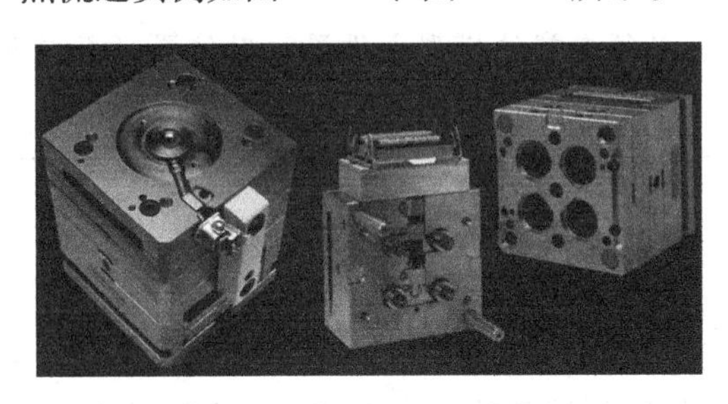

图 6 - 23　热流道注射模实例图片

图 6 - 24　Moldflow 创建的热流道系统

6.2　浇注系统创建方法

在 Moldflow 中，浇注系统的创建主要有以下两种方法。

1. 系统向导自动创建

菜单“建模”→“流道系统向导”命令可以帮助人们利用系统自动创建注塑模具的

浇注系统，本创建方法效率高，但主要适用于比较简单和规则的浇注系统。

2. 手工创建

对于较为复杂或不规则的浇注系统，通常根据实际需要通过手工确定关键节点，再创建浇注系统的中心曲线，然后对各段曲线根据浇注系统组成分别设置相应属性来完成浇注系统的创建。手工创建比较费时，但可以创建出符合各种实际需要的浇注系统。

6.3 普通浇注系统向导创建

6.3.1 功能介绍

下面介绍向导创建浇注系统的步骤和功能。

1. 打开模型

启动 ASMI，打开相应模型（已经完成导入、网格划分和修复）。

2. 设置注射位置

单击菜单“分析”→“设置注射位置”命令或双击方案任务区中的“设置注射位置...”图标，在网格模型的相应位置设置注射点（即浇口位置）。

提示

利用系统向导自动创建浇注系统之前，必须在塑件模型上设置注射位置（数量和位置根据实际情况而定）。

3. 创建浇注系统

Step1：设置布局。单击菜单“建模”→“流道系统向导”命令，会弹出如图 6－25 所示的“布置”对话框，其中“指定主流道位置”用于确定主流道在 *XY* 平面内的位置，可以直接输入 *X*、*Y* 的坐标位置，但一般都根据需要选取以下两个选项按钮之一来确定。

（1）“模型中心”：表示主流道位置位于模型中心点，“X”、“Y”文本框会自动显示模型中心点的坐标值。

（2）“浇口中心”：表示主流道位置位于已定义浇口的中心点，“X”、“Y”文本框会自动显示浇口中心点的坐标值。如设置一个注射点，则显示该注射点坐标；如设置多个注射点，则显示所有注射点的几何中心坐标。

【应用】主流道位置确定方法如下。

（1）如图 6－26 所示的单腔布局，圈定节点表示设置注射点的位置，其中如图 6－26

(a) 所示的形式适合直接浇口或点浇口，如图 6-26 (b) 所示的形式适合点浇口，这两种情况的“指定主流道位置”均建议选取“浇口中心”，这样图 6-26 (a) 创建的主流道和指定浇口是在 *Z* 向的一直线上。如果选取“模型中心”则创建的主流道和指定注射点不一定在 *Z* 向上，因为指定的浇口位置不一定和模型中心重合。图 6-26 (b) 创建的主流道在两浇口连线的中心，如果选取“模型中心”则创建的主流道位置和指定的两个注射点不一定位于一条直线。

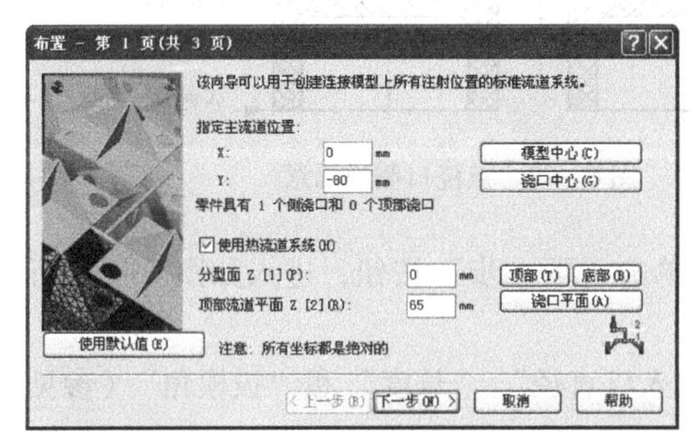

图 6-25 向导一“布置”对话框

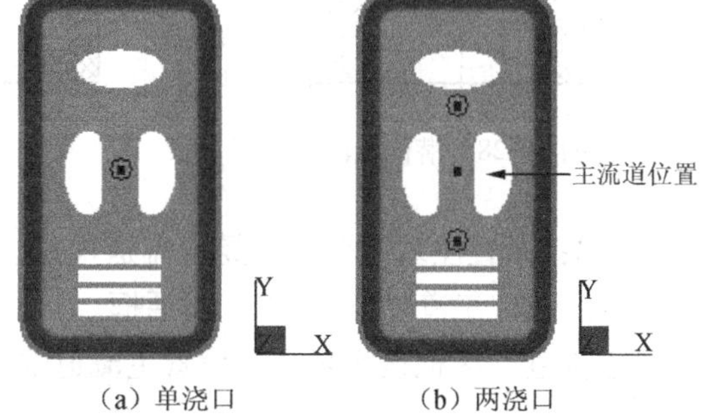

(a) 单浇口 (b) 两浇口

图 6-26 单腔布局

(2) 如图 6-27 所示的两腔布局，圈定节点表示设置浇口的位置，其中图 6-27 (a) 的形式适合侧浇口或潜伏式浇口，图 6-27 (b) 的形式适合点浇口，这两种情况的“指定主流道位置”均建议选取“浇口中心”。然后，在“指定主流道位置”区的“X”中对显示的坐标值根据实际情况调整适当的增量（如图 6-27 所示的 *X* 正向增加）。

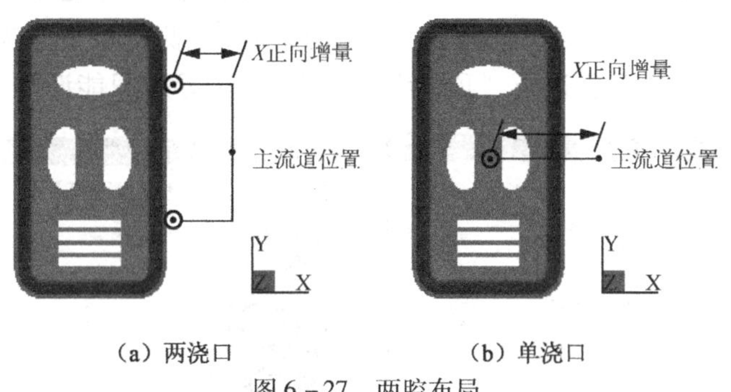

(a) 两浇口 (b) 单浇口

图 6-27 两腔布局

“使用热流道系统”用于确定是否设置热流道系统，勾选该复选框即表示创建热流道系统，而且会显示“顶部流道平面 Z”项，需输入相应数值。

“分型面 Z”用于定义模具动、定模之间的分型面位置，可以根据需要选择“顶部”、“底部”和“浇口平面”三个选项按钮之一来确定，其含义如图 6-28 所示。如果是侧浇口，可以选“底部”或“浇口平面”；如果是潜伏式浇口，则选“底部”；如果是点浇口，则表示如图 6-29 所示的“分型面二”的位置，选“底部”。

“顶部流道平面 Z”指如图 6-29 所示的“分型面一”的位置，一般在热流道系统和点浇口形式时才设置，其他浇口形式该值无须设置。

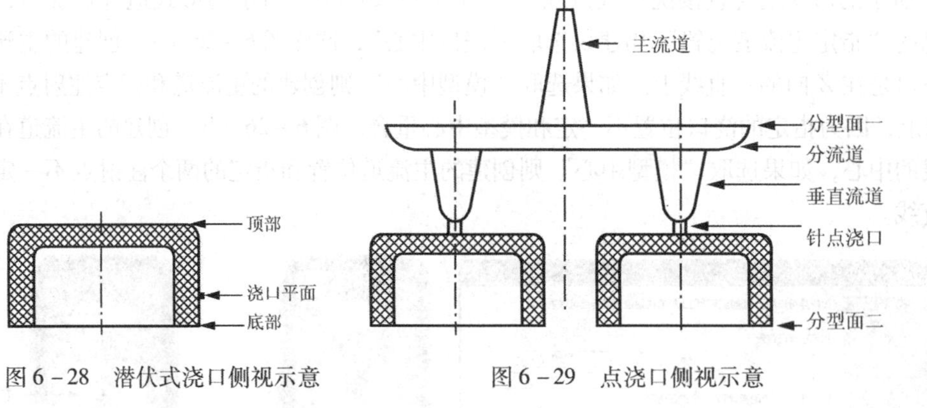

图 6－28　潜伏式浇口侧视示意　　　　图 6－29　点浇口侧视示意

Step2：设置注入口/流道/竖直流道尺寸。单击“下一步”按钮，进入如图 6－30 所示的“注入口/流道/竖直流道”对话框。

“主流道”区根据实际需要设置主流道的“入口直径”、“长度”和“拔模角”（参见表 6－1）。

“流道”即设置分流道直径尺寸，也可以勾选“梯形”复选框，将分流道设置成梯形截面。

“竖直流道”如图 6－29 所示，指在 Z 向上的流道，一般在热流道系统或点浇口形式时才设置，其他浇口形式该值无须设置。

Step3：设置浇口尺寸。单击“下一步”按钮，进入如图 6－31 所示的“浇口”对话框，共有“侧浇口”和“顶部浇口”两个设置项。当注射点（即浇口）位置设置在塑件顶部（即 Moldflow 中注射点的锥形尖端指向 $-Z$ 向）时，“侧浇口”项灰色显示，只能设置“顶部浇口”尺寸；其他情况下“顶部浇口”项灰色显示，只能设置“侧浇口”尺寸。

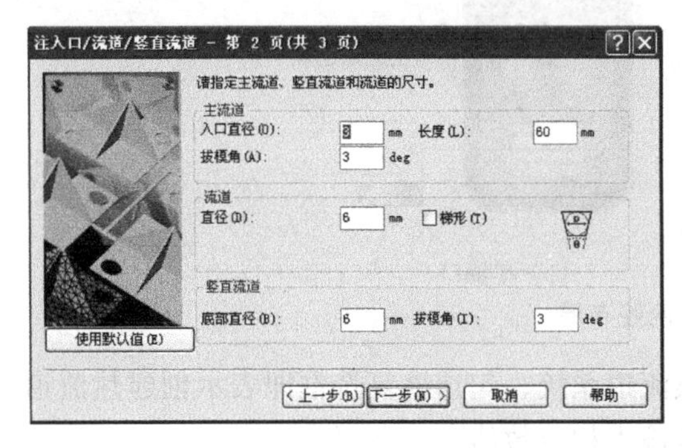

图 6－30　向导二“注入口/流道/竖直流道”对话框　　　　图 6－31　向导三“浇口”对话框

“侧浇口”区根据需要设置“入口直径”、“拔模角”控制浇口截面大小和形状，再通过“长度”和“角度”控制浇口长度。

“顶部浇口”区主要针对热流道系统和点浇口形式设置相应的值。

Step4：创建浇注系统。单击“完成”按钮，完成创建。

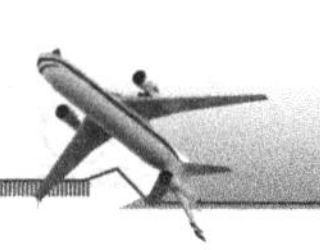

6.3.2 实例操作一：一模两腔侧浇口浇注系统（向导）

下面以第4章引例修复完的网格模型为例，运用向导创建如图6－27（a）所示布局的浇注系统。

1. 打开模型

启动ASMI，单击菜单“文件”→“打开工程”命令，弹出“打开工程”对话框，选择“\实例模型\Chapter4 \4－1引例结果\4－1. mpi”，单击“打开”按钮即可打开该模型。

2. 设置注射位置

双击方案任务区中的“设置注射位置...”图标，在网格模型的相应位置设置如图6－32所示的两个注射点。

3. 创建浇注系统

Step1：设置布局。单击菜单“建模”→“流道系统向导”命令，弹出如图6－33所示的“布局”对话框。

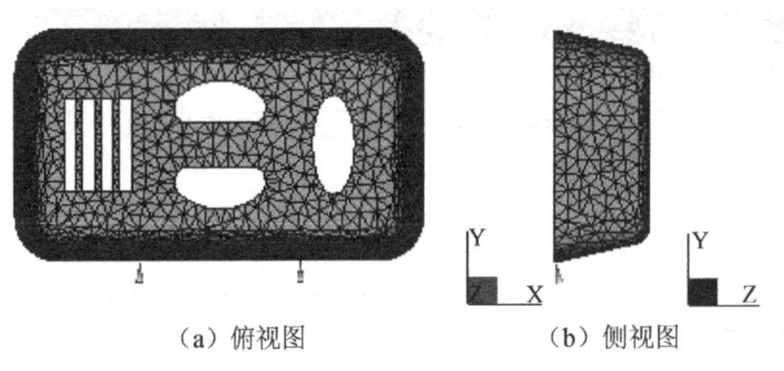

（a）俯视图　（b）侧视图

图6－32　注射点位置

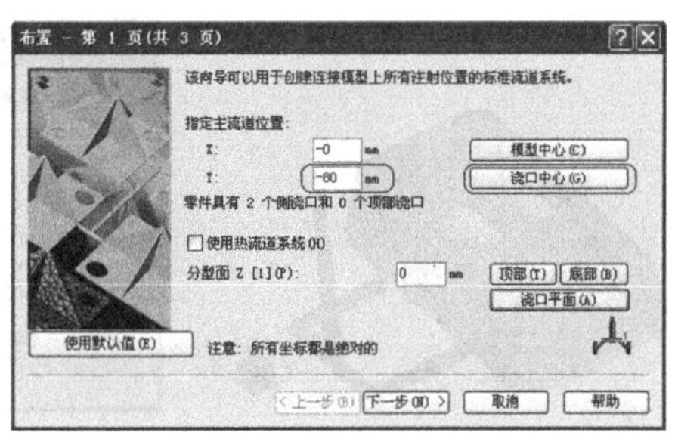

图6－33　“布置”对话框

在“指定主流道位置”区单击“浇口中心”按钮，然后将“Y”值由“－37”改成“－80”。

单击“底部”或“浇口平面”按钮。

Step2：设置注入口/流道尺寸。单击“下一步”按钮，进入如图6－34所示的“注入口/流道/竖直流道”对话框。

在“主流道”区的“入口直径”、“长度”和“拔模角”文本框中分别输入“4”、“60”、“3”。

在“流道”区的“直径”文本框中输入“6”。

Step3：设置浇口尺寸。单击“下一步”按钮，进入如图6－35所示的“浇口”对话框。

在“侧浇口”区的“入口直径”、“拔模角”和“长度”文本框中分别输入“2”、“0”、“3”。

Step4：创建浇注系统。单击“完成”按钮，创建如图6－36所示的结果。

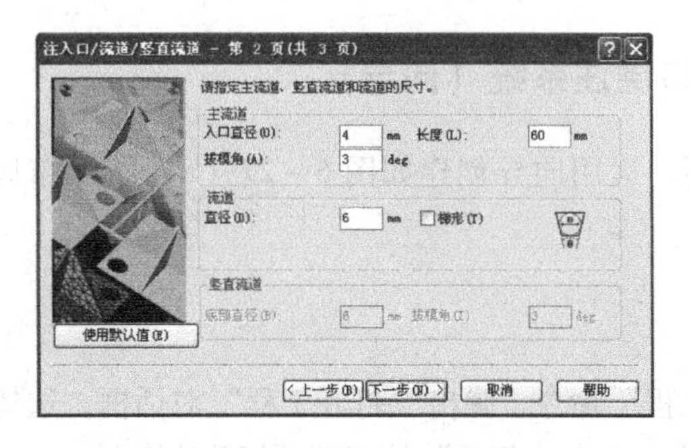

图 6-34 "注入口/流道/竖直流道"对话框

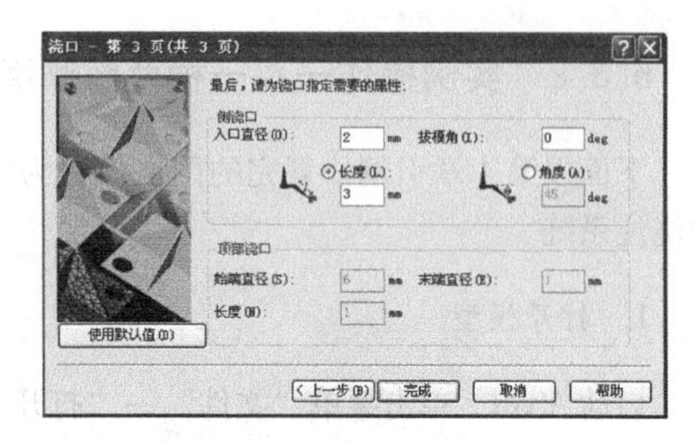

图 6-35 "浇口"对话框

4. 设置出现次数

由于要求一模两腔的结构形式，而以上设置还只是对称的一腔形式，所以下面通过属性中的"出现次数"进行相应设置，以达到一模两腔的同等效果。

Step1：设置分流道出现次数。选取创建的全部分流道，单击菜单"编辑"→"属性"命令或右击选择"属性"命令，会弹出如图 6-37 所示的"冷流道"对话框，在"出现次数"文本框中输入"2"，单击"确定"按钮。

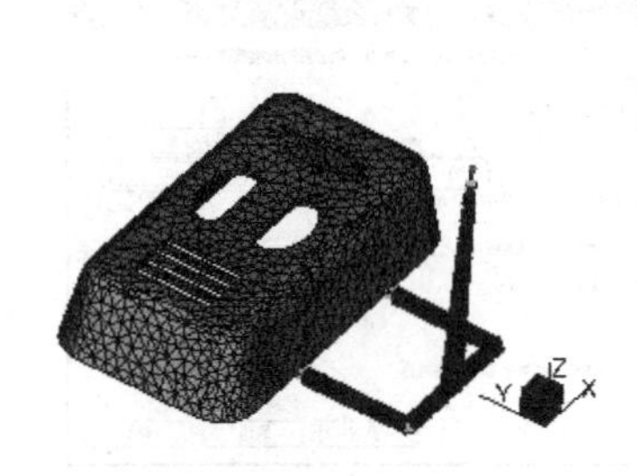

图 6-36 创建结果

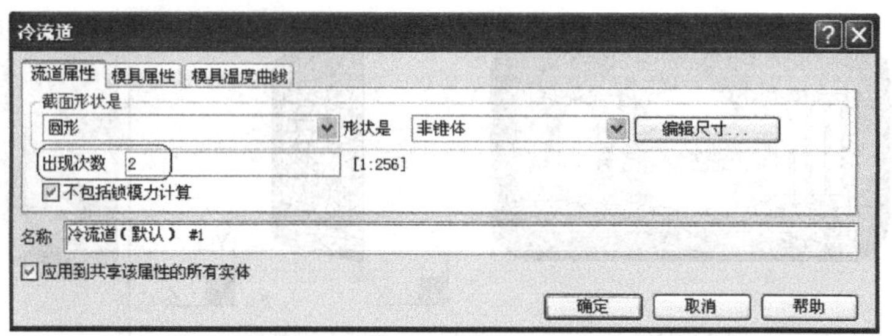

图 6-37 "冷流道"对话框

Step2：设置浇口出现次数。选取创建的全部浇口，单击菜单"编辑"→"属性"命令，会弹出如图 6-38 所示的"冷浇口"对话框，在"出现次数"文本框中输入"2"，单击"确定"按钮。

提示

在向导里设置的分流道只能是圆形或梯形截面，浇口只能是圆形截面，但通过属性设置可以更改其截面，如图 6-37、图 6-38 所示的对话框中的"截面形状是"有如图 6-39所示的几种可选项，可以根据需要选择设置。然后通过单击"编辑尺寸"按钮，可在弹出的"横截面尺寸"对话框中对相应的尺寸进行编辑。

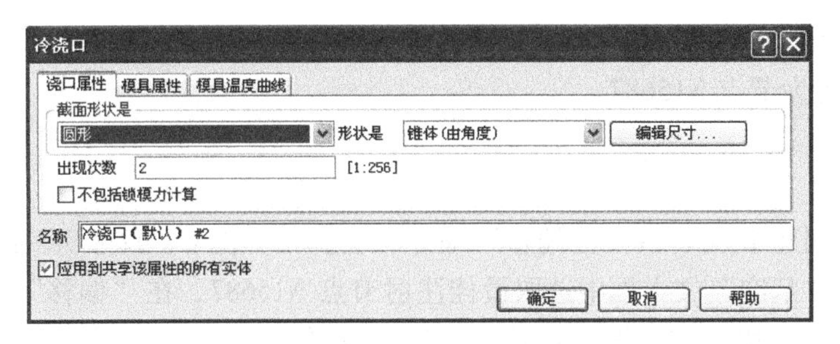

图 6 - 38 “冷浇口”属性框

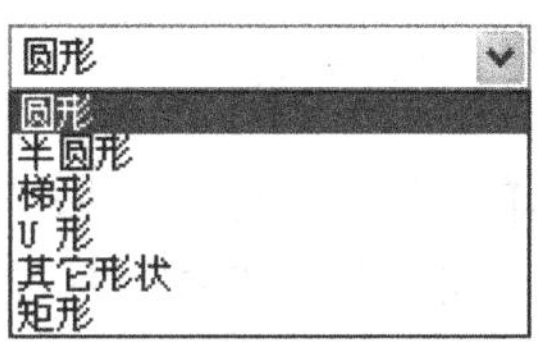

图 6 - 39 流道截面形状

Step3：设置塑件出现次数。选取塑件模型，单击菜单“编辑”→“属性”命令，弹出如图 6 - 40 所示“零件表面（双层面）”对话框，在“出现次数”文本框中输入“2”，单击“确定”按钮。

图 6 - 40 “零件表面（双层面）”对话框

本实例创建结果见光盘：\实例模型\Chapter6\实例一结果。

6.4 普通浇注系统手工创建

手工创建的方法主要有以下两种：一种是使用菜单“建模”→“创建曲线”命令创建浇注系统的中心轨迹线，再通过属性设置、划分网格后生成，建议优先考虑；另一种是使用菜单“建模”→“创建节点”命令创建相应的节点，再通过“网格”→“创建柱体网格”命令生成。下面以几个实例来介绍手工创建过程。

6.4.1 实例操作二：一模一腔直接浇口形式

以 2.5.3 节分析得到的最佳浇口位置模型为例介绍应用“建模”→“创建节点”和“网格”→“创建柱体网格”命令来手工创建直接浇口。

1. 打开模型

启动 ASMI，单击菜单“文件”→“打开工程”命令，会弹出“打开工程”对话框，选择“\实例模型\Chapter2\结果 2－1 \ 2－1. mpi”，单击“打开”按钮打开如图 6－41 所示的模型，其中最佳浇口位置为节点 N15687。

2. 移动节点

单击菜单“建模”→“创建节点”→“按偏移”命令，会弹出如图 6－42 所示的对话框。在“输入参数”区的“基准”文本框中选取最佳注射节点 N15687，在“偏移”文本框中输入“0 0 50”，单击“应用”按钮得到如图 6－43 所示的结果。

3. 创建柱体

Step1：单击菜单“网格”→“创建柱体网格”命令，会弹出如图 6－44 所示的“创建柱体单元”对话框。在“输入参数”区分别选择选取 N15687 和上一步创建的节点；在“柱体数”文本框中输入“1”；然后单击“选择选项”区的[...]按钮，弹出如图 6－45 所示的“指定属性”对话框。

图 6－41　模型最佳浇口位置

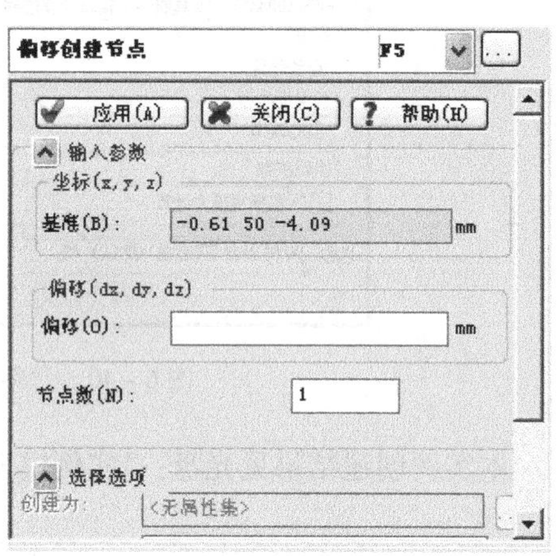

图 6－42　“偏移创建节点”对话框

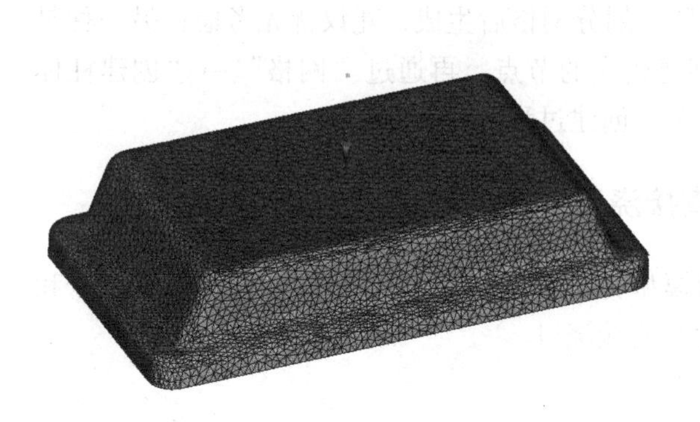

图 6－43　偏移创建的节点

图 6－44　“创建柱体单元”对话框

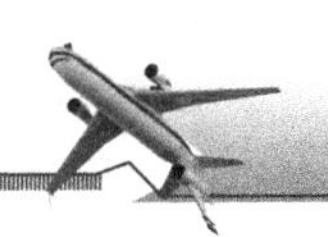

Step2：指定属性。单击“新建”按钮会弹出如图 6－46 所示的可选项，这里选择“冷主流道”；然后单击“编辑”按钮，弹出如图 6－47 所示的“冷主流道”对话框。

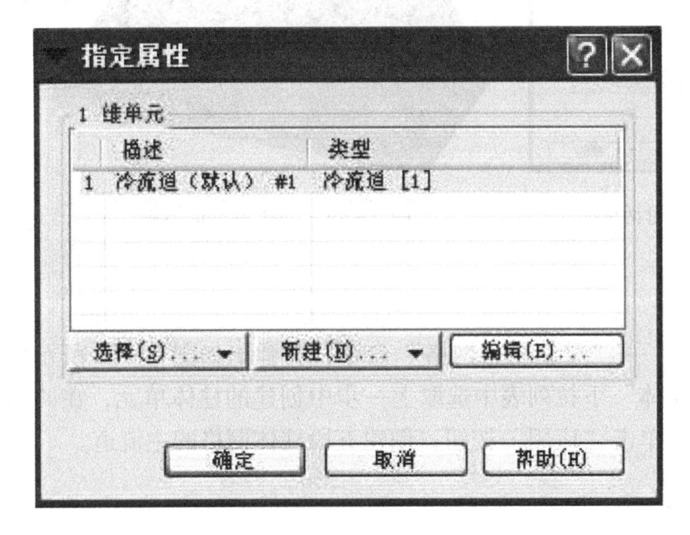

图 6－45 “指定属性”对话框

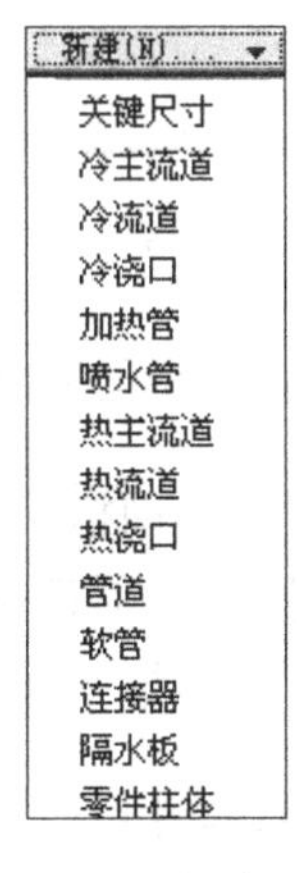

图 6－46 “新建”选项

图 6－47 “冷主流道”对话框

Step3：编辑形状。在“形状是”下拉列表中选择“椎体（由端部尺寸）”选项，再单击“编辑尺寸”按钮，弹出如图 6－48 所示的对话框。

Step4：编辑尺寸。在“始端直径”、“末端直径”文本框中分别输入“6”、“4”。

“始端”和“末端”是和选取节点顺序相对应的，即先选取的节点对应“始端”，后选取的节点对应“末端”。

Step5：依次单击“确定”按钮和“应用”按钮，完成如图 6－49 所示的结果（在单击“应用”按钮之前将模型上的锥形注射标注删除）。

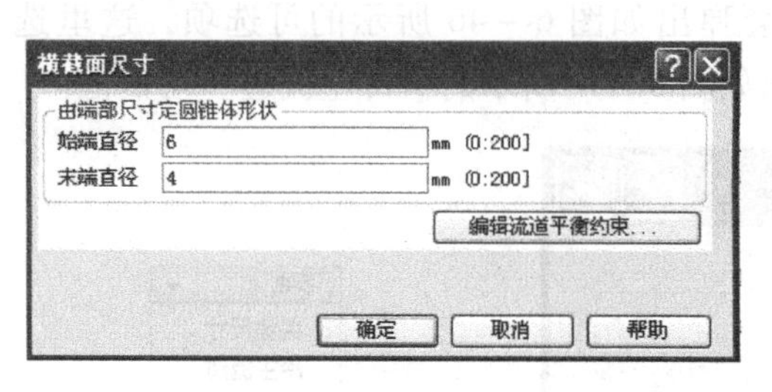

图 6-48 “横截面尺寸”对话框

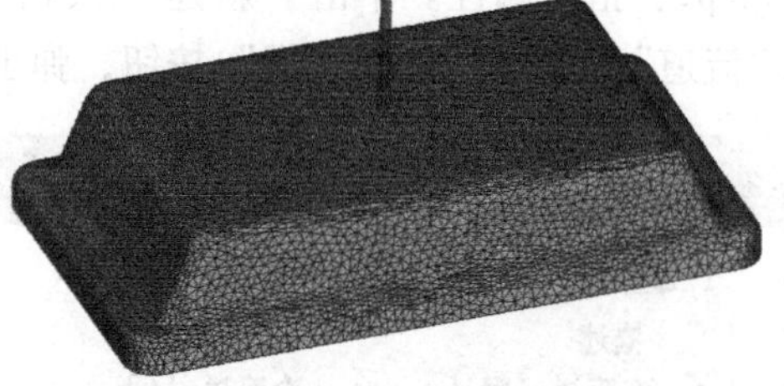

图 6-49 创建主流道结果

4. 重新划分柱体网格

单击菜单“网格”→“工具”→“重新划分网格”命令，会弹出如图 6-50 所示的“重新划分网格”对话框。在“实体”下拉列表中选取上一步中创建的柱体单元，在“目标边长度”文本框中输入“10”，单击“应用”按钮，创建五段柱体网格的主流道。

5. 设置注射点

单击菜单“分析”→“设置注射位置”命令或双击方案任务区中的“设置注射位置...”图标，选取主流道顶端节点创建注射点，完成如图 6-51 所示的结果。

图 6-50 “重新划分网格”对话框

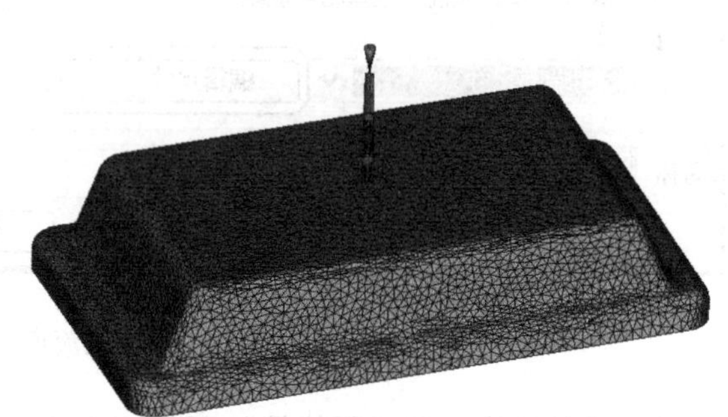

图 6-51 创建注射点结果

本实例创建结果见光盘：\实例模型\Chapter6\实例二结果。

6.4.2 实例操作三：一模两腔侧浇口浇注系统（手工）

对应前面的向导创建，本例仍以第 4 章引例修复完的网格模型为例，介绍运用“建模→创建曲线”命令来手工创建如图 6-27（a）所示布局的浇注系统。

1. 打开模型

启动 ASMI，单击菜单“文件”→“打开工程”命令，会弹出“打开工程”对话框，选择“\实例模型\Chapter4 \4-1 引例结果\ 4-1. mpi”，单击“打开”按钮即可打开工程。

2. 创建流道中心线

Step1：测量浇口间距。单击工具条 命令，然后分别选取需要设置侧浇口的两个节点，如图6－52所示，同时弹出如图6－53所示的“测量”信息框，可知两节点沿 X 方向的间距约为70mm（69.56）。

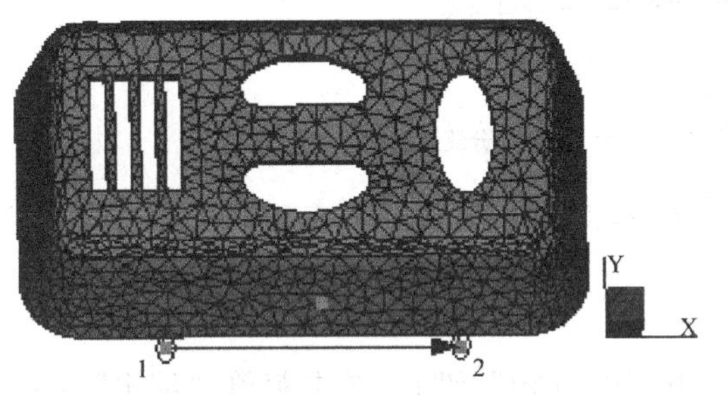

图6－52 网格模型

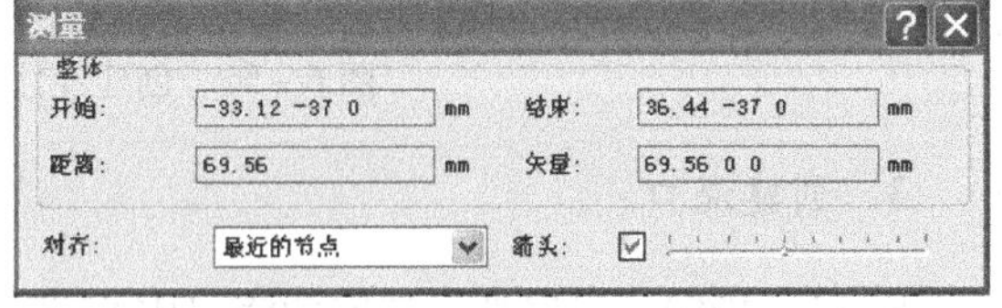

图6－53 “测量”信息框

Step2：创建浇口中心线。单击菜单“建模”→“创建曲线”→“直线”命令，会弹出如图6－54所示的“创建直线”对话框。在“输入参数”区的“第一”文本框中选取图6－52中的节点1（建议将“过滤器”设为“节点”）；在“第二”文本框中输入“相对”坐标值“0 －3”。单击“应用”按钮创建浇口中心线，此时，“第一”文本框中即为第二个节点的绝对坐标值。

Step3：创建二级分流道中心线。在“第二”文本框中输入“相对”坐标值“0 －30”，单击“应用”按钮。

Step4：创建一级分流道中心线。在“第二”文本框中输入“相对”坐标值“35”，单击“应用”按钮。

Step5：创建主流道中心线。在“第二”文本框中输入“相对”坐标值“0 0 50”，单击“应用”按钮，结果如图6－55所示。

图6－54 “创建直线”对话框

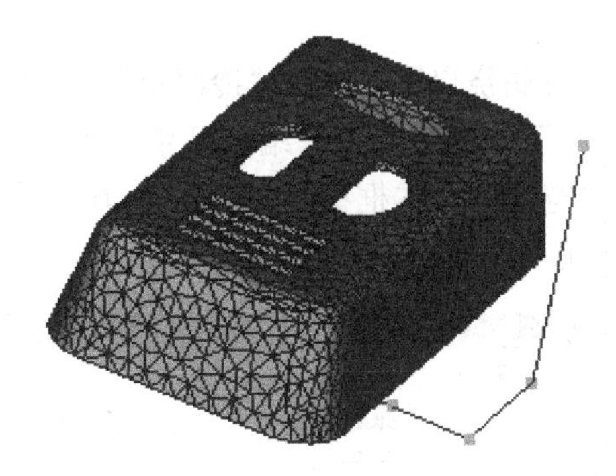

图6－55 创建流道中心线结果

Step6：同Step2～Step4步骤，从图6－52中的节点2开始创建另一半流道中心线，完成如图6－56所示的结果。

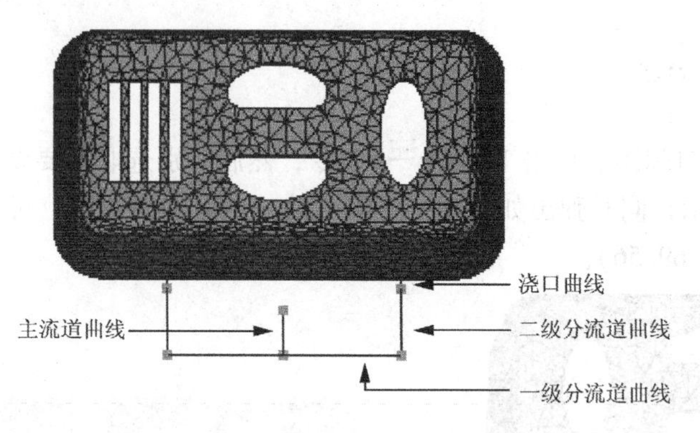

图 6－56　创建浇注系统中心线结果

3. 创建浇口

Step1：指定浇口属性。选取两浇口中心线（同时按“Ctrl”键），单击菜单“编辑”→“指定属性”命令，会弹出如图 6－57 所示的“指定属性”对话框，单击“新建”按钮，如图 6－58所示在选项中选择“冷浇口”，会弹出如图 6－59 所示的“冷浇口”对话框。

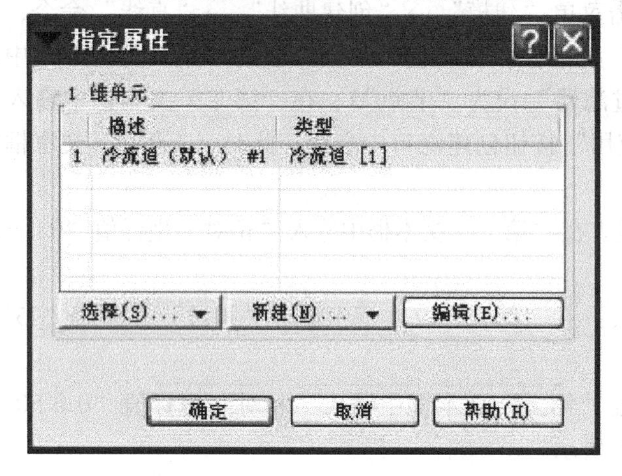

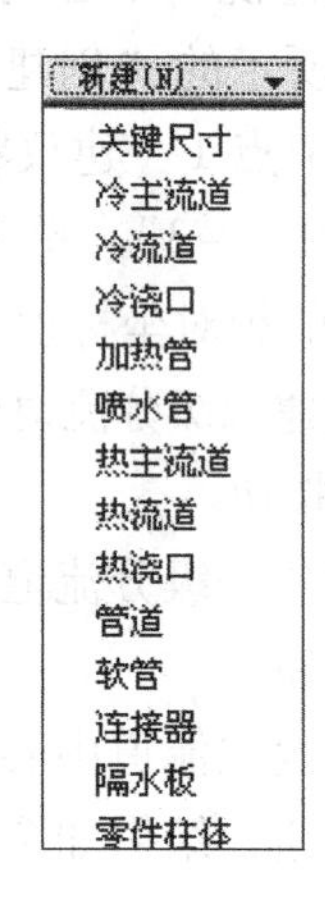

图 6－57　“指定属性”对话框　　　　图 6－58　“新建”选项

Step2：编辑浇口属性。对“冷浇口”对话框中的属性分别进行设置（“矩形”、“非椎体”和“2”），然后单击“编辑尺寸”按钮，弹出如图 6－60 所示的“横截面尺寸”对话框。在“宽度”文本框中输入“3”、在“高度”文本框中输入“2”，然后依次单击“确定”按钮。

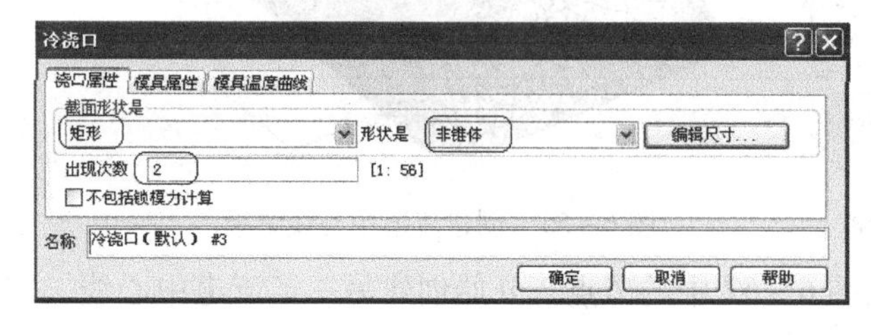

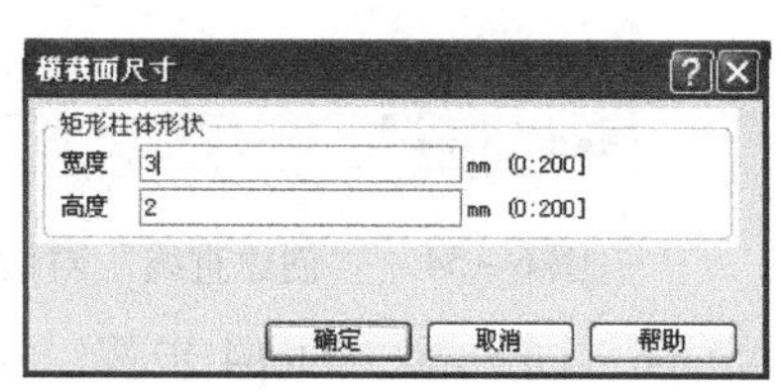

图 6－59　“冷浇口”对话框　　　　图 6－60　“横截面尺寸”对话框

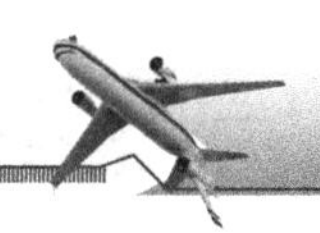

Step3：划分浇口网格。单击菜单“网格”→“生成网格”命令，会弹出如图 6－61 所示的“生成网格”对话框，在“全局网格边长”文本框中输入“1”，单击“立即划分网格”按钮，完成如图 6－62 所示的结果。

提示

为保证后续模拟结果的准确性，浇口一般至少划分为三个网格单元。

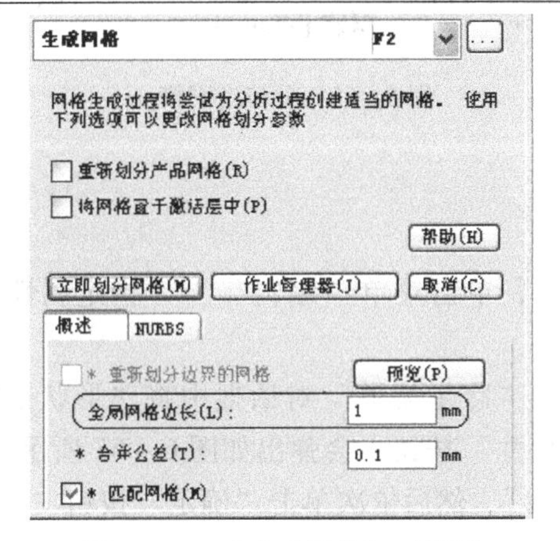

图 6－61 “生成网格”对话框

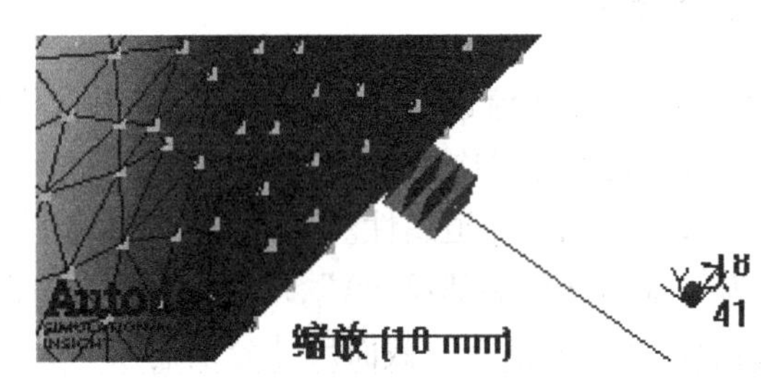

图 6－62 浇口网格

4. 创建分流道

Step1：指定分流道属性。选取二级分流道中心线（这里必须和一级分流道分开选，因为二级分流道需要设置两次“出现次数”，而一级分流道不要），单击菜单“编辑”→“指定属性”命令，指定属性为“冷流道”。

Step2：编辑分流道属性。按如图 6－63 所示的“冷流道”对话框中的属性分别进行设置（“梯形”、“非椎体”和“2”），然后单击“编辑尺寸”按钮，会弹出如图 6－64 所示的“横截面尺寸”对话框，截面尺寸分别输入“6、5、6”，然后依次单击“确定”按钮。

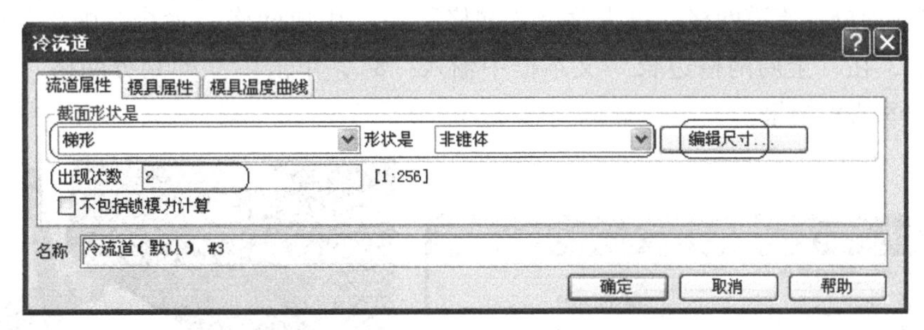

图 6－63 “冷流道”对话框

Step3：同样按照 Step1～Step2 选择一级分流道中心线，并指定成冷流道、编辑为一样的截面形状和尺寸，只是将“出现次数”设为“1”。

Step4：划分分流道网格。单击菜单“网格”→“生成网格”命令，弹出如图 6－61 所示对话框，在“全局网格边长”文本框中输入“8”，单击“立即划分网格”按钮，完成如图 6－65 所示的结果。

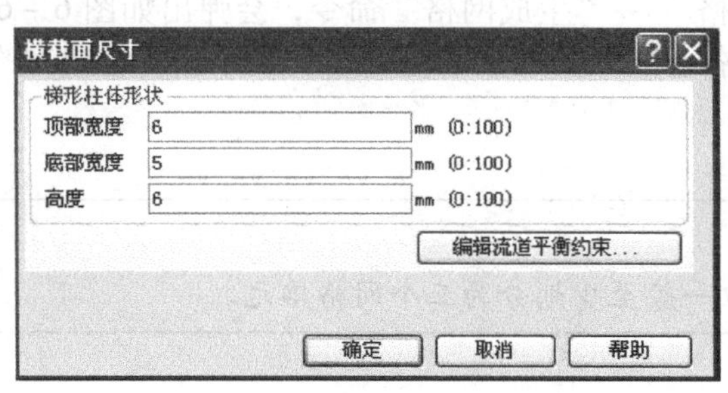

图 6－64　“横截面尺寸”对话框

图 6－65　分流道网格

5．创建主流道

Step1：指定主流道属性。选取主流道中心线后，单击菜单“编辑”→“指定属性”命令，指定属性为“冷主流道”。

Step2：编辑主流道属性。在如图 6－66 所示的“冷主流道”对话框中将“形状是”设置为“椎体（由端部尺寸）”，然后单击“编辑尺寸”按钮，会弹出如图 6－67 所示的“横截面尺寸”对话框，截面尺寸分别输入“6”、“4”，然后依次单击“确定”按钮。

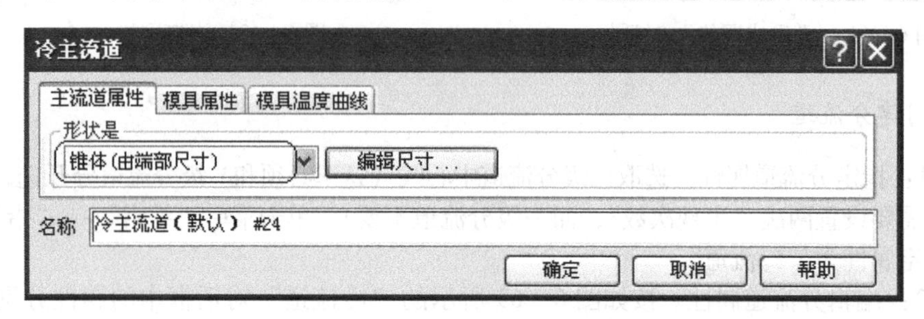

图 6－66　“冷主流道”对话框

Step3：划分主流道网格。单击菜单“网格”→“生成网格”命令，弹出如图 6－61 所示对话框，在“全局网格边长”文本框中输入“8”，单击“立即划分网格”按钮，完成如图 6－68 所示结果。

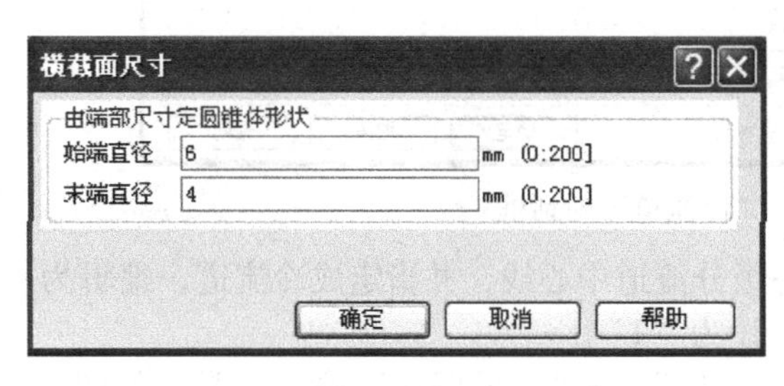

图 6－67　“横截面尺寸”对话框

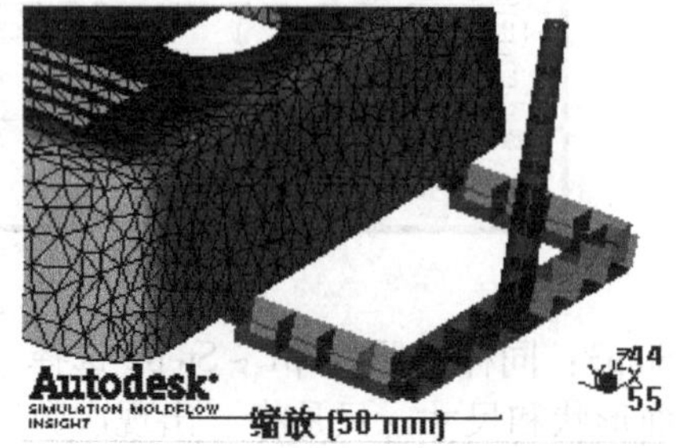

图 6－68　主流道网格

6. 设置模型出现次数

分别选取如图 6 - 69 所示的二级分流道、浇口、塑件网格。将属性中的“出现次数”均设置为“2”。二级分流道、浇口在上述创建中已经设置好，本步骤只需设置塑件网格。

7. 设置注射点

单击菜单“分析”→“设置注射位置”命令，选取主流道顶端节点创建注射点，完成如图 6 - 70所示的结果。

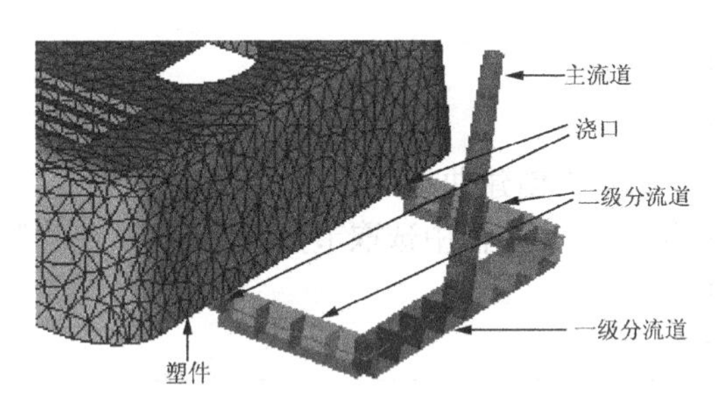

图 6 - 69 模型

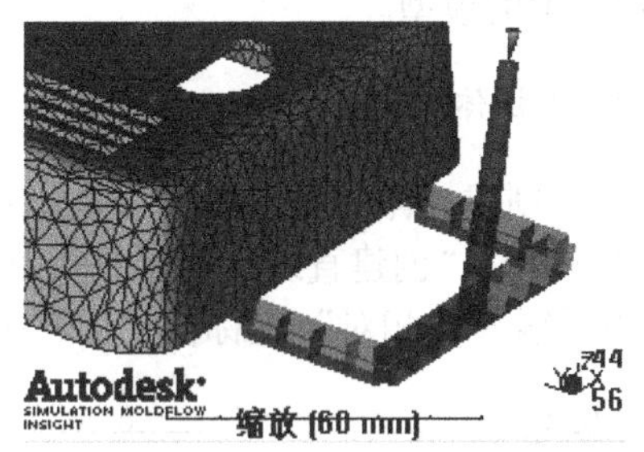

图 6 - 70 浇注系统及注射点

8. 删除多余节点

单击菜单“网格”→“网格工具”→“节点工具”→“清除节点”命令，再单击“应用”按钮即可。

9. 检查连通性

单击菜单“网格”→“网格诊断”→“连通性诊断”命令，选取模型上的任意一个节点，单击“显示”按钮，以检查浇注系统和塑件模型整体的连通性。

本实例创建结果见光盘：\实例模型\Chapter6\实例三结果。

6.4.3 实例操作四：潜伏式浇口形式

由前述可知潜伏式浇口常见的有如图 6 - 71 所示的三种形式，其中图 6 - 71（a）形式的创建与实例三类似，这里不再赘述。下面就以 phone 模型（见光盘：\实例模型\Chapter4\实例四练习）为例介绍图 6 - 71（b）、（c）两种形式的手工创建。

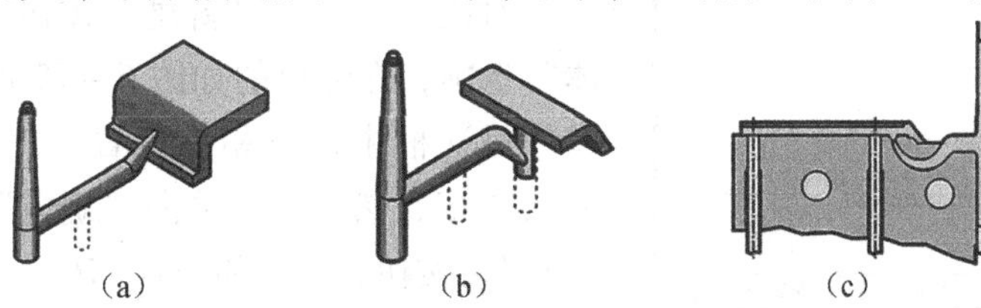

图 6 - 71 潜伏式浇口三种常见形式

一、图6－71（b）形式浇口创建

该形式潜伏式浇口是通过顶杆端部进行进浇的，因此首先要在模型上创建局部柱体单元，具体创建过程如下。

1．打开模型

启动ASMI，单击菜单“文件”→“打开工程”命令，会弹出“打开工程”对话框，选择“\实例模型\Chapter6\实例四练习\phone.mpi”，单击“打开”按钮即可打开如图6－72所示的模型。

2．创建柱体单元

Step1：创建柱体曲线。单击菜单“建模”→“创建曲线”→“直线”命令，弹出如图6－73所示的“创建直线”对话框。在“第一”文本框中选取节点N17307；在“第二”文本框中栏输入“相对”坐标值“0 0 －8”。

提示

节点N17307可以通过菜单“建模”→“查询实体”命令来查找。

图6－72　模型

图6－73　“创建直线”对话框

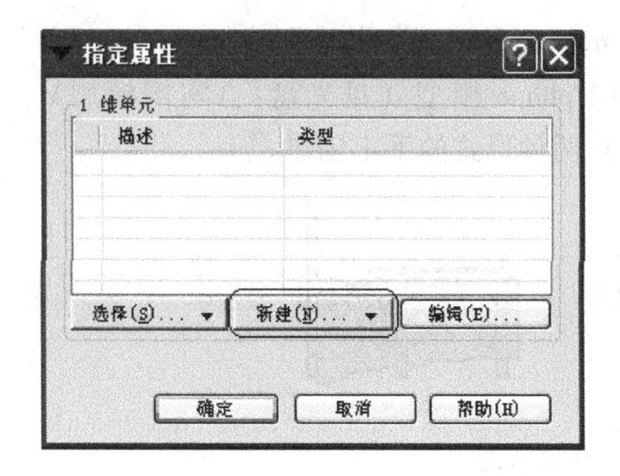

图6－74　“指定属性”对话框

Step2：设置柱体属性。单击图6－73对话框中的⋯按钮，会弹出如图6－74所示的“指定属性”对话框。单击“新建”按钮，选择“零件柱体”选项，在弹出的如图6－75所示的“零件柱体”对话框中进行相应设置：“圆形”、“非椎体”、“3”，然后依次单击“确定”按钮，再单击“应用”按钮，完成如图6－76所示的结果。

Step3：柱体网格划分。单击菜单“网格”→“生成网格”命令，会弹出如图6－77所示的“生

图 6－75 “零件柱体”对话框

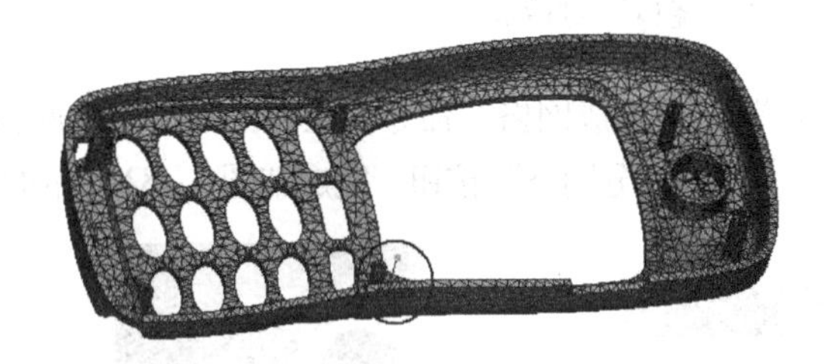

（a）创建柱体曲线

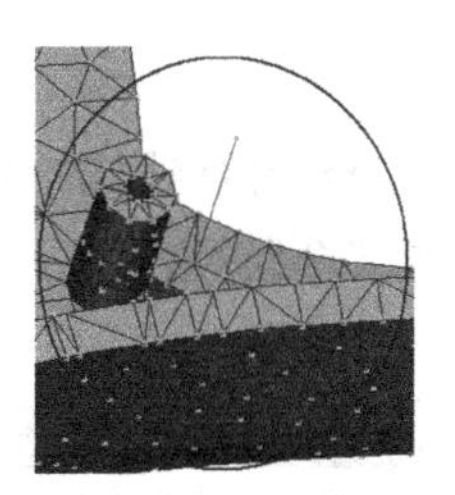

（b）局部放大图

图 6－76 柱体曲线创建结果

成网格”对话框。在“全局网格边长”文本框中输入“3”，单击“立即划分网格”按钮，完成如图 6－78 所示的结果。

3. 创建潜伏式浇口

Step1：创建潜伏式浇口曲线。单击菜单“建模”→“创建曲线”→“直线”命令，在弹出的“创建直线”对话框中的“第一”文本框中选取如图 6－79 所示的节点 1（将“新建柱体”层关闭）；在“第二”文本框中输入“相对”坐标值“4 3 6”。

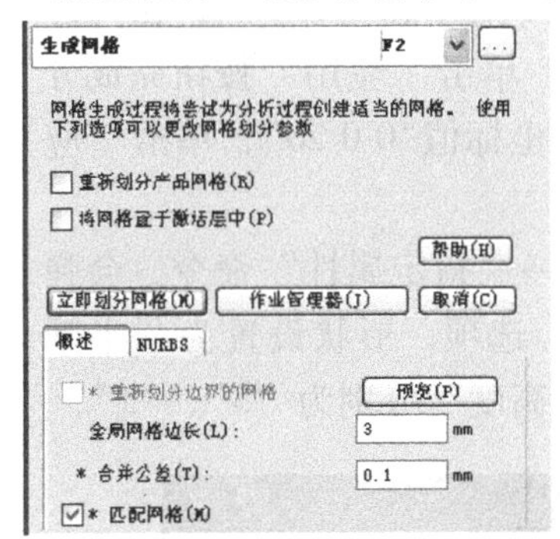

图 6－77 “生成网格”对话框

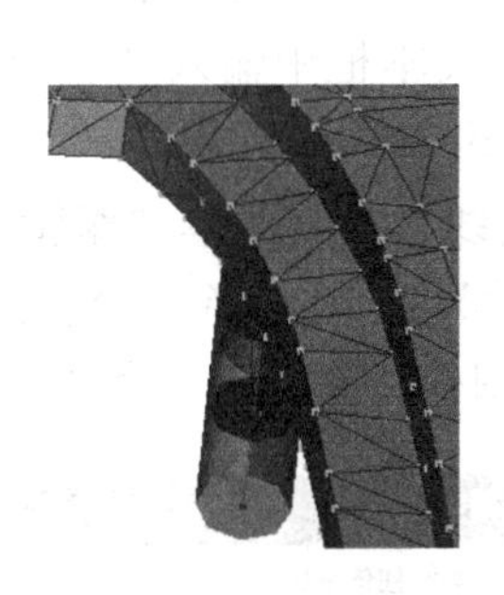

图 6－78 柱体创建结果

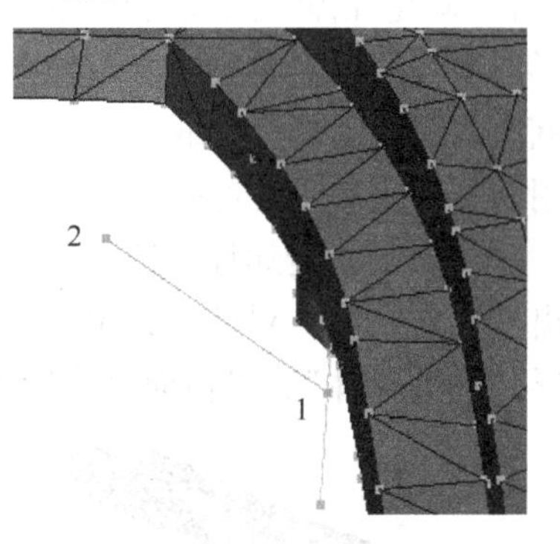

图 6－79 创建曲线

Step2：设置浇口属性。单击“创建直线”对话框中的 [...] 按钮，同设置零件柱体步骤一样，这里选择“冷浇口”选项，然后设置如图 6－80 所示的形状：“圆形”、“椎体（由端部尺寸）”，并单击“编辑尺寸”按钮，输入如图 6－81 所示的横截面尺寸“1”和“3”，依次单击“确定”按钮，再单击“应用”按钮，完成如图 6－79 所示的结果。

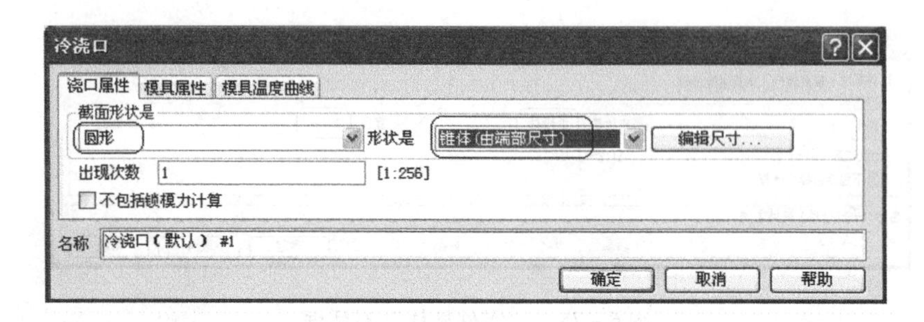

图 6－80　“冷浇口”对话框

Step3：浇口网格划分。单击菜单“网格”→“生成网格”命令，在弹出的“生成网格”对话框中设置“全局网格边长”为“3”，单击“立即划分网格”按钮，完成如图6－82 所示的结果。

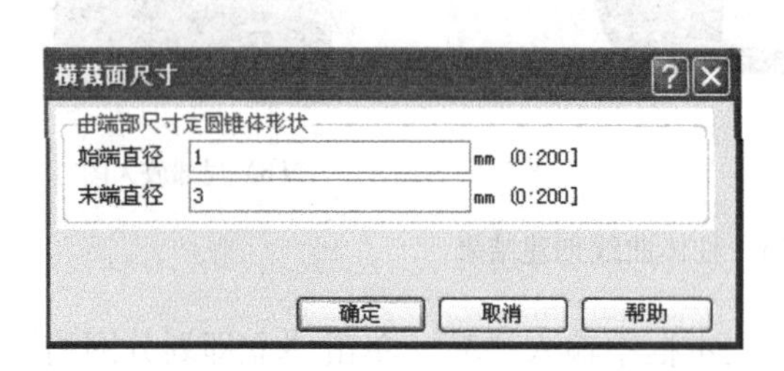

图 6－81　“横截面尺寸”对话框

图 6－82　浇口创建结果

4. 创建分流道和主流道

Step1：创建分流道、主流道曲线。单击菜单“建模”→“创建曲线”→“直线”命令，在弹出的“创建直线”对话框中，在“第一”文本框中选取如图 6－79 所示的节点 2（将“新建柱体”层关闭）；在“第二”文本框中输入“相对”坐标值“12 10”；在“选择选项”区的“创建为”下拉列表中选择“建模实体”选项，单击“应用”按钮完成分流道曲线创建；然后继续在“第二”文本框中输入“相对”坐标值“0 0 20”，单击“应用”按钮完成主流道曲线创建，如图 6－83 所示。

Step2：指定属性。选取分流道曲线，单击菜单“编辑”→“指定属性”命令，会弹出“指定属性”对话框，单击“新建”按钮选择“冷流道”选项，形状设置为“半圆形”、“非椎体”；横截面尺寸设置如图 6－84 所示“直径”、“高度”分别为“5”、“3”。

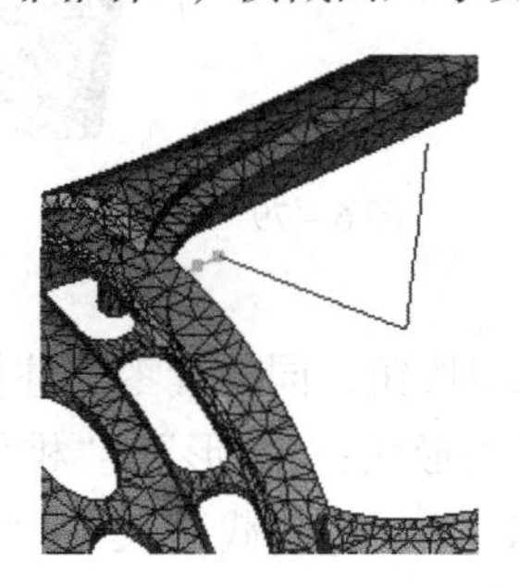

图 6－83　创建流道曲线

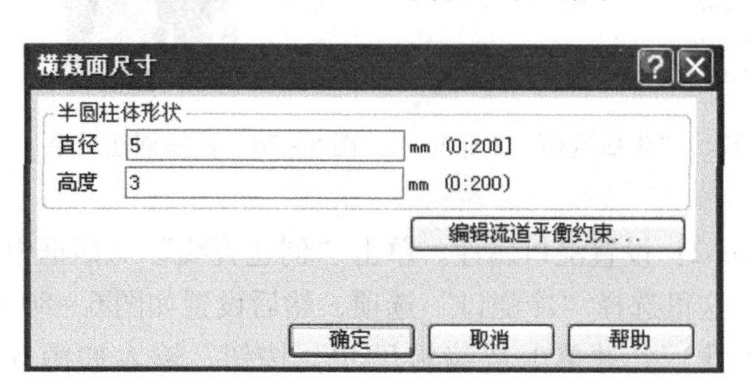

图 6－84　分流道的“横截面尺寸”对话框

同样选取主流道曲线，指定属性为“冷主流道”，形状设置为“椎体（由端部尺寸）”；横截面尺寸设置如图 6 - 85 所示“始端直径”、“末端直径”分别为“5”、“3”。

Step3：划分网格。单击菜单“网格”→“生成网格”命令，在弹出的“生成网格”对话框中设置“全局网格边长”为“5”，单击“立即划分网格”按钮，完成如图 6 - 86 所示的结果。

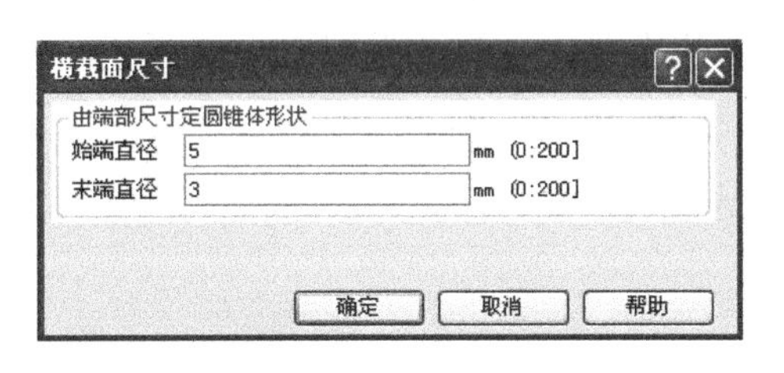

图 6 - 85　主流道的“横截面尺寸”对话框

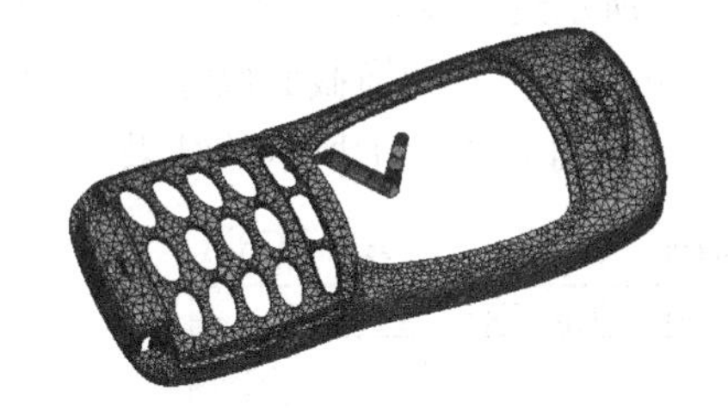

图 6 - 86　创建结果

本实例创建结果见光盘：\实例模型\Chapter6\实例四结果一。

二、图 6 - 71（c）形式浇口创建

该形式潜伏式浇口式为圆弧形，因此首先要创建潜伏式浇口的圆弧曲线，具体创建过程如下。

1. 打开模型

同上例，启动 ASMI，单击菜单“文件”→“打开工程”命令，弹出“打开工程”对话框，选择“\实例模型\Chapter6\实例四练习\phone. mpi”，单击“打开”按钮即可打开如图 6 - 72 所示的模型。

2. 创建潜伏式浇口

Step1：创建圆弧节点。单击菜单“建模”→“创建节点”→“按偏移”命令，弹出“偏移创建节点”对话框，在“第一”文本框中选取如图 6 - 87 所示的节点 1（N16389）；在“第二”文本框中输入“相对”坐标值“0 6”，单击“应用”按钮创建节点 2。

同样，再次在对话框的“第一”文本框中选取节点 1；在“第二”文本框中输入“相对”坐标值“0 3 -2”，单击“应用”按钮创建节点 3。结果如图 6 - 87 所示。

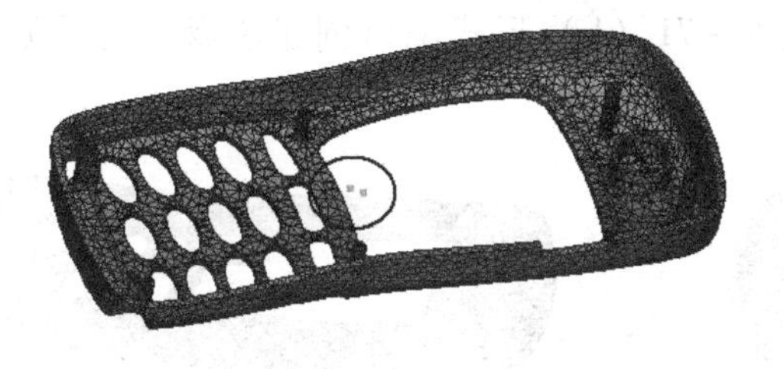

（a）创建节点

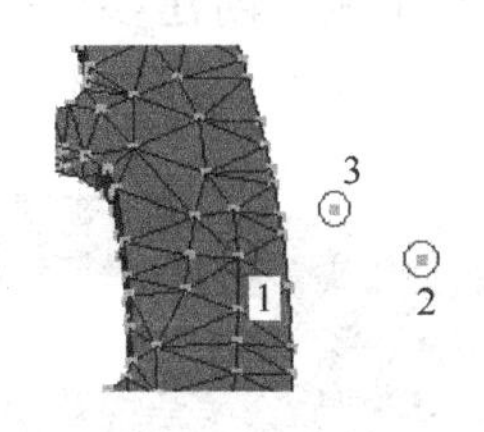

（b）局部放大图

图 6 - 87　浇口节点创建结果

Step2：创建圆弧曲线。单击菜单“建模”→“创建曲线”→“点创建圆弧”命令，弹出如图6－88所示的对话框，依次分别选取如图6－87所示的三个节点，选择“圆弧”单选钮。

Step3：设置浇口属性。单击对话框中的 ... 按钮，选择“冷浇口”选项，然后按如图6－89所示进行设置：“圆形”、“椎体（由端部尺寸）”，并单击“编辑尺寸”按钮，输入如图6－90所示的横截面尺寸“1”和“3”，依次单击“确定”按钮，再单击“应用”按钮，完成如图6－91所示的结果。

图6－88 “点创建圆弧”对话框

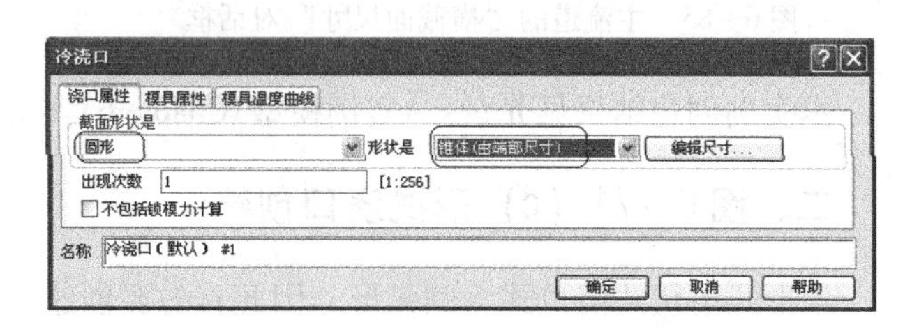

图6－89 “零件柱体”对话框

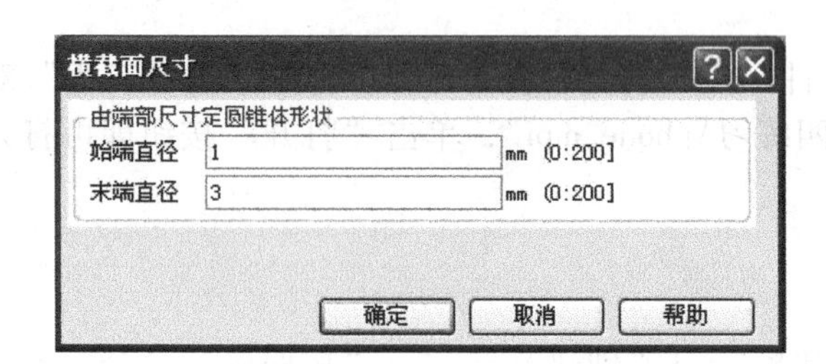

图6－90 “横截面尺寸”对话框

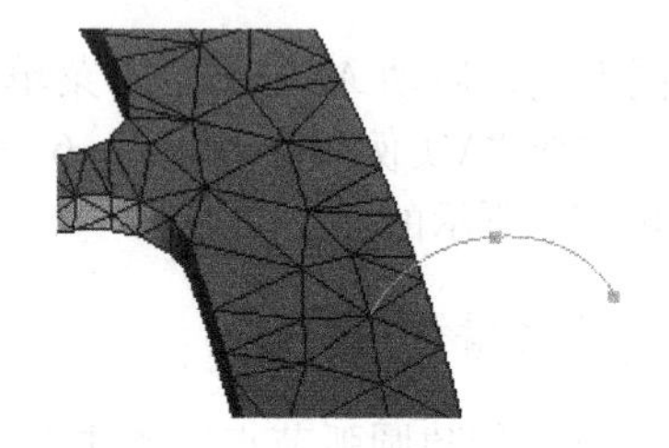

图6－91 创建浇口属性

Step4：浇口网格划分。单击菜单“网格”→“生成网格”命令，在弹出的对话框中设置“全局网格边长”为“3”，单击“立即划分网格”按钮，完成如图6－92所示的结果。

分流道和主流道创建参照一、图6－71（b）形式浇口创建步骤，最后创建结果如图6－93所示，这里不再赘述。

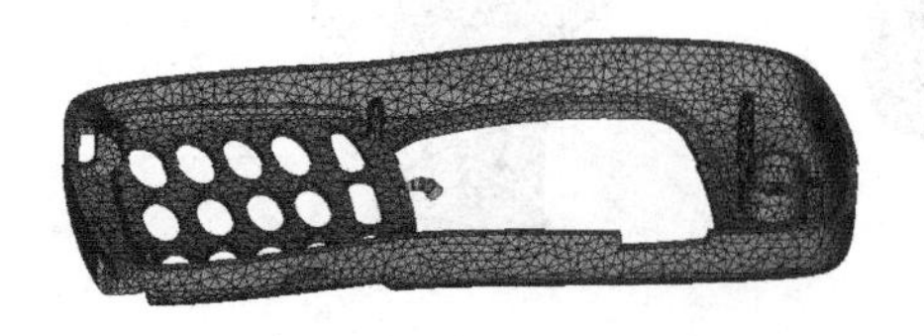

图6－92 浇口创建结果

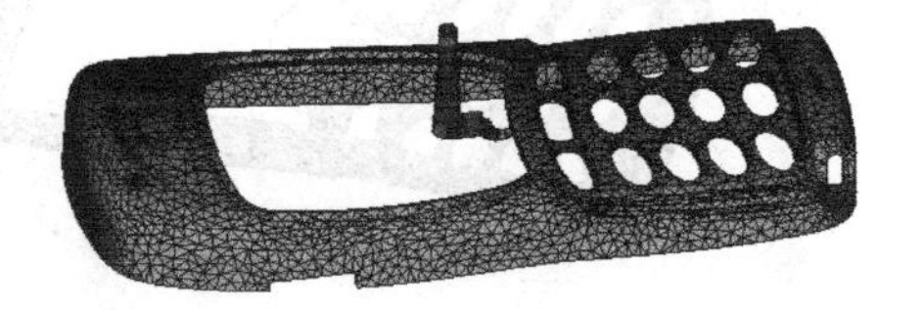

图6－93 浇注系统创建结果

本实例创建结果见光盘：\实例模型\Chapter6\实例四结果二。

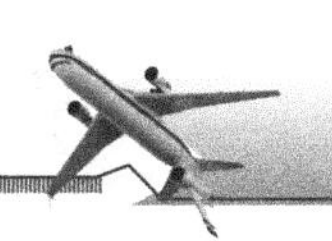

6.5 热流道系统创建

热流道根据喷嘴结构形式通常有开放和针阀式两种，下面对这两种喷嘴形式的创建步骤作简单介绍。

6.5.1 实例操作五：开放式喷嘴热流道系统向导创建

下面以第4章实例练习中修复的模型为例，采用向导来创建一模两腔，塑件顶部进浇的热流道浇注系统。

1. 打开模型

启动ASMI，单击菜单“文件”→“打开工程”命令，弹出“打开工程”对话框，选择“\实例模型\Chapter4 \4-2结果\4-2.mpi”，单击“打开”按钮即可打开如图6-94所示的模型。

2. 设置注射位置

双击方案任务区中的“设置注射位置...”图标，在网格模型顶端节点N6355处设置如图6-94所示的注射点（也可以利用“浇口位置”分析获得）。

3. 设置型腔布局

单击菜单“建模”→“型腔重复向导”命令，弹出“型腔重复向导”对话框，按如图6-95所示在“型腔数”、“列”、“列间距”文本框中分别输入“2”、“2”、“150”，单击“完成”按钮。

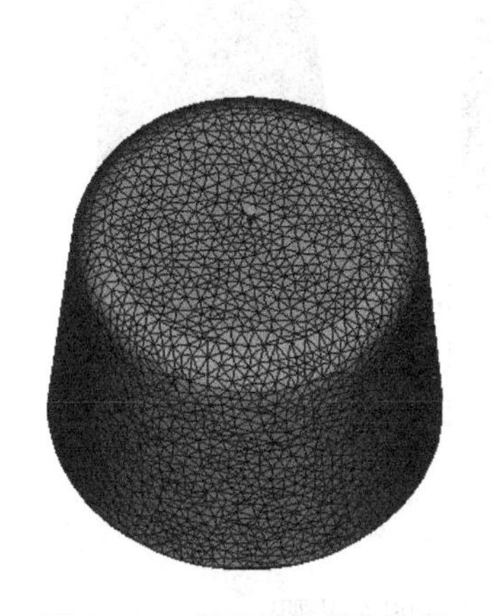

图6-94 模型及注射点位置

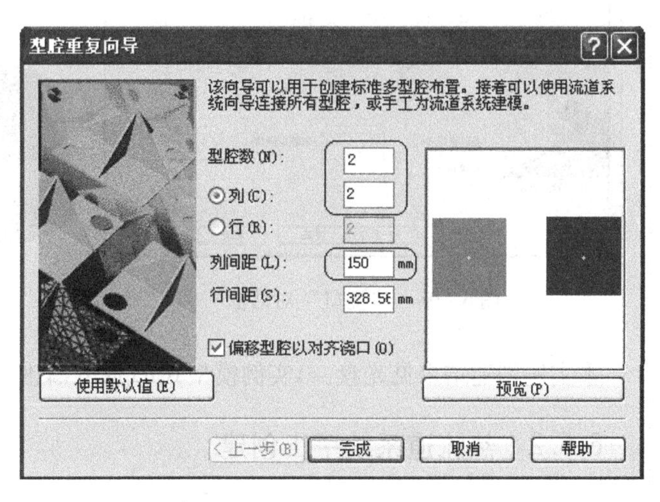

图6-95 “型腔重复向导”对话框

4. 创建浇注系统

Step1：设置主流道位置。单击菜单“建模”→“流道系统向导”命令，弹出如图6－96所示的“布置”对话框。单击“浇口中心”按钮；勾选“使用热流道系统”复选框；在“顶部流道平面Z”文本框中输入“110”。

Step2：设置流道尺寸。单击“下一步”按钮，按如图6－97所示进行以下设置：在“入口直径”文本框中输入“10”、在“长度”文本框中输入“40”；在“流道”区“直径”文本框中输入“10”；在“竖直流道”区“底部直径”文本框中输入“10”。

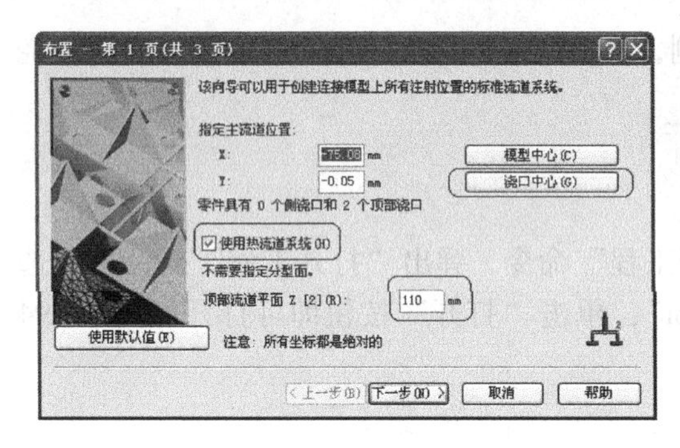

图6－96 “布置”对话框

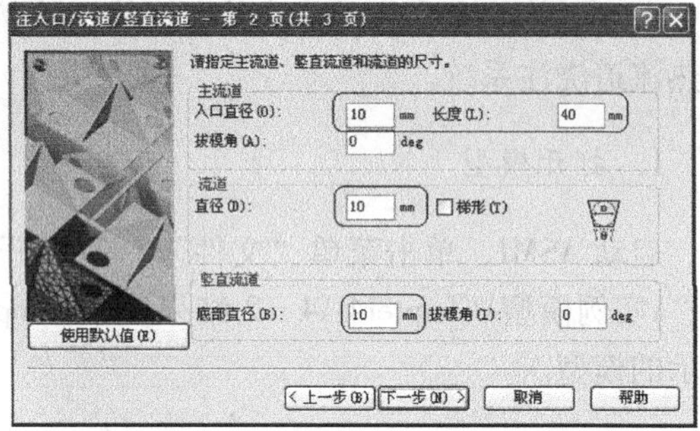

图6－97 “注入口/流道”对话框

Step3：设置顶部浇口尺寸。单击“下一步”按钮，按如图6－98所示对话框进行以下设置，在“始端直径”文本框中输入“1”；在“末端直径”文本框中输入“1”；在“长度”文本框中输入“2”。

Step4：创建浇注系统。单击“完成”按钮，创建如图6－99所示的结果。

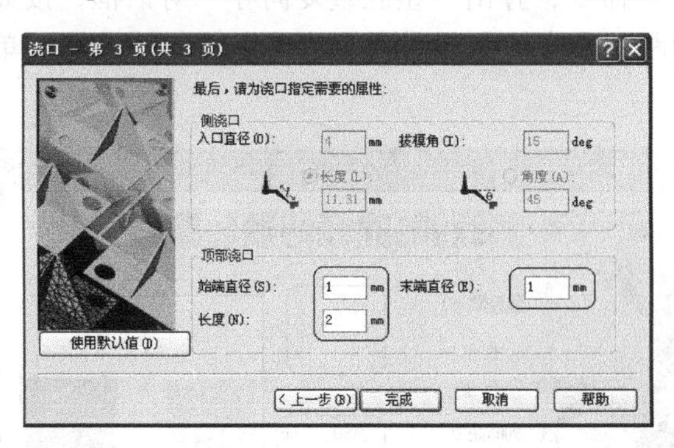

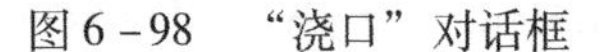

图6－98 “浇口”对话框

图6－99 创建结果

本实例创建结果见光盘：\实例模型\Chapter6\案例五结果一。

6.5.2 热流道系统手工创建

热流道系统的手工创建同冷流道系统过程一样，主要包括以下四个步骤。

1. 创建曲线

根据热流道布局创建热流道中心曲线，具体操作步骤同冷流道系统创建曲线一样。

2. 指定属性

根据热流道组成部分相应设置成热主流道、热流道和热浇口等。

3. 编辑属性参数

根据需要编辑各属性的相关参数。

4. 划分网格

如果各段网格边长一样，则可以一起划分，如果不一样，则各段单独划分。

6.5.3 针阀式喷嘴及其设置

针阀式喷嘴可以方便地对阀浇口开闭进行控制，这样在注射成型过程中就可以自由地控制熔体从哪个阀浇口注入型腔、何时注入，以及以多快的速度注入等，这种技术被称为顺序注塑成型技术，主要应用在以下场合：单型腔的顺序注塑成型和一模多腔的顺序注塑成型两种情况，常见的为前者。

热流道针阀式喷嘴的应用提高了模具的成本，在一定程度上限制了其广泛的应用，目前主要适用于以下场合。

(a) 高质量、高性能的大型制件，利用顺序注塑成型技术可以在很大程度上克服或解决熔接痕和气穴的位置、数量及制件变形、翘曲等问题，可以大大改善制件的整体质量和力学性能。

(b) 成型过程中保压要求不一的制件，如制件壁厚不一致时，其薄壁或如网格栅类结构处保压过高会出现溢料，而其他部分需要高保压时，此时就可以利用热流道按序模塑很好地根据制件保压时间需要来控制。

在 Moldflow 中，针阀式喷嘴只需在开放式喷嘴基础上对浇口单元属性进行修改即可实现，下面以“plate”为例介绍其设置过程，并与开放式热浇口填充结果做相应的比较分析。

1. 打开模型

启动 ASMI，单击菜单“文件”→“打开工程”命令，弹出“打开工程”对话框，选择“\实例模型\Chapter6\实例五阀浇口练习\plate. mpi”，单击“打开”按钮即可打开如图 6－100 所示的模型。

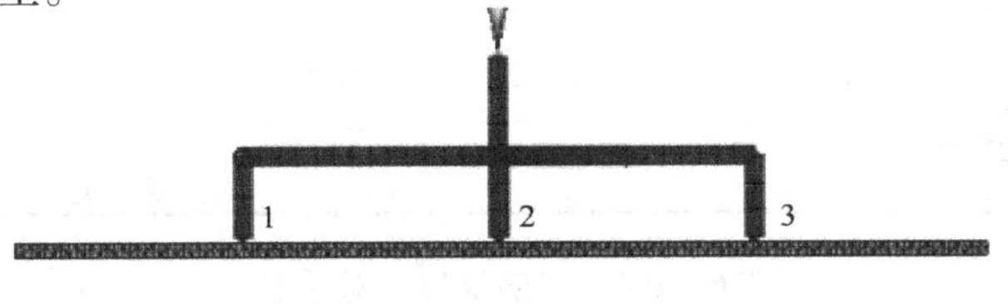

图 6－100　阀浇口设置

提示

由于在普通热流道和顺序注塑过程中熔体流动的差异，所以浇口最佳位置的设计也不一样，普通热流道系统的浇口设计尽量使熔体能够同时（等温）到达、同时充满（最远端）并（各浇口）同时冻结，而针阀式顺序控制注系统的浇口位置设置则使每个浇口的流程尽量接近，避免某个浇口流程过长（流程比之内），而引起熔体压力降和温度降过大。如图 6－101所示的模型及分析结果见光盘：\实例模型\Chapter6\实例五普通热浇口\plate. mpi。

2. 设置阀浇口

Step1：选取图 6－100 中 1 处与塑件模型直接相连接浇口柱体单元（即如图 6－102 所示箭头所指浇口单元），右击选择“属性”命令，会弹出如图 6－103 所示的“编辑椎体截面”对话框，选择“仅编辑所选单元的属性”单选钮。

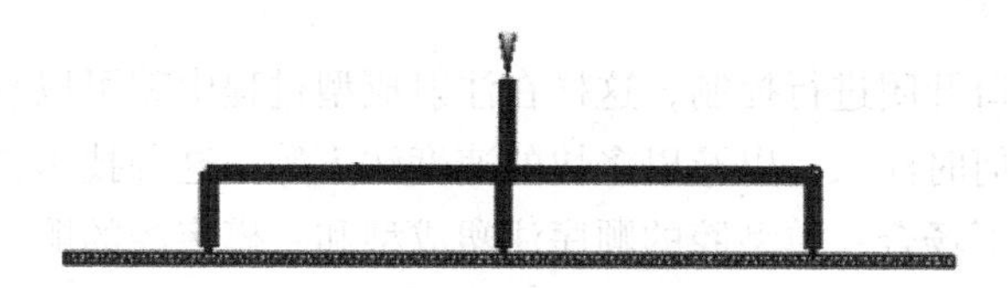

图 6－101　普通热浇口设置

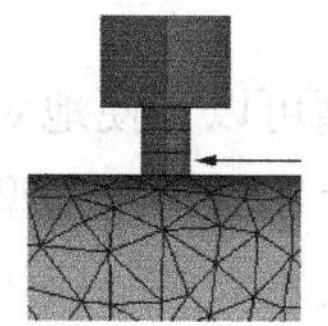

图 6－102　选择单元

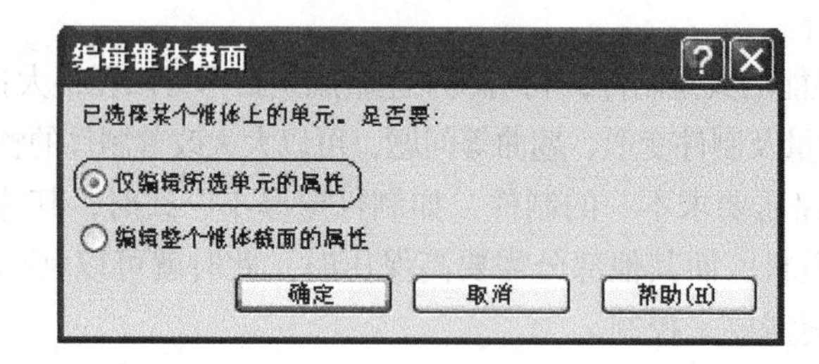

图 6－103　“编辑椎体截面”对话框

Step2：单击“确定”按钮，弹出如图 6－104 所示的“热浇口”对话框。

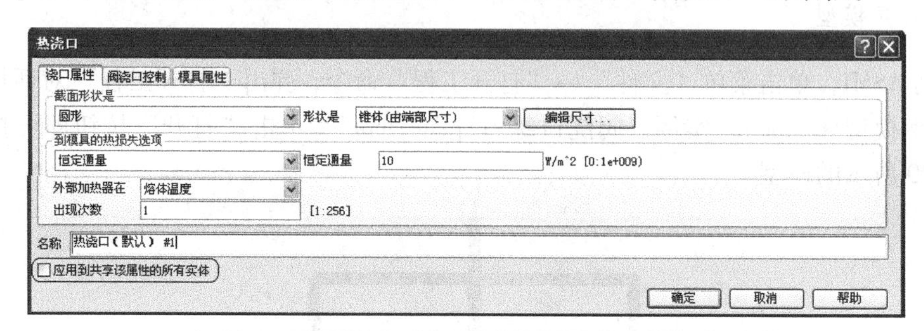

图 6－104　“热浇口”对话框

Step3：单击“阀浇口控制”选项卡，如图 6－105 所示。

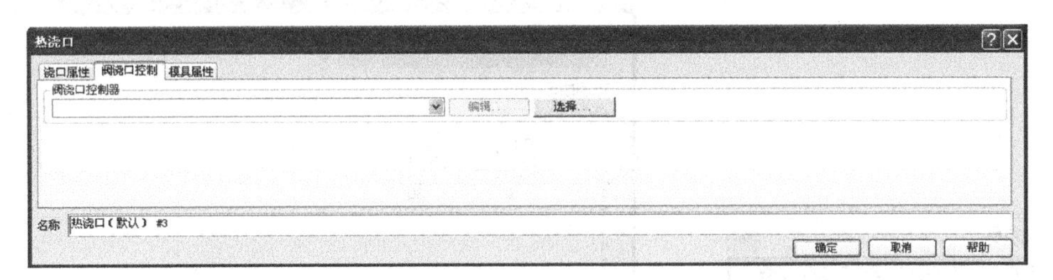

图 6－105 “热浇口”对话框的“阀浇口控制”选项卡

Step4：单击“选择”按钮，弹出如图 6－106 所示的“选择 阀浇口控制器”对话框。

Step5：单击“描述”列表框中的“阀浇口控制器默认”项，再单击“选择”按钮重新回到如图 6－105所示的对话框，在“阀浇口控制器”下拉列表中会显示“阀浇口控制器默认”，此时“编辑”按钮也高亮显示。

Step6：单击“编辑”按钮，弹出如图 6－107 所示的对话框。

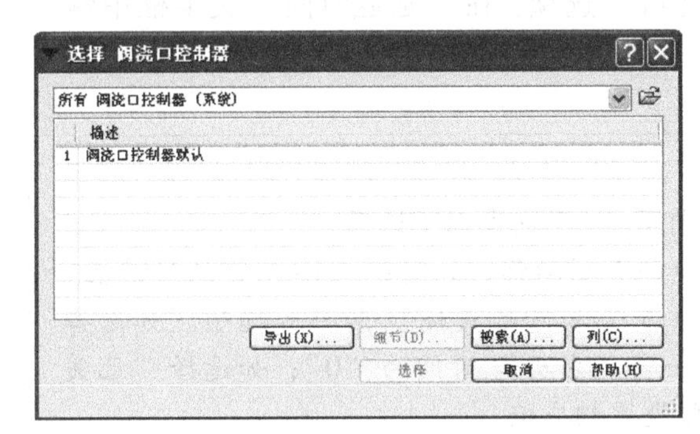

图 6－106 “选择 阀浇口控制器”对话框

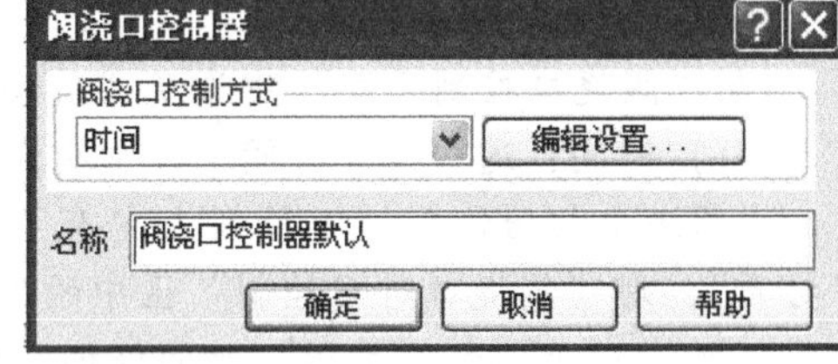

图 6－107 “阀浇口控制器”对话框

Step7：“阀浇口控制方式”下拉列表有如图 6－108 所示的可选项，这里选择“流动前沿”选项（通过熔体的流动前沿位置来控制阀浇口的开闭动作）。

提 示

在顺序注射成型模拟中，首先可以通过“流动前沿”选项来控制浇口的开闭，然后根据模拟结果再确定各浇口的开闭时间，并以此时间控制各浇口的开闭再进行模拟（考虑到在实际应用中，时间的控制比料流前沿控制简单可行）。

Step8：单击“编辑设置”按钮，弹出如图 6－109 所示的对话框，可以对其中各项进行相应的设置。

“触发器位置”下拉列表中有“浇口”（即阀浇口）和“指定”（输入节点号）两个可选项。

“延迟时间”指流动前沿到达触发器位置后经过设定时间后再开闭阀浇口。

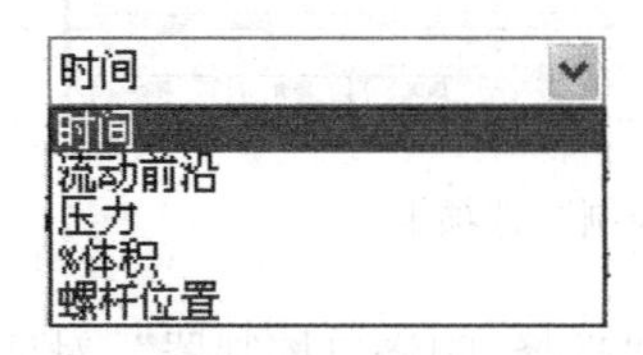

图 6－108　阀浇口控制方式选项

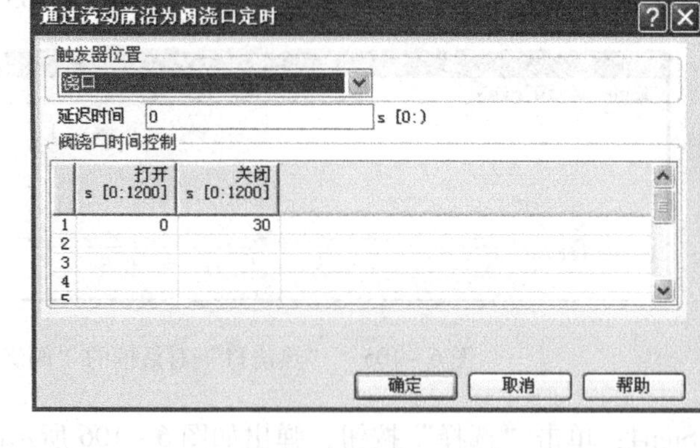

图 6－109　“通过流动前沿为阀浇口定时”对话框

“阀浇口时间控制”区的“打开”指阀浇口打开时间；“关闭”指阀浇口关闭的时间。本步骤选择“流动前沿”，则说明初始状态是关的。因此，第一行的“打开”时间为“0”，“关闭”时间根据需要设置；第二行以后的“打开”和“关闭”时间可以根据需要设置相应值。

这里“触发器位置”下拉列表选择“浇口”选项；在“延迟时间”文本框中输入“0”，其他采用默认值。

提示

在“阀浇口控制方式”中除了“流动前沿”，还包含以下选项。

（1）时间：通过设置时间来控制阀浇口的开闭动作，如图 6－110 所示的对话框。

“阀浇口初始状态”下拉列表中有“打开”和“已关闭”两个可选项。如选择“打开”，则“阀浇口时间控制”区中的第一行“打开”时间为“0”；如选择“已关闭”，则“打开”和“关闭”时间根据需要设置相应值。

（2）压力：通过压力大小来控制阀浇口开闭动作，如图 6－111 所示的对话框。

“阀浇口初始状态”下拉列表中同样也有“打开”和“已关闭”两个可选项。

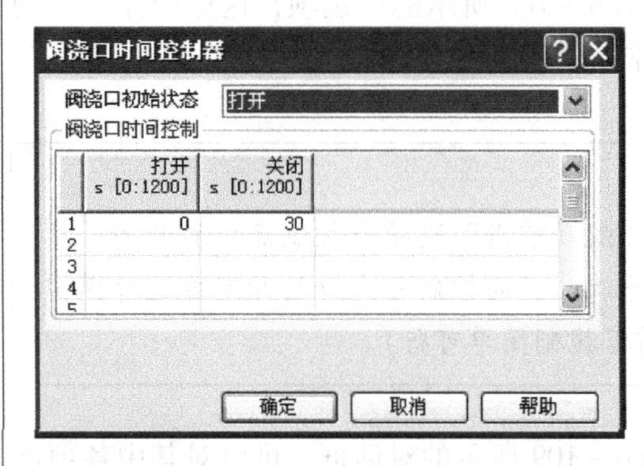

图 6－110　“阀浇口时间控制器”对话框

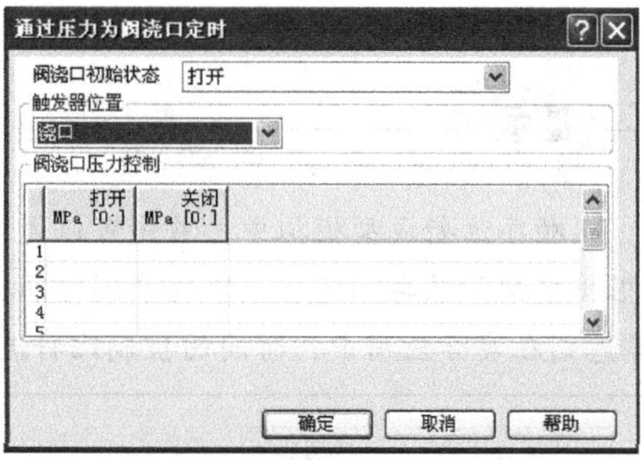

图 6－111　“通过压力为阀浇口定时”对话框

“触发器位置”下拉列表中有“浇口”和“指定”两个可选项。

“阀浇口压力控制”区通过压力大小设定并结合阀浇口的初始状态来控制其开闭动作。

提示

(3)%体积：通过型腔填充的百分比来控制阀浇口开闭动作，如图6－112所示的对话框。

“阀浇口初始状态”下拉列表中也有“打开”和“已关闭”两个可选项。

“阀浇口%体积控制”区通过型腔填充的百分比设定并结合阀浇口的初始状态来控制其开闭动作。

(4) 螺杆位置：通过螺杆的位置来控制阀浇口开闭动作，如图6－113所示的对话框。

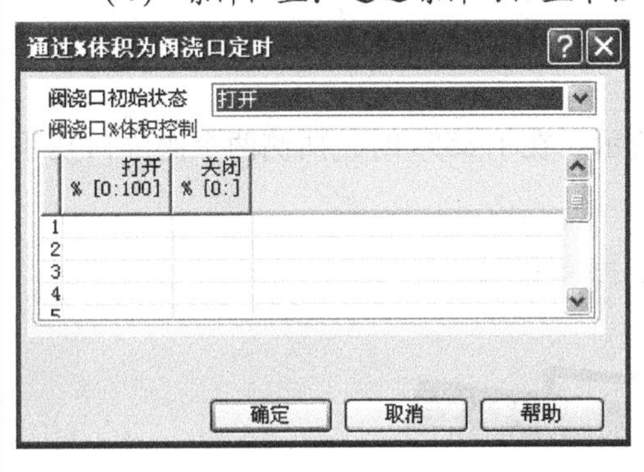

图6－112　“通过%体积为阀浇口定时”对话框

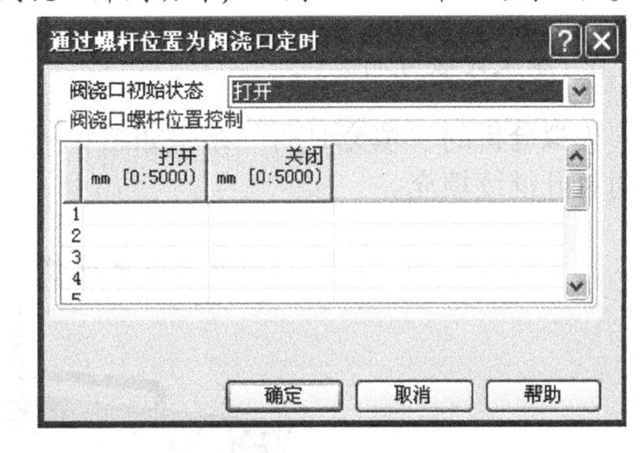

图6－113　“通过螺杆位置为阀浇口定时”对话框

“阀浇口初始状态”下拉列表中也有“打开”和“已关闭”两个可选项。

“阀浇螺杆位置控制”区通过螺杆的位置设定并结合阀浇口的初始状态来控制其开闭动作。

Step9：依次单击“确定”按钮，完成设置。

Step10：同样按照Step1～Step9对图6－100中的3处与塑件模型直接相连接浇口柱体单元进行阀浇口属性的设置。

3. 选择分析类型

这里采用默认“填充”分析。

4. 选择材料

这里也采用默认材料。

5. 设置工艺条件

单击菜单“分析”→“工艺设置向导”命令，弹出如图6－114所示的“工艺设置向导-充填设置”对话框，在“充填控制”下拉列表中选择“注射时间”选项并输入“3”。

提示

对于具有阀浇口的模型，在模拟分析时无法估计自动注射时间，这时必须指定一个注射时间，因此“充填控制”项不能选择“自动”。

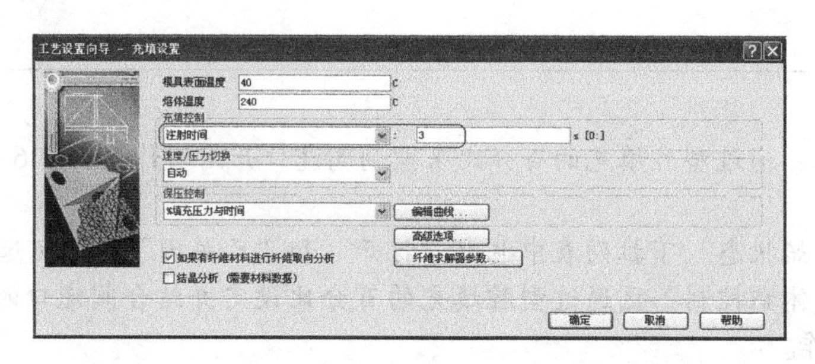

图 6－114 “工艺设置向导-充填设置”对话框

6. 结果比较分析

模拟分析的“填充时间”结果如图 6－115 所示。在 1.855s 时，两侧两个阀浇口几乎同时打开继续填充。

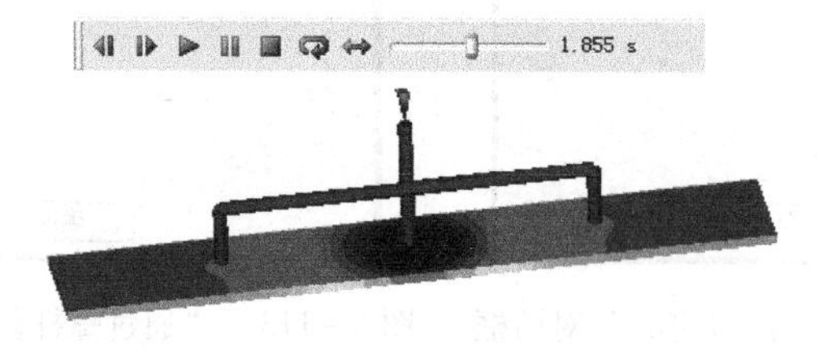

图 6－115 “填充时间”结果

下面如图 6－116～图 6－119 所示为图 6－100 阀浇口和图 6－101 普通热浇口模型模拟的几个结果比较。

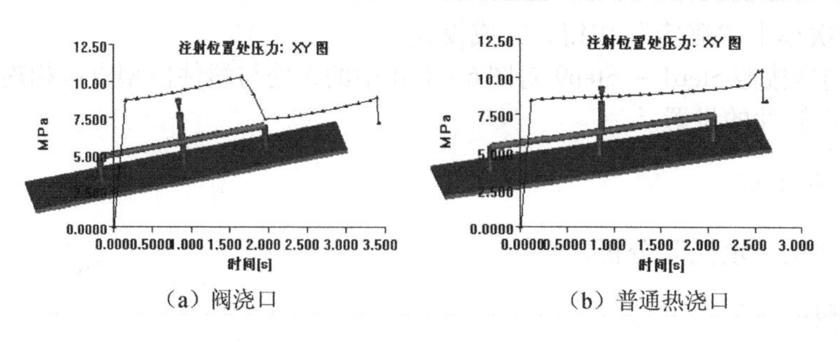

（a）阀浇口　　（b）普通热浇口

图 6－116 注射位置处压力：XY 图

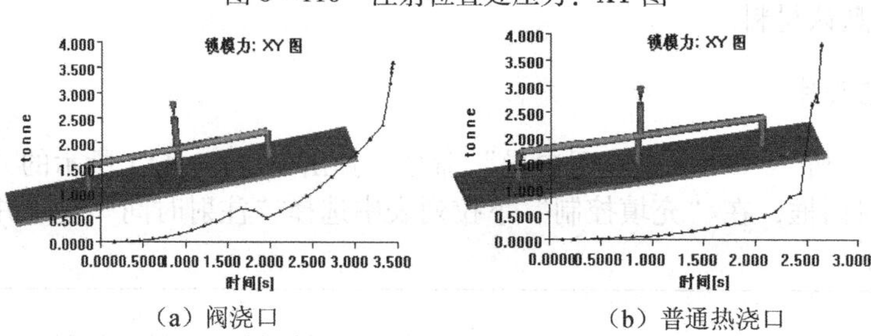

（a）阀浇口　　（b）普通热浇口

图 6－117 锁模力：XY 图

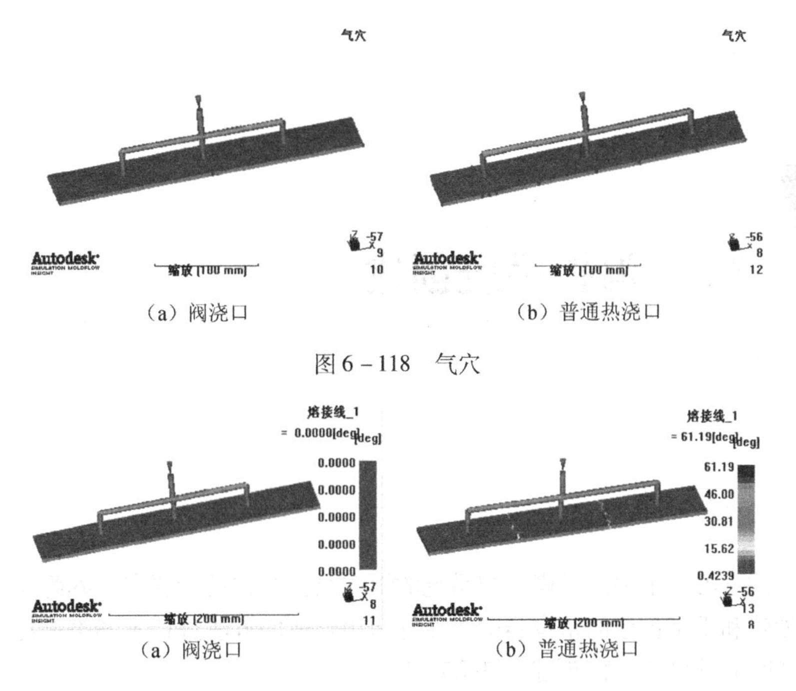

（a）阀浇口　　（b）普通热浇口

图 6－118　气穴

（a）阀浇口　　（b）普通热浇口

图 6－119　熔接线

从以上结果比较可知阀浇口成型在注射位置处的压力和锁模力方面的最大值低于普通热流道成型，在熔接痕和气穴的数量上也明显优于普通热流道成型。

本实例阀浇口结果见光盘：\实例模型\Chapter6\实例五阀浇口结果；普通热浇口结果见光盘：\实例模型\Chapter6\实例五普通热浇口。

本章课后习题

1. 以本章引例模型为对象，试按照一模四腔、单点侧浇口形式创建布局和浇注系统。

2. 对如图 6－120（见光盘：\实例模型\Chapter6\课后习题\6. stl）所示的 STL 模型进行网格划分、修复，然后以一模两腔布局，分别创建三种不同潜伏式浇口（双浇口）形式的浇注系统。

图 6－120　STL 模型

第7章　温控系统创建

教学目标

通过本章的学习，了解注射模温控系统的组成及其结构设计要点，熟悉 Moldflow 冷却系统的向导创建和手工创建的基本步骤，熟练运用合适的方法进行不同类型冷却系统的创建，掌握 Moldflow 冷却系统的创建方法和技巧。

教学内容

主要项目	知识要点
温控系统	注射模温控系统的作用、形式及设计要点
向导创建	向导创建对话框功能、适用场合及各种冷系统向导创建方法和步骤
手工创建	手工创建方法、适用场合，不同管路形式创建步骤

引例

在大多数热塑性塑料成型中，为了缩短成型周期，改善塑件质量，一般在实际模具设计中均要设置相应的冷却系统。冷却系统的设计应该视塑件结构，结合高效、均匀冷却和便于制造的原则进行统筹的考虑。

如图 7－1 所示是由第 4 章引例完成修复的网格模型，试在完成第 6 章的方案（采用不同布局，不同浇注系统形式）的基础上进行冷却系统的创建和设置。

图 7－1　网格模型

7.1 温控系统简介

在注射成型过程中，模具温度控制实际上包括冷却和加热两种情况，主要起到改善成型条件、稳定塑件的形位尺寸精度、改善塑件力学性能、提高塑件表面质量和生产效率等作用。

7.1.1 冷却系统设计

对于热塑性塑料的成型，一般都会采用冷却系统。冷却系统由冷却介质、进水口和冷却管道组成。冷却介质有水、压缩空气和冷凝水，水冷最为普遍，水温一般采用环境温度25℃。

1. 冷却系统设计要点

（1）冷却管道至型腔表面距离（≤ 3 d 常用12～15mm）尽量相等、布置均匀。

（2）浇口处应加强冷却，最后充填或容易产生熔接痕的部位尽量避开布置。

（3）尽可能降低冷却管道出入口温差。

（4）冷却管道的孔径通常采用 ϕ10～12mm，中间带隔水片的冷却水孔径通常采用 ϕ18mm。

（5）冷却管道要防止冷却水的泄漏，尽量减少使用密封圈的连接方式。

2. 冷却系统形式

在Moldflow中常用的冷却系统主要有如图7－2所示的四种形式：直通式、循环式、隔板式和喷流式。直通式和循环式冷却管道结构简单，加工方便，但模具冷却不均匀，适用于成型面积较大的浅型塑件；隔板式冷却管道加工麻烦，隔板与孔配合要求高，适用于大型特深型腔的塑件，冷却效果特别好；喷流式适用于塑件矩形内孔长度较大，宽度较窄的塑件，这种水道结构简单，成本较低，冷却效果较好。

3. 冷却系统形式的选用

一般来说，由于型腔和型芯两侧结构有所不同，所以选择冷却系统形式也有所不同。具体选用参见表7－1。

表7－1 冷却管道形式的选用

型腔、型芯结构形式	建议选用形式	说　明
型腔、型芯为整体式	直通或循环式，如图7－2（a）、（b）所示	整体式便于直接加工水道
型腔、型芯相对规则，整体嵌入式	变异直通式或循环式，如图7－3所示	型腔/型芯底部与模板结合处需加密封圈，防止漏水
型腔、型芯不规则，整体嵌入式，不宜采用直通式	隔板式，如图7－2（c）所示	型腔/型芯底部与模板结合处需加密封圈，防止漏水
型芯径向尺寸不大，深度大	喷流式，如图7－2（d）所示	

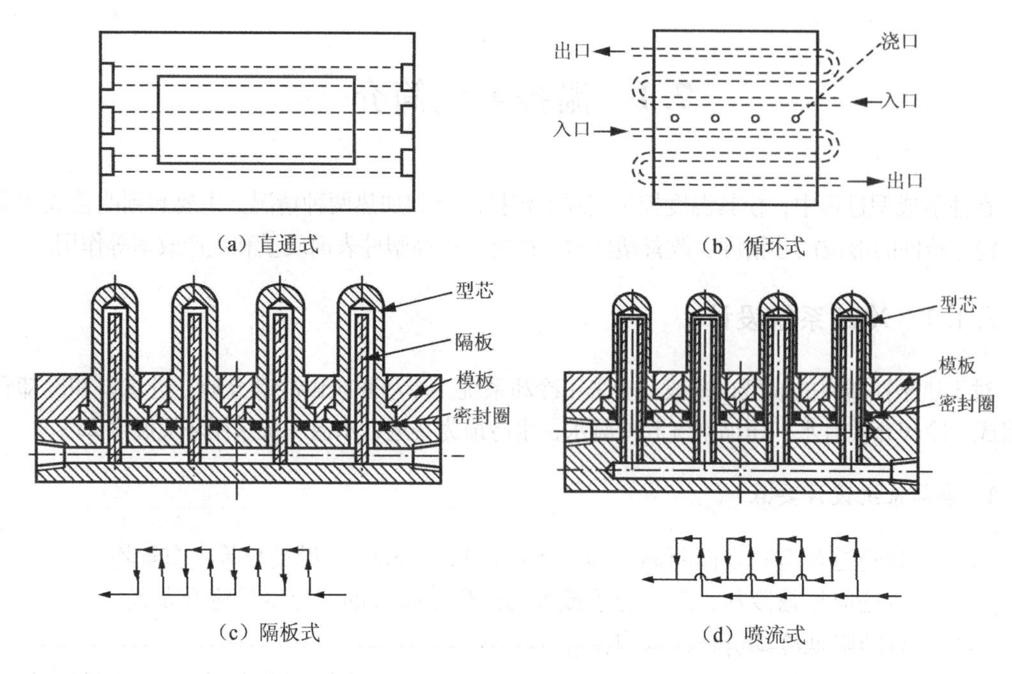

（a）直通式　（b）循环式

（c）隔板式　（d）喷流式

图7－2　冷却系统常用形式

7.1.2　加热系统设计

模具的加热有蒸汽加热、热油（热水）加热及电加热等方法，最常用的是电阻加热法（电阻加热元件如图7－4所示）。模具的加热系统主要适用于黏度高、难于成型的热塑性塑料和大多数热固性塑料。本章涉及的加热系统主要针对采用热油（热水）通过管道循环实现的方法。

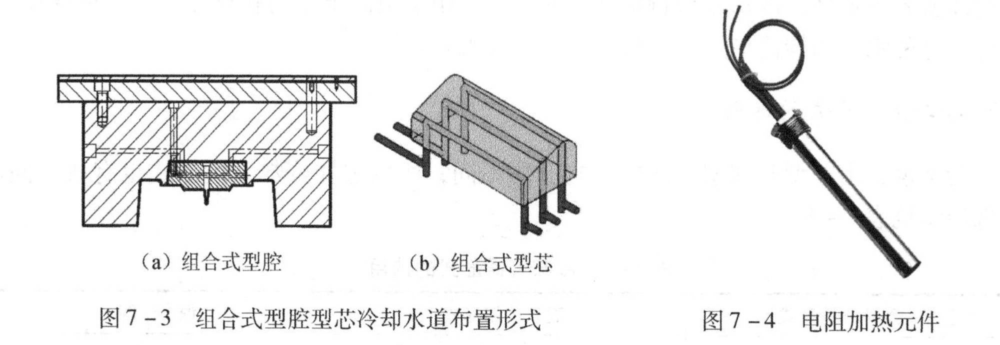

（a）组合式型腔　（b）组合式型芯

图7－3　组合式型腔型芯冷却水道布置形式

图7－4　电阻加热元件

7.2　温控系统创建方法

在Moldflow中，冷却系统的主要形式有管道、软管、隔水板和喷水管等。冷却系统的创建同浇注系统，也主要有以下两种方法。

1. 系统向导自动创建

菜单“网格→冷却回路向导”命令有助于利用系统自动创建注塑模具的温控系统，本创建方法效率高，但主要适用于比较简单和规则的如图7－2中的直通或循环式温控系统。

2. 手工创建

对于较为复杂或不规则的如隔板、喷流式等温控系统，通常根据实际需要通过手工确定关键节点，再创建温控系统中心曲线，然后对各段曲线根据温控系统形式分别设置相应属性来完成温控系统的创建，虽比较费时，但可以创建出符合各种需要的温控系统。

7.3 冷却系统向导创建

7.3.1 功能介绍

下面介绍向导创建浇注系统的步骤和功能。

1. 打开模型

启动ASMI，打开相应模型（已经完成导入、网格划分、修复及浇注系统的创建）。

2. 创建冷却回路

Step1：布置冷却回路。单击菜单“建模”→“冷却回路向导”命令，弹出如图7－5所示的“冷却回路向导-布置”对话框。

“零件尺寸”：系统会自动计算出模型的大小尺寸，不可更改。

“指定水管直径”：可根据实际需要选择相应的尺寸，有6，8，10，12，15共五个尺寸选项。

“水管与零件间距离”：用来定义水管与模型表面之间的距离，根据设计要求输入。

“水管与零件排列方式”：用来定义水管走向是沿着“X”还是“Y”方向。

Step2：设置管道。单击“下一步”按钮，弹出如图7－6所示的“冷却回路向导-管道”对话框。

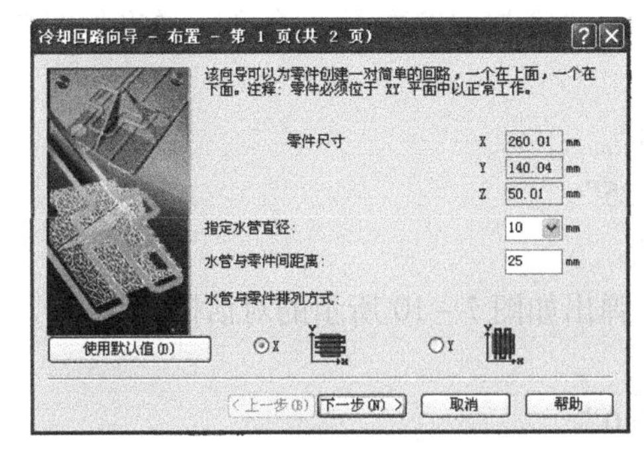

图7－5 “冷却回路向导-布置”对话框

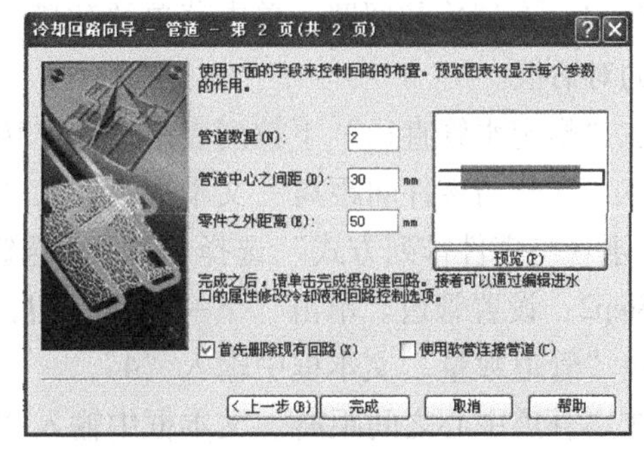

图7－6 “冷却回路向导-管道”对话框

“管道数量”：用来定义沿设定走向水管的数量。

“管道中心之间距”：用来定义沿设定走向水管之间的距离。

“零件之外距离”：用来定义水管伸出模型边界的距离。

“首先删除现有回路”复选框：可以删除本次创建之前已有的冷却回路，先前未有回路，可以不选。

“使用软管连接管道”复选框：如图 7－7 所示，指水管之间用软管连接，软管部分不参与热交换。

Step3：创建管道。单击“完成”按钮，完成创建。

7.3.2　实例操作一：冷却管道向导创建

本节以第 6 章实例二结果为例介绍向导创建冷却系统的步骤。

1. 打开模型

启动 ASMI，单击菜单“文件”→“打开工程”命令，弹出“打开工程”对话框，选择“\实例模型\Chapter6\实例二结果\ 2－1. mpi”，单击“打开”按钮，即可打开如图 7－8所示的模型。

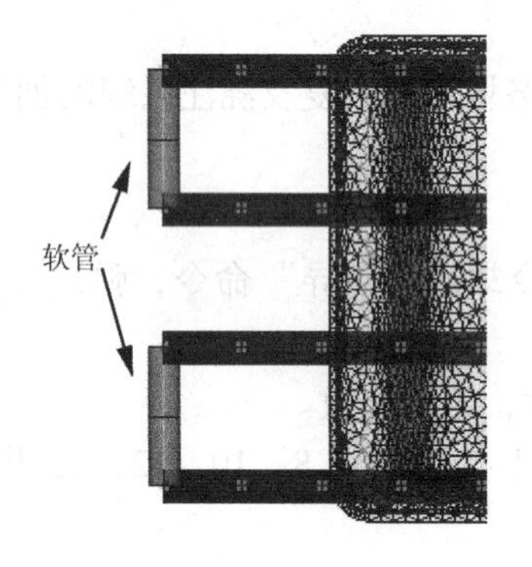

图 7－7　软管连接

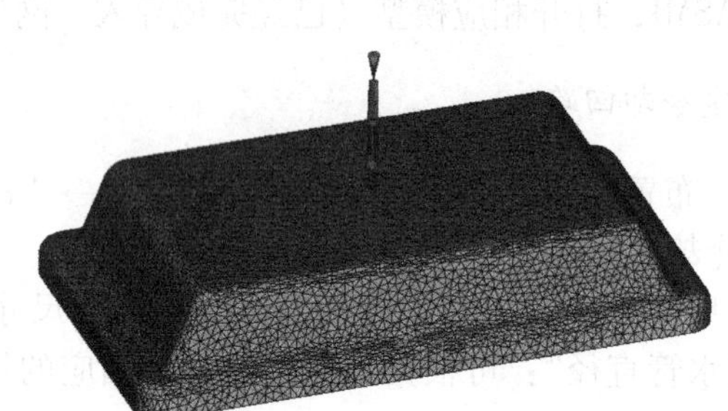

图 7－8　模型

2. 创建冷却回路

Step1：布置冷却回路。单击菜单“建模”→“冷却回路向导”命令，弹出如图 7－9 所示的对话框。

在“指定水管直径”下拉列表中选择“10”。

在“水管与零件间距离”文本框中输入“25”。

“水管与零件排列方式”选择“X”单选钮。

Step2：设置管道。单击“下一步”按钮，弹出如图 7－10 所示的对话框。

在“管道数量”文本框中输入“4”。

在“管道中心之间距离”文本框中输入“40”。

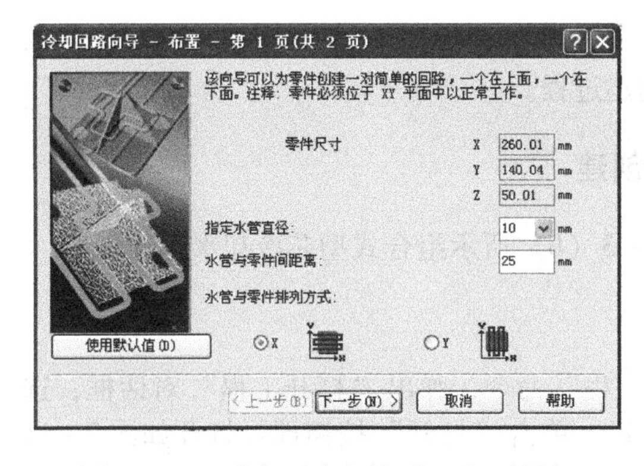

图 7－9　“冷却回路向导-布置”对话框

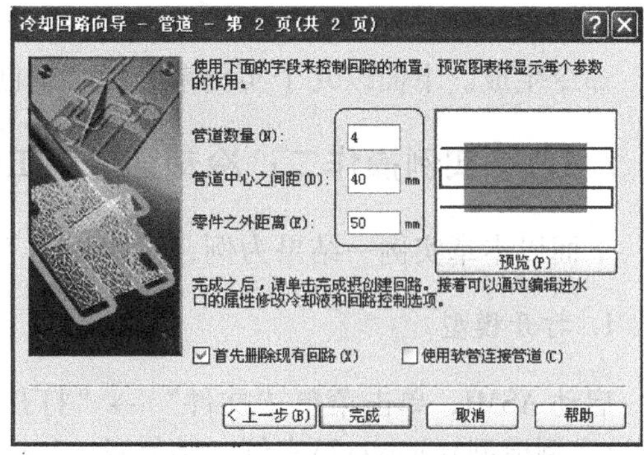

图 7－10　“冷却回路向导-管道”对话框

在“零件之外距离”文本框中输入“50”。

其他按默认选项。

提示

确定“管道数量”和“管道中心之间距离”时要避免管道对已有浇注系统等的干涉。

Step3：单击“完成”按钮，创建如图 7－11 所示的结果。

水管一端标有⇐图标的表示为冷却介质入口端。

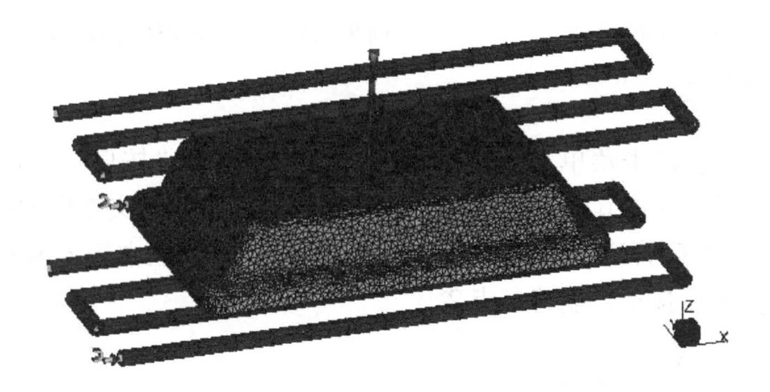

图 7－11　创建结果

本实例创建结果见光盘：\实例模型\Chapter7 \实例一结果。

7.4　冷却系统手工创建

手工创建的方法主要有以下两种：一种是使用菜单“建模”→“创建曲线”命令创建冷却系统的中心轨迹线，再通过属性设置后划分网格生成，建议优先考虑；另一种是使用菜单“建模”→“创建节点”命令创建相应的节点，再通过“网格”→“创建柱体网格”命令生成。下面以几个实例来介绍手工创建过程。

7.4.1 实例操作二：冷却管道手工创建

下面以本章实例一结果为例，说明如图7-3（b）所示组合式型芯冷却水道的创建。

1. 打开模型

启动ASMI，单击菜单“文件”→“打开工程”命令，弹出“打开工程”对话框，选择“\实例模型\Chapter7\实例一结果\2-1. mpi”，单击“打开”按钮即可打开如图7-11所示的模型。

2. 删除型芯侧管道

单击工具条视角，显示如图7-12所示的视图，框选型芯侧（图中右侧）管道，单击按钮，弹出如图7-13所示的“选择实体类型”对话框，单击“确定”按钮完成删除。

图7-12 右侧视图

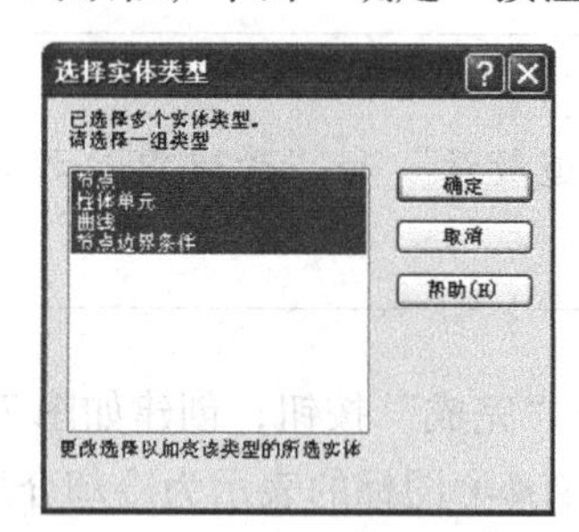

图7-13 “选择实体类型”对话框

3. 创建型芯侧管道

Step1：偏移节点。单击菜单“建模”→“创建节点”→“按偏移”命令，会弹出如图7-14所示的“偏移创建节点”对话框，在对话框的“基准”文本框中选取如图7-15所示的节点1（即型腔侧管道入口端节点），在“偏移”文本框中输入偏移坐标值“0 10 -100”，单击“应用”按钮，创建节点2。

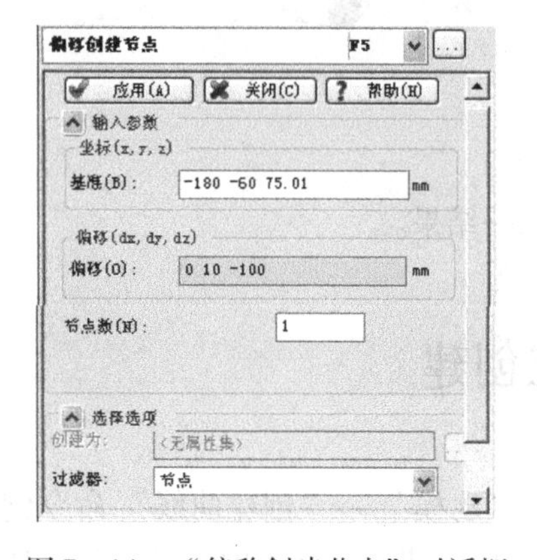

图7-14 “偏移创建节点”对话框

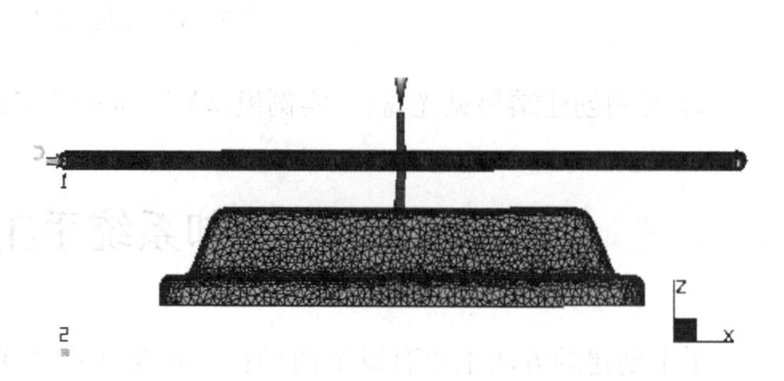

图7-15 偏移节点

Step2：创建管道中心线。单击“建模”→“创建曲线”→“直线”命令，弹出如图7－16所示的“创建直线”对话框。

（1）在“第一”文本框中选取节点2，在“第二”文本框中输入“95”，单击“应用”按钮。

（2）继续在“第二”文本框中输入相对坐标值“0 0 60”，单击“应用”按钮。

（3）继续在“第二”文本框中输入相对坐标值“0 0 170”，单击“应用”按钮。

（4）继续在“第二”文本框中输入相对坐标值“0 0 －60”，单击“应用”按钮，创建如图7－17所示的曲线。

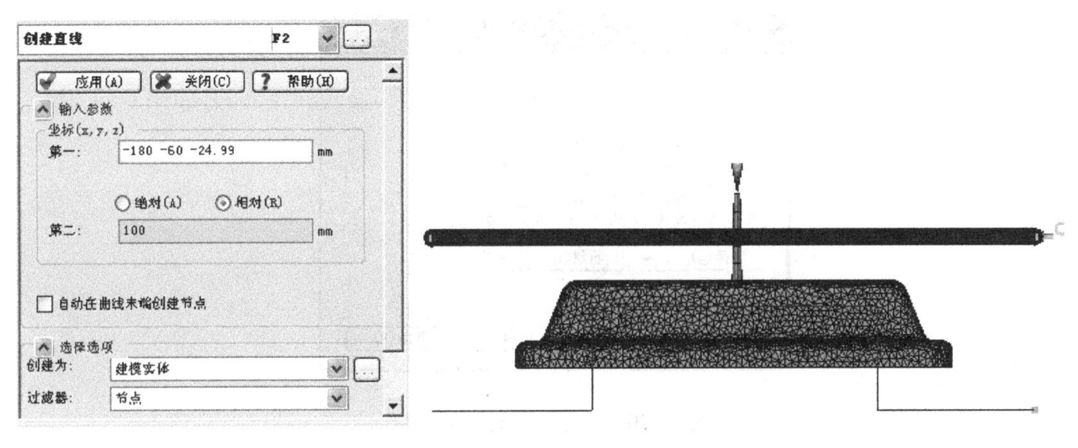

图7－16 “创建直线”对话框　　　　图7－17 创建曲线

Step3：复制管道曲线。单击“建模”→“移动/复制”→“平移”命令，弹出如图7－18所示的“平移”对话框，选取Step2创建的曲线。在“矢量”文本框中输入“0 30”，选择“复制”单选钮，在“数量”文本框中输入“3”，单击“应用”按钮，完成如图7－19所示的结果。

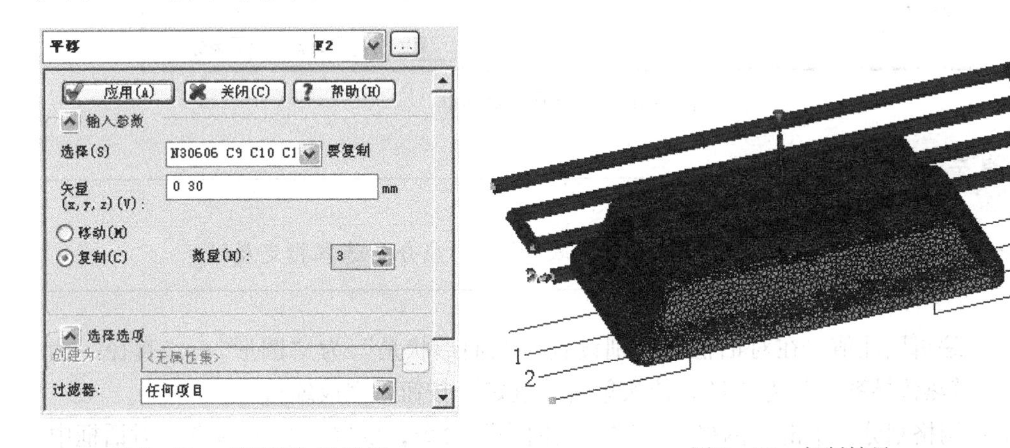

图7－18 “平移”对话框　　　　图7－19 复制结果

Step4：连接曲线。单击“建模”→“创建曲线”→“直线”命令，分别连接曲线端点1和2，3和4，5和6。

提示

为准确选定曲线端点，建议在“创建直线”对话框的“过滤器”下拉列表中选择“曲线末端”选项。

Step5：指定属性。选取上述创建的所有曲线，单击菜单“编辑”→“指定属性”命令，弹出如图7－20所示的对话框，选择“新建”中的“管道”选项，弹出如图7－21所示的“管道”对话框。

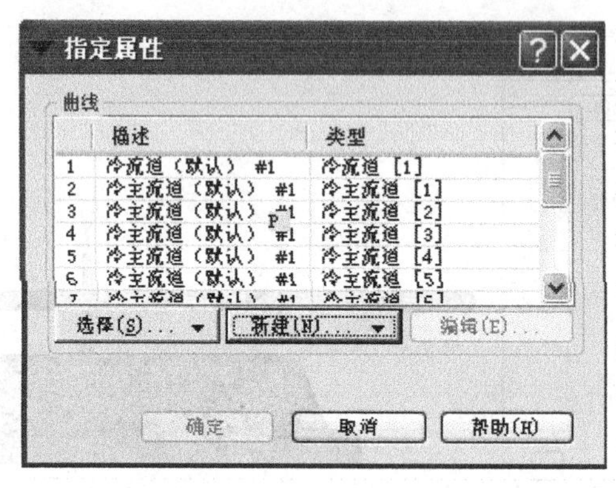

图7－20　“指定属性”对话框

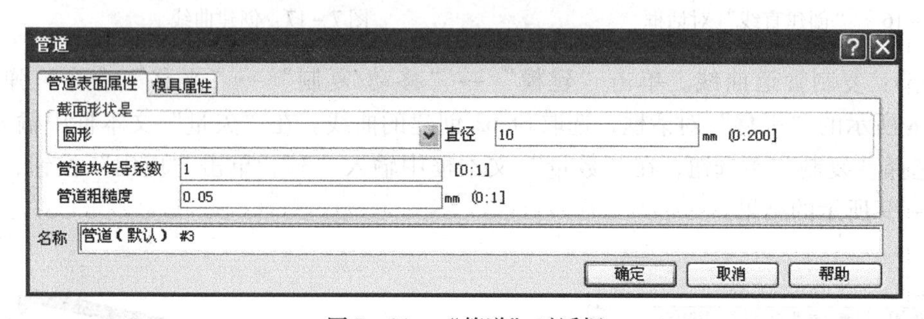

图7－21　“管道”对话框

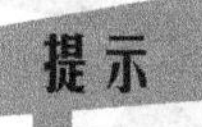

如需将Step4中创建的连接曲线置成“软管”，则应分开选取指定属性。

Step6：编辑属性值。在对话框中分别设置“截面形状是”为“圆形”；“直径”为“10”；“管道热传导系数”为“1”，依次单击“确定”按钮，完成编辑。

Step7：网格划分。单击“网格”→“生成网格”命令，设置“生成网格”对话框中的“全局网格边长”为“12”，单击“立即划分网格”按钮，完成如图7－22所示的结果。

冷却水道网格划分时，应保证其长径比尽量大于1，否则会影响冷却分析。

4. 创建冷却液入口

Step1：设置冷却液入口。单击“分析”→“设置 冷却液入口”命令，弹出如图7－23所示的“设置 冷却液入口”对话框。

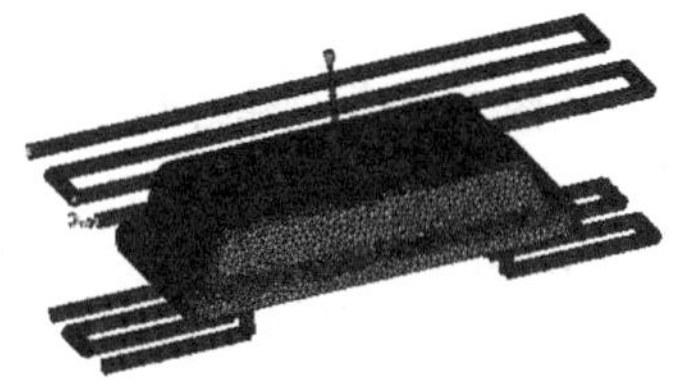

图7－22 创建管道结果

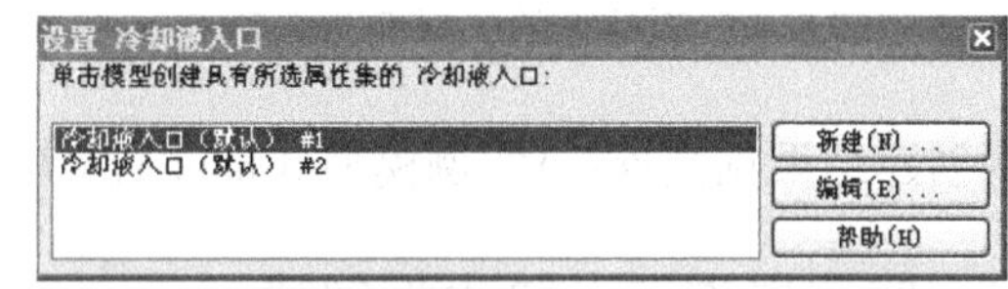

图7－23 “设置 冷却液入口”对话框

Step2：新建冷却液入口。单击“新建”按钮，弹出7－24所示的“冷却液入口”对话框。

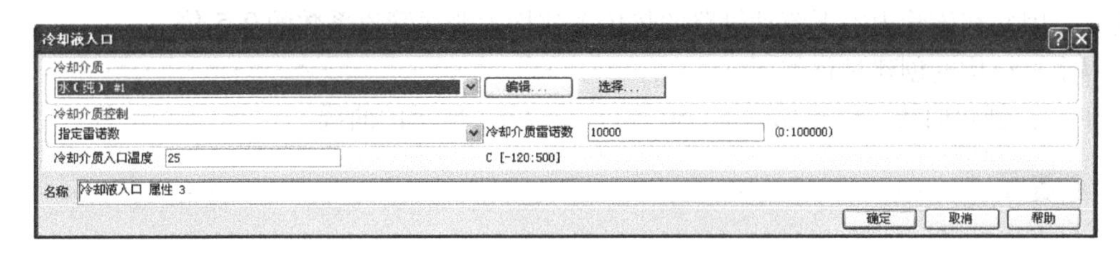

图7－24 “冷却液入口”对话框

Step3：编辑冷却液入口属性。根据需要单击“选择”按钮，可以在弹出的如图7－25所示的“选择 冷却介质”对话框中选择合适的介质（这里默认选项为“水”），然后单击“选择”按钮。回到如图7－24所示的对话框，再单击“编辑”按钮，可以在弹出的如图7－26和图7－27所示的对话框中对选定的介质参数进行编辑，依次单击“确定”按钮完成编辑和新建。

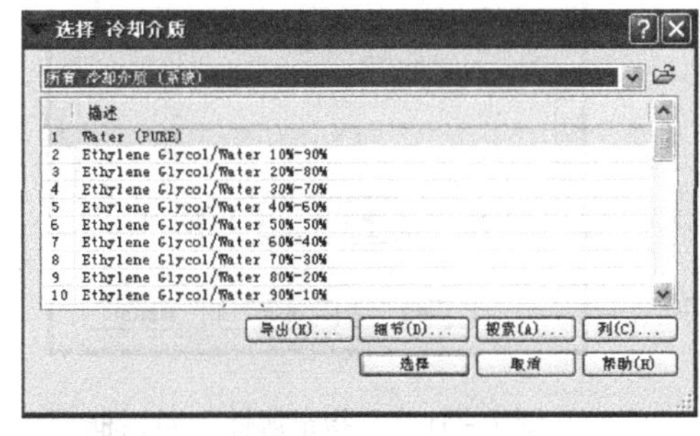

图7－25 “选择 冷却介质”对话框

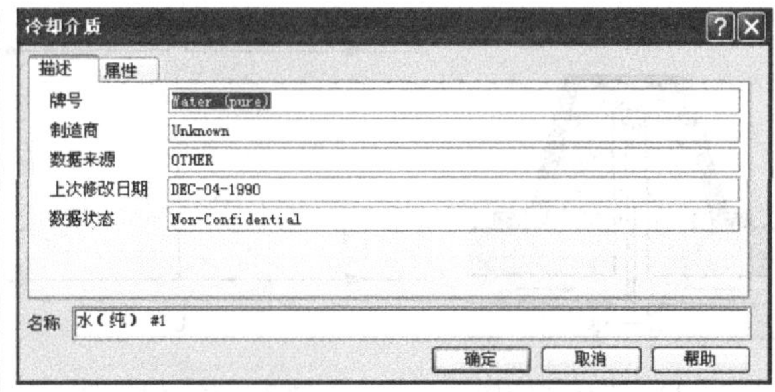

图7－26 “冷却介质”对话框的“描述”选项卡

Step4：选取冷却液入口。用鼠标点取节点 N30607（即创建曲线的起始点 2），创建如图 7－28 所示的结果。

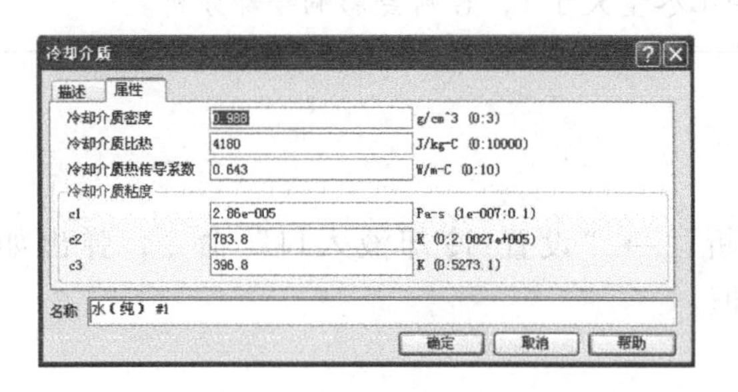

图 7－27　“冷却介质”对话框的“属性”选项卡

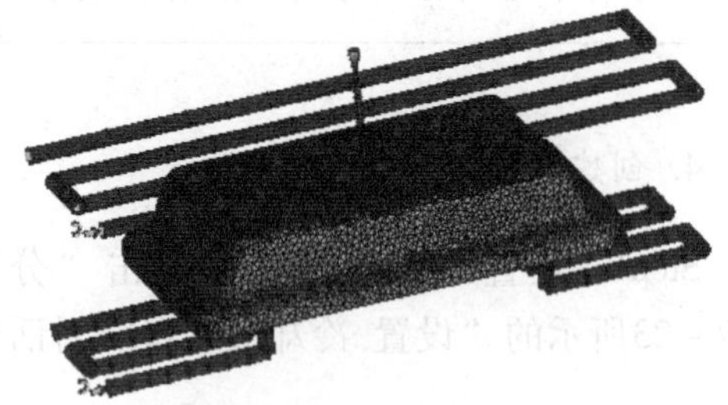

图 7－28　创建结果

本实例创建结果见光盘：\实例模型\Chapter7\实例二结果。

7.4.2　实例操作三：隔水板创建

隔水板结构通常用于大型不规则嵌入式的型腔和型芯冷却，其结构形式如图 7－29 所示。由该结构可知，水平管道即为普通管道，而深入型腔内侧的垂直管道被中间的隔板一分为二，因此在该管内上下流动管路的热传系数均为普通管道系数的 0.5 倍。

隔水板结构的创建过程如下。

Step1：创建曲线。创建如图 7－30（a）或（b）所示的曲线。

提示

为了方便区分和选择曲线 C2 和 C3，建议创建图 7－30（a）中的曲线。

Step2：指定管道属性。取曲线 C1 和 C4 两段，单击菜单“编辑”→“指定属性”命令，在如图 7－31 所示的“指定属性”对话框中选择“新建”中的“管道”选项，弹出如图 7－32所示的“管道”对话框。

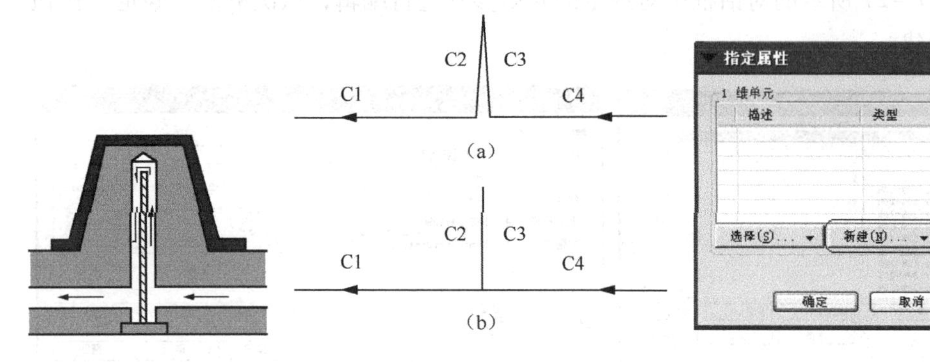

图 7－29　隔板式结构　　图 7－30　创建曲线　　图 7－31　“指定属性”对话框

Step3：编辑管道属性值。在对话框中根据需要选择“截面形状是”（如图 7－33 选项，这里假设选择“圆形”选项）；输入“直径”（假设输入“10”）；“管道热传导系数”设为“1”，然后依次单击“确定”按钮，完成编辑。

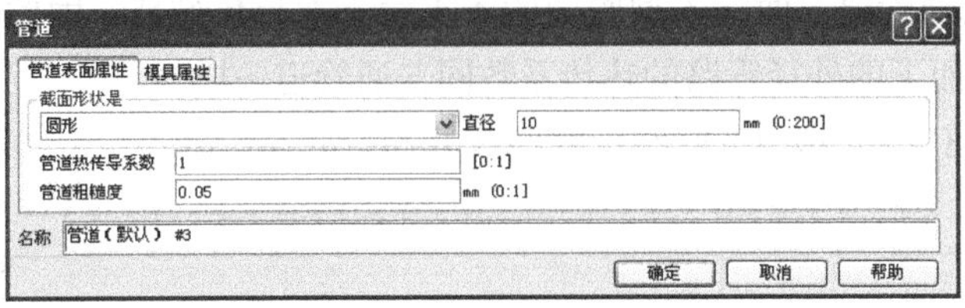

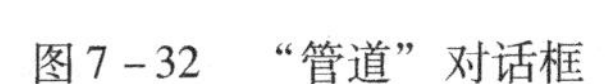

图 7－32　“管道”对话框

图 7－33　“截面形状是”可选项

Step4：指定隔水板属性。选取曲线 C2 和 C3 两段，单击菜单“编辑”→“指定属性”命令，然后在如图 7－31 所示的对话框中选择“新建”中的“隔水板”选项，弹出如图 7－34所示的对话框。

Step5：编辑隔水板属性值。在对话框中根据需要输入“直径”（这里假设输入“12”）；“管道热传导系数”设为“0.5”，然后依次单击“确定”按钮，完成编辑。

Step6：网格划分。单击“网格”→“生成网格”命令，在“生成网格”对话框中的“全局网格边长”文本框中输入相应的值，单击“立即划分网格”按钮，完成如图 7－35 所示的结果。

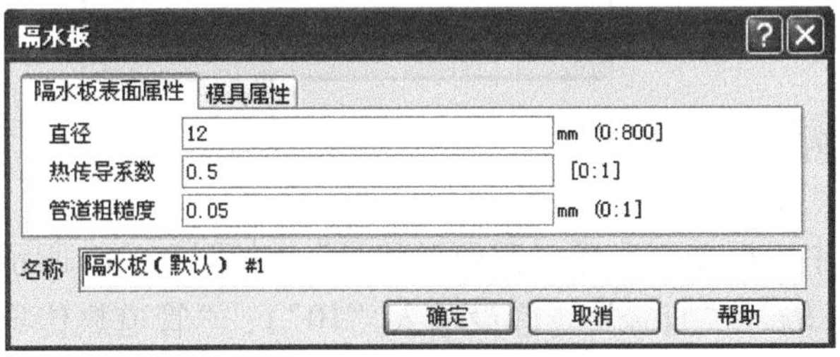

图 7－34　“隔水板”对话框

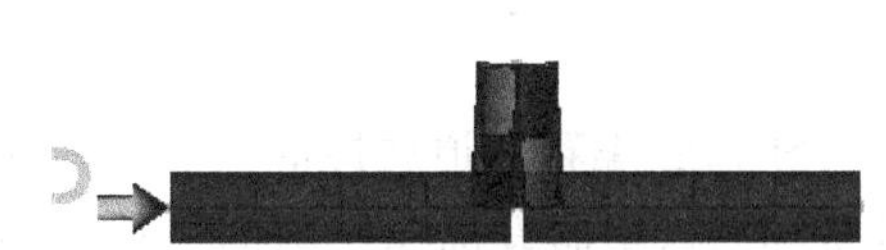

图 7－35　创建隔水板结果

Step7：设置冷却液入口。单击“分析”→“设置 冷却液入口”命令，弹出如图 7－36 所示的“设置 冷却液入口”对话框。根据需要“新建”或“编辑”冷却介质，然后用鼠标单击如图 7－35 所示的水道最左侧节点以指定冷却液入口。

图 7－36　“设置 冷却液入口”对话框

7.4.3 实例操作四：喷水管创建

喷水管结构通常用于直径较小，深度较高的圆形塑件的型芯冷却，结构形式如图 7-37 所示。由该结构可知，水平管道即为普通管道，而深入型腔内的入水管不参与热循环，因此上水管路的热传系数为 0，从管内喷流而下的外径管路的热传系数同普通管道一样。

Step1：创建曲线。创建如图 7-38（a）或（b）所示的曲线。

为了方便区分和选择曲线 C2 和 C3，建议创建图 7-38（a）中的曲线。

Step2：指定管道属性。选取曲线 C1 和 C4 两段，单击菜单“编辑”→“指定属性”命令，然后在弹出的如图 7-39 所示的“指定属性”对话框中选择“新建”中的“管道”选项，会弹出如图 7-40 所示的对话框。

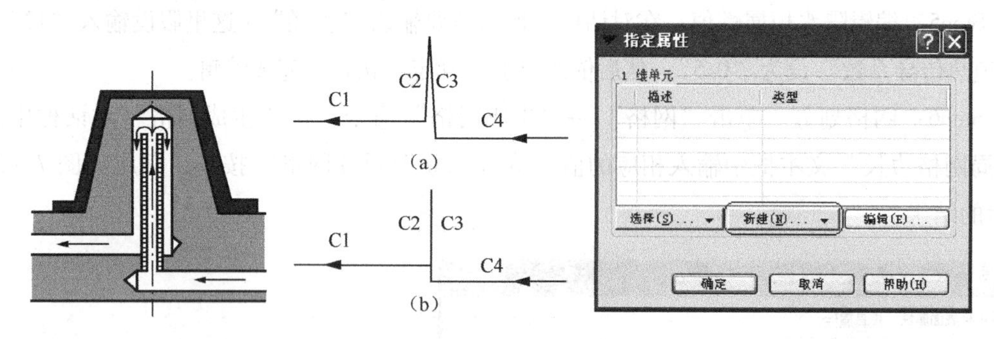

图 7-37　喷水管结构　　图 7-38　创建曲线　　图 7-39　“指定属性”对话框

Step3：编辑管道属性值。在对话框中根据需要选择“截面形状是”（如图 7-41 所示的选项，这里假设选择“圆形”选项）；输入“直径”（假设输入“10”）；“管道热传导系数”设为“1”，然后依次单击“确定”按钮，完成编辑。

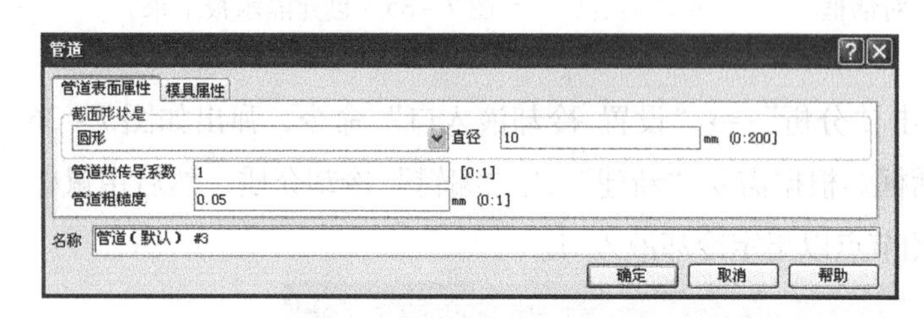

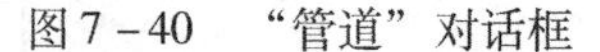

图 7-40　“管道”对话框　　图 7-41　“截面形状是”可选项

Step4：指定编辑 C2 属性。选取曲线 C2，单击菜单“编辑”→“指定属性”命令，然后在弹出的如图 7-39 所示的“指定属性”对话框中选择“新建”中的“管道”选项，然后在弹出的对话框中根据需要选择“截面形状是”；输入“直径”（这里假设输入

“8”)；“管道热传导系数”设为“0”（因为不参与热交换），然后依次单击“确定”按钮，完成编辑。

Step5：指定编辑 C3 属性。选取曲线 C3，单击菜单“编辑”→“指定属性”命令，然后在弹出的如图 7-39 所示“指定属性”对话框中选择“新建”中的“喷水管”选项，弹出如图 7-42 所示的“喷水管”对话框。根据需要输入“外径”（这里假设输入“12”），“内径”（对应 Step4 中设为“8”），“管道热传导系数”设为“1”，然后依次单击“确定”按钮，完成编辑。

Step6：网格划分。单击“网格”→“生成网格”命令，在“生成网格”对话框中的“全局网格边长”文本框中输入相应的值，单击“立即划分网格”按钮，完成如图 7-43 所示的结果。

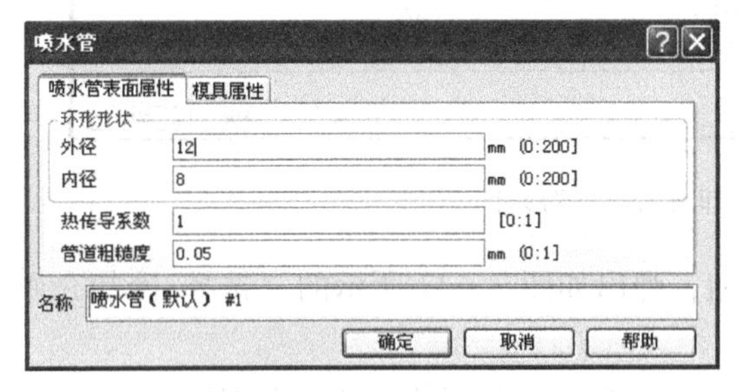

图 7-42 “喷水管”对话框

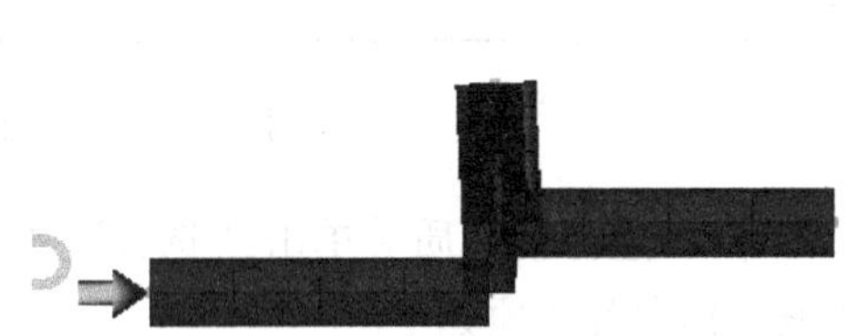

图 7-43 创建喷水管结果

Step7：设置冷却液入口。单击“分析”→“设置冷却液入口”命令，弹出如图 7-44 所示的“设置 冷却液入口”对话框。根据需要“新建”或“编辑”冷却介质，然后用鼠标单击如图 7-43 所示的水道最左侧节点以指定冷却液入口。

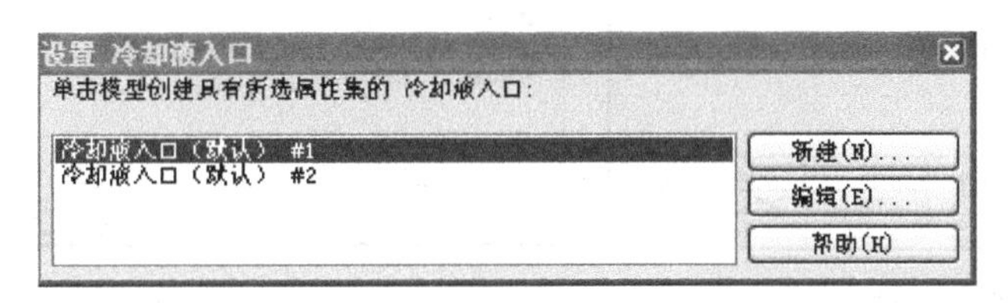

图 7-44 “设置 冷却液入口”对话框

7.5 加热系统创建

在 Moldflow 中，加热系统管路的创建同冷却系统创建方法一样，只是在加热介质入口设置上选择油，并设置相应的温度即可，具体步骤如下。

Step1：根据需要创建相应的管道、隔水板或喷流管等，这里不再赘述，请参照本章前几节。

Step2：设置进油入口。单击“分析”→“设置冷却液入口”命令，弹出如图 7-45 所示的“设置 冷却液入口”对话框。

图 7－45　“设置 冷却液入口”对话框

Step3：新建进油入口。单击“新建”按钮，弹出如图 7－46 所示的“冷却液入口”对话框。

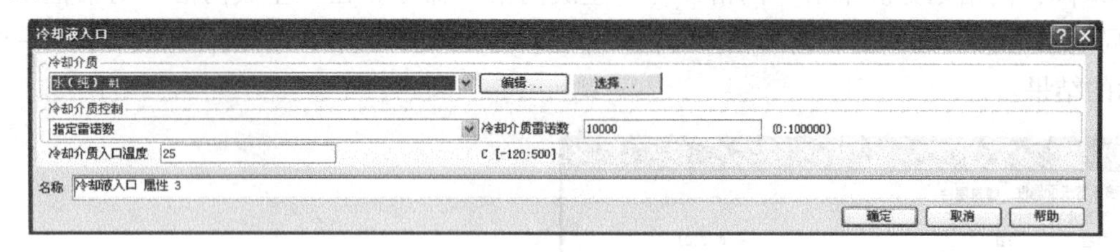

图 7－46　“冷却液入口”对话框

Step4：选择新介质。单击“选择”按钮，弹出如图 7－47 所示的“选择 冷却介质”对话框，其中各选项如下。

（1）“导出”可以将“描述”列表框内所选介质的数据导出为文本并保存。

（2）“细节”可以查看所选介质的详细信息，如图 7－48 所示，包括“描述”和“属性”两个选项卡。

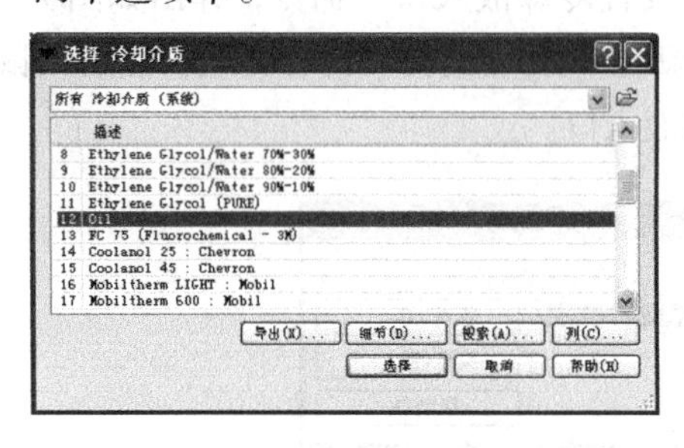

图 7－47　“选择 冷却介质”对话框

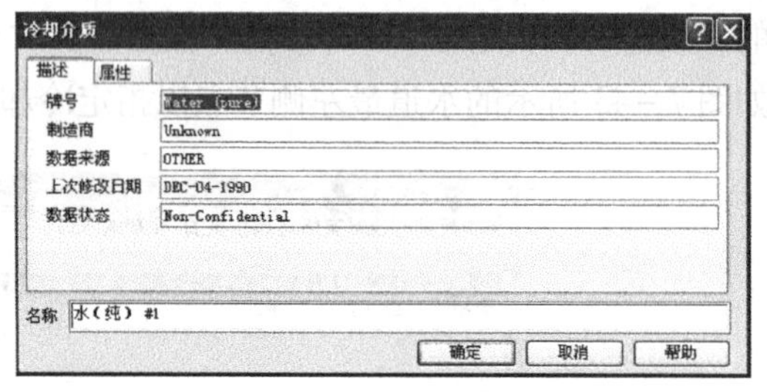

图 7－48　“冷却介质”对话框

（3）“搜索”可以搜索所需要的介质，单击后弹出如图 7－49 所示的“搜索条件”对话框，单击“添加”按钮。在弹出的如图 7－50 所示的对话框中可以选择搜索项目（如选择“制造商”选项），然后单击“添加”按钮回到如图 7－51 所示的对话框。再在“子字符串”文本框中输入需要查找介质的字符，单击“搜索”按钮即可。

本步骤在如图 7－44 所示对话框的“描述”列表框内选择“Oil”，单击“选择”按钮，回到如图 7－52 所示的“冷却液入口”对话框。

Step5：编辑介质参数。单击“编辑”按钮，可以在弹出的如图 7－53 所示的“冷却介质”对话框中根据需要对介质的相应参数进行编辑。

图 7－49　“搜索条件”对话框

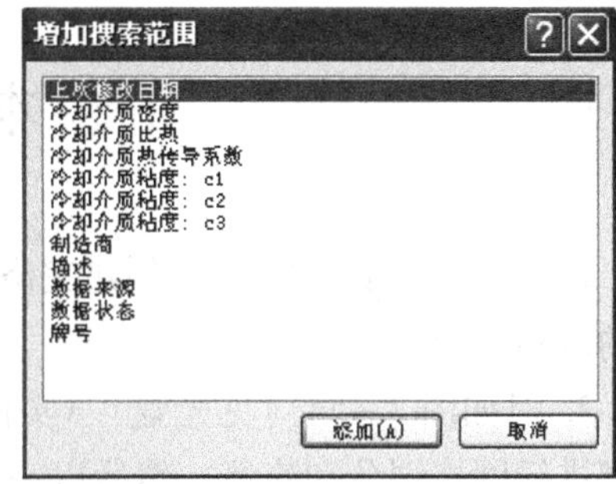

图 7－50　“增加搜索范围”对话框

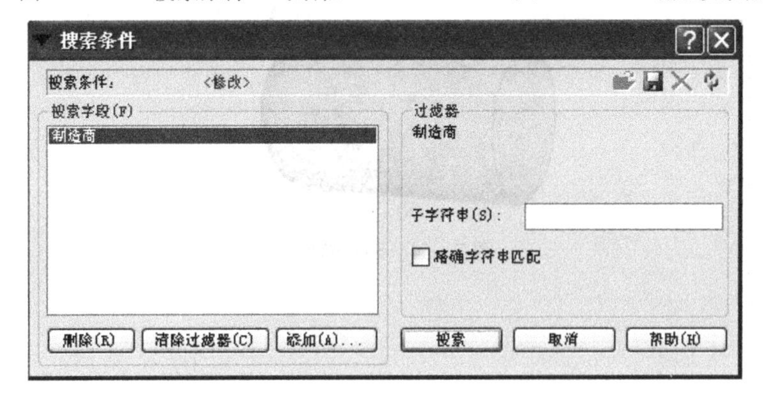

图 7－51　“搜索条件”对话框

冷却液入口
冷却介质
Oil
编辑...
选择...
冷却介质控制
指定雷诺数
冷却介质雷诺数 10000 (0:100000)
冷却介质入口温度 25 C [-120:500]
名称 冷却液入口 属性 3
确定 取消 帮助

图 7－52　“冷却液入口”对话框

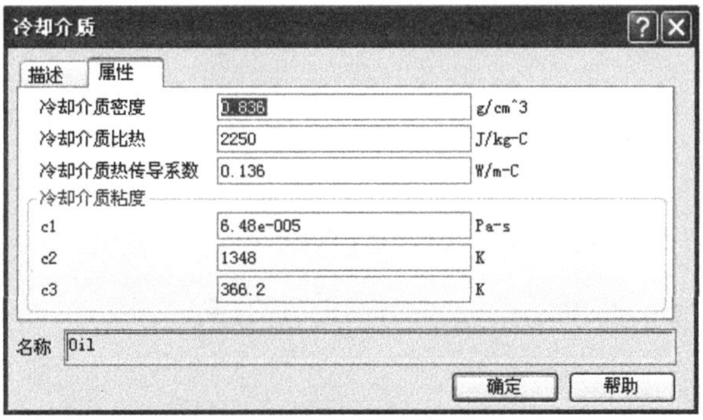

Step6：编辑油温。在如图 7－52 所示对话框中的“冷却介质入口温度”文本框中输入“100”，其他栏采用默认值。其中“冷却介质控制”包括指定雷诺数、指定压力、指定流动速率和总流动速率等选项，可以根据需要选择相应的方法，单击“确定”按钮完成设定。

Step7：设置进液入口。用鼠标选取入口节点即可完成创建。

冷却介质
描述 属性
冷却介质密度 0.836 g/cm^3
冷却介质比热 2250 J/kg-C
冷却介质热传导系数 0.136 W/m-C
冷却介质粘度
c1 6.48e-005 Pa-s
c2 1348 K
c3 366.2 K
名称 Oil
确定 帮助

图 7－53　“冷却介质”对话框

本章课后习题

1. 在第6章课后习题2创建完浇注系统的基础上，根据塑件和模具的具体结构创建合理的冷却系统。

2. 对如图7－54（见光盘：\实例模型\Chapter7 \课后习题\guantao. stl）所示的STL模型进行网格划分和修复，然后以一模两腔布局，创建针点式浇口形式浇注系统，再创建合理的冷却系统（型芯侧建议采用喷水管形式）。

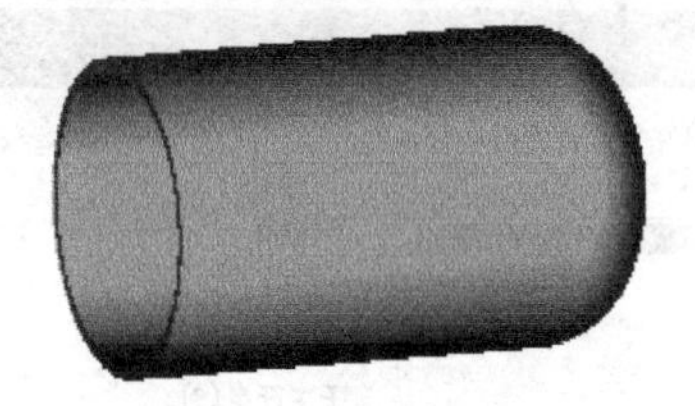

图7－54　STL模型

第8章　材料库

教学目标

通过本章的学习，熟悉“选择材料”对话框中各个选项或按钮的功能，熟练运用“选择材料”命令进行材料导入、搜索、查找和属性显示等，掌握材料库的使用方法。

教学内容

主要项目	知识要点
材料选择功能	“选择材料”对话框中各项功能介绍
材料库应用	材料的搜索、查找、属性显示等基本操作

引例

塑料的品种和牌号众多，各种塑料性能和工艺参数均不相同，因此进行分析之前，必须按照塑件的使用要求选择一种合适的材料，Moldflow 提供了一个强大的材料库供用户选择，一般可以从中选择一种接近于实际使用性能的材料，也可以将已有的材料数据导入到材料库中去。

以第 6 章实例一为例，试选择 BASF 制造商生产的材料 ABS + PA6 + 20% Glass Fiber。

8.1　材料选择功能介绍

8.1.1　“选择材料”对话框

单击菜单“分析”→“选择材料”命令或双击任务区中的“ Generic PP: Generic Default ”图标，会弹出如图 8 - 1 所示的“选择材料”对话框。

对话框中各个选项的功能介绍如下。

1. 常用材料

“常用材料”列表中显示的是先前使用过的材料，如所需材料在此列表内，则可以直接选取，单击“确定”按钮选定该材料，也可以通过单击右侧的“删除”按钮删除选取的材料。列表中材料的数量通过单击菜单“文件”→“选项”命令，在如图 8－2 所示的“选项”对话框的“概述”选项卡中的“要记住的材料数量”栏进行设置。

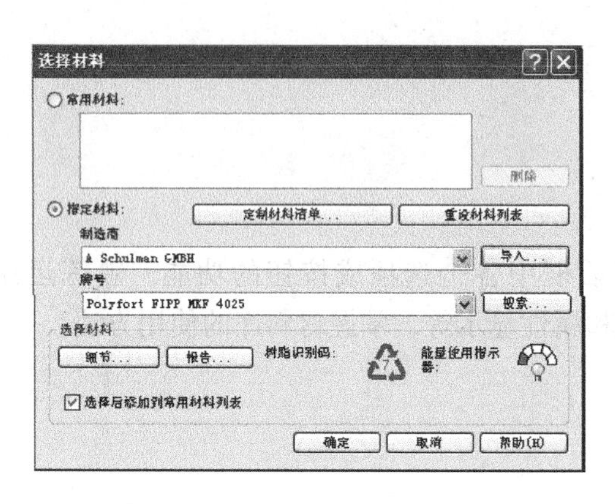

图 8－1　“选择材料”对话框

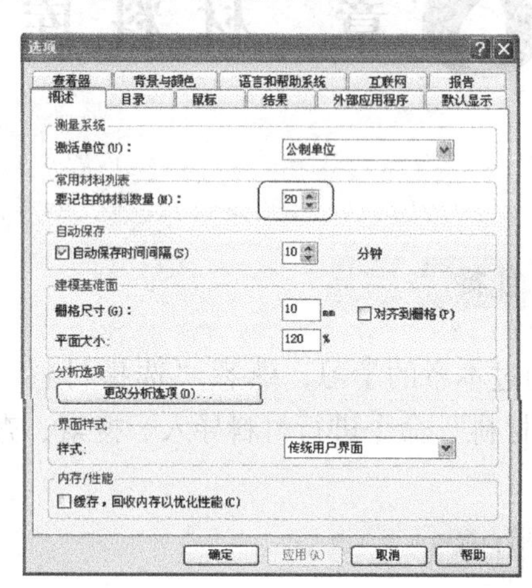

图 8－2　“选项”对话框的“概述”选项卡

2. 指定材料

通过“指定材料”区相关命令可以在数据库里查找所需的材料，各按钮功能介绍如下。

（1）“定制材料清单”按钮：单击后会加载如图 8－3 所示的“定制材料清单”对话框，材料库中包含了近 9000 种热塑性材料和近 200 种热固性材料。

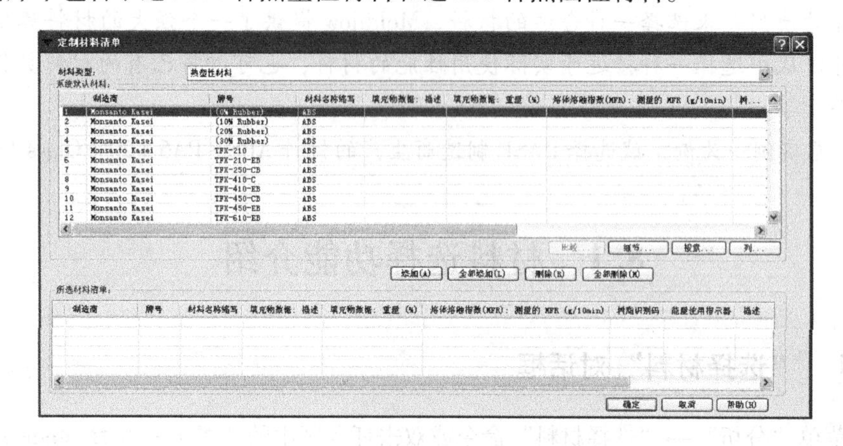

图 8－3　“定制材料清单”对话框

①单击“比较”按钮可以对比不同材料的信息。当在列表中选取多种材料（同时按下“Ctrl”键）时，该按钮被激活，单击后会显示如图8－4所示的报告。

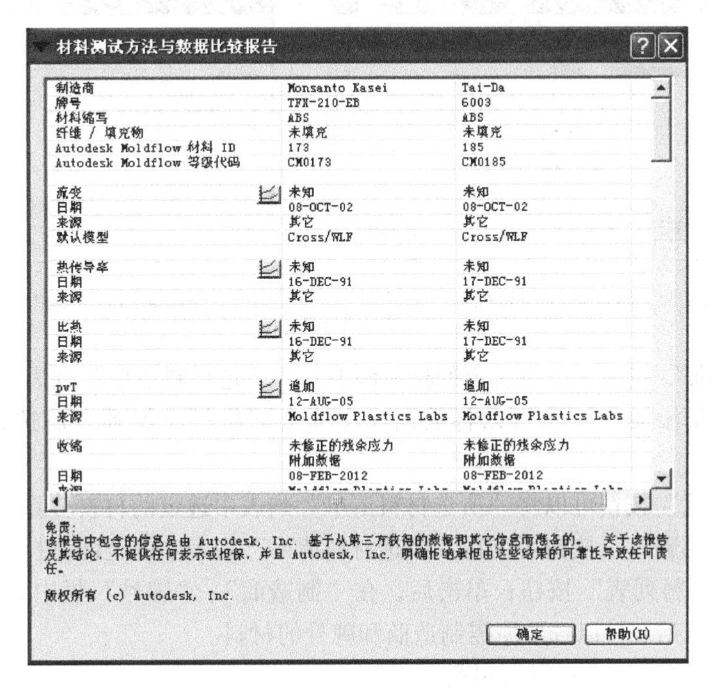

图8－4　材料信息比较报告

②单击“细节”按钮可以显示选定材料的详细信息，参见8.1.2节内容。

③单击“搜索”按钮可以通过设置搜索条件查找需要的材料。单击后弹出如图8－5所示的“搜索条件”对话框，“搜索字段”各项属性见表8－1。

表8－1　“搜索字段”项目

项　目	简　介
制造商	制造厂家，如BASF等
材料名称缩写	材料大类名的缩写，如Polyethylene等
牌号	材料的牌号，如Terluran HH－106等
填充物数据：描述	填充物的数据描述，如glass等
填充物数据：重量	填充物的重量（%），输入一个范围
熔体熔融指数	熔体熔融指数（MFR：g/10min），输入一个范围
树脂识别码	树脂识别码，输入一个范围
能量使用指示器	能量使用指示器，输入一个范围

④单击“列”按钮可以调整材料列表中列的前后次序。单击后会弹出如图8－6所示的“列”对话框，首先从列表中选取相应列的名称，然后通过右上方的↑或↓来调整前后

次序。单击“确定”按钮后，如图8-3所示的“定制材料清单”列表中材料的列项次序会做相应调整。

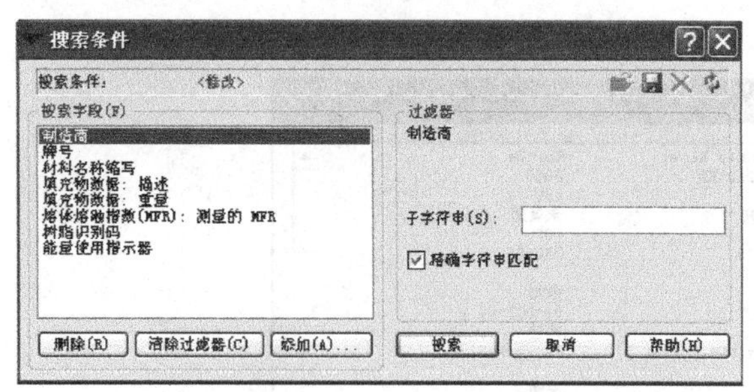

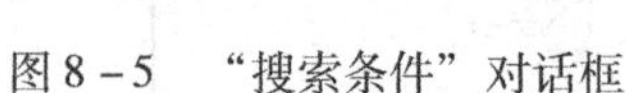
图8-5 “搜索条件”对话框

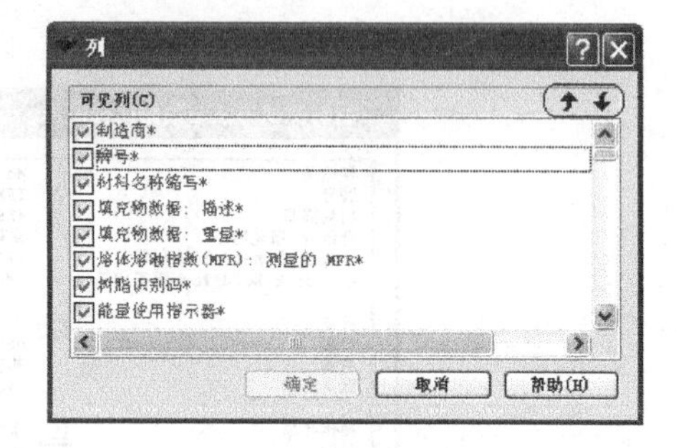

图8-6 “列”对话框

⑤单击“添加”按钮可以将选定的材料添加到“所选材料清单”列表中。

⑥单击“全部添加”按钮可以将数据库中的全部材料添加到“所选材料清单”列表中。

⑦单击“删除”按钮可以将“所选材料清单”列表中选定的材料移除。

⑧单击“全部删除”按钮可以将“所选材料清单”列表中的全部材料移除。

(2)“重设材料列表”按钮：单击后，在“制造商”、“牌号”栏中会列出所有材料的数据，通过下拉列表可以选取所需制造商和牌号的材料。

(3)“导入”按钮：可以导入材料文件。

(4)“搜索”按钮：单击后会弹出如图8-5所示的“搜索条件”对话框，可以搜索所需的材料。

(5)“细节”按钮：显示选定材料的详细信息，参见8.1.2节相关内容。

(6)“报告”按钮：显示材料数据使用方法报告。

(7)“选择后添加到常用材料列表”复选框：勾选后，将选定的材料自动添加到“常用材料”列表中，便于下次使用。

8.1.2 材料属性显示

单击图8-1“选择材料”对话框中的“细节”按钮，会显示选定材料的信息框，包含“描述”、“推荐工艺”、“流变属性”、“热属性”、“pvT属性”、“机械属性”、“收缩属性”、“填充物属性”、“光学属性”、“环境影响”、“质量指示器”、“结晶形态”选项卡。

1. 描述

如图8-7所示，显示了材料的基本属性描述。

2. 推荐工艺

如图8-8所示，显示了材料的推荐工艺条件信息，为用户分析工艺参数的设定提供一定的参考。

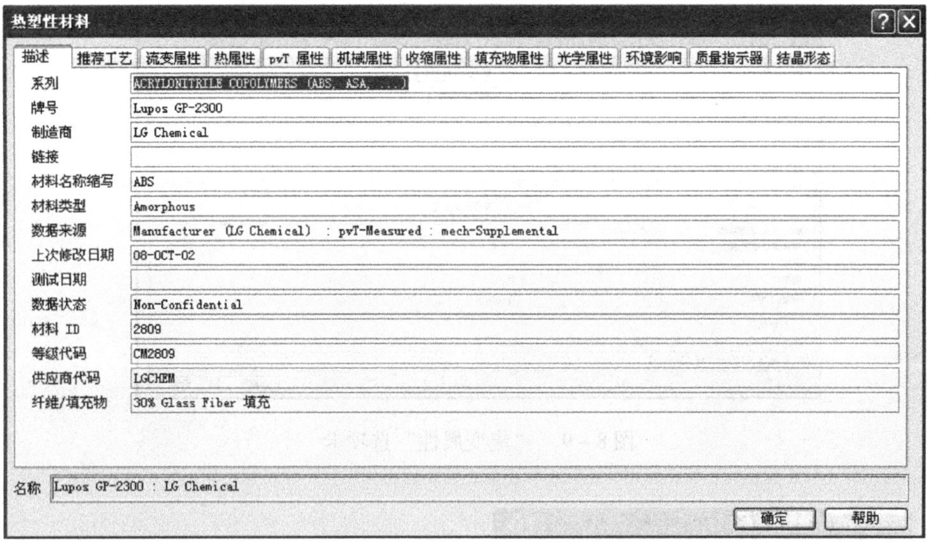

图 8－7　“描述”选项卡

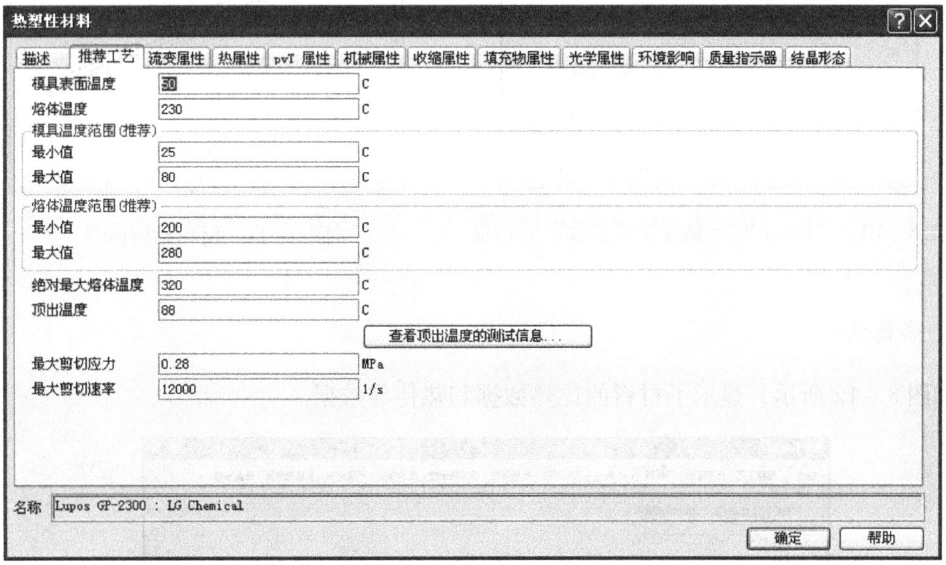

图 8－8　“推荐工艺”选项卡

3. 流变属性

如图 8－9 所示，显示了材料的流变属性，单击“查看黏度模型系数”、“绘制黏度曲线”按钮可以分别显示如图 8－10、图 8－11 所示的对话框和曲线图。

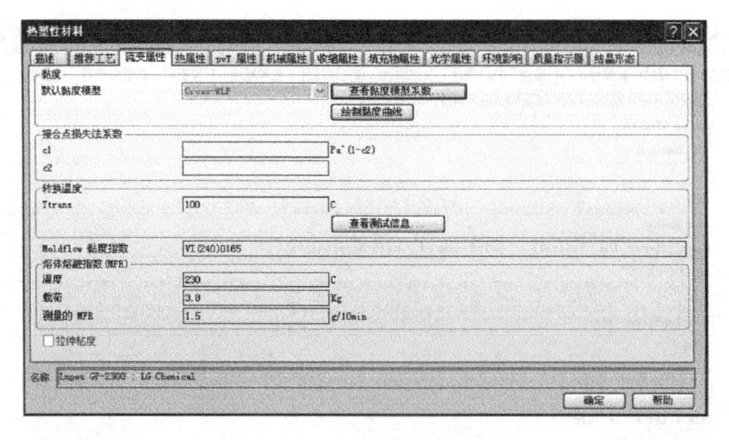

图 8-9 “流变属性”选项卡

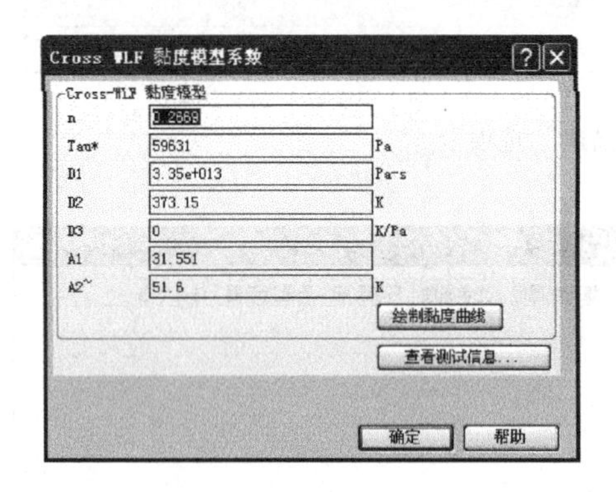

图 8-10 “Cross WLF 黏度模型系数”对话框

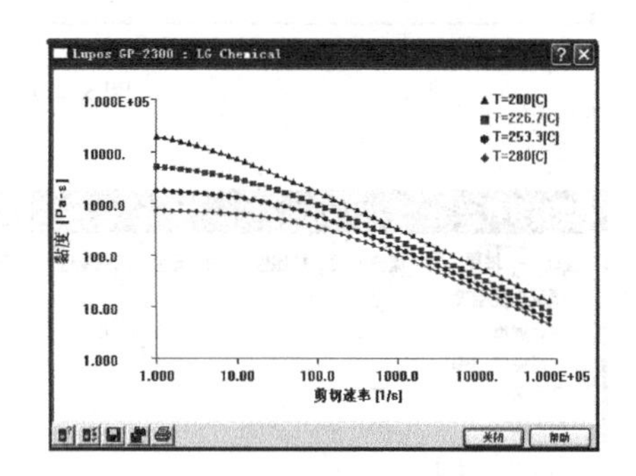

图 8-11 材料黏度曲线

4. 热属性

如图 8-12 所示，显示了材料的比热数据和热传导数据。

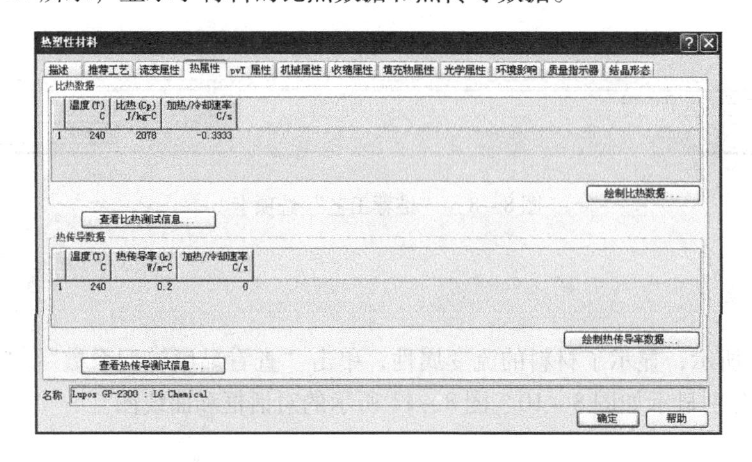

图 8-12 “热属性”选项卡

5. pvT 属性

如图 8－13 所示，显示了材料的 pvT（即压力、体积和温度）的属性。单击“绘制 pvT 数据”按钮会绘制出如图 8－14 所示的 pvT 曲线。

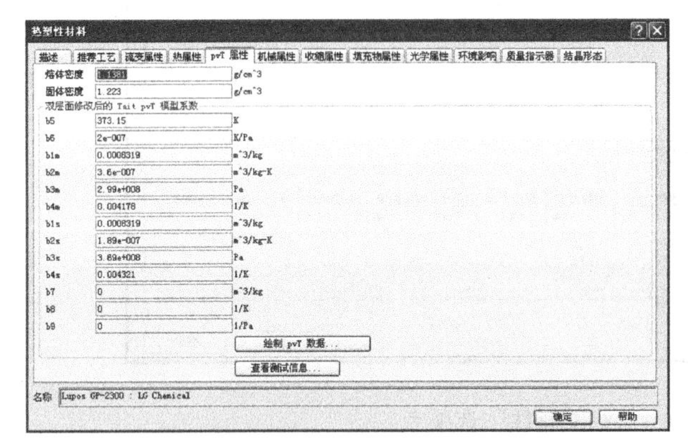

图 8－13　“pvT 属性”选项卡

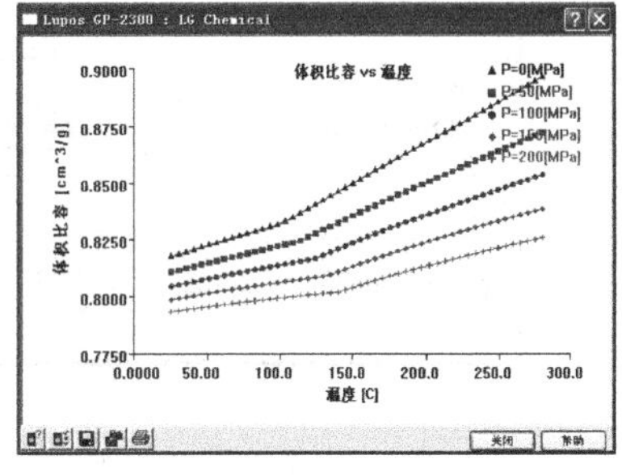

图 8－14　pvT 曲线

6. 机械属性

如图 8－15 所示，显示了材料的机械属性数据和热膨胀数据。

热塑性材料
描述 | 推荐工艺 | 流变属性 | 热属性 | pvT 属性 | 机械属性 | 收缩属性 | 填充物属性 | 光学属性 | 环境影响 | 质量指示器 | 结晶形态

机械属性数据

弹性模量，第 1 主方向 (E1)	7159.68	MPa
弹性模量，第 2 主方向 (E2)	4201.35	MPa
泊松比 (v12)	0.42	
泊松比 (v23)	0.4568	
剪切模量 (G12)	1802.18	MPa

热膨胀 (CTE) 数据的横向各向同性系数

Alpha1	2.668e-005	1/C
Alpha2	5.818e-005	1/C

查看测试信息...
切勿使用矩阵属性
单组应力-应变曲线
名称 Lupos GP-2300 : LG Chemical
确定　帮助

图 8－15　“机械属性”选项卡

7. 收缩属性

如图 8－16 所示，显示了材料的收缩属性。

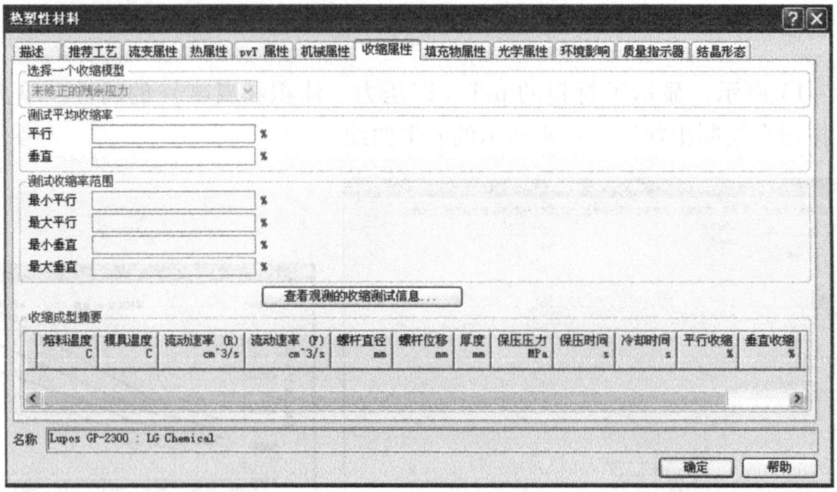

图 8－16　“收缩属性”选项卡

8. 填充物属性

如图 8－17 所示，显示了材料中填充物的相关信息。

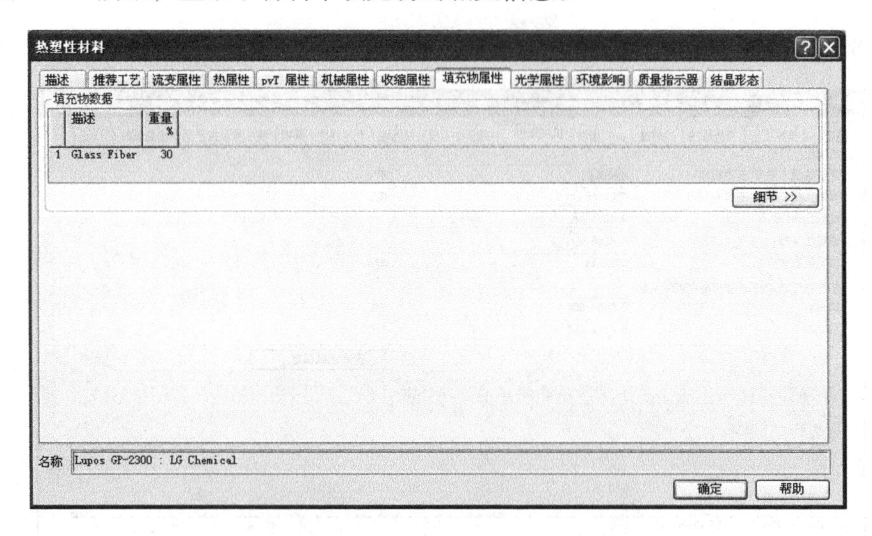

图 8－17　“填充物属性”选项卡

9. 光学属性

如图 8－18 所示，显示了材料光学的相关信息。

10. 环境影响

如图 8－19 所示，显示了材料的树脂识别码和能量使用指示器。

热塑性材料

描述 | 推荐工艺 | 流变属性 | 热属性 | pvT 属性 | 机械属性 | 收缩属性 | 填充物属性 | 光学属性 | 环境影响 | 质量指示器 | 结晶形态

未取向材料的折射指数

应力-光学系数

C1 Brewster

C2 Brewster

查看应力-光学测试信息...

在参考温度处的粘弹性延迟光谱

延迟时间 (s)	符合性 (1/Pa)

温度平移模型

WLF 模型

查看温度偏移模型的 WLF 数据

查看粘弹性模型测试信息...

光谱更正因子

查看光谱更正测试信息...

名称 Lupos GP-2300 : LG Chemical

确定 帮助

图 8－18 “光学属性”选项卡

热塑性材料

描述 | 推荐工艺 | 流变属性 | 热属性 | pvT 属性 | 机械属性 | 收缩属性 | 填充物属性 | 光学属性 | 环境影响 | 质量指示器 | 结晶形态

树脂识别码 7

能量使用指示器 5

名称 Lupos GP-2300 : LG Chemical

确定 帮助

图 8－19 “环境影响”选项卡

11. 质量指示器

如图 8－20 所示，显示了材料的填充质量、保压质量和翘曲质量指示器。

12. 结晶形态

如图 8－21 所示，显示了材料结晶形态的相关参数。

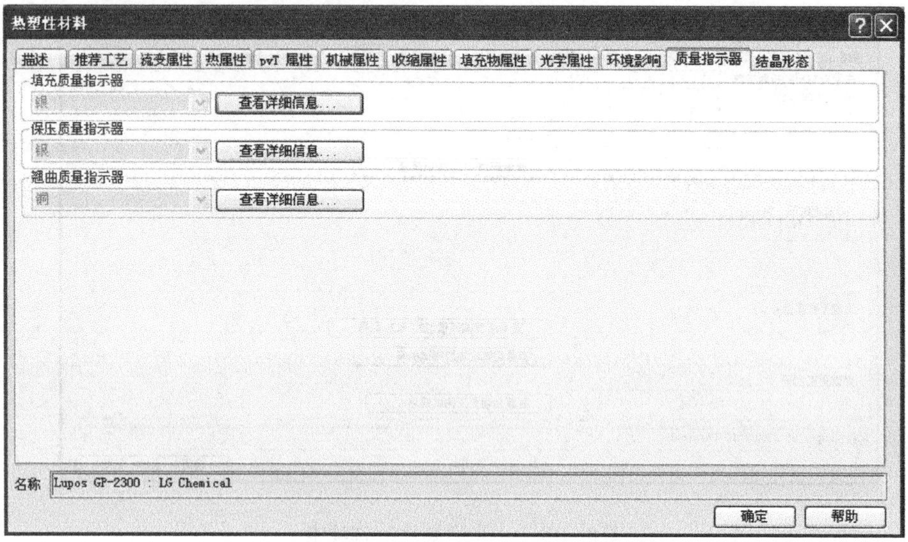

热塑性材料

描述 | 推荐工艺 | 流变属性 | 热属性 | pvT 属性 | 机械属性 | 收缩属性 | 填充物属性 | 光学属性 | 环境影响 | 质量指示器 | 结晶形态

填充质量指示器
银　查看详细信息...
保压质量指示器
银　查看详细信息...
翘曲质量指示器
铜　查看详细信息...

名称 Lupos GP-2300 : LG Chemical

确定　帮助

图 8－20　“质量指示器”选项卡

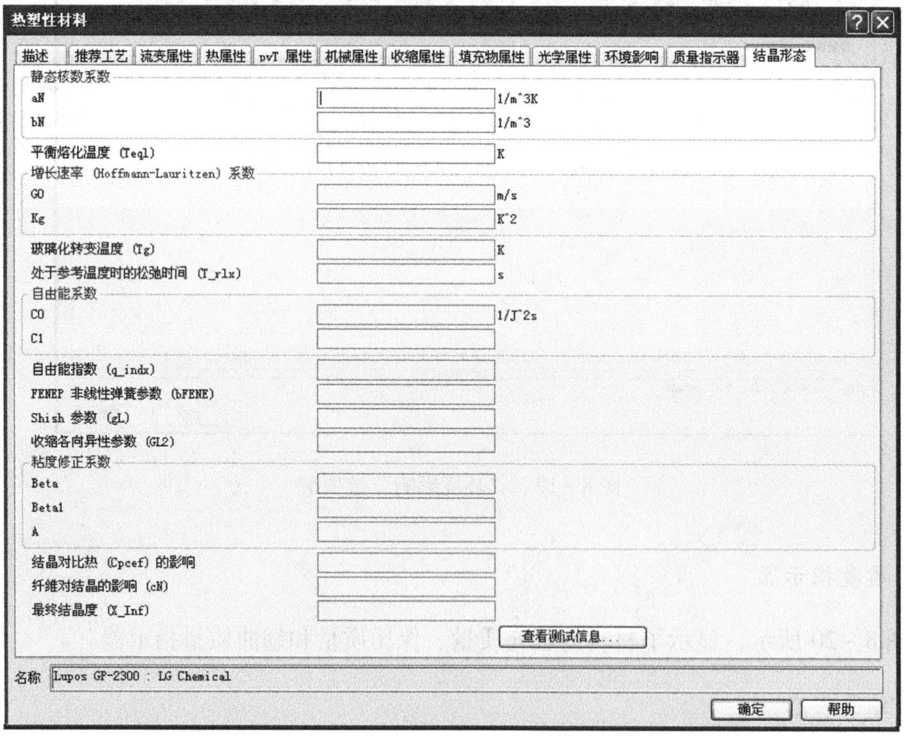

热塑性材料

描述 | 推荐工艺 | 流变属性 | 热属性 | pvT 属性 | 机械属性 | 收缩属性 | 填充物属性 | 光学属性 | 环境影响 | 质量指示器 | 结晶形态

静态核数系数
aN　1/m^3K
bN　1/m^3
平衡熔化温度 (Teql)　K
增长速率 (Hoffmann-Lauritzen) 系数
G0　m/s
Kg　K^2
玻璃化转变温度 (Tg)　K
处于参考温度时的松弛时间 (T_rlx)　s
自由能系数
C0　1/J^2s
C1
自由能指数 (q_indx)
FENEP 非线性弹簧参数 (bFENE)
Shish 参数 (gL)
收缩各向异性参数 (GL2)
粘度修正系数
Beta
Beta1
A
结晶对比热 (Cpcef) 的影响
纤维对结晶的影响 (cN)
最终结晶度 (X_Inf)
查看测试信息...

名称 Lupos GP-2300 : LG Chemical

确定　帮助

图 8－21　“结晶形态”选项卡

8.2　材料搜索实例

本节以本章引例为例来介绍材料搜索的操作步骤。

1. 打开模型

启动 ASMI，单击菜单“文件”→“打开工程”命令，弹出“打开工程”对话框，选择“\实例模型\Chapter6\实例一结果\4－1. mpi”，单击“打开”按钮即可打开工程。

2. 选择材料

Step1：打开“选择材料”对话框。双击任务区中的“Generic PP: Generic Default”按钮，弹出如图 8－22 所示的“选择材料”对话框。

Step2：搜索材料。单击“搜索”按钮，弹出如图 8－23 所示的“搜索条件”对话框。

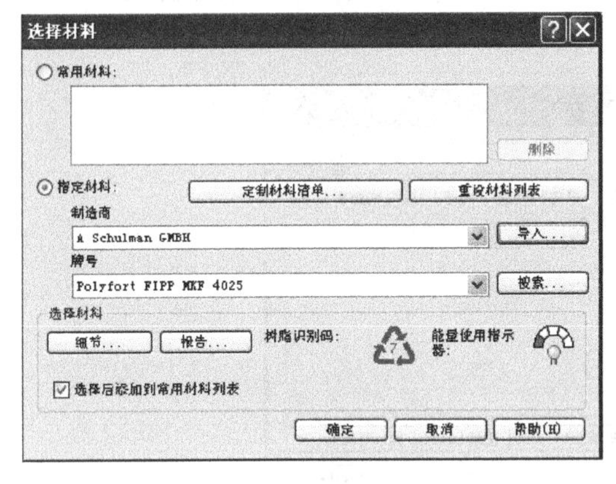

图 8－22　“选择材料”对话框

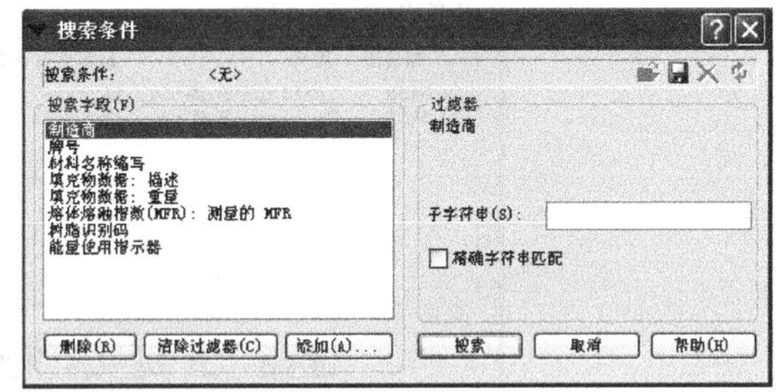

图 8－23　“搜索条件”对话框（1）

Step3：输入制造商。选择“搜索字段”列表中的“制造商”选项，然后在如图 8－24 所示对话框的“子字符串”文本框中输入“BASF”。

Step4：输入材料名称缩写。选择“搜索字段”列表中的“材料名称缩写”选项，然后在如图 8－25 所示对话框的“子字符串”文本框中输入“ABS”（也可以输入 PA6 或 ABS＋PA6）。

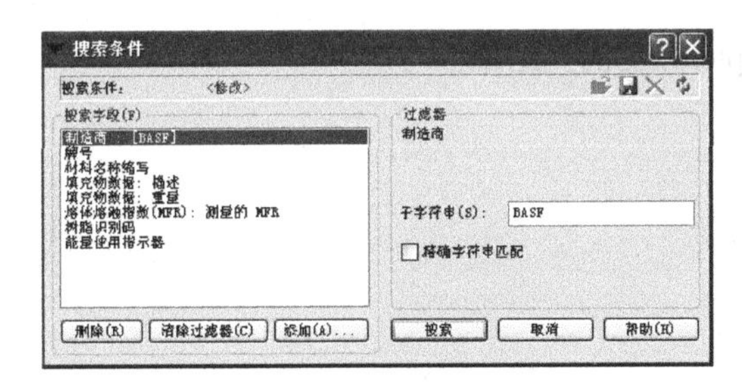

图 8－24　“搜索条件”对话框（2）

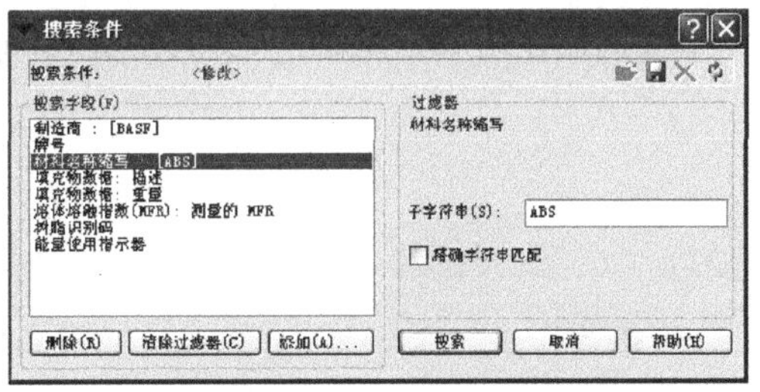

图 8－25　“搜索条件”对话框（3）

Step5：输入填充物数据。选择“搜索字段”列表中的“填充物数据：描述”选项，然后在如图 8-26 所示对话框的“子字符串”文本框中输入“GLASS”。

Step6：输入填充物数据。选择“搜索字段”列表中的“填充物数据：重量”选项，然后在如图 8-27 所示对话框的“最小”、“最大”文本框中分别输入“10”和“30”。

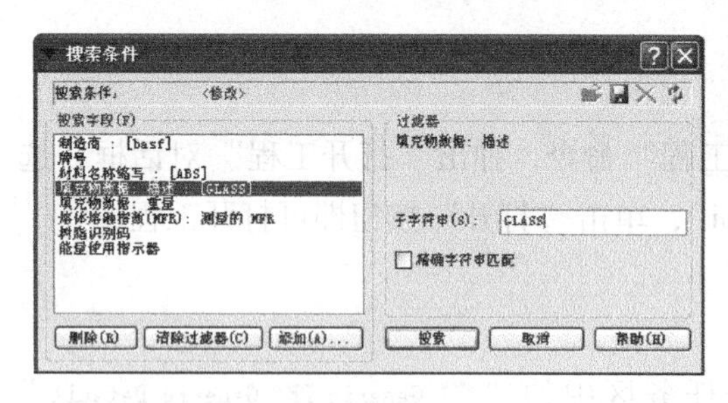

图 8-26　“搜索条件”对话框（4）

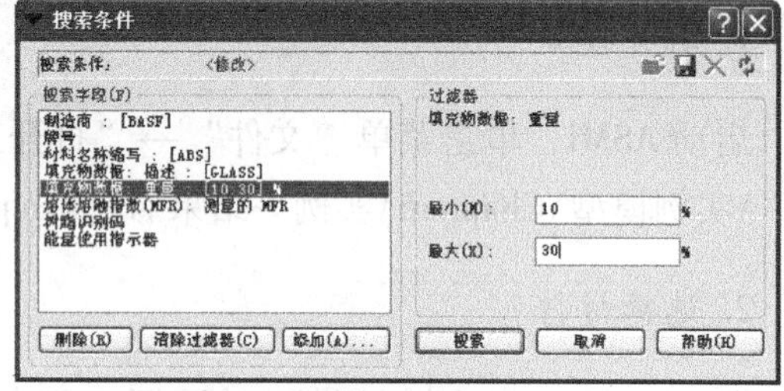

图 8-27　“搜索条件”对话框（5）

Step7：查看搜索结果。单击“搜索”按钮，显示符合搜索条件的所有材料，如图 8-28所示。

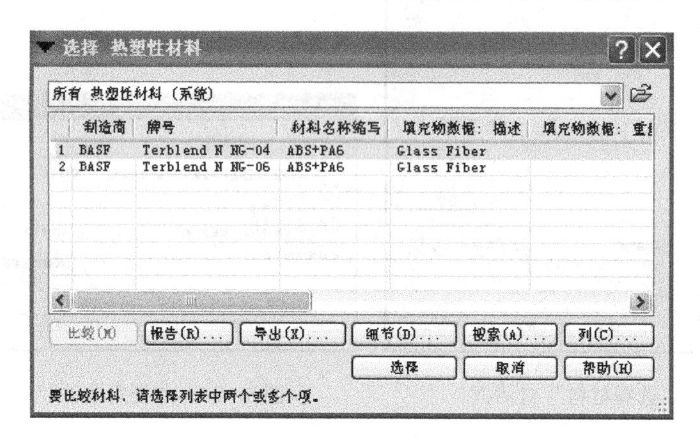

图 8-28　搜索结果

Step8：选择所需材料。根据需要选取相应牌号的材料，这里选择“Terblend N NG-04”，单击“选择”按钮，回到“选择材料”对话框，可以通过单击“细节”或“报告”按钮查看相应信息，单击“确定”按钮完成材料选择。

本实例创建结果见光盘：\实例模型\Chapter8\实例一结果。

第9章　常用分析类型及应用

教学目标

通过本章的学习，了解Moldflow分析类型，熟悉常用分析类型的目的和基本功能，熟练运用各种分析类型进行相关的设置和分析处理，掌握利用模拟结果进行方案优化的思路和技巧。

教学内容

主要项目	知识要点
分析类型	常用分析类型及各自基本功能
浇口位置分析	浇口位置分析的设置、结果分析和适用场合
填充分析	填充分析的设置、结果、目的及基本操作
流道平衡	流道平衡分析的步骤、相关设置和应用
流动分析	流动分析的基本设置、操作步骤和保压曲线的优化
冷却分析	冷却分析的基本设置、具体应用和模拟结果的分析讨论
翘曲分析	翘曲分析的基本设置、操作和应用，引起翘曲的原因和解决方法
分析结果检查	常用分析结果的基本要求

引例

当塑件模型导入到Moldflow软件，并完成网格划分和处理后，就要选择分析类型，以便设置相应的工艺条件，为后序的模拟做好准备。用户应根据分析需要有针对性地选择分析类型，设置工艺参数，完成相应分析，为获得合格产品提供依据。常用的分析类型有浇口位置、填充、保压、冷却、冷却及翘曲等。

9.1 Moldflow 分析类型

ASMI 有丰富的分析类型供用户选择，每一种分析类型所需要设置的工艺条件有所不同，分析的结果也各不相同，下面简要介绍常用的分析类型功能。

9.1.1 分析类型选择方法

方法一：单击菜单“分析”→“设置分析序列”命令，会显示如图 9－1 所示的级联菜单相关命令。

选择“定制分析序列”命令，弹出如图 9－2 所示的“定制常用分析序列”对话框，勾选需要分析类型的复选框，单击“确定”按钮后该分析类型会出现在菜单“分析”→“设置分析序列”的级联子菜单中。

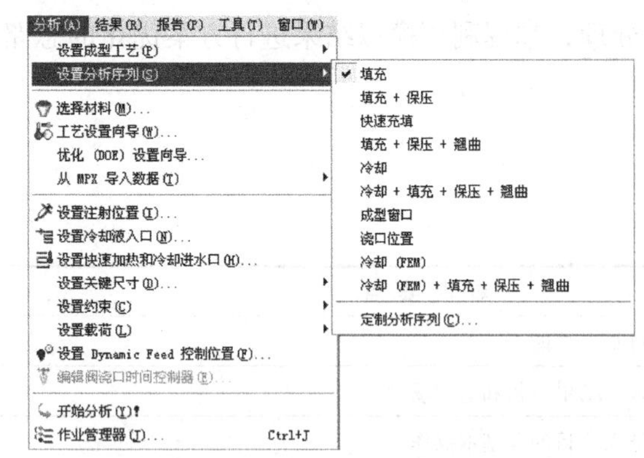

图 9－1　级联菜单相关命令

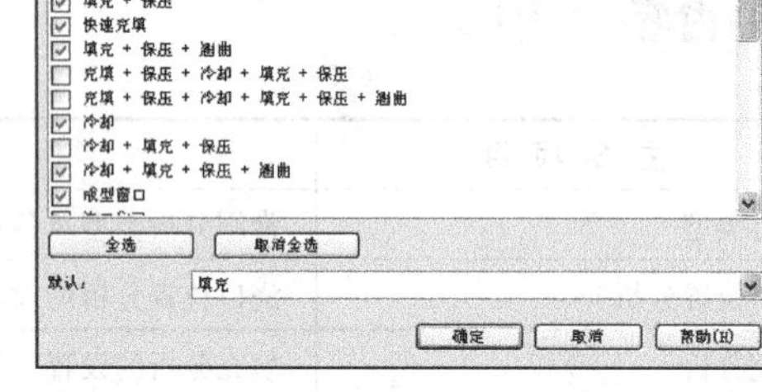

图 9－2　“定制常用分析序列”对话框

方法二：双击任务区中的“ 填充 ”按钮，弹出如图 9－3 所示的“选择分析序列”对话框。

根据需要可以单击“更多”按钮，也会弹出如图 9－2 所示的对话框，勾选需要分析类型的复选框，然后单击“确定”按钮，这样该分析类型会出现在如图 9－3 所示选择框的列表中。

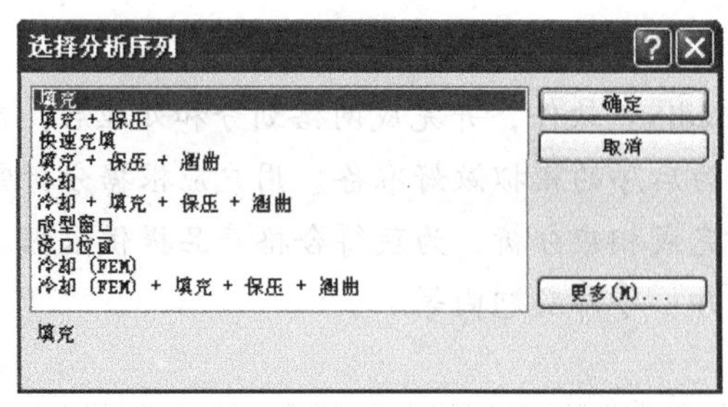

图 9－3　“选择分析序列”对话框

选定分析类型后，在任务区中会显示所选的分析类型代替了“ 填充 ”图标。

9.1.2 常用分析类型介绍

1. 浇口位置分析

主要用来分析优化塑件的最佳浇口位置，避免由于浇口位置设计不当或随意性而引起塑件缺陷。

2. 填充分析

用来分析熔体从注射点进入模具型腔开始到充满型腔的整个填充过程，根据模拟结果可以了解熔体在模腔填充过程中的流动状况，为判断浇口位置、浇口数量和浇注系统的布局等是否合理提供依据。

3. 流道平衡分析

主要用来优化不平衡布局的流道尺寸，尽量保证熔体平衡填充，避免不平衡流动导致的问题。

4. 填充＋保压分析

用来分析熔体在模具型腔中填充和保压的整个过程，根据模拟结果可以了解熔体填充和保压的情况，为判断注射、保压工艺条件设置是否合理提供依据。

5. 冷却分析

冷却分析必须在已创建冷却系统的情况下才能进行，主要用来分析熔体在模具型腔中热量传递的过程，根据模拟结果可以了解塑件的冷却情况，为优化冷却系统布局提供依据，从而提高塑件冷却效果和生产效率。

6. 翘曲分析

用来模拟预测塑件成型过程中产生翘曲变形的情况，根据模拟结果可以查看导致翘曲变形的原因及影响程度，为优化塑件、模具设计及工艺条件的设置提供依据，以获得高质量的塑件。

7. 成型窗口分析

主要用来模拟以获得能够生产合格塑件的成型工艺条件。

8. 工艺优化（填充）分析

该分析对熔体填充阶段的螺杆位置进行优化，并分析出塑件冷凝百分比和流动前沿区域随时间的变化，从而优化成型工艺条件。

9.2 浇口位置分析

9.2.1 分析目的

浇口是熔体进入型腔的入口，浇口的位置在很大程度上影响着熔体填充的流动特性，继而影响到后续保压和冷却的效果，也直接影响到塑件的最终质量，因此浇口位置的确定是进行注射成型分析的基本前提。Moldflow 为用户提供了专门的“浇口位置”分析类型，可以快速地找到最佳浇口位置。

1. 分析依据

“浇口位置”分析主要基于以下几个因素：

（1）流动的平衡性；

（2）型腔内的流动阻力；

（3）塑件的形状和壁厚；

（4）成型塑件的质量可行性等。

2. 应用场合

“浇口位置”模块可以根据需要分析出塑件在单浇口或多浇口情况下的最佳位置。

浇口位置的确定其实会受到如塑件质量的具体要求、采用的浇注系统形式、型腔布局、模具结构及其制造难易等多方面因素的影响，通过对“浇口位置”分析得到的最佳浇口位置虽然不一定是实际设计中的最终位置，但对新产品或复杂不规则塑件浇口位置的选择具有十分重要的参考意义。

9.2.2 工艺条件设置

在进行浇口位置分析之前，用户可以根据需要设置相应的成型工艺参数。

单击菜单“分析”→“工艺设置向导”命令或双击任务区的“工艺设置（默认）”图标，弹出如图 9－4 所示的“工艺设置向导-浇口位置设置”对话框。

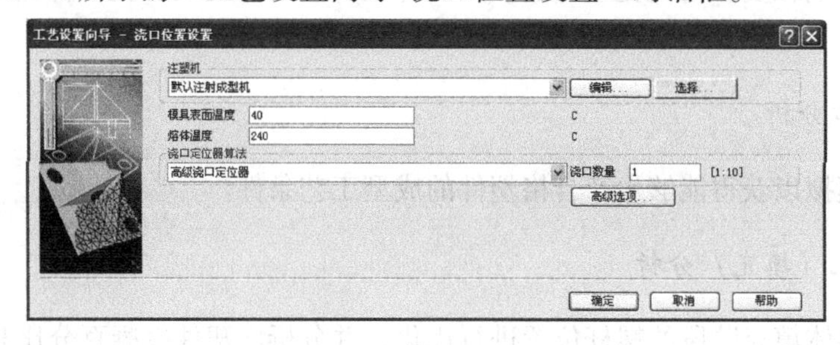

图 9－4 “工艺设置向导-浇口位置设置”对话框

其中各项功能介绍如下。

1. 注塑机

用户可以根据需要编辑注塑机相关参数或选择相应的注塑机，单击“编辑”或“选择”按钮，分别显示如图9－5、图9－6所示的对话框。

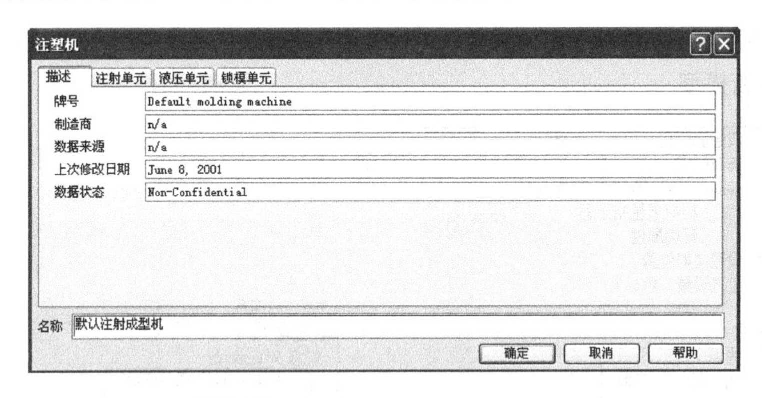

图9－5　“注塑机”编辑框

2. 模具表面温度

默认的是系统推荐的模具温度，可以根据需要设置相应的模具温度。

3. 熔体温度

默认的是系统推荐的所选材料的熔融温度，可以根据需要设置相应的熔体温度。

4. 浇口定位器算法

包含以下两个选项。
(1) 高级浇口定位器：根据需要设置浇口数量。
(2) 浇口区域定位器：不需设置浇口数量。

5. 高级选项

单击“高级选项”按钮，弹出如图9－7所示的“浇口位置高级选项”对话框。

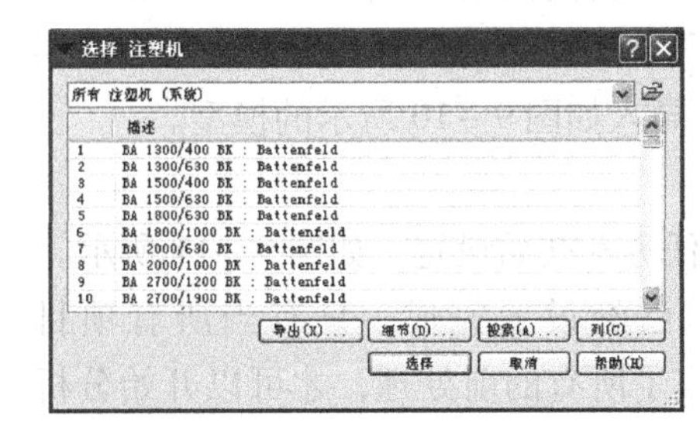

图9－6　“选择注塑机”对话框

图9－7　“浇口位置高级选项”对话框

（1）最小厚度比用来设置塑件最小厚度比率；

（2）最大设计注射压力用于选择“自动”或“指定”注射机最大注射压力；

（3）最大设计锁模力用于选择“自动”或“指定”注射机最大锁模力。

9.2.3 分析结果

分析完成后，在任务区显示如图9－8所示的结果，同时在工程管理区复制出如图9－9所示的新模型。

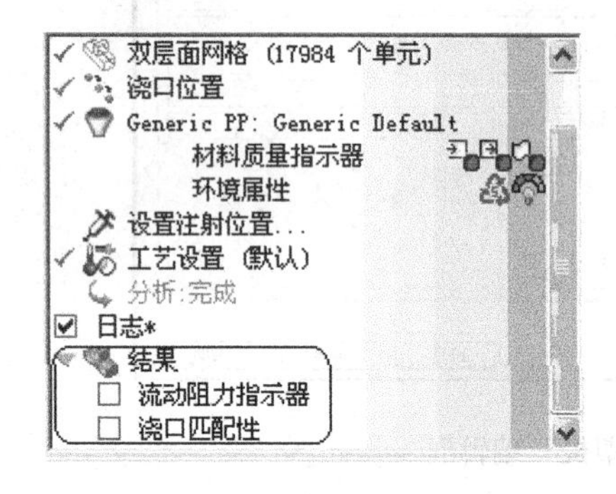

图9－8 任务区结果显示

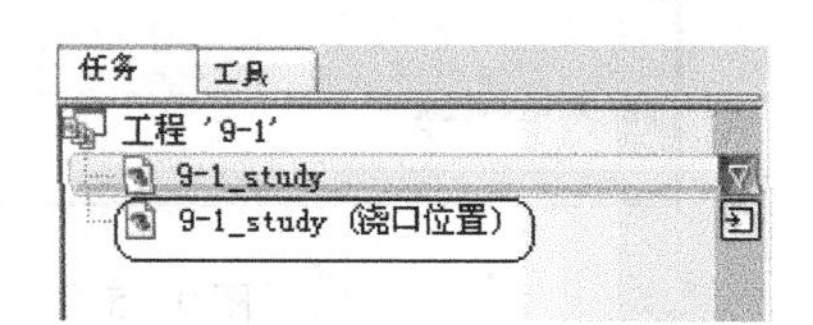

图9－9 工程管理区

9.3 浇口位置分析实例

9.3.1 分析前处理

1. 新建工程

启动ASMI，单击菜单“文件”→“新建工程”命令，弹出“创建新工程”对话框，在“工程名称”栏中输入“9－1”，“创建位置”栏指定工程路径，单击“确定”按钮完成创建。

2. 导入模型

单击工具条命令，进入模型导入对话框，选择“\实例模型\chapter9 \9－1练习模型\9－1. stl”，单击“打开”按钮，系统弹出“导入”对话框。选择网格类型为“双层面”，尺寸单位默认为“毫米”，单击“确定”按钮，导入如图9－10所示的模型。

【说明】

（1）模型导入后，分析任务区中列出默认的分析任务和初始设置，如图9－11所示。

（2）在任务区中，前面打“√”的项目，表示已经设置完成。只有当所有项目（开始分析!除外）前面都打“√”的时候，表示完成了所有的前处理，才可以开始分析计算，否则项目开始分析!显示为灰色，即无法计算。

（3）在前处理中，任务区中各项目的设置工作不必按照固定的次序进行。

图 9 - 10　STL 模型

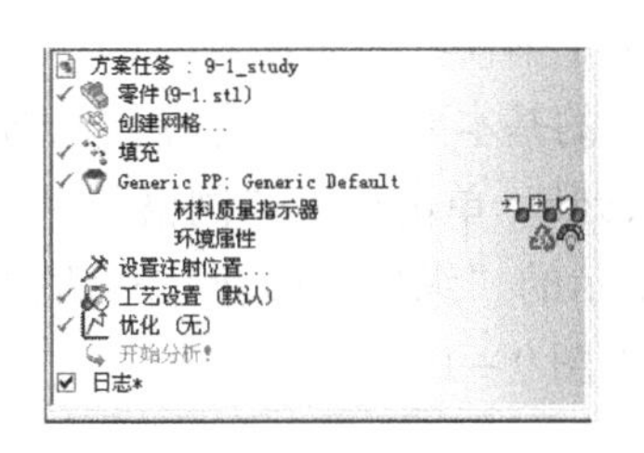

图 9 - 11　任务区

3. 处理网格

Step1：网格划分。双击任务区中的“创建网格...”图标，弹出如图 9 - 12 所示的“生成网格”对话框，在“全局网格边长”文本框中输入“0.5”，单击“立即划分网格”按钮，完成如图 9 - 13 所示的网格。

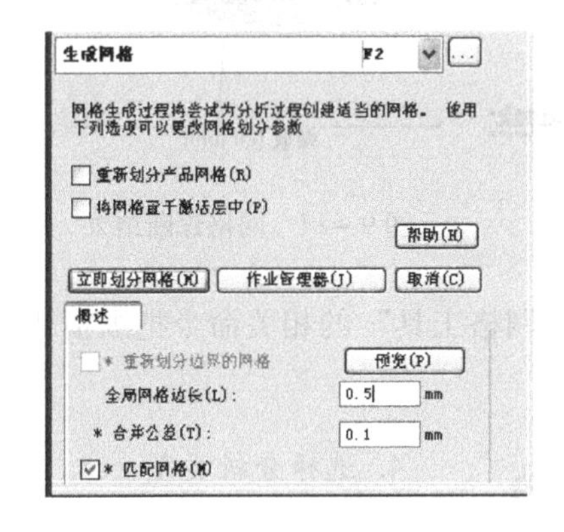

图 9 - 12　“生成网格”对话框

图 9 - 13　网格模型

Step2：网格统计。单击菜单“网格”→“网格统计”命令，在弹出的如图 9 - 14 所示的对话框中单击“显示”按钮，系统会弹出如图 9 - 15 所示的“三角形”统计信息框。

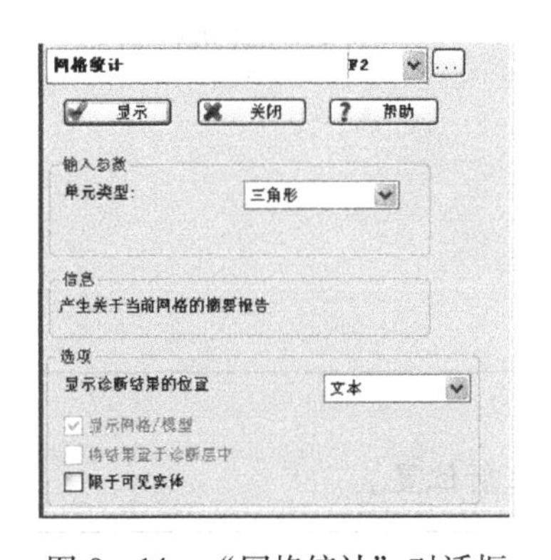

图 9 - 14　“网格统计”对话框

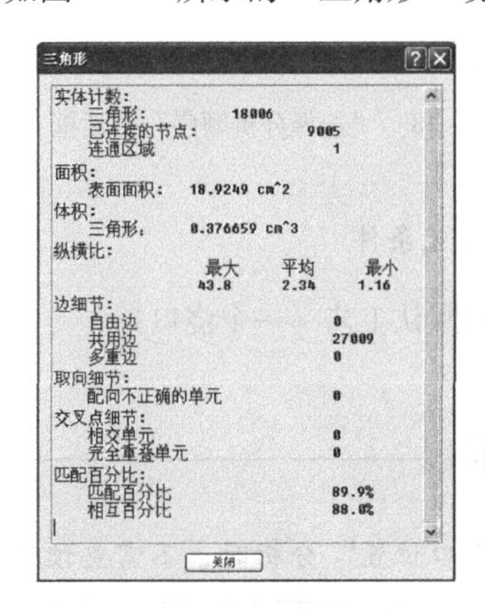

图 9 - 15　“三角形”统计信息框

可以看到，由于本模型相对比较简单，所以统计结果中除了纵横比稍大些外，其他项目均符合网格划分的基本要求，不存在其他网格缺陷。

Step3：网格诊断。单击菜单“网格”→“网格诊断”→“纵横比诊断”命令，在弹出的如图9－16所示的“纵横比诊断”对话框“最小值”文本框中输入“20”，单击“显示”按钮，显示如图9－17所示的结果。

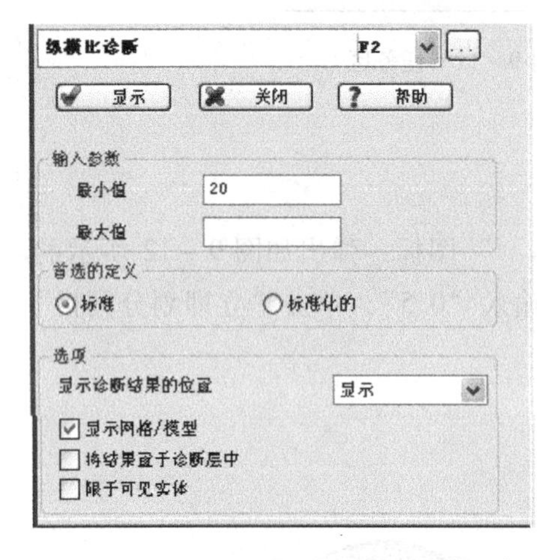

图9－16 “纵横比诊断”对话框

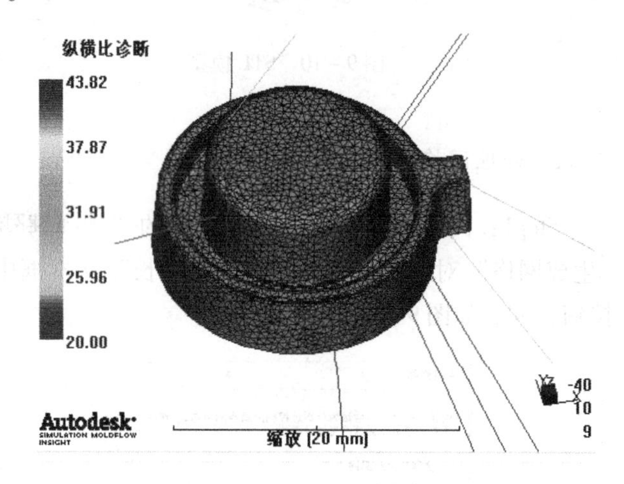

图9－17 网格诊断结果

Step4：网格修复。利用菜单“网格”→“网格工具”的相关命令把纵横比修复至20以内，这里不再具体阐述。

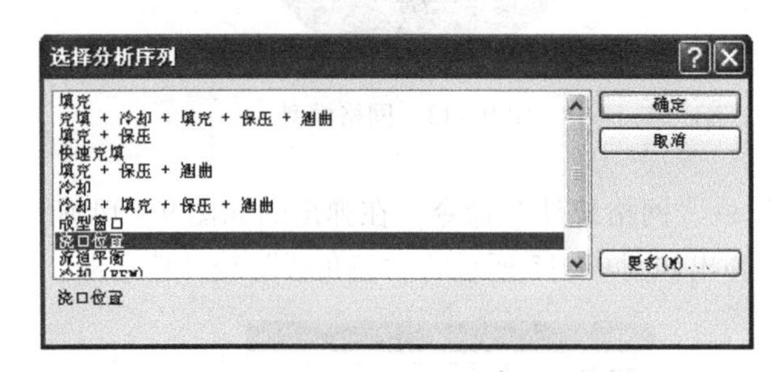

图9－18 “选择分析顺序”对话框

4. 选择分析类型

双击方案任务视窗中的“填充”图标，在如图9－18所示的“选择分析序列”对话框中选择“浇口位置”选项，单击“确定”按钮。

5. 选择材料

本例采用默认材料。

6. 设置工艺条件

本例采用默认工艺（一个浇口）。

在“浇口位置”分析时，不需要预先设置注射位置。

9.3.2 分析处理

双击方案任务区的"开始分析!"图标，在弹出的如图9－19所示的对话框中单击"确认"按钮，ASMI求解器开始执行计算分析。

勾选任务区中的"日志"复选框，则日志显示区会显示如图9－20所示的分析过程。

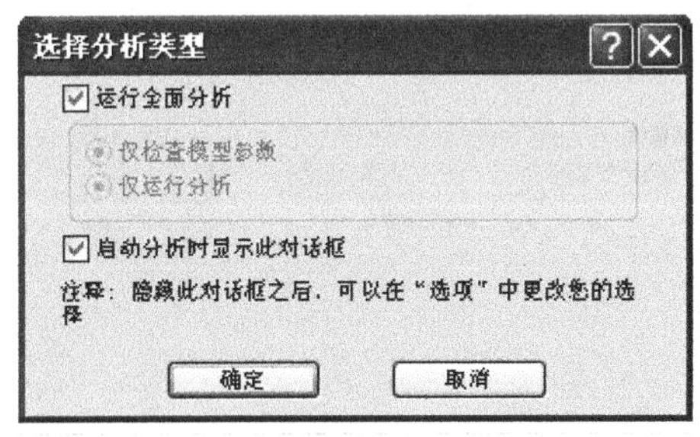

图9－19 "选择分析类型"对话框

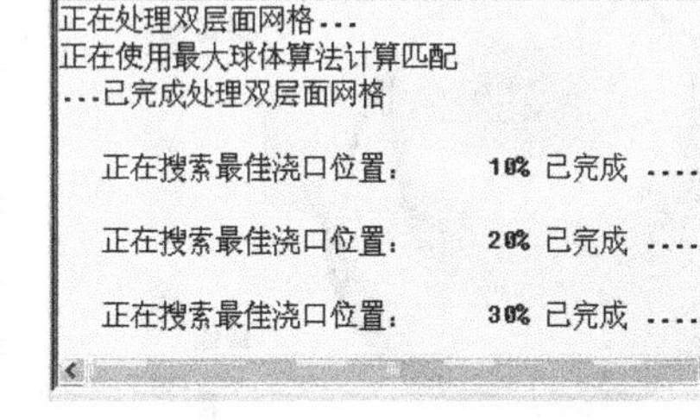

图9－20 分析日志

单击菜单"分析"→"作业管理器"命令，会弹出如图9－21所示的"作业管理器"对话框，显示任务队列及计算过程。

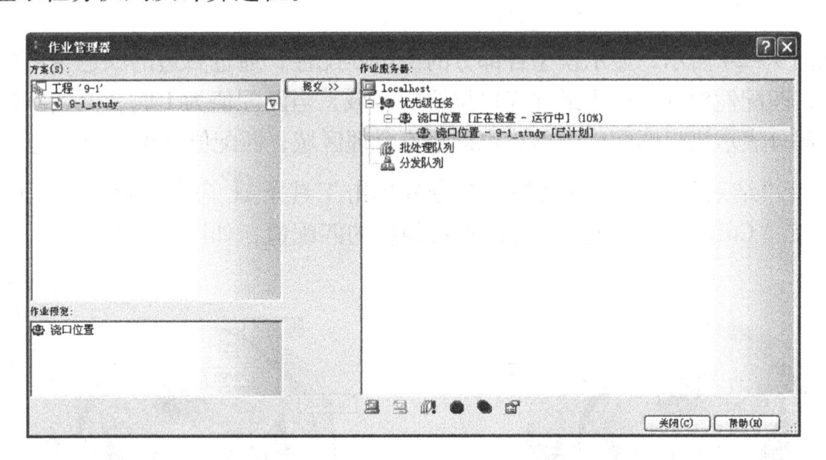

图9－21 "作业管理器"对话框

9.3.3 分析结果

分析完成后，会弹出"分析：完成"提示框，单击"确定"按钮即可，在日志区的"浇口位置"选项卡中会显示"建议的浇口位置"节点为N10482，勾选任务区"结果"中相应选项的复选框，就会显示相应的结果。

1. 流动阻力指示器

结果如图9－22所示，显示模型上各部分流动抗力大小，利用"动画"工具条中的相关按钮可以显示不同时刻的结果图。另外可以右击该结果项，选择快捷菜单中的“属性”选项，会弹出如图 9－23 所示的“图形属性”对话框，可以根据需要对图形属性进行编辑。

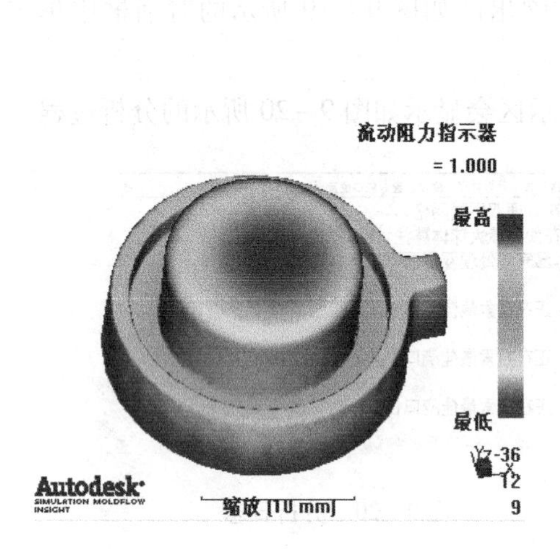

图 9－22　流动阻力指示器

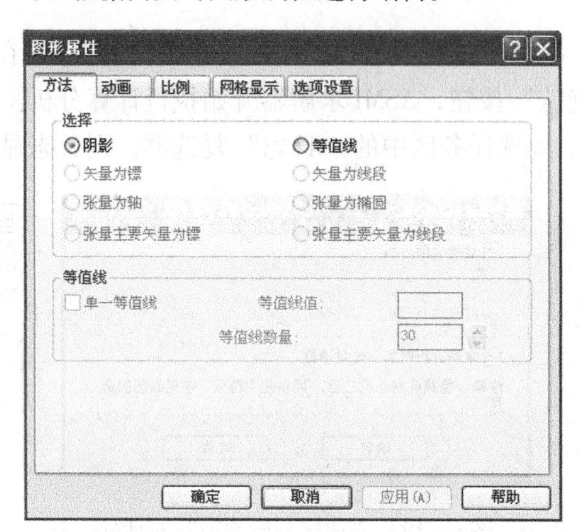

图 9－23　“图形属性”对话框

2. 浇口匹配性

结果如图 9－24 所示，显示模型各部分的浇口匹配性，通过右边的颜色条可知：深蓝色部分表示浇口匹配性较好，即为最佳浇口位置的区域，当匹配值为 1 时，该点即为最佳浇口处；深红色部分表示浇口匹配性最差，也即最不合理区域，匹配值越小，表示越不合理。

单击菜单“结果”→“检查结果”命令或单击工具条命令，再单击模型上的目标位置（同时按“Ctrl”键可多选），可以查看相应的匹配值，如图 9－25 所示。

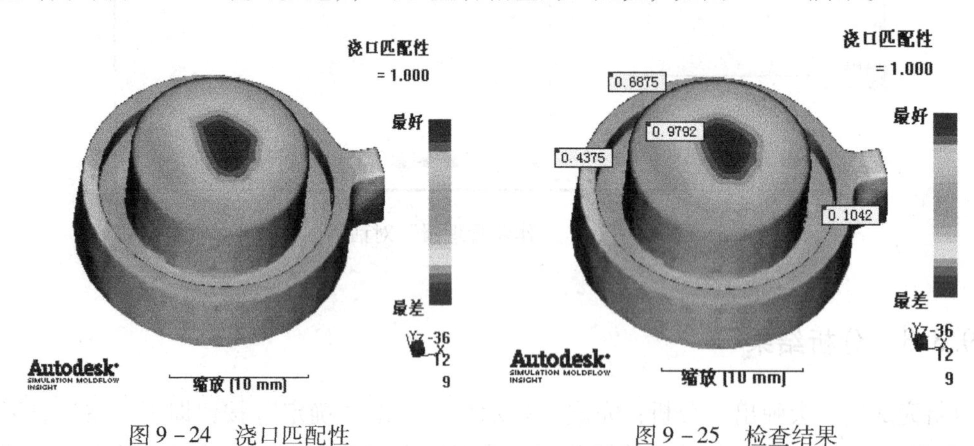

图 9－24　浇口匹配性　　　　图 9－25　检查结果

3. 最佳浇口节点查询

单击菜单“建模”→“查询实体”命令，弹出如图 9－26 所示的“查询实体”对话框，输入“N10482”（分析日志中显示），勾选“将结果置于诊断层中”复选框，单击“显示”按钮，然后在图层区仅勾选“查询的实体”层使其可见，即可看到该节点以红色显示。

双击工程管理区复制的新模型“9－1_ study（浇口位置）”，会显示如图9－27所示的结果，已经在最佳浇口节点处自动设置了注射点。

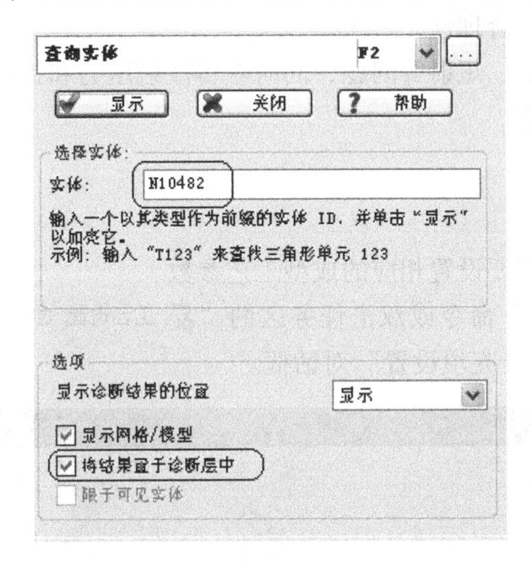

图9－26 “查询实体”对话框

图9－27 最佳浇口位置

本实例创建结果见光盘：\实例模型\Chapter9 \9－1 浇口位置。

9.3.4 分析讨论

通过本分析，可以快速地找到本塑件的最佳单浇口位置。在本塑件采用单浇口的情况下，可以根据模具布局和塑件要求，结合最佳浇口位置进行如下讨论。

（1）采用单腔时，如塑件顶部表面质量无特殊要求，则可采用直接浇口或针点式浇口；如塑件顶部表面质量有一定要求，则建议采用针点式浇口。

（2）采用多腔布局时，如塑件顶部表面质量有一定要求，则建议采用针点式浇口；如对塑件顶部表面质量要求很高，则不能采用本分析结果，而应采用其他浇口形式（如侧浇口或潜伏式浇口等）。

总之，浇口位置的最终确定除结合模具结构和塑件的表观要求外，还需要考虑对塑件成型的质量影响等因素（参见9.5节实例）。

9.4 填充分析

9.4.1 分析目的

在注射成型过程中，从模具闭合开始，螺杆或柱塞式注射机在高压下将塑料熔体注入模具型腔，直到熔体到达型腔的末端并充满整个型腔，这一阶段称为填充。Moldflow 软件中的填充分析模块可以对该过程进行模拟，根据分析结果，可以获得熔体在腔体内的流动信息，从而判断浇注系统、工艺参数等设置是否合理。

与浇口位置分析类似，填充分析也是其他后续分析类型的基础，只有在得到合理的填充结果的基础上，才能保证后续分析结果的合理性。

填充分析的目的是避免出现流动不平衡、短射等问题，同时获得注射压力和锁模力的最低值，为经济地选取注射机提供参考依据。

9.4.2 工艺条件设置

在进行填充分析之前，用户可以根据需要设置相应的成型工艺参数。

单击菜单“分析”→“工艺设置向导”命令或双击任务区的“工艺设置（默认）”图标，弹出如图9-28所示的“工艺设置向导-充填设置”对话框。

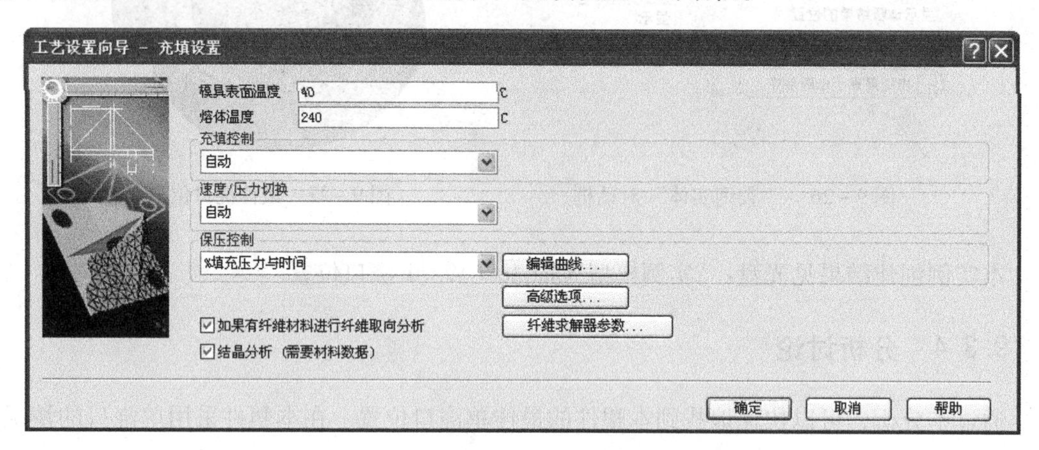

图9-28　“工艺设置向导-充填设置”对话框

其中各项功能介绍如下。

1. 模具表面温度

默认的是系统推荐的模具温度，可以根据需要设置相应的模具温度。

2. 熔体温度

默认的是系统推荐的所选材料的熔融温度，可以根据需要设置相应的熔体温度。

3. 充填控制

充填控制下拉列表中有如图9-29所示的五种可选方式。

“自动”：由系统自动按照模拟过程控制。

“注射时间”：需设定注射时间，注射过程由该设定时间控制。

“流动速率”：需设定流动速率，注射过程由该设定的流动速率控制。

“相对螺杆速度曲线”：需设定相对螺杆速度曲线（包括%流动速率与%射出体积，

%螺杆速度与%行程曲线），注射过程由该设定的速度曲线控制。

“绝对螺杆速度曲线”：需设定绝对螺杆速度曲线（包括如图9－30所示的几种关系曲线），注射过程由该设定的速度曲线控制。

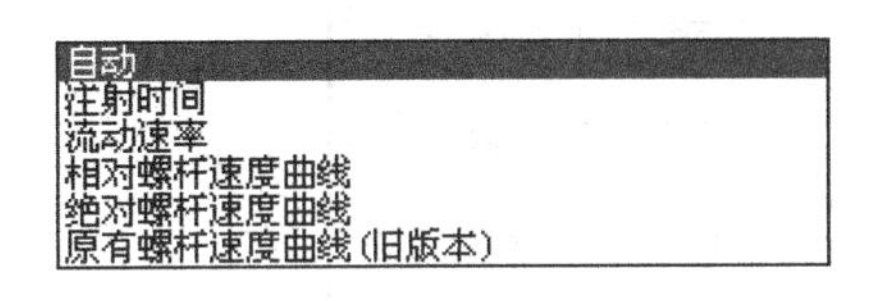

图9－29 “充填控制”选项列表

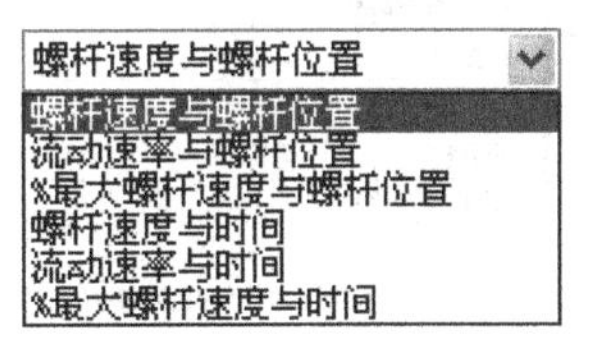

图9－30 “绝对螺杆速度曲线”选项列表

通常在进行分析时，如果对塑件的成型工艺信息掌握有限，可以选择“自动”控制方式，按系统默认方式进行。

4. 速度/压力切换

在注射成型中，型腔快被充满时，注射机的螺杆要进行速度/压力切换，由速度控制转换为压力控制，因此，需要对速度和压力控制转换点进行设置。其各选项功能如表9－1所示。

表9－1 速度/压力切换设置各选项的功能

选　项	功能简介
自动	系统自动控制
由%充填体积	由完成填充的体积百分比控制，系统默认值为99%，一般在95%～99%之间
由螺杆位置	由螺杆到达的位置控制
由注射压力	由达到的注射压力控制，需设定注射压力
由液体压力	由达到的油缸压力控制，需设定油缸压力
由锁模力	由达到的锁模力控制，需设定锁模力
由压力控制点	由压力控制点控制，即网格模型上某节点达到给定点压力值，需要指定节点和压力值
由注射时间	由注射时间控制，需设定注射时间
由任一条件满足时	根据首先到达切换点的方式控制

速度/压力切换默认选项为“自动”，通常可以通过输入填充体积百分比来设置切换点。

5. 保压控制

关于保压控制设置和右侧的“编辑曲线”按钮，将在9.8节“流动分析”的参数设置中介绍。

6. 高级选项

单击“高级选项”按钮后，会弹出如图9－31所示的“填充＋保压分析高级选项”对话框。在该对话框中，可进一步对“成型材料”、“工艺控制器”、“注塑机”、“模具材料”和“求解器参数”等内容进行设置。

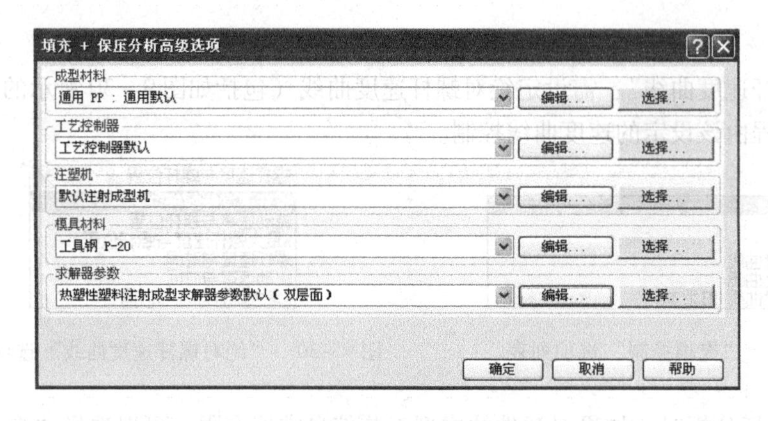

图 9－31　“填充＋保压分析高级选项”对话框

（1）成型材料：根据需要可以对材料参数进行编辑或重新选择。

① 单击“编辑”按钮会弹出如图 9－32 所示的“热塑性材料”对话框，同材料“细节”信息相似，但这里各选项卡内的参数值可以根据需要进行编辑。

② 单击“选择”按钮会弹出如图 9－33 所示的“选择 热塑性材料”对话框，可以根据需要在材料列表中查找或通过“搜索”按钮来选择相应的材料。

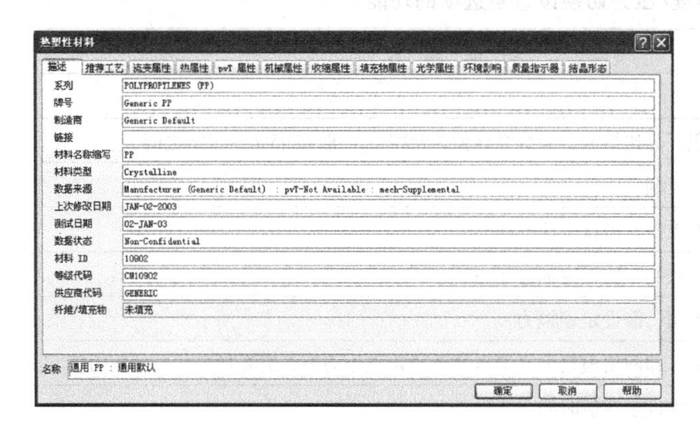

图 9－32　“热塑性材料”对话框

图 9－33　“选择 热塑性材料”对话框

（2）工艺控制器：包括当前分析类型中涉及的各种工艺控制参数，可以根据成型过程对相关的工艺条件进行设置。

① 单击“编辑”按钮会弹出“工艺控制器”对话框，对于不同的分析类型，该对话框需要设置的项目也会有所不同，总共包含了六个选项卡。

“曲线/切换控制”选项卡：如图 9－34 所示，各项目功能同图 9－28 中的相关项目。

“温度控制”选项卡：如图 9－35 所示，可以根据需要编辑模具、熔体和环境温度。

“MPX 曲线数据”选项卡：如图 9－36 所示，可以分别导入并编辑“行程与螺杆速度”和“压力与时间”曲线数据。

“时间控制（冷却）”选项卡：如图 9－37 所示，可以根据需要分别编辑“注射＋保压＋冷却时间”和“开模时间”。

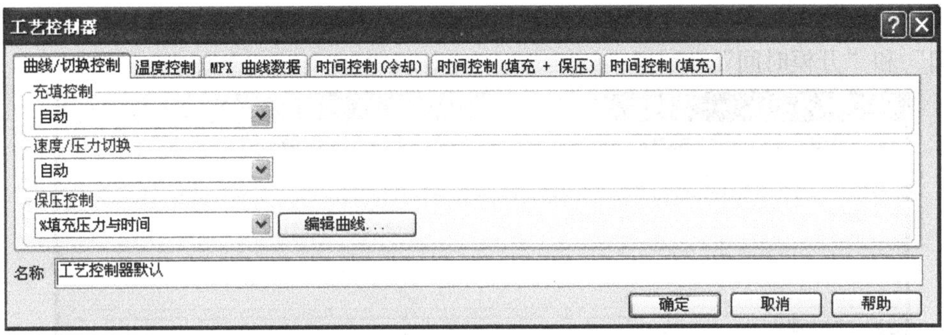

图 9 – 34 “曲线/切换控制”选项卡

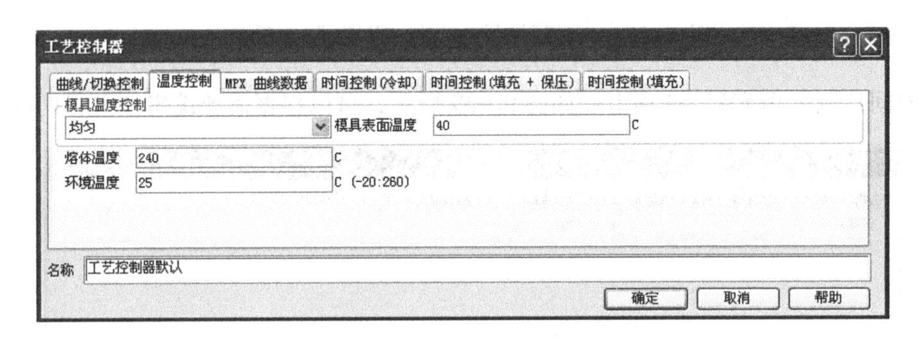

图 9 – 35 “温度控制”选项卡

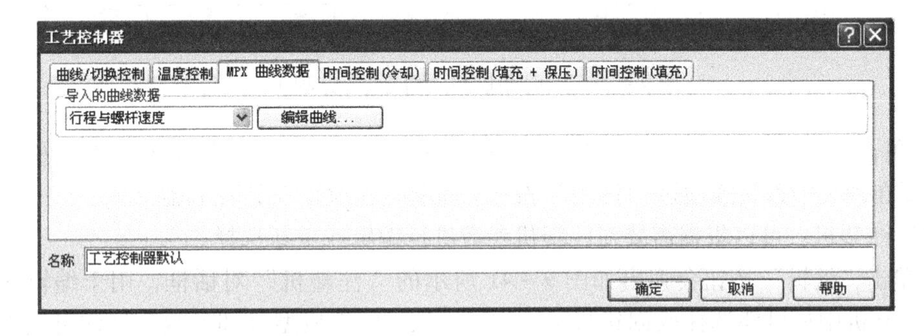

图 9 – 36 “MPX 曲线数据”选项卡

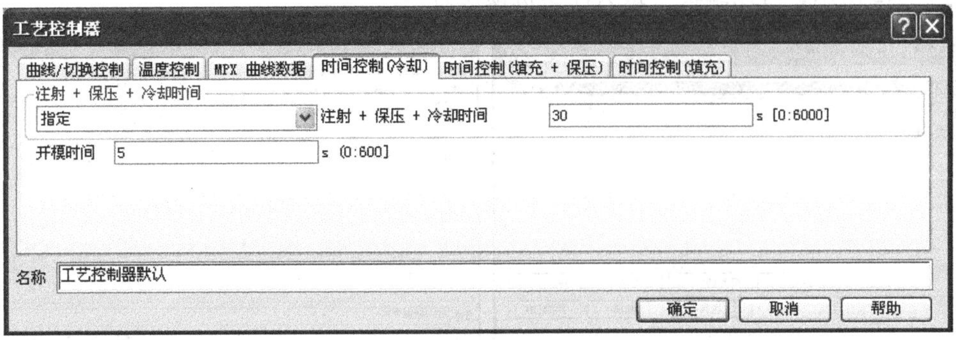

图 9 – 37 “时间控制(冷却)”选项卡

"时间控制（填充+保压）"选项卡：如图9－38所示，可以根据需要分别编辑"冷却时间"和"开模时间"。

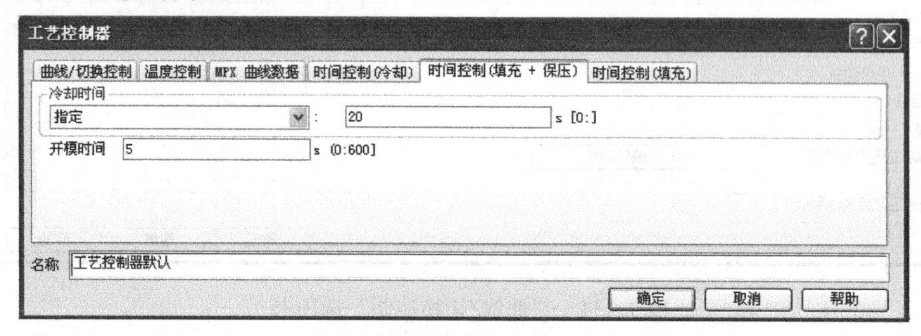

图9－38　"时间控制（填充+保压）"选项卡

"时间控制（填充）"选项卡：如图9－39所示，可以根据需要编辑"开模时间"。

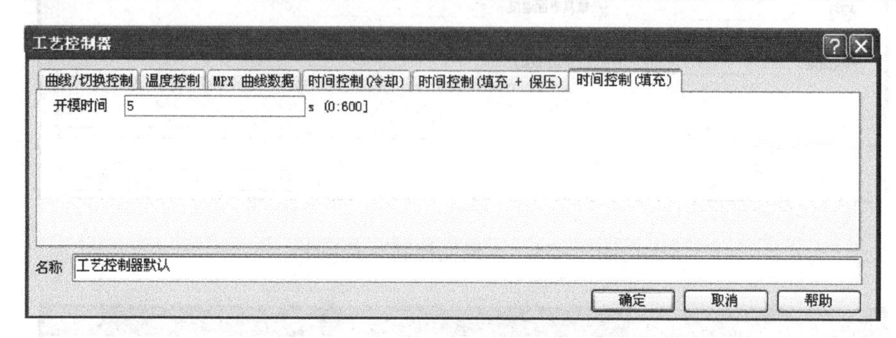

图9－39　"时间控制（填充）"选项卡

② 单击"选择"按钮会弹出如图9－40所示的"选择 工艺控制器"对话框，可以根据需要在列表中查找或通过"搜索"按钮来选择已定义的工艺控制器。

（3）注塑机：可以根据需要对注塑机参数进行编辑或重新选择。

① 单击"编辑"按钮会弹出如图9－41所示的"注塑机"对话框，用于编辑注塑机参数。在分析中尽可能选择或创建与实际生产一致的注塑机型号和参数，这样可获得更为准确的模拟结果。它主要包括三方面的参数："注射单元"、"液压单元"和"锁模单元"（如图9－42所示，可以编辑"最大注塑机锁模力"）。

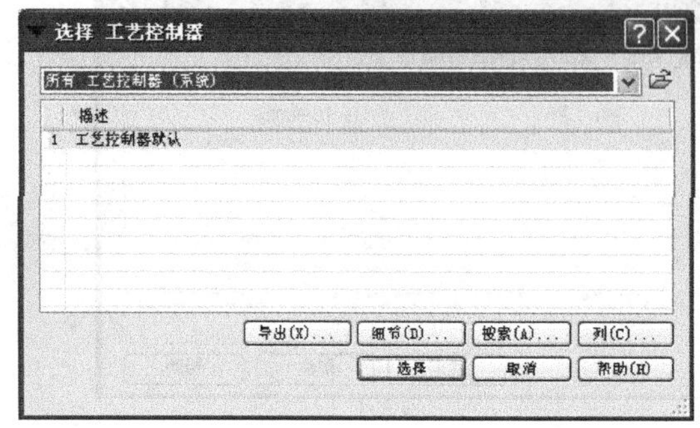

图9－40　"选择 工艺控制器"对话框

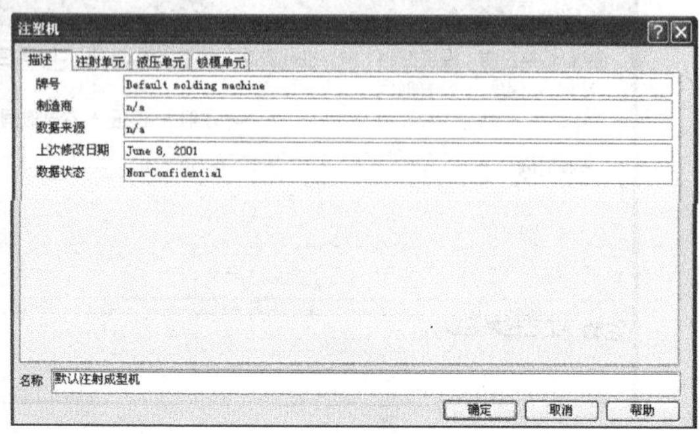

图9－41　"注塑机"对话框

② 单击“选择”按钮会弹出如图 9－43 所示的“选择 注塑机”对话框，可以根据需要在注塑机列表中查找或通过“搜索”按钮来选择相应的注塑机。

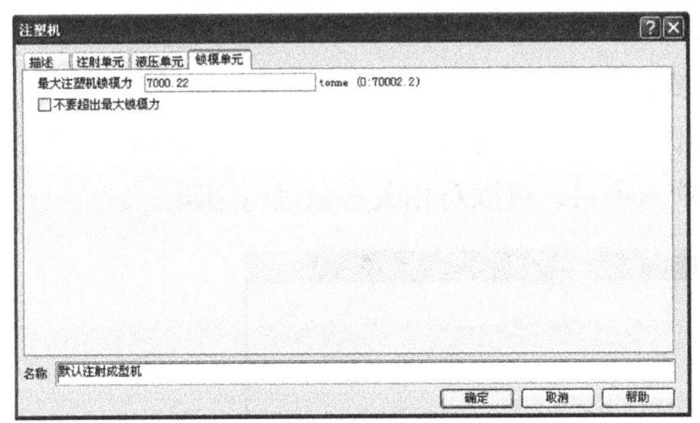

图 9－42　“锁模单元”选项卡

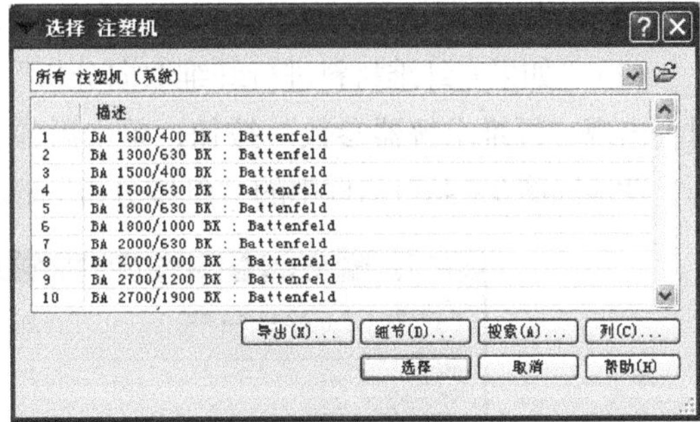

图 9－43　“选择 注塑机”对话框

（4）模具材料：可以根据需要对模具材料参数进行编辑或重新选择。

① 单击“编辑”按钮会弹出如图 9－44 所示的“模具材料”对话框，包括“描述”和“属性”两个选项卡，可以根据需要对材料信息和参数进行编辑。

② 单击“选择”按钮会弹出如图 9－45 所示的“选择 模具材料”对话框，可以根据需要在模具材料列表中查找或通过“搜索”按钮来选择相应的模具材料。

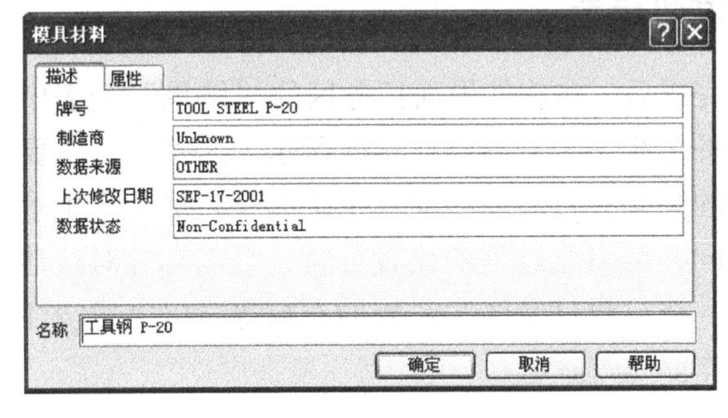

图 9－44　“模具材料”对话框

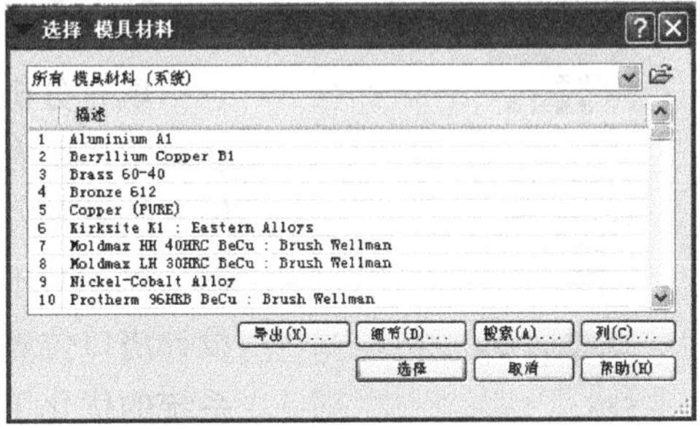

图 9－45　“选择 模具材料”对话框

（5）求解器参数：单击“编辑”按钮会弹出如图 9－46 所示的对话框，该对话框中列出了详细的求解参数，包括“网格/边界”、“中间结果输出”、“收敛”、“并行”、“纤维分析”、“冷却（FEM）分析”、“重新启动”、“翘曲分析”、“型芯偏移”和“微孔发泡”选项卡。

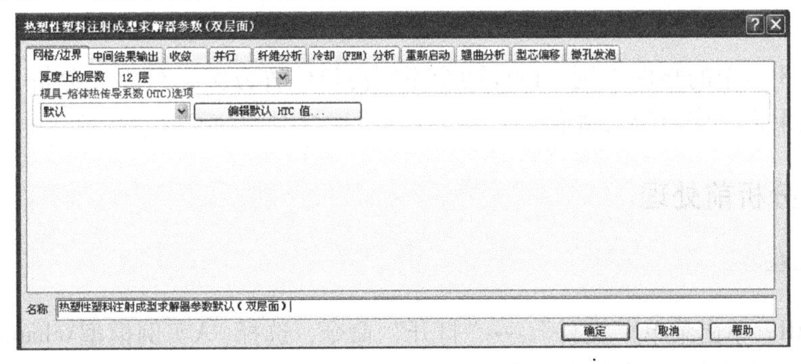

图 9－46　“热塑性塑料注射成型求解器参数（双层面）”对话框

7. 复选框选项

如图 9－28 所示的“工艺设置向导-充填设置”对话框中还有以下两个复选框。

(1)“如果有纤维材料进行纤维取向分析”复选框：勾选后，将进行纤维取向的分析，同时会出现“纤维求解器参数”按钮，单击后弹出如图 9－47 所示的“纤维求解器参数”对话框，功能同图 9－46对话框中的“纤维分析”选项卡项目，可以对相关参数进行编辑。

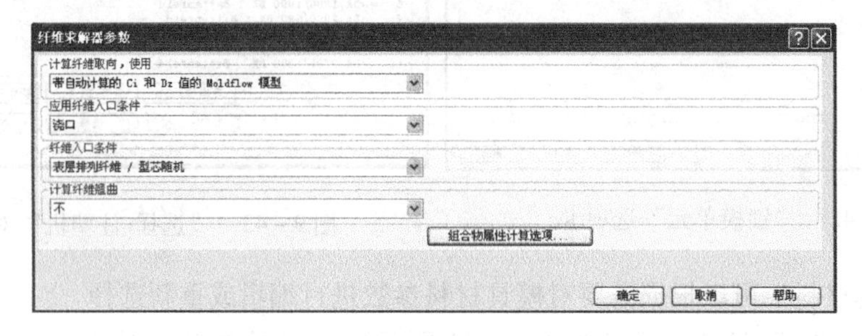

图 9－47 “纤维求解器参数”对话框

(2)“结晶分析”复选框：主要针对结晶性物料而言。

9.4.3 分析结果

填充分析完成后，在软件界面任务区的“结果”列表中会显示出所有的分析结果，如图 9－48 所示。这些项目主要用于查看塑件的填充过程，并为浇注系统的设计优化提供依据。通过对不同方案填充过程的比较分析，可以有针对性地设计浇口位置、浇口数目及浇注系统的布局等，以完成浇注系统的优化工作。

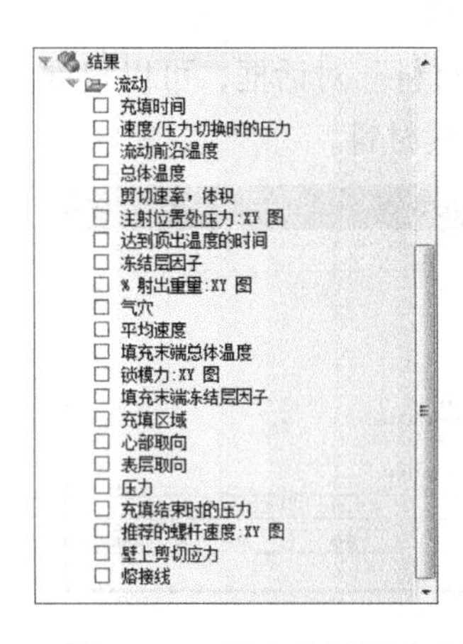

图 9－48 填充分析结果列表

9.5 填充分析优化实例

本节以 9.3 节中的塑件为例，设计两个不同浇口位置方案进行填充分析，说明如何利用填充分析结果进行浇口位置优化。

9.5.1 分析前处理

1. 打开工程

启动 ASMI，单击菜单“文件”→“打开”命令，选择“\实例模型\chapter9 \9－1 浇口位置\9－1. mpi”，单击“打开”按钮，打开工程。

2. 复制模型

双击工程管理区的“9－1_ study（浇口位置）”，然后单击鼠标右键，在弹出的快捷菜单中选择“重复”命令复制模型，然后将新复制的模型名改成“填充方案一”，浇口位置采用先前得到的最佳节点，如图9－49（a）所示。同样再复制一次，创建模型名为“填充方案二”，双击任务区中的“设置注射位置...”按钮，在塑件侧面的节点设置浇口位置，如图9－49（b）所示。

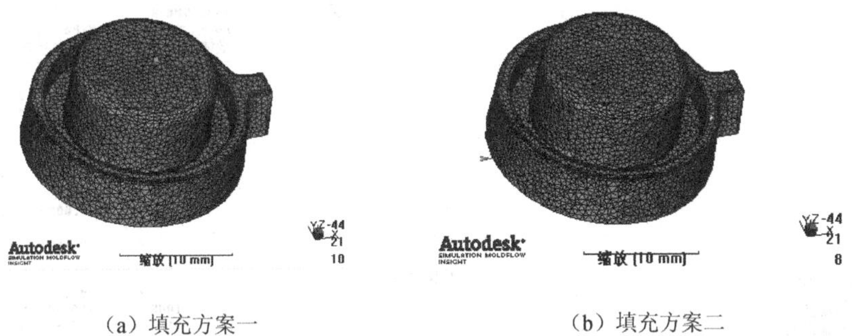

（a）填充方案一　　（b）填充方案二

图9－49　模型浇口位置

提示

（1）在填充分析中，可以仅设置注射点进行分析，也可以建立完整的浇注系统进行分析。

（2）更改方案名方法：①右击工程管理区中需要改名的方案，在弹出的快捷菜单中选择“重命名”命令，然后输入新名即可；②单击工程管理区中需要改名的方案后，再次单击，方案名出现框显时，即可进行更改。

3. 选择分析类型

双击任务区中的“浇口位置”图标，在弹出的“选择分析序列”对话框中选择“填充”选项。

4. 选择材料

本例采用默认材料。

5. 设置工艺条件

本例采用默认工艺。

9.5.2　分析处理

双击方案任务区中的“开始分析!”图标，单击弹出的确认框中的“确认”按钮，ASMI求解器开始执行计算分析。

通过分析日志，可以实时查看分析过程的相关信息。

（1）求解器参数信息如图 9 – 50 所示。

（2）材料数据信息如图 9 – 51 所示。

（3）工艺设置信息如图 9 – 52 所示。

（4）模型细节信息如图 9 – 53 所示。

```
求解器参数 :

  厚度上的计算层数                                   =          12
  充填阶段的中间结果输出选项
    恒定间隔的结果数                                 =          20
    恒定间隔的动态结果数                             =           0
  保压阶段的中间结果输出选项
    恒定间隔的结果数                                 =          20
    恒定间隔的动态结果数                             =           0
  流动速率收敛公差                                   =      0.5000 %
  熔体温度收敛公差                                   =      0.0200 C
  并行的线程数                                       = 自动
  分析中使用的初始线程数                             =           2
  模具-熔体热传导系数
                    填充                             =   5000.0000 W/m^2-C
                    保压                             =   2500.0000 W/m^2-C
                    分离，型腔侧                     =   1250.0000 W/m^2-C
                    分离，型芯侧                     =   1250.0000 W/m^2-C
  流动速率迭代的最大数量                             =         125
  熔体温度迭代的最大数量                             =         200
  节点增长机制                                       = 多个
  压力跟踪采样率                                     =          10 Hz
    压力跟踪节点总数                                 =           1
      节点        1                                     =     10482
```

图 9 – 50　求解器参数

```
材料数据 :

  树脂    : 通用 PP : 通用默认
  ---------
  pvT 模型:    两域修正 Tait
                 系数: b5 =     388.7500 K
                                b6 =  2.2000E-07 K/Pa
                                液体阶段               固体阶段
                                ---------------------------------
                                b1m =      0.0012  b1s =      0.0011 m^3/kg
                                b2m =  9.8600E-07  b2s =  2.8500E-07 m^3/kg-K
                                b3m =  6.9457E+07  b3s =  1.6407E+08 Pa
                                b4m =      0.0038  b4s =      0.0027 1/K
                                                   b7  =      0.0001 m^3/kg
                                                   b8  =      0.1190 1/K
                                                   b9  =  3.0100E-08 1/Pa

  比热(Cp)                                   =   2740.0000 J/kg-C

  热传导率                                   =      0.1640 W/m-C

  粘度模型:                  Cross-WLF
                               系数: n      =      0.2751
                                     TAUS   =  2.4200E+04 Pa
                                     D1     =  4.6600E+12 Pa-s
                                     D2     =    263.1500 K
                                     D3     =      0.0000 K/Pa
                                     A1     =     26.1200
                                     A2T    =     51.6000 K

  转换温度                                   =    111.0000 C

  机械属性数据:                               E1  =  1340.0000 MPa
                                              E2  =  1340.0000 MPa
                                              v12 =     0.3920
                                              v23 =     0.3920
                                              G12 =   481.0000 MPa

  热膨胀(CTE)数据的
    横向各向同性系数:                 Alpha1  =  9.0500E-05 1/C
                                      Alpha2  =  9.0500E-05 1/C
```

图 9 – 51　材料数据

```
工艺设置 :

  注塑机参数:
  ------------------
  最大注塑机锁模力                         = 7.0002E+03 tonne
  最大注射压力                             = 1.8000E+02 MPa
  最大注塑机注射率                         = 5.0000E+03 cm^3/s
  注塑机液压响应时间                       = 1.0000E-02 s

  工艺参数:
  ------------------
  充填时间                                 =       0.2000 s
  自动计算已确定注射时间。
  射出体积确定                             = 自动
  冷却时间                                 =      20.0000 s

  速度/压力切换方式                        = 自动
  保压时间                                 =      10.0000 s
  螺杆速度曲线(相对):
    % 射出体积            % 螺杆速度
    ----------------------------------
         0.0000             100.0000
       100.0000             100.0000
  保压压力曲线(相对):
         保压时间   % 充填压力
    ----------------------------------
         0.0000 s            80.0000
        10.0000 s            80.0000
        20.0000 s             0.0000
  环境温度                                 =      25.0000 C
  熔体温度                                 =     240.0000 C
  理想型腔侧模温                           =      40.0000 C
  理想型芯侧模温                           =      40.0000 C

  注释:来自冷却分析的模壁温度数据不可用
```

图 9 – 52　工艺设置

```
模型细节 :

  网格类型                                          = 双层面

  网格匹配百分比                                    =  89.9 %

  相互网格匹配百分比                                =  88.0 %
  节点总数                                          =        8994
  注射位置节点总数                                  =           1
     注射位置节点标签是:
                                                          10482
  单元总数                                          =       17984
    零件单元数                                      =       17984
    主流道/流道/浇口单元数                          =           0
    管道单元数                                      =           0
    连接器单元数                                    =           0
  分型面法线                                 (dx)   =      0.0000
                                             (dy)   =      0.0000
                                             (dz)   =      1.0000
  三角形单元的平均纵横比                            =      2.3262
  三角形单元的最大纵横比                            =     17.8107
  具有最大纵横比的单元数                            =       26692
  三角形单元的最小纵横比                            =      1.1563
  具有最小纵横比的单元数                            =       24419
  总体积                                            =      0.3767 cm^3
    最初充填的体积                                  =      0.0000 cm^3
    要充填的体积                                    =      0.3767 cm^3
      要充填的零件体积                              =      0.3767 cm^3
      要充填的主流道/流道/浇口体积                  =      0.0000 cm^3
  总投影面积                                        =      3.2470 cm^2
```

图 9 – 53　模型细节

（5）充填阶段进程如图 9－54 所示，显示了整个过程的充填时间、体积、压力、锁模力、流动速率及状态信息等。

（6）各阶段结果摘要信息如图 9－55 所示。

充填阶段:　　状态: V = 速度控制
P = 压力控制
V/P= 速度/压力切换

时间 (s)	体积 (%)	压力 (MPa)	锁模力 (tonne)	流动速率 (cm^3/s)	状态
0.01	4.26	3.35	0.00	1.76	V
0.02	8.97	4.72	0.01	1.81	V
0.03	13.65	5.74	0.02	1.83	V
0.04	18.49	6.74	0.03	1.83	V
0.05	23.09	7.76	0.05	1.84	V
0.06	27.70	8.85	0.06	1.82	V
0.07	32.43	10.00	0.07	1.83	V
0.08	37.01	11.11	0.09	1.84	V
0.09	41.61	12.19	0.10	1.85	V
0.10	46.12	13.20	0.12	1.85	V
0.11	50.78	14.10	0.14	1.86	V
0.12	55.40	15.03	0.16	1.86	V
0.13	59.82	15.88	0.18	1.86	V
0.14	64.68	16.68	0.20	1.87	V
0.15	69.26	17.43	0.22	1.87	V
0.16	73.71	18.15	0.24	1.87	V
0.17	78.32	18.91	0.26	1.88	V
0.18	82.94	19.67	0.28	1.88	V
0.19	87.65	20.44	0.30	1.88	V
0.20	92.44	21.22	0.33	1.88	V
0.21	96.74	22.96	0.39	1.88	V
0.21	98.46	23.86	0.42	1.83	V/P
0.22	99.90	21.15	0.44	0.63	P
0.22	99.91	21.11	0.44	0.61	P
0.22	100.00	20.98	0.44	0.61	已充填

图 9－54　充填阶段进程

充填阶段结果摘要 :

最大注射压力　(在 0.2143 s) = 23.8610 MPa

充填阶段结束的结果摘要 :

充填结束时间 = 0.2204 s
总重量(零件 + 流道) = 0.2959 g
最大锁模力 - 在充填期间 = 0.4412 tonne
推荐的螺杆速度曲线(相对):

%射出体积	%流动速率
0.0000	20.8836
10.0000	44.1773
20.0000	50.9741
30.0000	51.0197
40.0000	59.1525
50.0000	72.1866
60.0000	89.7944
70.0000	100.0000
80.0000	90.0916
90.0000	82.6642
100.0000	31.8033

% 充填时熔体前沿完全在型腔中 = 0.0000 %

零件的充填阶段结果摘要 :

总体温度 - 最大值　(在 0.214 s) = 242.4491 C
总体温度 - 第 95 个百分数 (在 0.010 s) = 240.2166 C
总体温度 - 第 5 个百分数 (在 0.220 s) = 176.0953 C
总体温度 - 最小值　(在 0.220 s) = 167.4833 C

剪切应力 - 最大值　(在 0.214 s) = 0.3472 MPa
剪切应力 - 第 95 个百分数 (在 0.010 s) = 0.2964 MPa

剪切速率 - 最大值　(在 0.214 s) = 5.0359E+04 1/s
剪切速率 - 第 95 个百分数 (在 0.010 s) = 4.5683E+04 1/s

零件的充填阶段结束的结果摘要 :

零件总重量(不包括流道) = 0.2959 g

图 9－55　各阶段结果摘要

9.5.3　分析结果

计算完成后，会弹出“分析：完成”提示框，单击“确定”按钮，在任务区的“结果”中会显示分析结果，下面选取部分结果进行比较分析。

1. 充填时间

充填时间分布如图 9－56 所示。充填时间指熔体塑料充满型腔所需的时间，平衡的充填应使熔体能够同时到达型腔末端，且为了把熔体注满型腔，获得致密、精度高的产品，必须在短时间内让熔体充满型腔。通常充填时间越短，表明浇口位置到各处型腔末端距离比较近似，流动也越容易达到平衡。

由图 9－56 可知方案一的充填时间为 0.2204s，而方案二的为 0.3443s，因此方案一充填时间更短，而且塑料熔体在四周流动方向上基本同时到达型腔末端，比方案二更符合注射成型的要求。

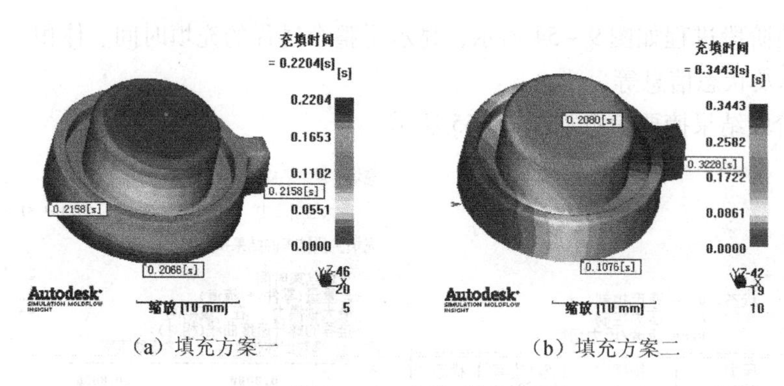

（a）填充方案一　　（b）填充方案二

图 9－56　充填时间

2. 流动前沿温度

流动前沿温度分布如图 9－57 所示。流动前沿温度结果可以判断料流前锋的温度情况，通常结合熔接线结果，可以判断熔接线的强度和明显程度，产生熔接线的位置流动前沿温度越高，熔接线强度越好，也越不明显。

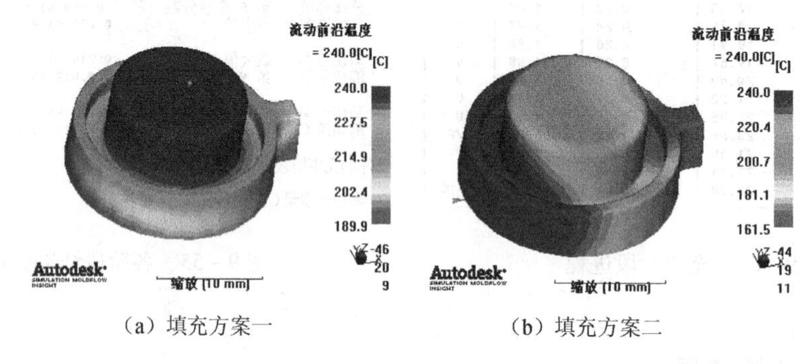

（a）填充方案一　　（b）填充方案二

图 9－57　流动前沿温度

分析流动前沿温度的基本原则：确保流动前沿温度总是在聚合物使用的推荐范围之内；避免流动前沿温度下降过快，以防止出现滞流和短射；在填充完成时温度尽量均匀分布；合理温差一般在 20℃之内。

由图 9－57 可知两方案熔体前沿最高温度均为 240.0℃，而方案一的温差为 50.1℃，方案二的温差为 78.5℃，因此方案一温差值更小，比方案二更符合注射成型的要求。

3. 总体温度

总体温度分布如图 9－58 所示。制件总体温度分布也应尽量均匀，温差尽可能小，同时也要注意温度过高区域，如果最高温度接近或超过聚合物材料的降解温度，或出现局部过热，将会严重影响产品质量，必须要重新设计浇注系统或改变相关工艺参数。

由图 9－58 可知方案一的温差为 74.8℃，而方案二的温差为 101.7℃，因此方案一温差值较小，温度分布相对方案二更符合注射成型的要求。

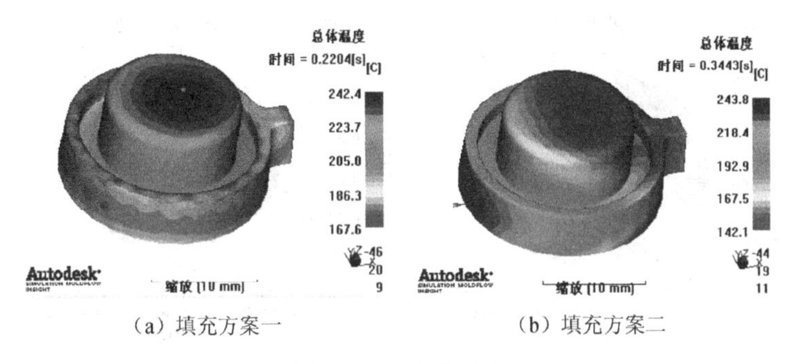

（a）填充方案一　　（b）填充方案二

图 9－58　总体温度

4. 气穴

气穴分布如图 9－59 所示。气穴是由流动路径末端或材料从各个方向流向同一处位置时所形成的困气，如不及时消除，则会引起烧焦痕、缺料或表面疤痕等缺陷。

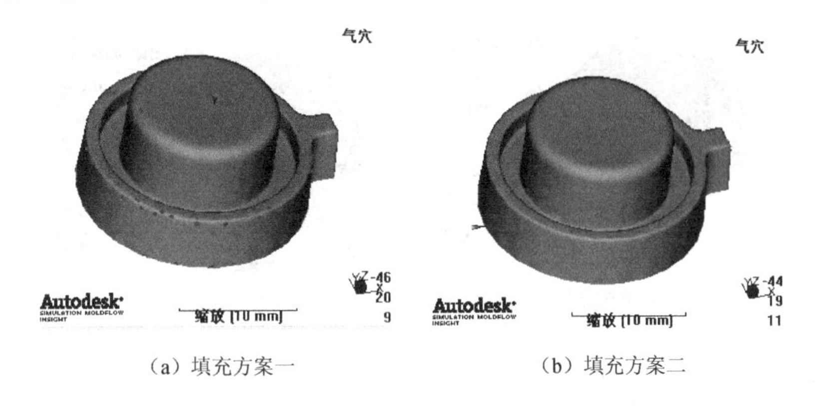

（a）填充方案一　　（b）填充方案二

图 9－59　气穴

由图 9－59 可知方案一气穴明显较多，而方案二只在熔体流动末端部位出现一些气穴，因此，从这个角度看方案二的结果更符合注射成型的要求。

提示

气穴的解决方法：（1）注意物料的干燥；（2）成型工艺条件的调整；（3）考虑模具的具体结构，如浇口位置和排气系统的设计。

5. 锁模力

锁模力分布如图 9－60 所示。锁模力大小由塑件在开模方向的投影面积和型腔压力大小决定，在成型中一般为了减小设备的能耗，希望最大锁模力要小。

由图 9－60 可知方案一的最大锁模力为 0.4412tonne，而方案二的为 0.6322tonne，因此方案一的最大锁模力较小，更符合注射成型的要求。

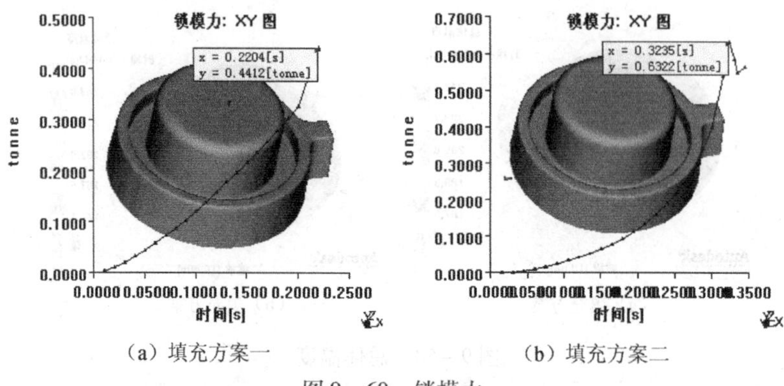

（a）填充方案一　　（b）填充方案二

图 9－60　锁模力

6. 压力

压力分布如图 9－61 所示。压力是熔体在型腔内充填过程中各处的压力，在成型中希望最大压力要小，而且尽量均匀。

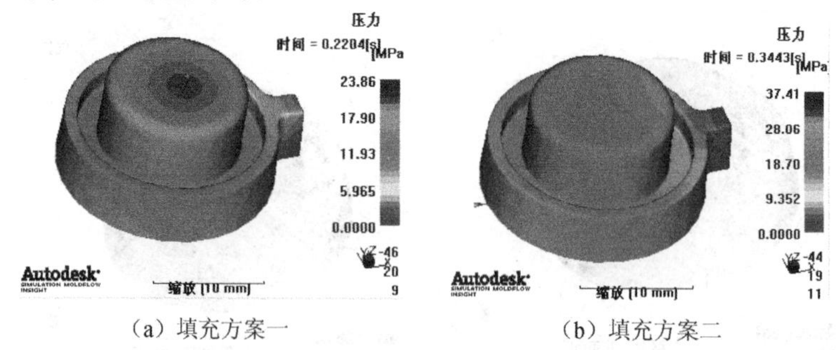

（a）填充方案一　　（b）填充方案二

图 9－61　压力

由图 9－61 可知方案一的最大压力为 23.86MPa，而方案二的最大压力为 37.41MPa，因此方案一最大压力值较小，更符合注射成型的要求。

7. 熔接线

熔接线如图 9－62 所示。熔接线容易降低塑件强度，特别是在塑件受力部位的熔接线更容易造成产品结构上的缺陷，同时还会影响塑件表面的质量。

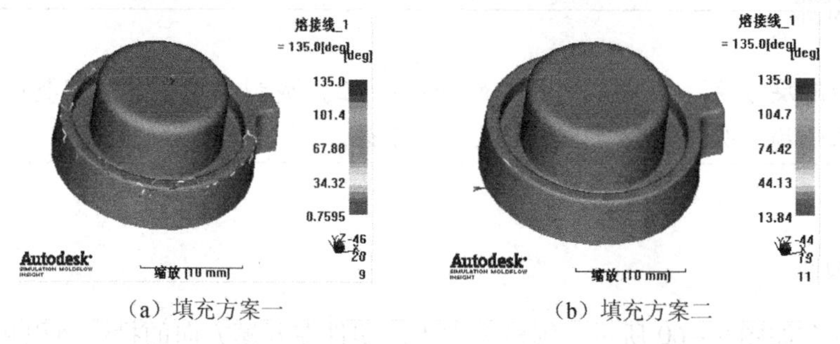

（a）填充方案一　　（b）填充方案二

图 9－62　熔接线

两方案比较可知方案一的熔接线明显较多，因此从这个角度看，方案二的结果更符合注射成型的要求。

提示

在一般注射成型过程中，熔接线是不可避免的，但可以通过一定的方法进行改善，针对不同的要求可以采用相应的方法：

(1) 减少熔接痕，比如采用热流道针阀式顺序注塑成型；

(2) 改变熔接痕位置，主要通过调整浇口位置来实现，如本案例两个方案得到的熔接线分布情况；

(3) 提高熔接痕牢度，提高熔接线处熔体的温度等。

9.5.4 分析讨论

通过以上主要结果的比较分析可以看出，方案一结果中除“气穴”和“熔接线”外，其他几项结果都好于方案二，因此：

(1) 如果选择方案一，则需要通过适当的工艺条件调整来改善“气穴”和“熔接线”，同时浇口的形式可采用直接浇口或针点式浇口；

(2) 如果选择方案二，则采用侧浇口或潜伏式的形式；

(3) 可以结合两方案的优点，尝试其他方案，这里采用如图 9－63 所示的方案三，其分析结果分别见图 9－64～图 9－70。

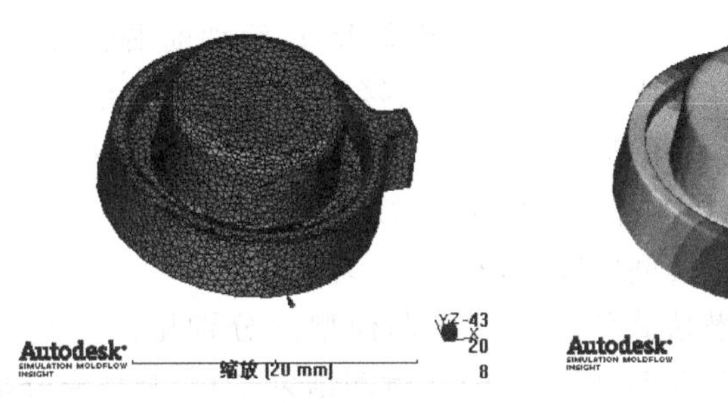

图 9－63 填充方案三

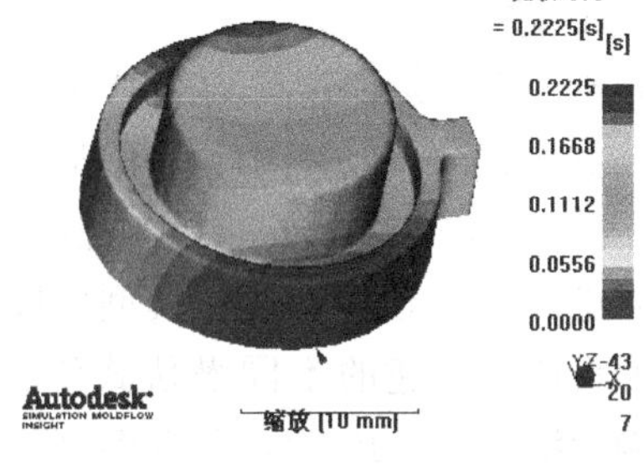

图 9－64 充填时间

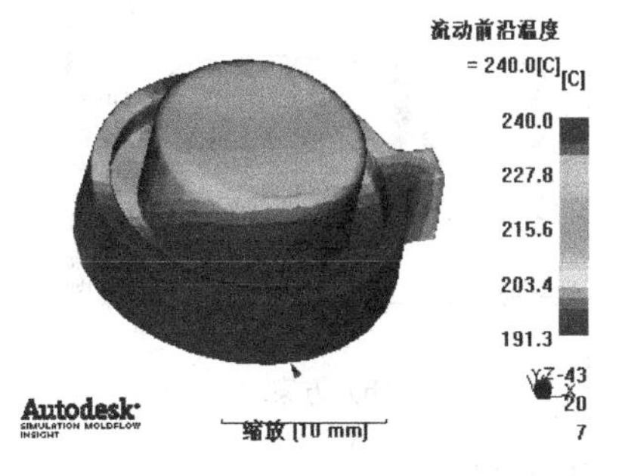

图 9－65 流动前沿温度

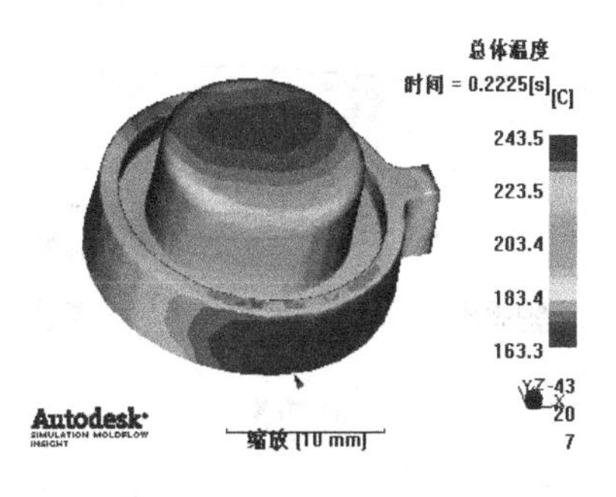

图 9－66 总体温度

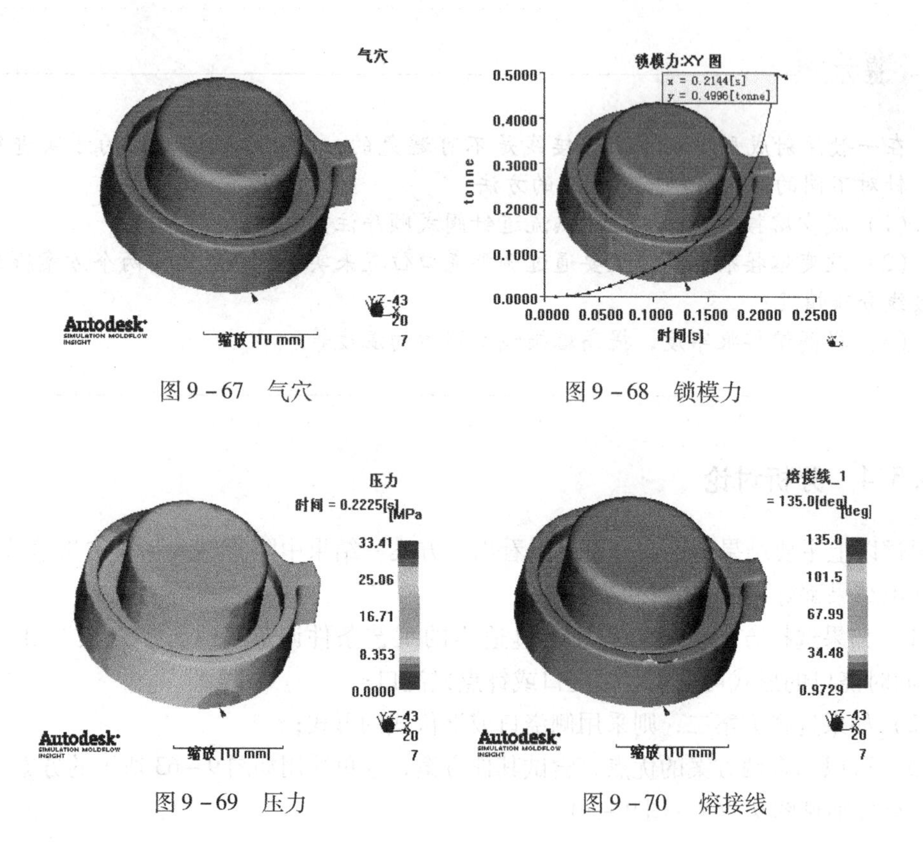

图 9－67　气穴　　图 9－68　锁模力

图 9－69　压力　　图 9－70　熔接线

可以看出在方案三的分析结果中，充填时间为 0.2225s；流动前沿温度差为 48.7℃；总体温度差为 80.2℃；最大锁模力为 0.4996tonne，均接近于方案一的结果，而“气穴”和“熔接线”和方案二相似。因此利用填充分析相关结果优化浇注系统时，也要充分考虑塑件的结构、质量要求，模具的布局和浇注系统采用的形式等因素。

本实例创建结果见光盘：\实例模型\Chapter9 \9－1 填充。

另外如第 6 章中创建的不同潜伏式浇口位置的两模型（分别见：光盘\实例模型\Chapter6\实例四结果一、光盘\实例模型\Chapter6\实例四结果二），其填充分析的部分结果如图 9－71～图 9－75 所示。

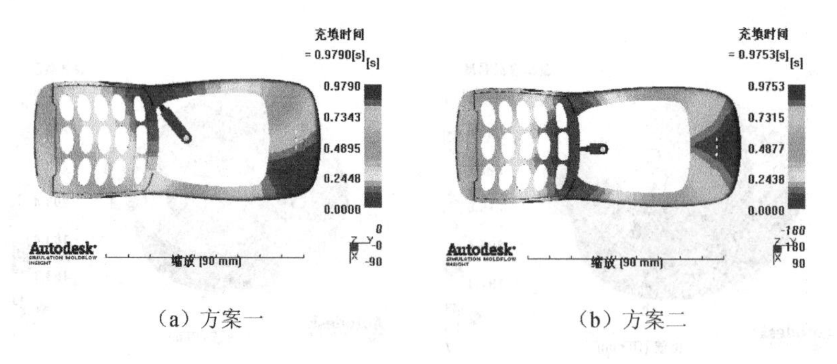

（a）方案一　　（b）方案二

图 9－71　充填时间

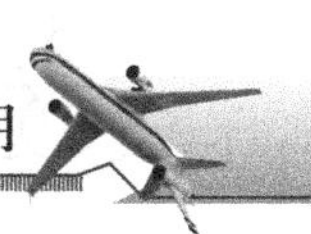

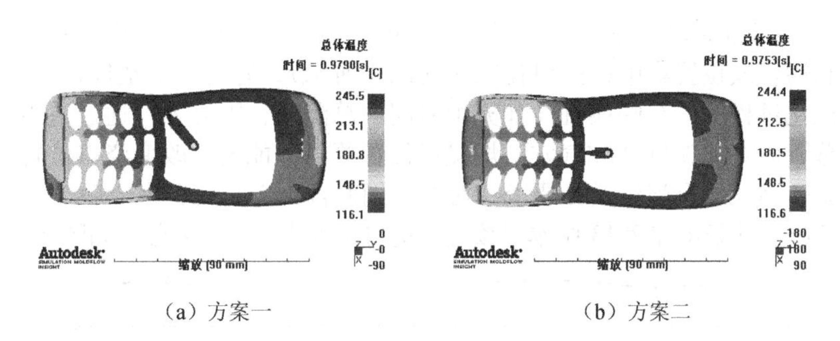

（a）方案一　　（b）方案二

图 9－72　总体温度

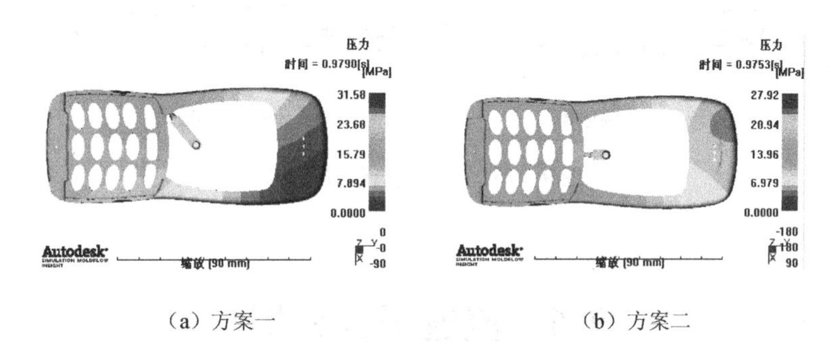

（a）方案一　　（b）方案二

图 9－73　压力

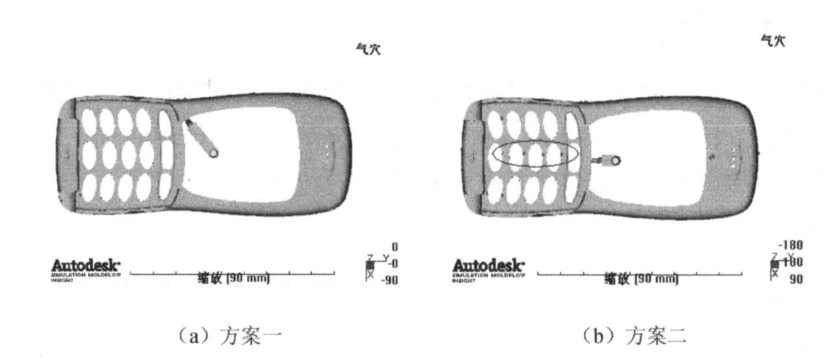

（a）方案一　　（b）方案二

图 9－74　气穴

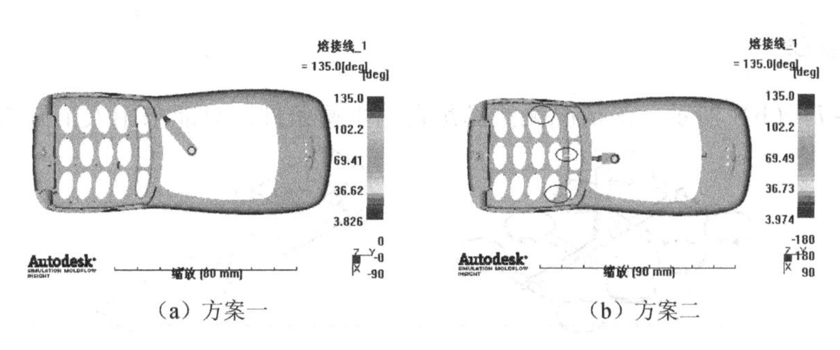

（a）方案一　　（b）方案二

图 9－75　熔接线

由以上结果可以看出，在充填时间、总温度和压力等方面，方案二更为合理，但方案二的气穴和熔接线位置集中在按钮孔之间（圈中所示），容易影响塑件在该处的强度。

在实际优化过程中，有些项目（如充填时间、总温度、压力等）通过适当调整工艺就可以得到改善，而有的项目（如气穴、熔接线位置等）只能通过改变浇口位置、成型技术等方法来改善，因此结合塑件具体要求，对于本例而言，方案一更为合理。

用 Moldflow 先前版本和 2013 版本对该塑件浇口位置优化的结果分别如图 9－76 所示。

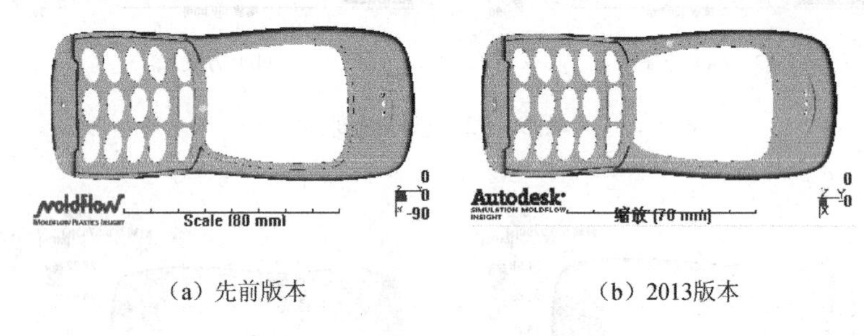

（a）先前版本　　（b）2013版本

图 9－76　最佳浇口位置结果

9.6　流道平衡分析

9.6.1　分析目的

在多模腔中，平衡的浇注系统不仅可以保证充填过程的同步性，也可保证不同型腔产品质量的一致性，比较容易实现的方法就是采用自然平衡的流道布局。但在实际设计中，往往由于各种原因无法实现自然平衡而采用非平衡的布局，非平衡的布局主要有以下两种常见情况。

1. 同模多腔

如图 9－77（a）所示，该布局可以大大缩短流道总长度，使型腔排列更加紧凑，减小模板尺寸。

2. 异模多腔

如图 9－77（b）所示，该情况无法满足自然平衡条件，只能采用人工方法进行平衡。

（a）同模多腔　　（b）异模多腔

图 9－77　非平衡式

平衡充填的最理想状态是同时充填、同时充满和同时冷却，为了达到平衡充填，非平衡式布置的平衡除改变浇口尺寸以补偿流道长度差异引起的不平衡外，也可通过采用改变各段分流道断面尺寸的办法来达到进料平衡，使从主流道到各个浇口的压力降相等。

ASMI 提供的流道平衡分析可以对不平衡布局模型浇注系统进行优化，保证各腔一致的充填时间和均衡的压力，从而达到平衡的目的。

但该分析模型仅适用于下列场合：

（1）中性面或双层面；

（2）每腔均为单浇口；

（3）只对流道截面尺寸进行平衡优化。

对如图 9－77 所示的两种情况进行平衡分析后可以得到如图 9－78 所示的结果（分流道尺寸有变化）。

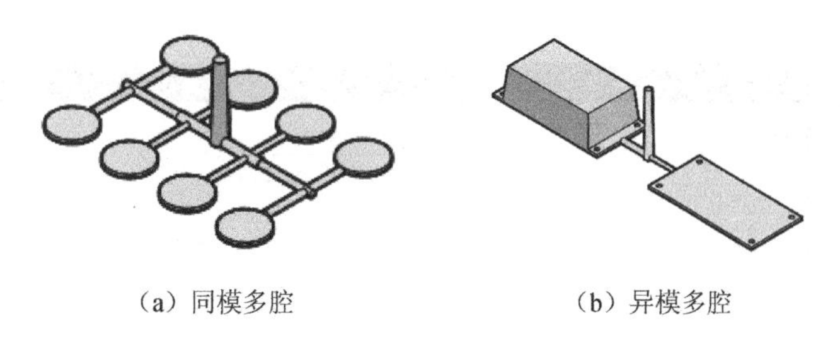

（a）同模多腔　　（b）异模多腔

图 9－78　平衡结果

9.6.2　平衡条件设置

流道平衡分析模块包含了填充和流道平衡分析，即平衡分析时是在填充基础上进行计算分析的，关于填充分析的设置在前面章节中已经阐述，这里主要介绍流道平衡分析中平衡约束条件的相关设置。

流道平衡实际上是基于条件约束基础上的迭代分析计算，因此，平衡条件直接决定了分析计算的收敛效果及计算的精度和速度。

平衡约束条件主要包括工艺条件的约束和流道尺寸的约束。

1. 工艺条件约束

在进行流道平衡分析之前，用户需要设置相应的成型工艺参数，具体步骤如下。

Step1：单击菜单“分析”→“工艺设置向导”命令或双击任务区的“工艺设置（默认）”图标，弹出如图 9－79 所示的“工艺设置向导-充填设置”对话框，具体设置前面章节已阐述，这里不再赘述。

Step2：单击“下一步”按钮进入如图 9－80 所示的对话框，这里必须要在“目标压力”栏输入相应的值。

“目标压力”：范围为 0～240MPa，是流道平衡分析进行迭代计算的目标压力值，即在该设定值条件下，进行流道平衡尺寸的计算。

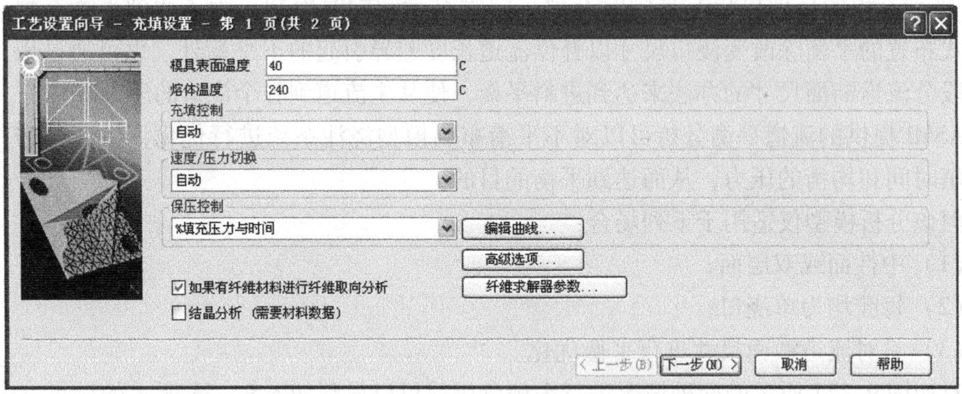

图 9－79　“工艺设置向导-充填设置”对话框

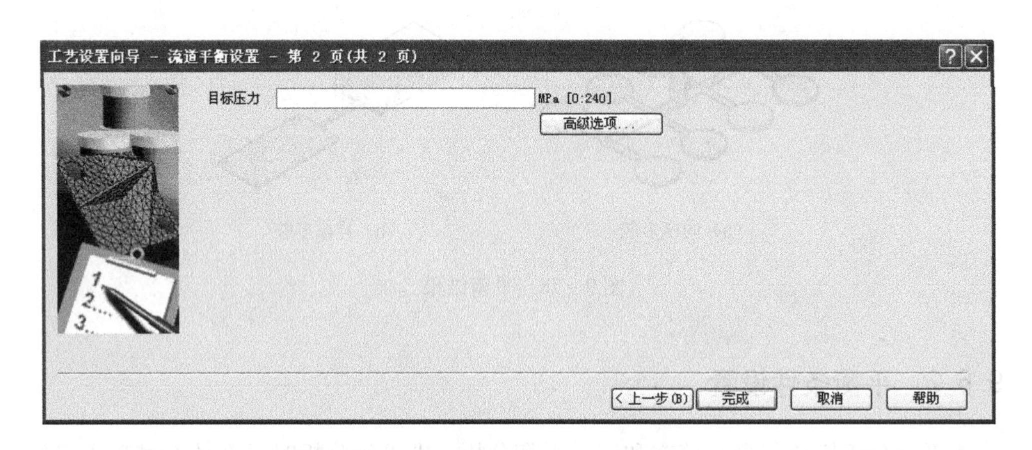

图 9－80　“工艺设置向导-流道平衡设置”对话框

Step3：单击“高级选项”按钮，弹出如图 9－81 所示的“流道平衡高级选项”对话框，可以对相关参数进行设置以控制迭代次数和收敛性。

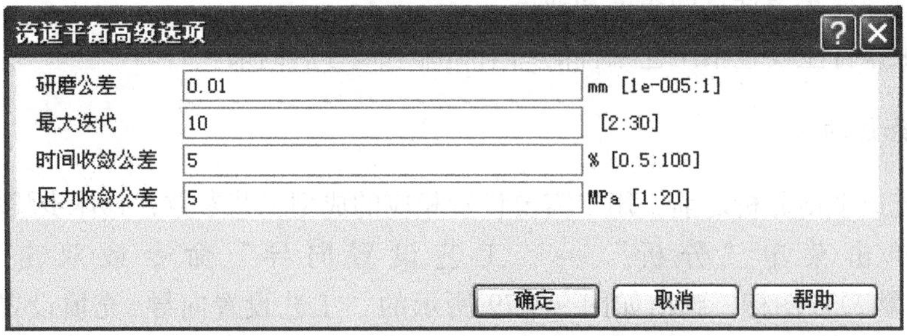

图 9－81　“流道平衡高级选项”对话框

“研磨公差”：迭代计算中，流道截面面积每一步迭代的量，该值越小，精度越高，但越费时。

“最大迭代”：用来控制迭代过程的最终收敛，应结合其他参数综合考虑，避免无法收敛。

“时间收敛公差”：定义充填时间收敛标准，即当充填时间的不平衡程度达到该值时，表示迭代收敛，计算结束。

“压力收敛公差”：定义压力收敛标准，即当充填结束时进料位置处压力在该值以内时，表示迭代收敛，计算结束。

2. 流道尺寸约束

可以根据需要对设置好的分流道尺寸进行相应的约束，具体设置过程如下。

Step1：选取需要设置约束的分流道，单击菜单“编辑”→“属性”命令，或右击选择快捷菜单中的“属性”命令，弹出如图9－82所示的“冷流道”对话框，可以根据需要编辑其“截面形状”等，这里以“圆形”、“非锥体”为例，介绍下面的步骤设置。

Step2：单击“编辑尺寸”按钮，弹出如图9－83所示的“横截面尺寸”对话框，显示分流道的直径，也可以进行编辑。

Step3：单击“编辑流道平衡约束”按钮，弹出如图9－84所示的“流道平衡约束”对话框，其中的约束有以下三个选项。

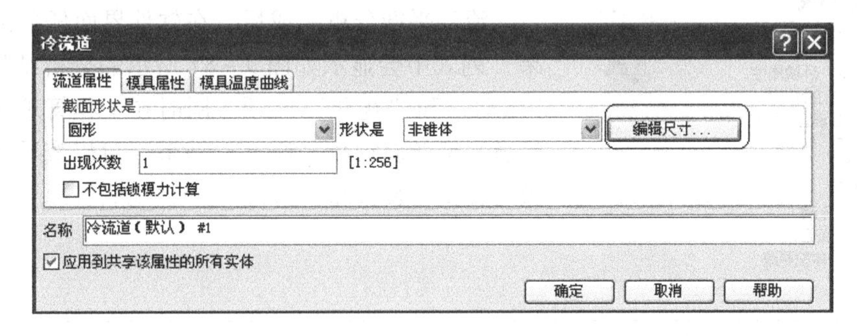

图9－82 “冷流道”对话框

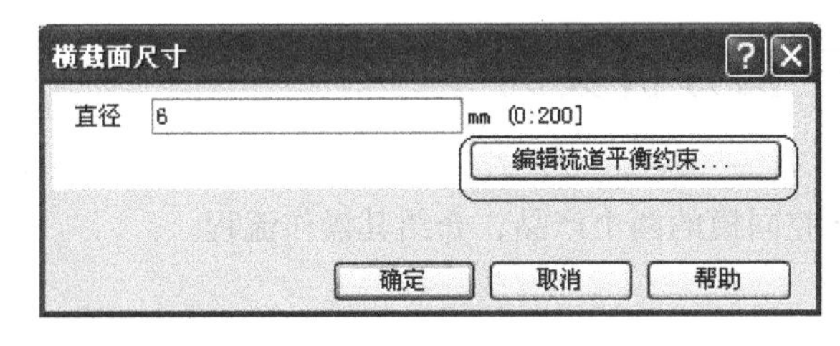

图9－83 “横截面尺寸”对话框

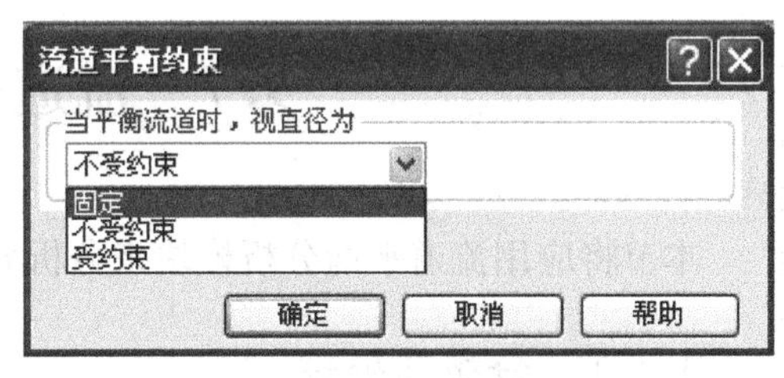

图9－84 “流道平衡约束”对话框

（1）固定：将该分流道尺寸值固定，在平衡分析中不做调整。

（2）不受约束：在平衡分析中，尺寸大小不受约束，可根据平衡条件进行调整。

（3）受约束：选择受约束时，可以单击如图9－85所示对话框中的“编辑尺寸限制”按钮，会弹出如图9－86所示的“流道平衡尺寸限制”对话框，可以对流道尺寸做范围的限制。

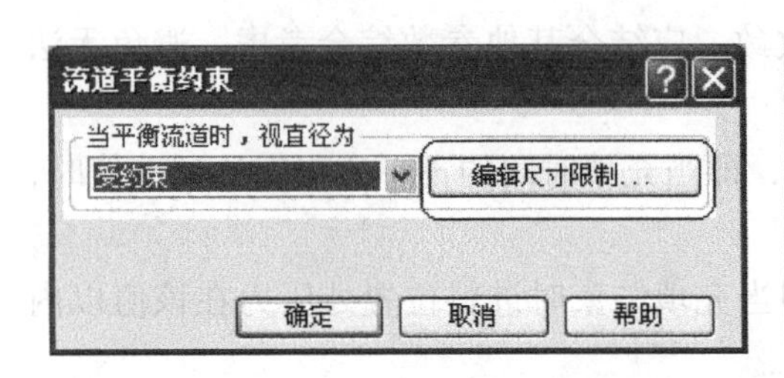

图 9－85　“流道平衡约束”对话框

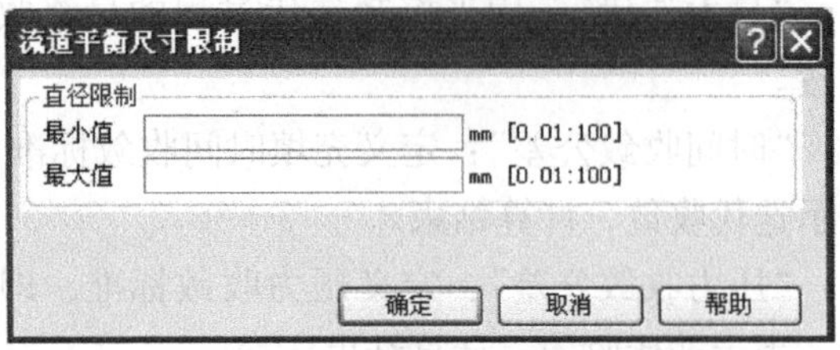

图 9－86　“流道平衡尺寸限制”对话框

提示

分流道设置的截面和形状不同，其平衡约束的参数会有所不同，这里不再一一列出。

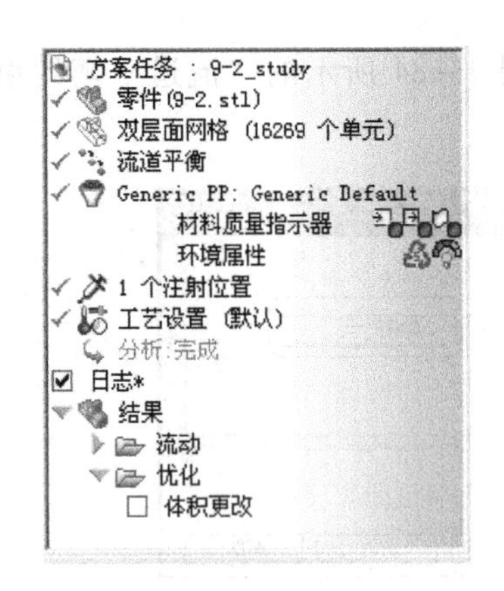

图 9－87　平衡分析结果列表

9.6.3　分析结果

流动平衡分析完成后，在软件界面任务区的“结果”列表中会显示如图 9－87 所示的分析结果，包括“流动”和“优化”两项。同时在工程管理区复制出流道平衡的新模型。通过“结果”可以查看塑件的充填过程及平衡效果。

9.7　流道平衡分析实例

本节将应用流道平衡分析模块来分析异腔同模的两个产品，介绍其操作流程。

9.7.1　分析前处理

1. 新建工程

启动 ASMI，单击菜单“文件”→“新建工程”命令，弹出“创建新工程”对话框，在“工程名称”文本框中输入“9－2”，在“创建位置”文本框指定工程路径，单击“确定”按钮完成创建。

2. 导入模型

单击工具条命令，进入模型导入对话框，选择“\实例模型\chapter9 \9－2 练习模型\ 9－2. stl”，单击“打开”按钮，系统弹出“导入”对话框，选择网格类型“双层面”，尺寸单位默认为“毫米”，单击“确定”按钮，导入如图9－88所示的模型。

3. 添加模型

单击菜单“文件”→“添加”命令，进入添加模型选择对话框，选择“\实例模型\chapter3 \3－1. stl”，单击“打开”按钮，弹出“导入”对话框，此时网格类型不可选，只能和上一个模型网格类型一致，尺寸单位默认为“毫米”。单击“确定”按钮，导入如图9－89所示的模型。

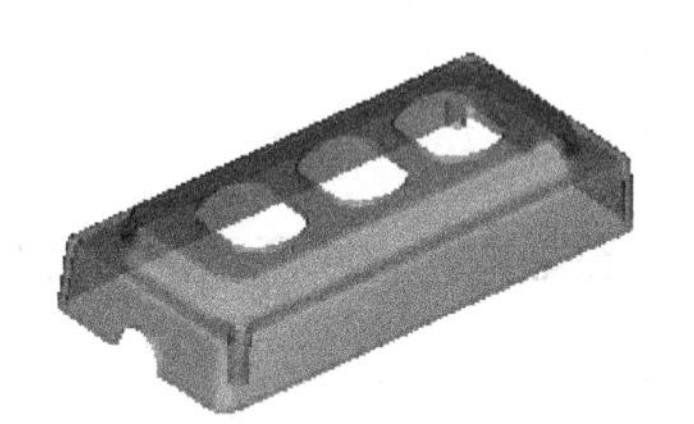

图9－88　9－2模型

图9－89　添加3－1模型

提示

由于本例中两个模型大小差不多，所以添加STL的时候以相同网格边长进行网格划分；如果两个模型相差比较大，则需要以不同边长进行网格划分，可以分别划分好网格后，再进行添加，具体操作见10.2节“双色注射成型实例”。

4. 调整模型位置

单击菜单“建模”→“移动/复制”→“旋转”命令，在弹出的如图9－90所示的“旋转”对话框“选择”下拉列表中选取模型3－1，在“轴”下拉列表中选择“Z轴”选项，在“角度”文本框中输入“90”，选中“移动”单选钮，单击“应用”按钮。

再次单击菜单“建模”→“移动/复制”→“平移”命令，在弹出的如图9－91所示的“平移”对话框“选择”下拉列表中选取模型3－1，在“矢量”文本框输入“100 85”，选中“移动”单选钮，单击“应用”按钮，完成如图9－92所示的结果。

5. 处理网格

Step1：网格划分。双击任务区的“创建网格...”图标，弹出“生成网格”对话框，在“全局网格边长”文本框中输入“4”，单击“立即划分网格”按钮，完成如图9－93所示的网格。

图 9－90　“旋转”对话框

图 9－91　“平移”对话框

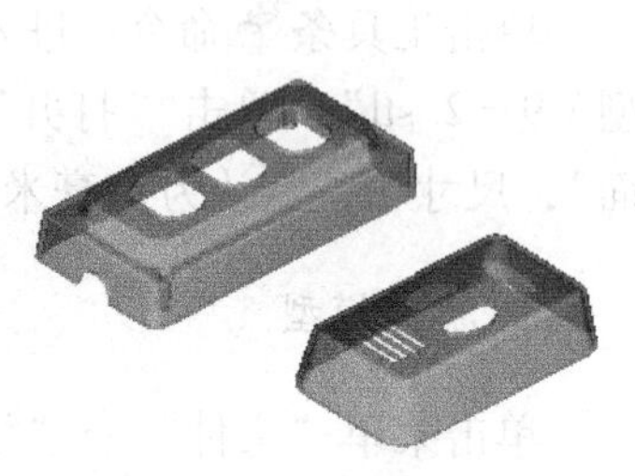

图 9－92　模型调整结果

Step2：网格统计与修复。这里也主要存在纵横比过大的问题，将纵横比修复到 20 以内即可，具体诊断与修复过程这里不再赘述。

6. 选择分析类型

双击方案任务视窗中的“ 填充 ”图标，在如图 9－94 所示的对话框中选择“流道平衡”选项，单击“确定”按钮。

图 9－93　网格模型

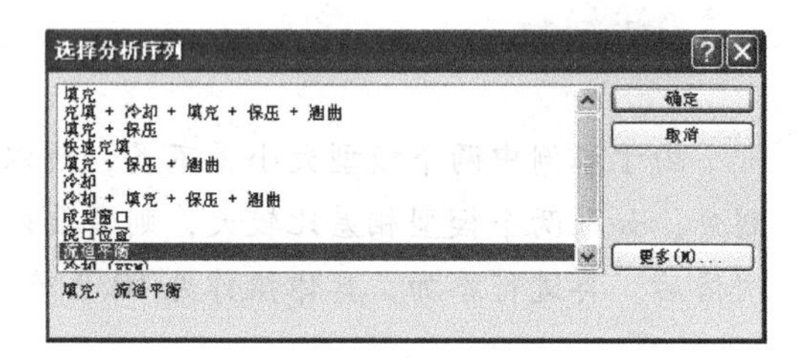

图 9－94　“选择分析序列”对话框

7. 选择材料

本例采用默认材料。

8. 创建浇注系统

Step1：设置注射点。双击任务区中的“ 设置注射位置...”图标，如图 9－95 所示对模型显示区中的每个模型设置一个注射点。

Step2：单击菜单“建模”→“流道系统向导”命令，弹出如图 9－96 所示的“布置”对话框，分别单击“浇口中心”和“浇口平面”按钮。

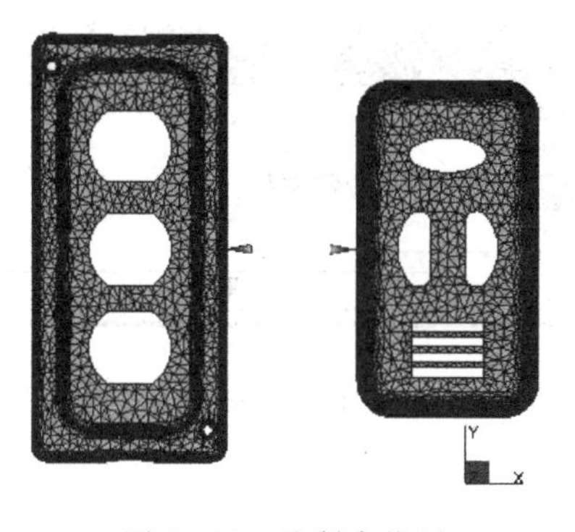

图 9－95 注射点位置

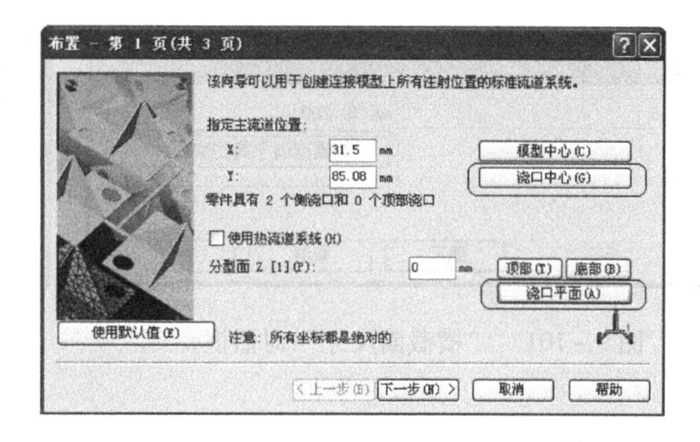

图 9－96 “布置”对话框

Step3：单击“下一步”按钮，显示如图 9－97 所示的“注入口/流道/竖直流道”对话框，在“主流道”的“入口直径”、“长度”和“拔模角”文本框中分别输入“3.5”、“60”、“3”；在“流道”的“直径”文本框中输入“5”。

Step4：单击“下一步”按钮，显示如图 9－98 所示的“浇口”对话框，在“侧浇口”的“入口直径”、“拔模角”和“长度”文本框中分别输入“2”、“0”、“3”。

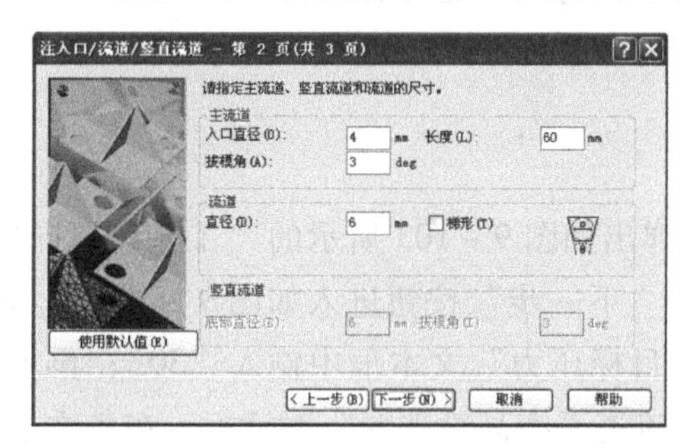

图 9－97 “注入口/流道/竖直流道”对话框

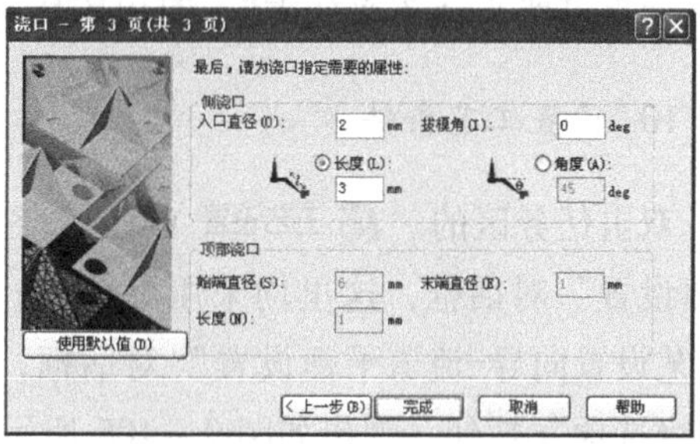

图 9－98 “浇口”对话框

Step5：单击“完成”按钮，创建如图 9－99 所示的结果。

9. 设置流道平衡约束

Step1：选择模型 9－2 一侧所有分流道单元，单击菜单“编辑”→“属性”命令，弹出如图 9－100所示的“冷流道”对话框。单击“编辑尺寸”按钮，弹出如图 9－101 所示的“横截面尺寸”对话框。单击“编辑流道平衡约束”按钮，弹出如图 9－102 所示的“流道平衡约束”对话框，选择“不受约束”选项，依次单击“确定”按钮完成设置。

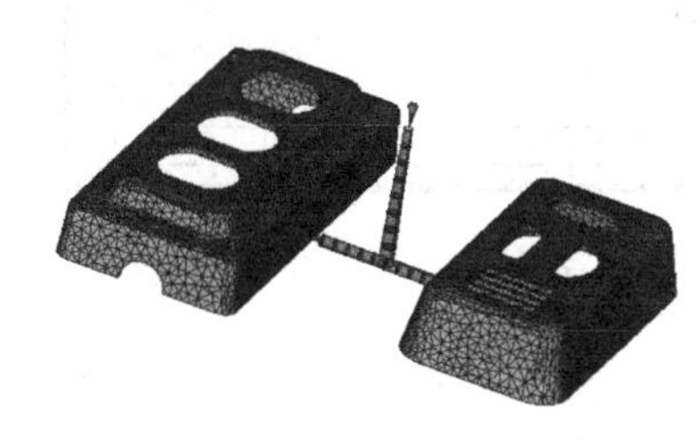

图 9－99 浇注系统创建结果

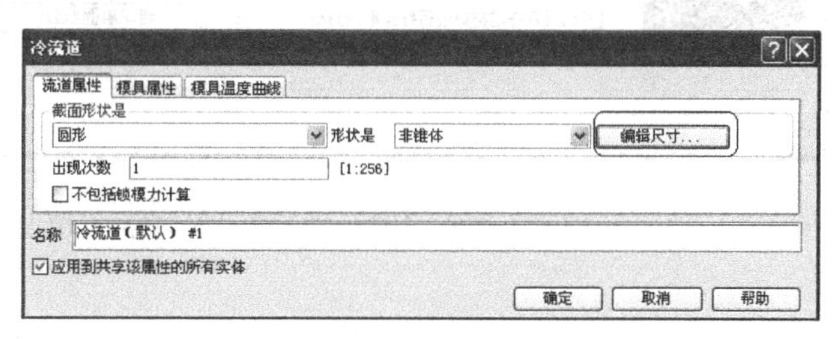

图 9－100 “冷流道”对话框

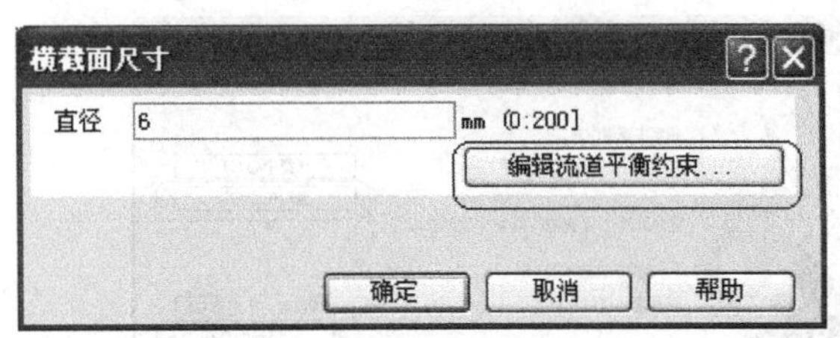

图 9－101　“横截面尺寸”对话框

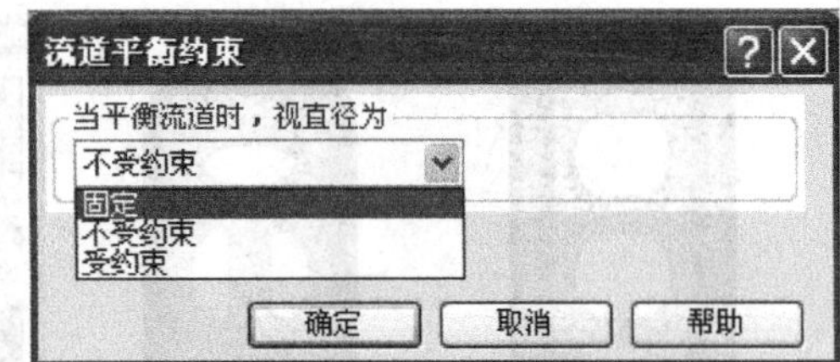

图 9－102　“流道平衡约束”对话框

一般在初步分析中，不能确定平衡流道尺寸时，建议选择“不受约束”选项，系统通过分析自动调整确定最佳流道尺寸，避免因约束不合理导致分析失败。

Step2：同样将模型 3－1 一侧分流道单元也设置为“不受约束”。

如果设置为“不受约束”，可以不执行本步骤，系统默认项就是“不受约束”。

10. 设置工艺条件

双击任务区的“工艺设置 (默认)”图标，弹出如图 9－103 所示的“工艺设置向导-充填设置”对话框，这里均采用默认值；单击“下一步”按钮进入如图 9－104 所示的“工艺设置向导-流道平衡设置”对话框，在“目标压力”文本框中输入“30”；再单击“高级选项”按钮，弹出如图 9－105 所示的“流道平衡高级选项”对话框，在各文本框中分别输入“0.01”、“10”、“5”和“5”。

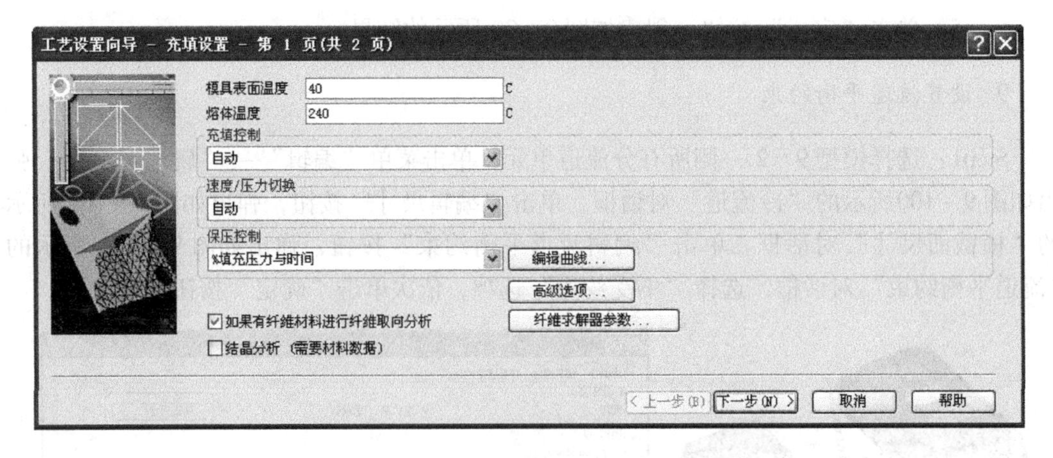

图 9－103　“工艺设置向导-充填设置”对话框

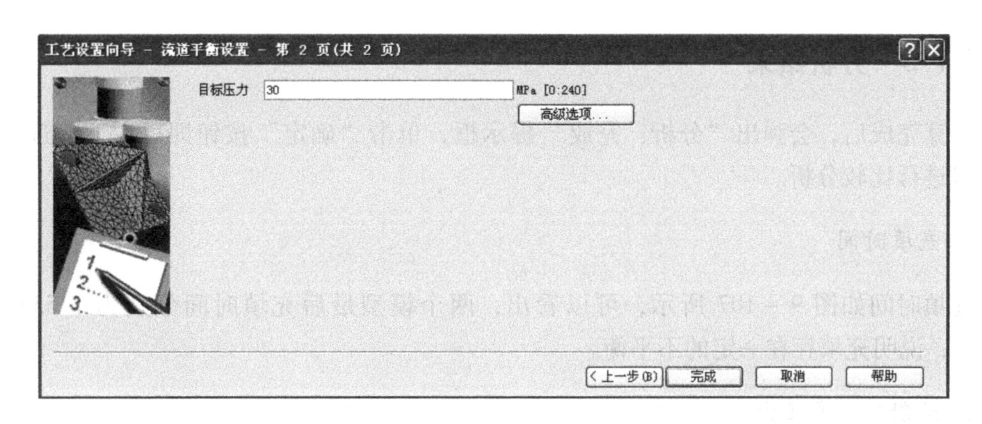

图 9-104 “工艺设置向导-流道平衡设置”对话框

流道平衡高级选项

研磨公差	0.01	mm [1e-005:1]
最大迭代	10	[2:30]
时间收敛公差	5	% [0.5:100]
压力收敛公差	5	MPa [1:20]

确定 取消 帮助

图 9-105 “流道平衡高级选项”对话框

9.7.2 分析处理

双击方案任务区的“开始分析!”图标，单击弹出的确认框中的“确认”按钮，ASMI 求解器开始执行计算分析。

通过分析日志，除了可以实时查看求解器参数、材料数据、工艺设置、模型细节、充填分析进程及各阶段结果摘要等信息外，还可以查看如图 9-106 所示的迭代计算过程等信息。

```
分析开始时间        Wed Mar 05 11:39:27 2014
平衡目标压力        30.0000 MPa
研磨公差          0.0100 mm
最大迭代限制      10
时间收敛公差        5.0000 %
压力收敛公差        5.0000 MPa
截面收敛公差        0.7000

迭代        时间不平衡        压力不平衡          截面不平衡
              (%)               (MPa)
 0          6.5486            5.1820             0.6683
 1          4.5321            2.9690             1.3961
 2          3.3110            3.1360             0.7242
 3          2.0665            2.7050             0.5395
理想的平衡完成: 允许研磨公差和压力控制
 4          2.0665            2.7050             0.5395
```

图 9-106 迭代计算过程

9.7.3 分析结果

计算完成后，会弹出“分析：完成”提示框，单击“确定”按钮即可，下面选取以下结果进行比较分析。

1. 充填时间

充填时间如图 9－107 所示，可以看出，两个模型最后充填时间分别为 1.555s 和 1.624s，说明充填存在一定的不平衡。

2. 注射位置处压力

右击任务区中的“结果”，选择快捷菜单中的“新建图”命令，弹出如图 9－108 所示的“创建新图”对话框，选择“注射位置处压力：XY 图”选项，单击“确定”按钮，显示如图 9－109所示的结果。可以看出，注射位置处的压力在 1.589s 时从 23.58MPa 急剧上升到了 30.94MPa，然后又下降到 24.94MPa，这反映了流动的不平衡导致该处的压力大幅波动。

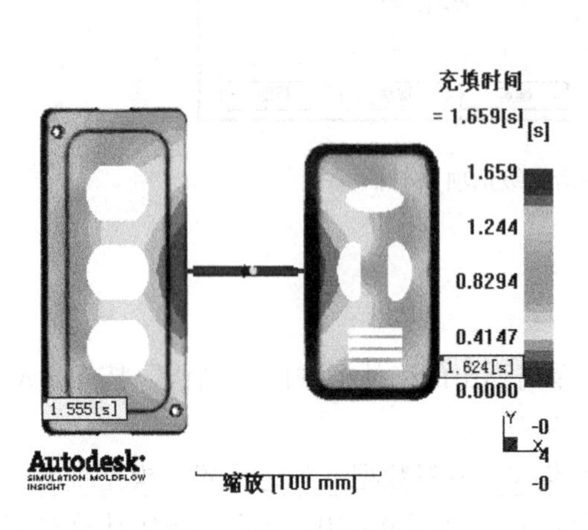

图 9－107 充填时间

图 9－108 “创建新图”对话框

3. 体积更改

体积更改结果如图 9－110 所示，显示了左侧分流道体积变化－22.02%（即减小了），右侧分流道体积变化 2.688%（即增加了）。

也可以查看分流道的具体尺寸值，具体操作如下。

Step1：双击工程管理区“9－2_ study（流道平衡）”，在模型视窗中显示流道平衡后如图 9－111 所示的结果。

Step2：选取模型 9－2 一侧的分流道，右击并选择快捷菜单中的“属性”命令，再单击“冷流道”对话框中的“编辑尺寸”按钮，可知尺寸由原来的“5”变成“4.4”，如图 9－112 所示，同样可知模型 3－1 一侧的分流道尺寸已由原来的“5”变成“5.08”。

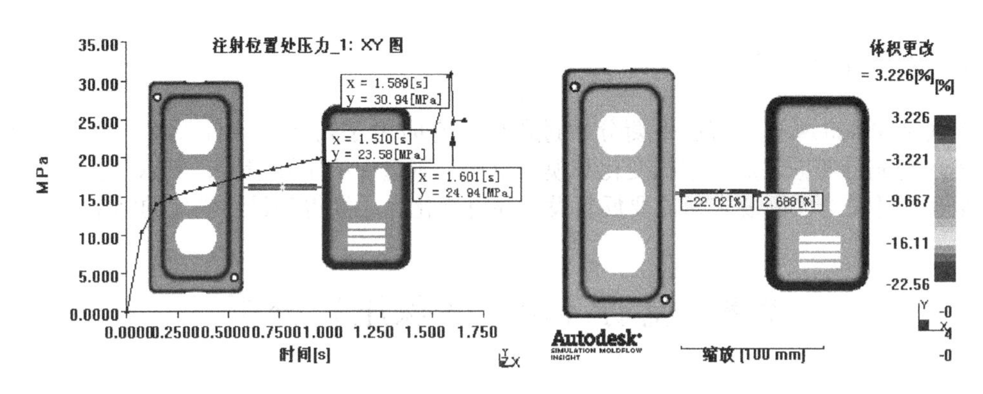

图 9－109　注射位置处压力　　　　图 9－110　体积更改

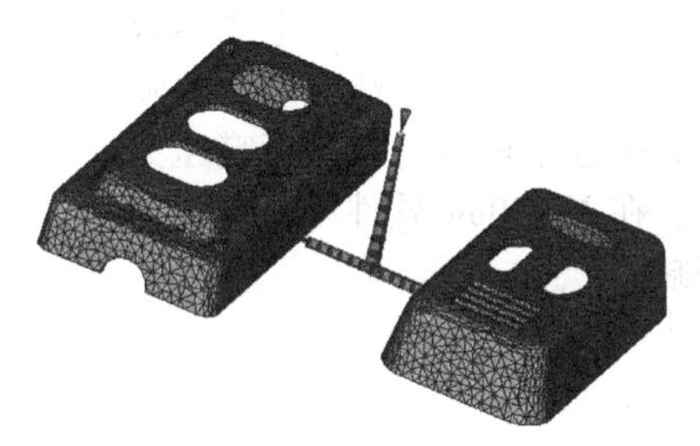

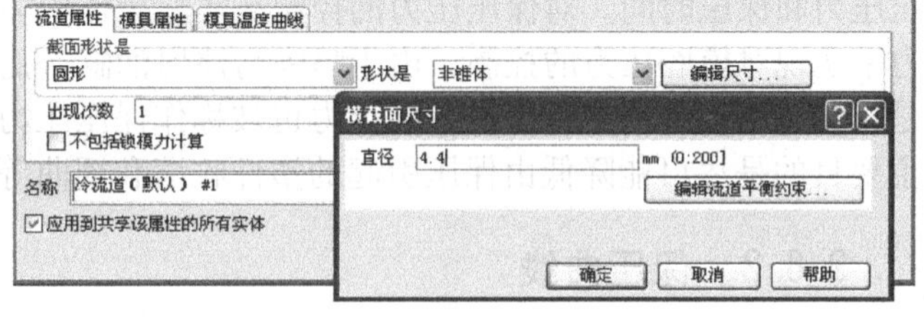

图 9－111　平衡结果　　　　图 9－112　“冷流道”对话框

如图 9－113、图 9－114 所示分别为对复制的新模型进行充填分析后得到的“充填时间”和“注射位置处压力”结果。可以看出：

（1）两个模型最后充填时间均为 1.710s，到达平衡充填的效果；

（2）注射位置压力变化比较平缓，相对平衡。

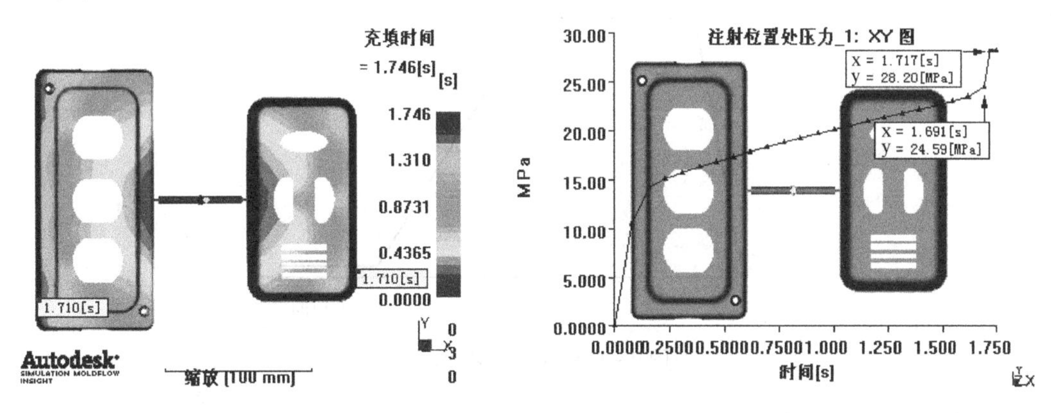

图 9－113　充填时间　　　　图 9－114　注射位置处压力

本实例创建结果见光盘：\实例模型\Chapter9 \9－2。

9.7.4 分析讨论

在利用 Moldflow 进行流道平衡分析过程中，有时由于初始的条件设置（如目标压力等）不一定充分考虑到成型中的变化和模具设计、制造中的实际情况，所以模拟结果不一定完全合理并符合实际要求，需要反复设定和再优化，才能得到最终满意的结果。

9.8 流动（填充+保压）分析

9.8.1 分析目的

流动分析主要是分析注射成型过程中的填充和保压阶段，保压过程的主要参数是保压压力和保压时间。对保压压力的控制在实际操作中需要通过控制注射油缸压力或喷嘴压力来实现对模腔压力的控制。由于喷嘴与注射油缸相比更接近于模腔，所以喷嘴压力往往是控制保压过程的常用变量，此压力也被称作保压压力。在 Moldflow 软件中，流动分析的主要目的是尽可能降低由保压引起的塑件收缩和翘曲等缺陷。

9.8.2 保压曲线

流动分析中通常采用设置保压曲线来实现保压分析，保压曲线的简单示意图如图 9－115所示，它是一种曲线式的保压，压力随时间呈现连续、稳定的变化。同传统保压方式相比较，曲线式保压能得到比较均匀的产品体积收缩率分布。体积收缩率由型腔中熔体冷凝时的压力大小决定，两者成正比关系。

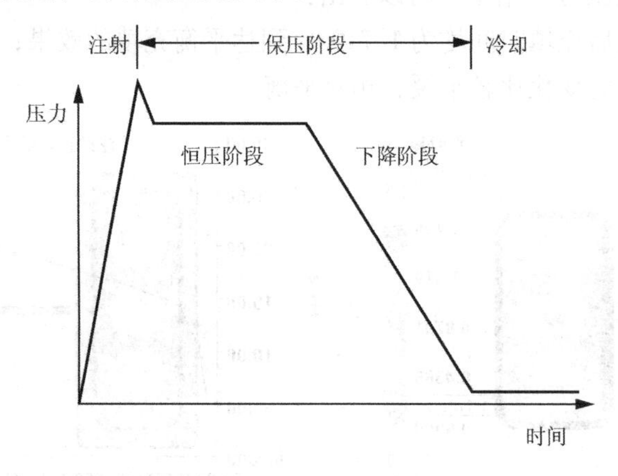

图 9－115 保压曲线示意图

【说明】

(1) 在高的保压压力下制品厚度变化更加均匀，即制品的最厚处与最薄处的差值最小；多级保压可以获得比常压保压更均匀的制品厚度分布。但过高的保压压力和过长的保压时间会导致塑件尺寸超差或不稳定，而且会使模腔残余应力过大，造成脱模困难。因此为了保证制品的质量，正确选择保压压力和保压时间是关键。

（2）通常在以下三种情况下可以使用保压曲线：注射机具备设置保压曲线的功能；塑件壁厚变化不是很大；翘曲比较严重。

9.8.3 工艺条件设置

同填充分析一样，在流动分析之前需完成其工艺参数的设置，设置对话框如图 9－116 所示，与填充相比，这里多了一项冷却时间设置。

在流动分析中，最重要的设置是“保压控制”选项，它共有四种保压曲线的控制方式。它们的功能见表 9－2。

表 9－2　保压控制各选项功能简介

选　　项	功　能　简　介
%填充压力与时间	默认选项，由填充压力控制，通常为注射压力的 80%～120%，且不能超出注塑机的最大锁模力
保压压力与时间	由指定的保压压力控制
液压压力与时间	由指定的注塑机油缸压力控制
%最大注塑机压力与时间	由注塑机最大压力控制

在图 9－116 中，单击“编辑曲线”按钮，弹出如图 9－117 所示的“保压控制曲线设置”对话框。在该对话框中，可以进行多阶段保压曲线的设置。单击“绘制曲线”按钮，就可以显示如图 9－118 所示的保压曲线。在设置保压曲线时要注意，保压时间一定要足够至浇口冷凝。

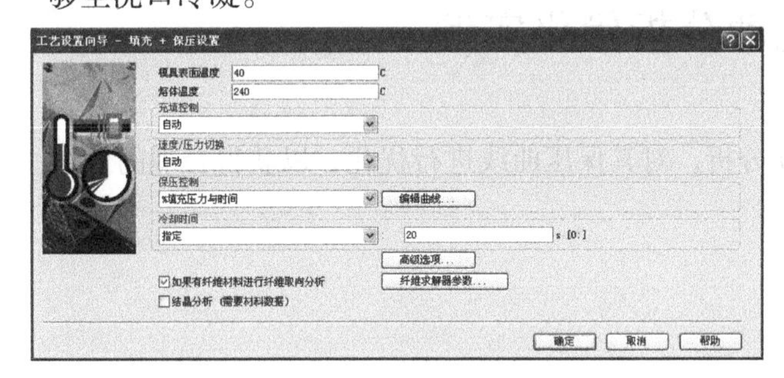

图 9－116　“工艺设置向导-填充＋保压设置”对话框

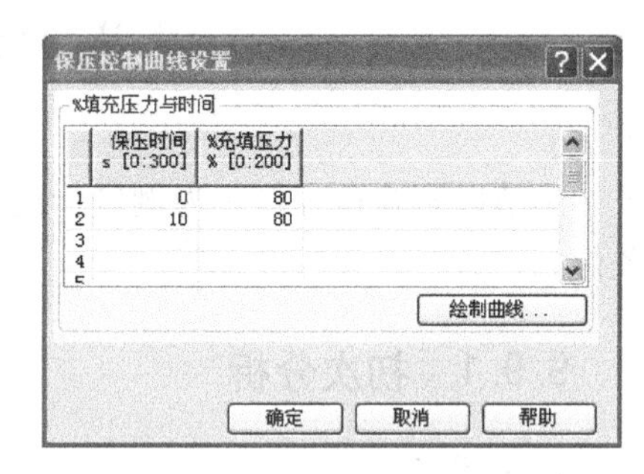

图 9－117　“保压控制曲线设置”对话框

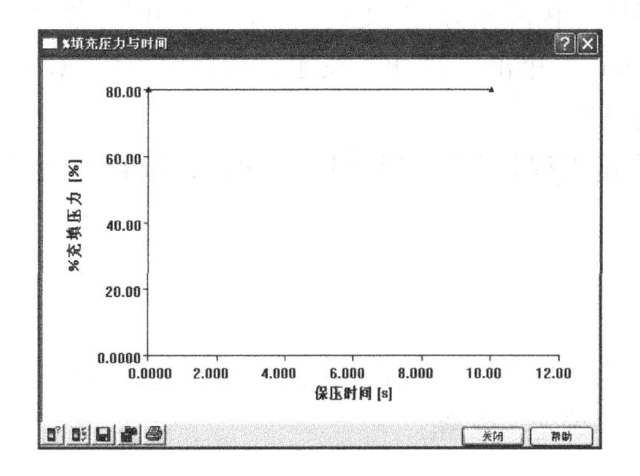

图 9－118　“充填压力-保压时间”曲线示意图

9.8.4 分析结果

与填充分析相比，流动分析完成后，除包括填充分析的所有结果外，还增加了“顶出时的体积收缩率”、“冷凝时间”和“冷凝层因子”等项，其具体结果如图9-119所示。

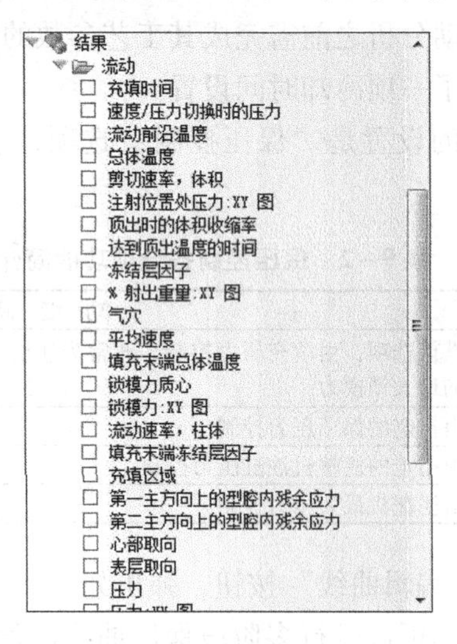

图9-119 流动分析结果

9.9 流动分析优化实例

本节以第6章实例一为例进行流动分析，对其保压曲线进行优化，以获得合理的保压条件。

9.9.1 初次分析

1. 打开工程

Step1：启动ASMI，单击菜单“文件”→“打开”命令，选择“\实例模型\Chapter9\9-3\4-1.mpi”，单击“打开”按钮，打开如图9-120所示的模型（采用一模两腔，两个侧浇口进浇方案）。

Step2：重命名。右击工程管理区“4-1_ study”，选择快捷菜单中的“重命名”命令，改为“初次分析”。

2. 选择分析类型

双击任务区中的“浇口位置”图标，在弹出的“选择分析序列”对话框中选择“填充+保压”选项，单击“确定”按钮。

3. 选择材料

本例采用默认材料。

4. 设置工艺条件

本例采用默认工艺，如图 9－121 所示。

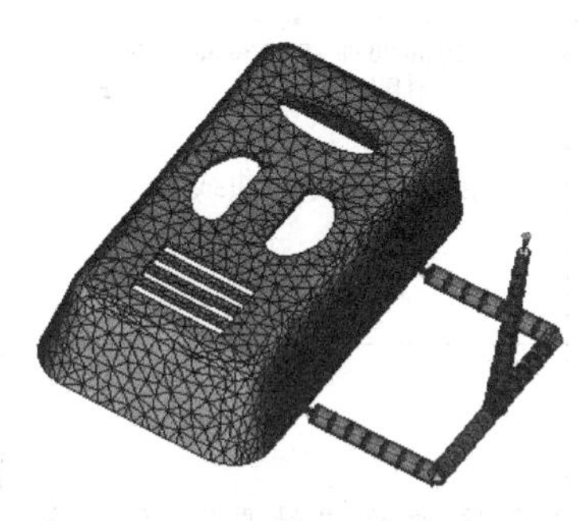

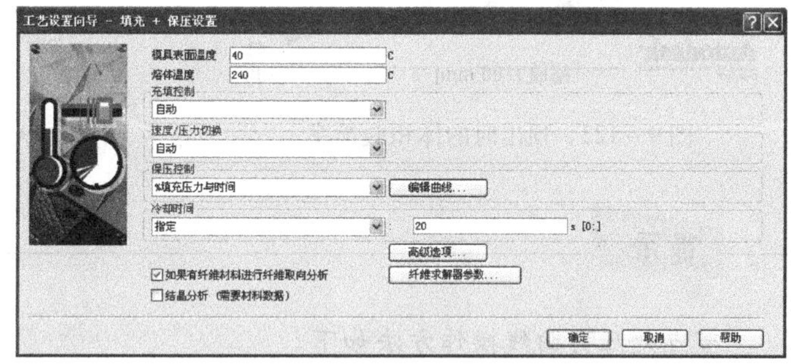

图 9－120　模型

图 9－121　“工艺设置向导-填充＋保压设置”对话框

5. 执行分析

双击方案任务区中的“开始分析！”图标，单击弹出的确认框中的“确认”按钮，ASMI 求解器开始执行计算分析。

9.9.2　初次分析结果

计算完成后，会弹出“分析：完成”提示框，单击“确定”按钮即可，在任务区的“结果”中会显示分析的结果，下面选取部分结果进行比较分析。

1. 顶出时体积收缩率

顶出时体积收缩率分布如图 9－122 所示，通常顶出时体积收缩率应分布均匀，且应控制在 3% 以内。本例初始分析的体积收缩率范围为 0.9503% ～9.361%，不符合相应要求。

2. 压力分布曲线

在模型上选取五个点，分别是进料口节点 N6434、浇口处节点 N6443、填充末端一处节点 N5343，以及模型上任意选取的两个节点 N4343 和 N5890，得到各处的压力曲线，如图 9－123所示。

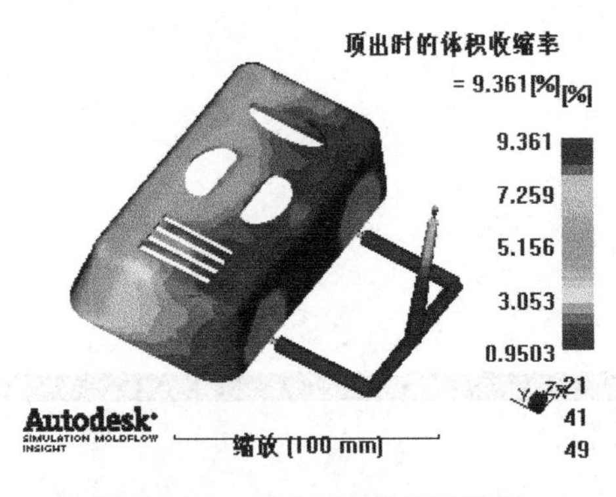

图 9－122　顶出时的体积收缩率

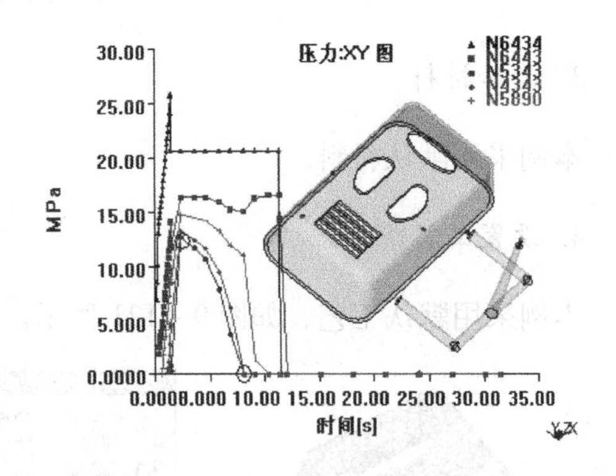

图 9－123　各点压力分布曲线

提示

节点处压力曲线操作方法如下。

Step1：单击菜单“结果”→“新建图”命令或右击任务区中的“结果”并选择快捷菜单中的“新建图”命令，弹出如图 9－124 所示的“创建新图”对话框，这里分别选取“压力”选项和“XY 图”单选钮，然后单击“确定”按钮。

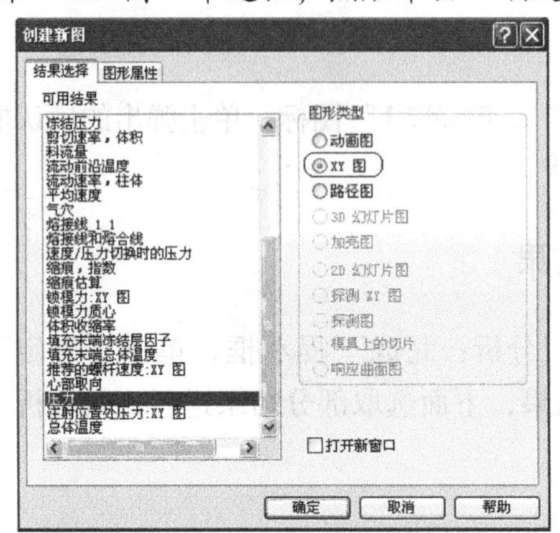

图 9－124　“创建新图”对话框

Step2：在网格模型上，依次选取如图 9－123 所示的五个节点（也可按照本章 9.9.5 节中的【操作】方法选择节点），得到各节点处的压力分布图。

9.9.3　保压曲线优化

从图 9－123 的压力分布图可以看出，各节点处的压力曲线相差较大。

由上一节保压曲线示意图 9－115 可知，保压曲线通常有两段，分别是恒压阶段和下降阶段。恒压阶段压力通常为注射压力的 80%～120%，下面就来介绍怎样获得保压曲线的各阶段的时间，主要是确认三个时间：注射时间 T_1、恒压阶段时间 T_2 和下降阶段时间 T_3。

（1）注射时间 T_1：从图 9－125 显示的“分析日志”中可知，在填充完毕由 V/P 转化时的注射时间，也即 T_1 =1.39s。

（2）恒压阶段时间 T_2：恒压阶段时间由填充末端压力曲线对应的时间决定。本例中填充末端节点是 N5343，恒压阶段时间也即填充末端压力曲线峰值处时间 t_a 和压力降为 0 处时间 t_b 的平均值。单击工具条 ?命令，拾取如图 9－123 所示两圆圈所示位置，得到 $t_a = 2.269\text{s}$ 和 $t_b = 8.069\text{s}$。即 $T_2 = (t_a + t_b)/2 = (2.269 + 8.069)/2 = 5.169\text{s}$。

（3）下降阶段时间 T_3：下降阶段时间由浇口处的冷凝时间决定，在浇口位置颜色即将变化的时间点 $T_3 = 18.05\text{s}$，如图 9－126 所示。

网格日志 | 分析日志 | 填充 + 保压 | 机器设置 | 填充 + 保压-检查

1.39	98.65	25.82	14.31	57.72	V/P
1.40	99.27	20.66	12.78	23.76	P
1.42	99.86	20.66	12.63	25.52	P
1.42	100.00	20.66	12.72	25.20	已充填

图 9－125　分析日志

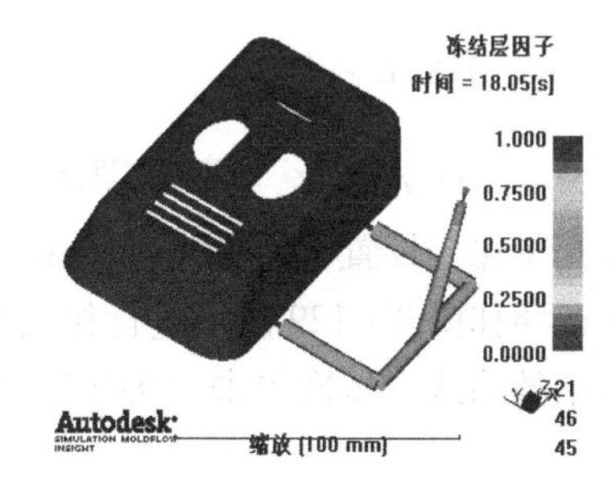

图 9－126　冻结层因子

【操作】T_3 查找步骤如下。

Step1：勾选任务区“结果”中的“冻结层因子”，显示如图 9－127 所示的结果。

Step2：通过“动画”工具条中的回退 按钮逐步后退，当浇口处颜色由 1.000 处颜色（蓝）即将发生变化的时间点，就得到如图 9－126 所示的结果。

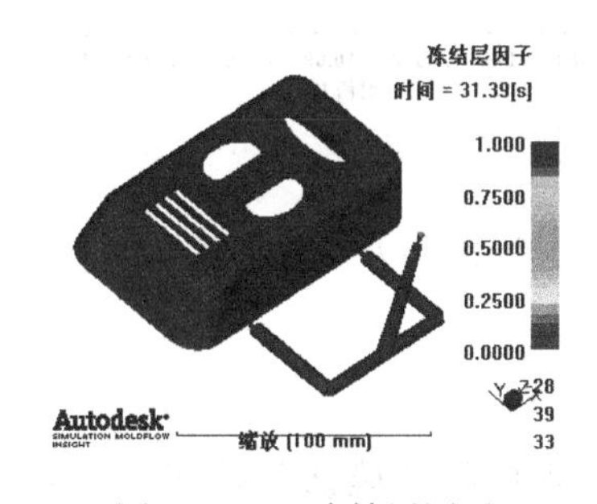

图 9－127　冻结层因子

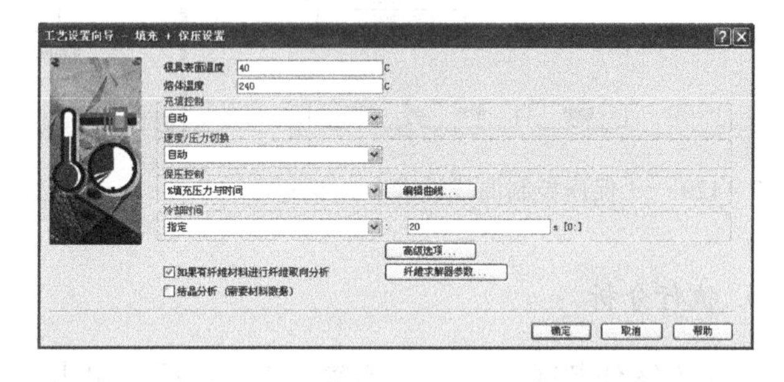

图 9－128　“工艺设置向导-填充＋保压设置”对话框

经上面的分析可知，优化后的保压曲线：

第一阶段恒压阶段保压时间 $T_a = T_2 - T_1 = 5.169 - 1.39 = 3.898 = 3.779\text{s}$；

第二阶段下降阶段保压时间 $T_b = T_3 - T_2 = 18.05 - 5.169 = 12.881\text{s}$。

9.9.4　二次分析

1. 复制模型

右击工程管理区的“初次分析”方案，选择快捷菜单中的“重复”命令复制模型，并重命名为“二次分析”。

2. 选择分析类型

继承复制模型的分析类型。

3. 选择材料

继承复制模型的材料。

4. 设置工艺条件

双击任务区的"工艺设置（默认）"按钮，弹出如图9-121所示的"工艺设置向导-填充+保压设置"对话框，单击"编辑曲线"按钮，弹出"保压控制曲线设置"对话框并按照如图9-129所示进行相关参数的设置，单击"绘制曲线"按钮，显示如图9-130所示的曲线，依次单击"关闭"、"确定"按钮完成设置。

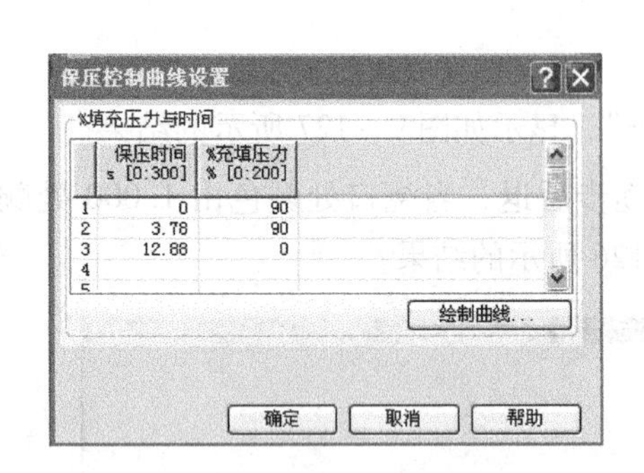

图9-129 "保压控制曲线设置"对话框

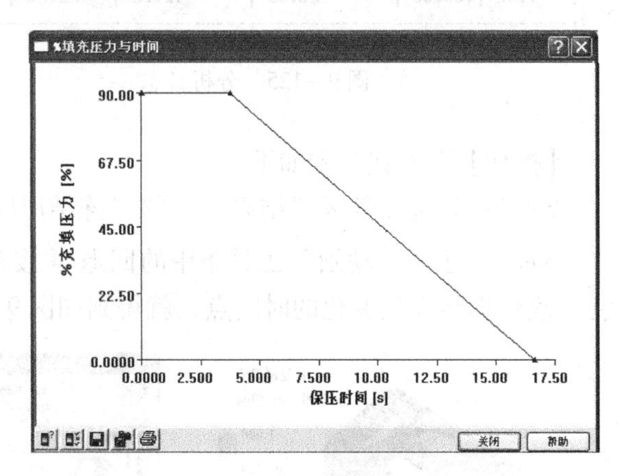

图9-130 "充填压力-保压时间"曲线

5. 执行分析

双击方案任务区中的"开始分析！"图标，单击确认框中的"确认"按钮，ASMI求解器开始执行计算分析。

9.9.5 二次分析结果

1. 顶出时体积收缩率

顶出时体积收缩率分布如图9-131所示。本例初始分析的范围为1.139%～7.549%，相比第一次分析体积收缩率更加均匀。

2. 压力分布曲线

重复9.9.2节中的步骤，新建"压力：XY图"，在模型中选取初始选定的五个节点，得到各节点处的压力分布如图9-132所示。相比第一次分析压力曲线得到了较大改善，各节点处的压力曲线更加接近。本例保压曲线还可以进一步优化，留给大家练习，在此不做赘述。

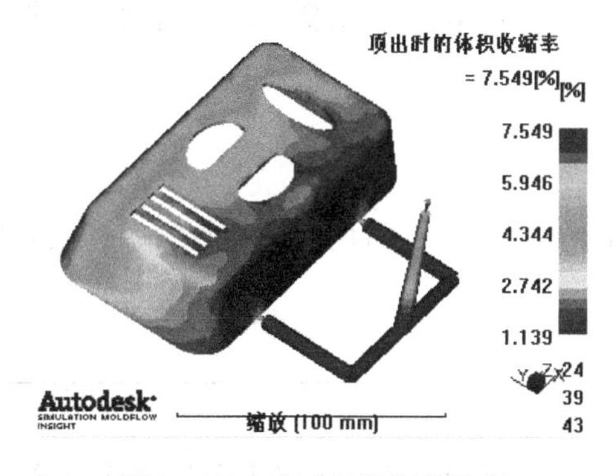

图 9-131 顶出的体积收缩率

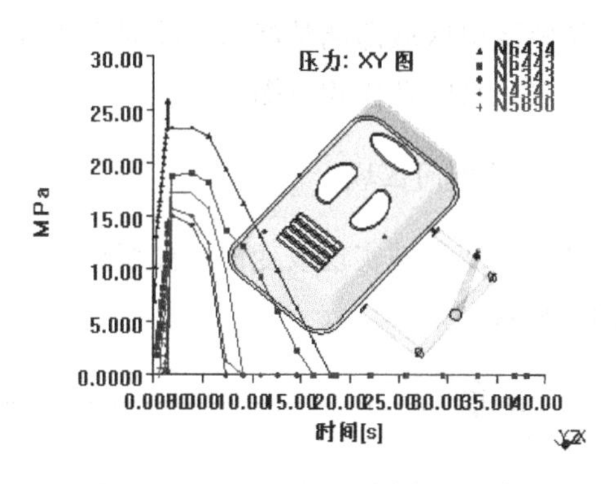

图 9-132 各点压力分布曲线

【操作】如何选取先前的五个节点 N6434、N6443、N5343、N4343 和 N5890。具体步骤如下。

Step1：右击任务区中的“结果”选择快捷菜单中的“新建图”命令，在弹出的“创建新图”对话框中分别选取“压力”选项和“XY 图”单选钮，单击“确定”按钮。如果已经创建，则双击任务区“结果”中的“压力：XY 图”。

Step2：在模型显示区的左上角会出现如图 9-133 所示的“实体 ID”输入框，将先前的节点输入（节点之间空一格）后回车，即可得到相关节点的压力曲线。（如果未出现输入框，则单击工具条上的命令）。

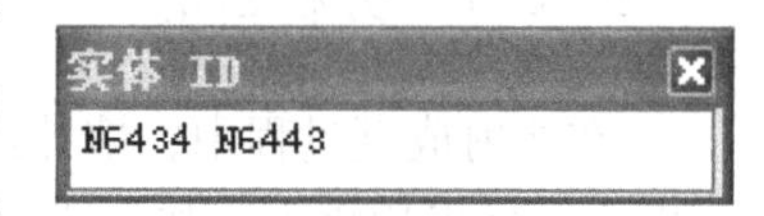

图 9-133 节点输入框

9.9.6 压力曲线优化方式

保压曲线优化主要有如图 9-134 所示的三种方式。

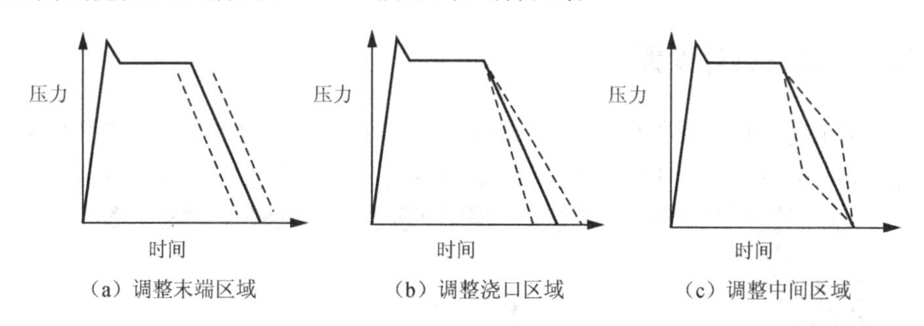

图 9-134 保压曲线调整方式

1. 调整末端区域

调整末端区域即调整保压曲线恒压阶段的时间长短，由图 9-110（a）可以看出，末端区域变短将增大体积收缩率；反之，将降低体积收缩率。

2. 调整浇口区域

调整浇口区域即调整浇口冷凝时间来改变压力斜率，浇口冷凝变快，将增大体积收缩率；反之，将降低体积收缩率。

3. 调整中间区域

调整中间区域实现改变保压曲线压力降，减小中间区域，将增大体积收缩率；反之将降低体积收缩率。

提示

上述三种调整方式都可以改变保压曲线构成的面积 S，S 变小将增大体积收缩率；反之将降低体积收缩率。

9.10 冷却分析

9.10.1 分析目的

在注射成型过程中，熔体经充填和保压后，在冷却系统作用下凝固成型，直到产品顶出这一过程称之为冷却。注射成型周期由注射时间、保压时间、冷却时间和开模时间四个部分组成，其中冷却时间最长，占整个周期 70% ~80%。因此良好的冷却系统可以大幅缩短成型时间，提高生产率，降低成本。

冷却分析的目的是通过模拟注射成型过程的热量传递情况，来优化冷却系统，以获得合理的冷却时间，提高产品质量。

9.10.2 工艺条件设置

冷却分析工艺参数设置如图 9 - 135 所示，可以设置“熔体温度”、“开模时间”和“注射 + 保压 + 冷却时间”。其中，“注射 + 保压 + 冷却时间”选项下有以下两个选项。

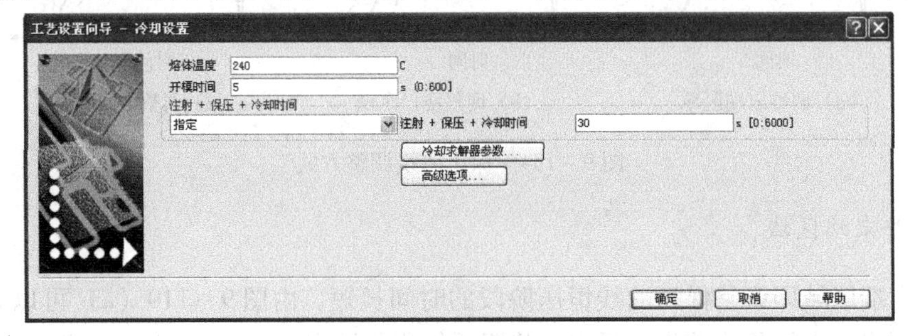

图 9 - 135 “工艺设置向导-冷却设置“对话框

1. 指定

需要在“注射+保压+冷却时间”文本框中输入相应的时间。

2. 自动

使用这个选项时，需要用户自己编辑开模时产品需要达到的标准，同时对话框会显示“编辑目标条件”按钮，单击该按钮，弹出如图9－136所示的对话框。其中包括“模具表面温度”、“顶出温度”和“顶出温度最小零件百分比”项，可以根据需要设置。

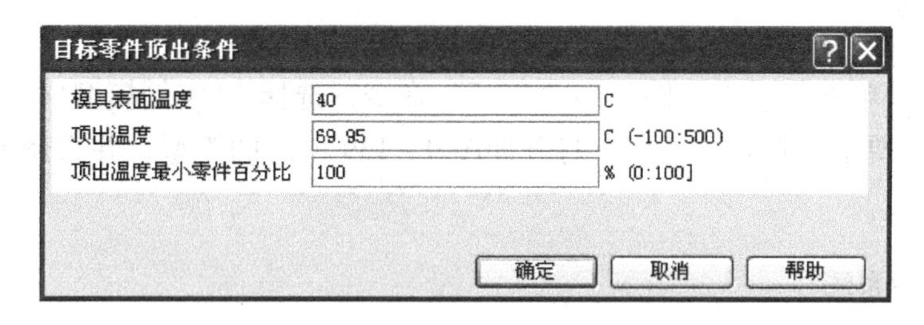

图9－136 “目标零件顶出条件”对话框

单击图9－135中的“冷却求解器参数”按钮，弹出如图9－137所示的“冷却求解器参数”对话框。其中包括“模具温度收敛公差”、“最大模温迭代次数”、“自动计算冷却时间时包含流道”和“使用聚合网格求解器”等项，通常采用默认值。

9.10.3 分析结果

冷却分析完成后，在任务区中的“结果”列表中会显示所有的分析结果，其包括的主要项目如图9－138所示。这些分析结果主要用于查看塑件的冷却情况，并为冷却系统的优化提供依据。

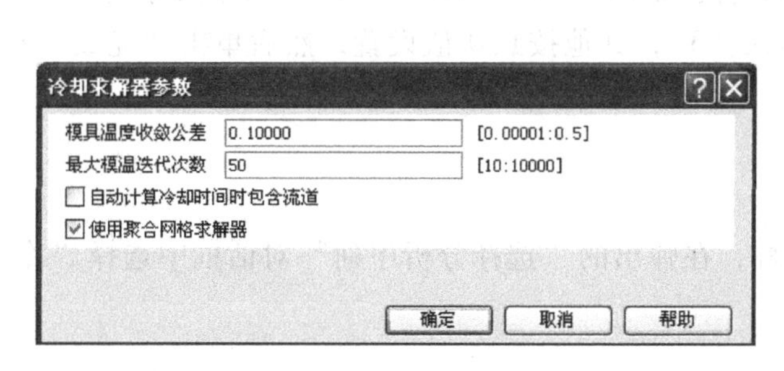

图9－137 “冷却求解器参数”对话框

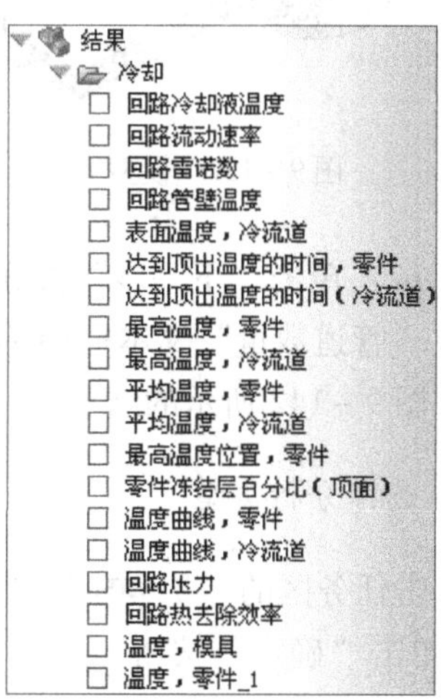

图9－138 冷却分析结果

9.11 冷却分析实例

本节还是以第6章实例一为例进行冷却分析，来优化其冷却系统。

9.11.1 初次分析

1. 打开工程

启动ASMI，单击菜单“文件”→“打开”命令，选择“\实例模型\chapter9 \9－4练习\4－1.mpi”，单击“打开”按钮，打开如图9－139所示的模型，并重命名为“初始分析”。

2. 创建冷却系统

Step1：单击菜单“建模”→“冷却回路向导”命令，弹出如图9－140所示的“冷却回路向导-布置”对话框，按照图示设置（默认）。

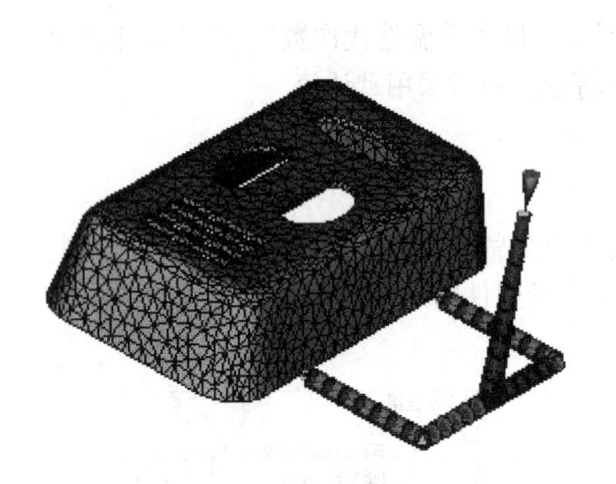

图9－139 模型

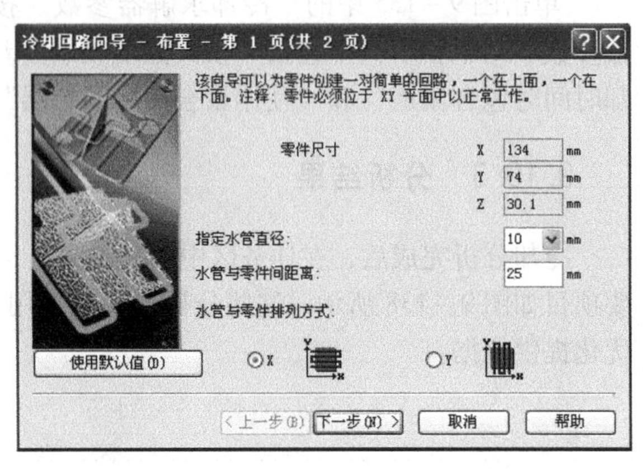

图9－140 “冷却回路向导-布置”对话框

Step2：单击“下一步”按钮，弹出如图9－141所示的“冷却回路向导-管道”对话框，在“管道数量”文本框中输入“3”，其他按默认值设置，然后单击“完成”按钮，完成如图9－142所示的结果。

3. 选择分析类型

双击任务区的“ 填充”图标，在弹出的“选择分析序列”对话框中选择“冷却分析”，单击“确定”按钮。

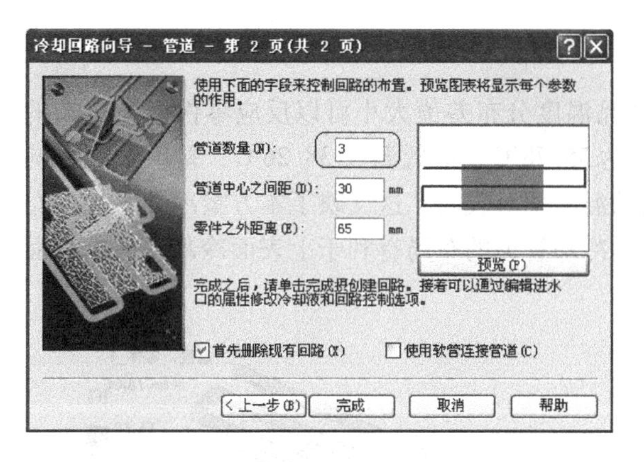

图 9－141　“冷却回路向导-管道”对话框

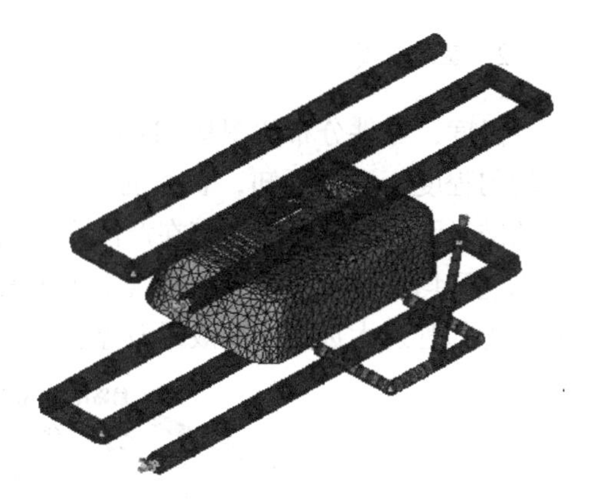
图 9－142　冷却系统创建结果

4. 选择材料

本例采用默认材料。

5. 设置工艺条件

本例采用默认工艺。

6. 执行分析

双击方案任务区的“ 开始分析!图标，单击确认框中的“确认”按钮，ASMI 求解器开始执行计算分析。

9.11.2　初次分析结果

计算完成后，会弹出“分析：完成”提示框，单击“确定”按钮，在任务区的“结果”中会显示冷却分析的结果，下面选取部分结果进行比较分析。

1. 回路冷却液温度

回路冷却液温度分布如图 9－143 所示。由图可知，冷却液的出口温度和入口温度差为 0.46℃，这说明冷却液的冷却能力没有问题。

提 示

通常要求冷却液出口温度比入口温度高不能超过 3℃。一般造成冷却液进出温差过大的原因有下面几个：(1) 管道直径过小；(2) 冷却液流速过小；(3) 冷却水管循环长度过大。本例结果显示水管直径、冷却液参数设置及其布置效果尚好。

2. 温度，零件

温度，零件分布如图 9－144 所示。产品温度分布差值大小可以反应零件温度分布的不均匀程度。由图可知，表面的最高温度达 55. 78℃，最低温度 38. 26℃，差值较大，同时从结果图中可以看出尤其在产品内表面的温度相对较高，这反映了本方案冷却系统的布局未达到均匀冷却的效果。直观上也可看出冷却管道的布局有利于上表面冷却，但内表面距离冷却管道太远，冷却效果较差。

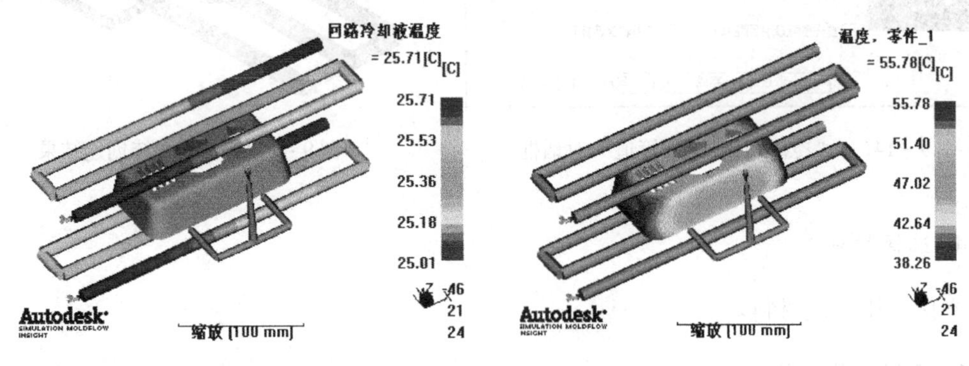

图 9－143　回路冷却液温度分布图　　图 9－144　零件温度分布图

提示

产品上下表面温度之差通常不要超过 10℃，否则说明冷却效果不好，需要重新调整或设计冷却管道布局。

9. 11. 3　二次分析

为了改善塑件内表面的冷却力度并实现塑件的均匀冷却，改变布局结构，因此要重新创建冷却系统布局。

1. 复制模型

右击工程管理区中的“冷却初次分析”方案，选择快捷菜单中的“重复”命令复制模型，并重命名为“二次分析”。

2. 创建冷却管道一

Step1：删除型芯侧管道。单击工具条视角，显示如图 9－145 所示的视图，框选型芯侧（图中右侧方框中）冷却管道，单击工具条命令，弹出如图 9－146 所示的“选择实体类型”对话框，单击“确定”按钮完成删除。

Step2：偏移节点。单击软件界面中的“工具”命令，显示如图 9－147 所示的工具箱，再单击命令，选取如图 9 - 148 所示子菜单中的“偏移创建节点”命令，弹出如图 9 - 149 所示的“偏移创建节点”对话框。选取节点 N6472（即型腔侧水管进水口节点），输入“偏移”值为“0 8 －70”，单击“应用”按钮，即生成如图 9 - 150 所示的新节点。

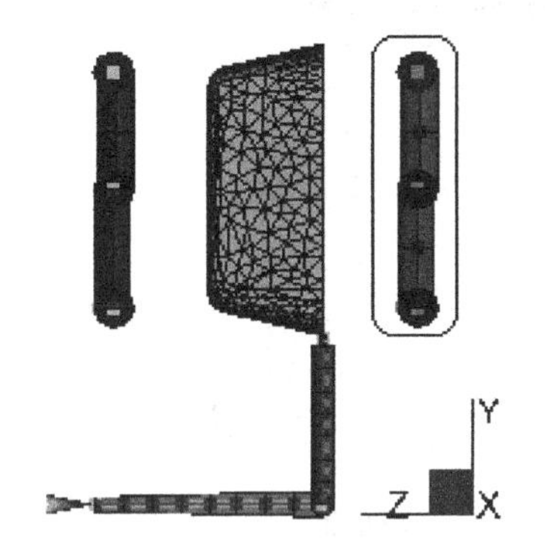

图 9 - 145　右侧视图

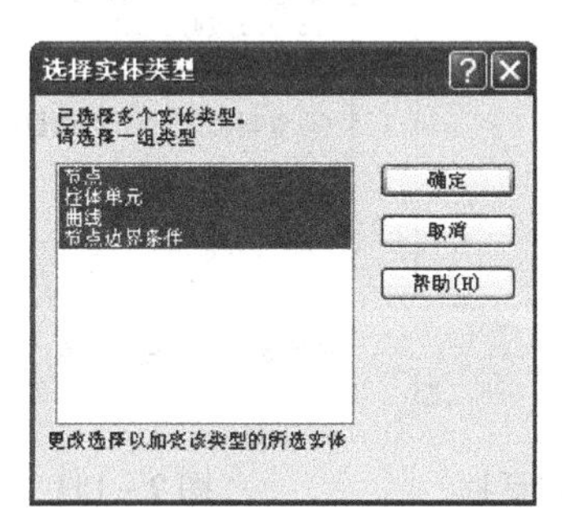

图 9 - 146　“选择实体类型”对话框

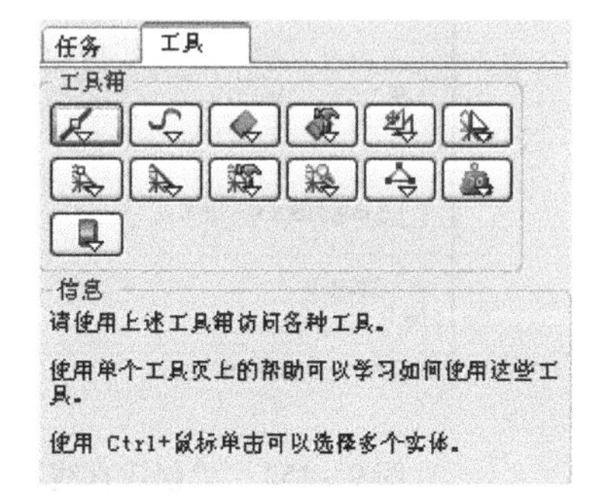

图 9 - 147　工具面板

图 9 - 148　“创建节点”工具

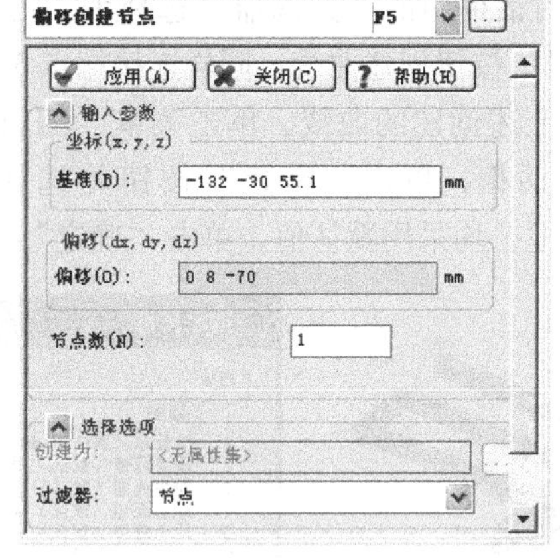

图 9 - 149　“偏移创建节点”对话框

图 9 - 150　创建节点

Step3：创建中心线。单击软件工具面板中的按钮，选取如图 9 - 151 所示子菜单中的“创建直线”命令，弹出如图 9 - 152 所示的“创建直线”对话框，在“第一”文本框中选取上步创建的节点，在“第二”文本框中输入“相对”坐标值“80”，单击“应用”按钮。

继续分别在“第二”文本框中输入“相对”坐标值“0 0 35”；“100”；“0 0 －35”；“80”。并分别单击“应用”按钮创建连续的曲线。

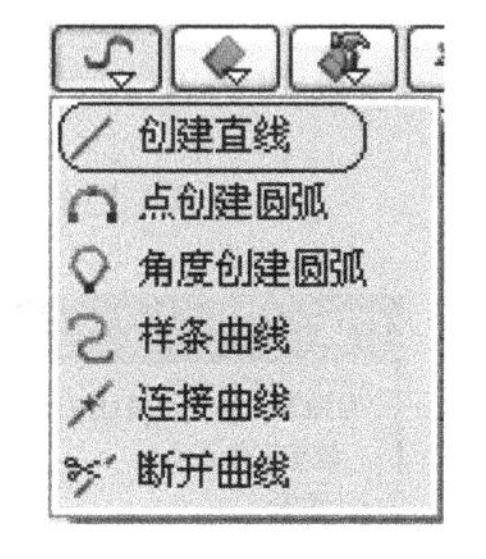

图 9 - 151　“创建直线”工具

Step4：复制曲线。单击“建模”→“移动/复制”→“平移”命令，弹出如图 9 - 153 所示的“平移”对话框，选取 Step3 创建的所有曲线；在“矢量”文本框中输入“0 22”；选择“复制”单选钮并输入“2”，单击“应用”按钮，完成如图 9 - 154 所示的结果。

图 9－152 “创建直线”对话框

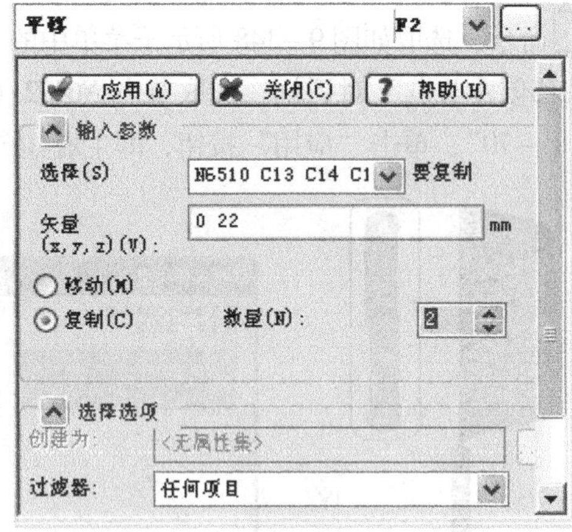

图 9－153 “平移”对话框

Step5：连接曲线。单击软件窗口中的“工具”命令进入工具面板，单击命令，选取“创建直线”命令，将对话框中的“过滤器”选择为“曲线末端”选项，然后分别选择端点 1 和 2，单击“应用”按钮创建曲线；同样连接端点 3 和 4 创建曲线。

Step6：指定属性。选取上述创建的曲线，单击菜单“编辑”→“指定属性”命令，弹出如图 9－155 所示的对话框，单击“新建”按钮并选择“管道”选项，弹出如图 9－156所示“管道”对话框，均采用默认值，单击“确定”按钮完成设定。

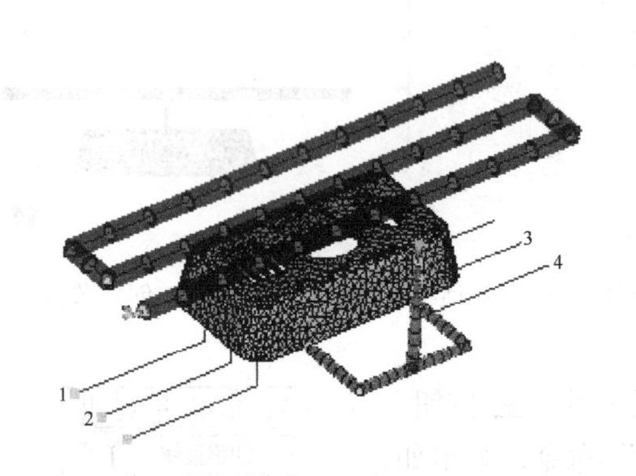

图 9－154 平移结果

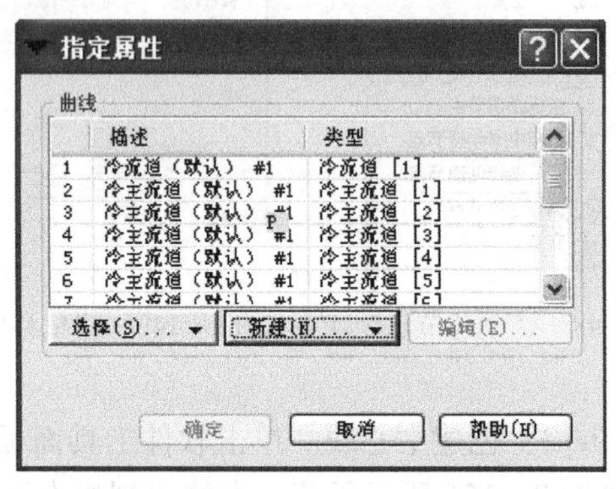

图 9－155 “指定属性”对话框

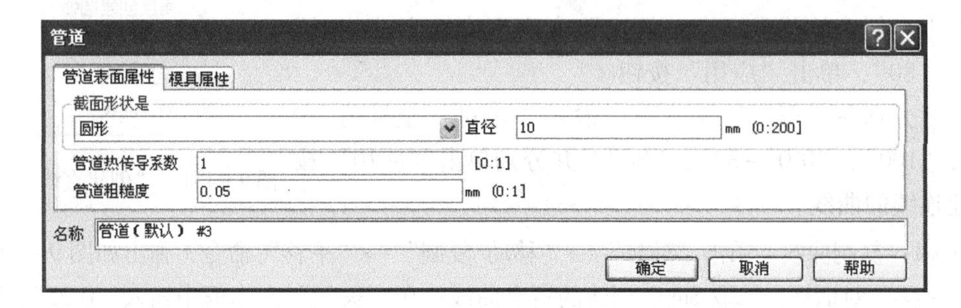

图 9－156 “管道”对话框

Step7：网格划分。单击“网格”→“生成网格”命令，在“生成网格”对话框的“全局网格边长”文本框中输入“24”，单击“立即划分网格”按钮，创建冷却管道一的柱体单元。

Step8：设置进水口。单击“分析”→“设置冷却液入口”命令，选取Step2创建的节点，完成如图9－157所示的结果。

3. 创建冷却管道二

Step1：偏移节点。单击工具箱中的按钮，选取子菜单中的“偏移创建节点”命令，弹出如图9－158所示的“偏移创建节点”对话框。在“基准”文本框中选取节点N6472（即型腔侧水管进水口节点），在“偏移”文本框中输入“0 15 －35”，单击“应用”按钮，创建如图9－159所示的节点1。

图9－157 创建结果

图9－158 “偏移创建节点”对话框

同样利用“偏移创建节点”命令，选取如图9－133所示的节点1，输入偏移“40”生成节点2；

继续选取节点2，输入偏移“0 －40”，生成节点3；

继续选取节点3，输入偏移“174”，生成节点4；

继续选取节点4，输入偏移“0 110”，生成节点5；

继续选取节点5，输入偏移“－174”，生成节点6；

继续选取节点6，输入偏移“0 －40”，生成节点7；

继续选取节点7，输入偏移“－40”，生成节点8；

完成如图9－159所示的结果。

Step2：创建中心线。单击工具箱中的按钮，选取子菜单“创建直线”命令，弹出如图9－160所示的“创建直线”对话框。

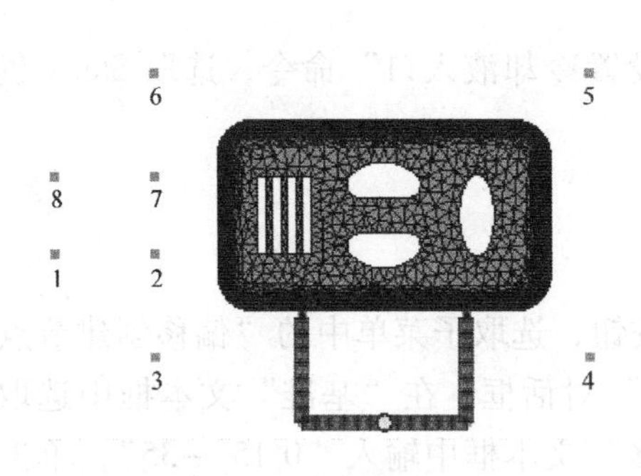

图 9 - 159　创建的新节点

图 9 - 160　“创建直线”对话框

（1）首先进行直线属性设置，具体操作如下。

在“选择选项”区单击[...]按钮，弹出如图 9 - 161 所示的“指定属性”对话框，单击“选择”按钮，弹出如图 9 - 162 所示的“选择管道”对话框，选取“3 Channel（10mm）”选项，单击“选择”按钮关闭该对话框。单击“确定”按钮关闭“指定属性”对话框，完成直线属性设置。

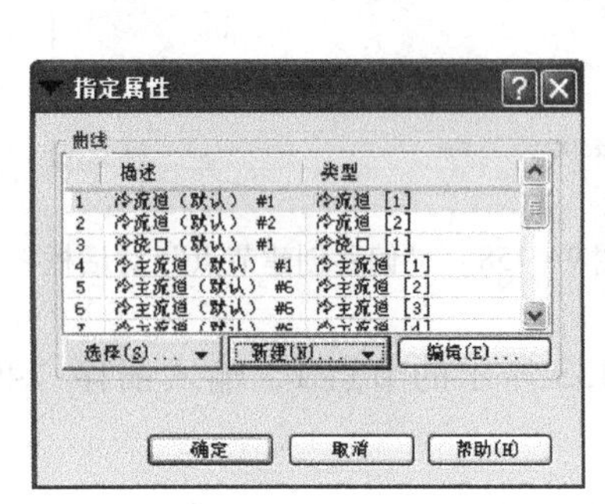

图 9 - 161　“指定属性”对话框

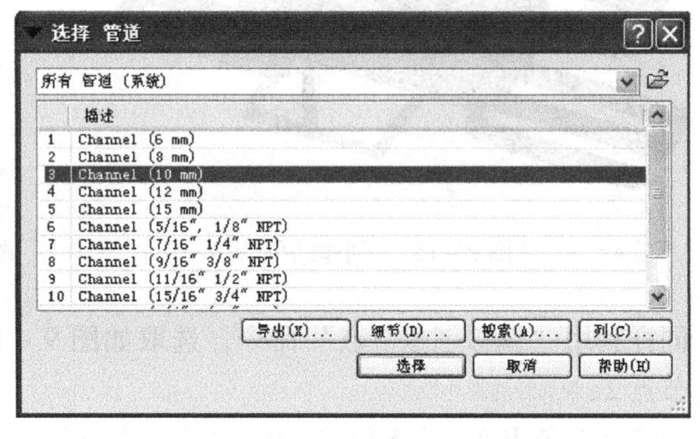

图 9 - 162　“选择管道”对话框

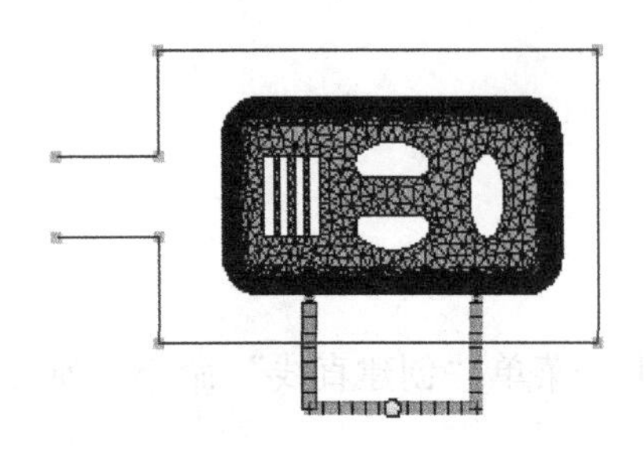

图 9 - 163　创建的直线

（2）选取节点。建议将“过滤器”选择为“节点”选项，然后在“第一”文本框中选取节点 1，在“第二”文本框中选取节点 2，单击“应用”按钮。然后在“第二”文本框中依次选取节点 3,4,5,6,7,8 并单击“应用”按钮完成其余 6 条线段的创建，如图 9 - 163 所示。

【说明】所有的中心线属性均设置为管道，完成后显示为蓝色线段。

Step3：创建柱体单元。

（1）单击层面板中[图标]按钮，建立新层，命名为“管道二”。选中“管道二”层，然后在模型显示窗口中选取上面创建的所有节点和中心线，然后单击层面板中按钮（或选取图元后，右击“管道二”层，选择快捷菜单中的“指定”命令），把节点和中心线都放到该层，关闭其他各层。

（2）单击菜单“网格”→“生成网格”命令，在“生成网格”对话框的“全局网格边长”文本框中输入24mm，单击“立即划分网格”按钮，生成柱体单元。用同样的方法，把生成的新建柱体单元也放到层“管道二”。

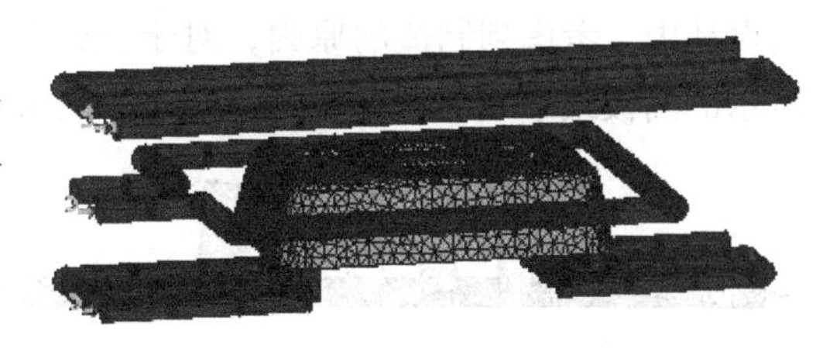

图9-164 创建冷却系统

Step4：设置进水口。单击“分析”→“设置冷却液入口”命令，选取如图9-164所示的节点为冷却液入口位置。

4. 冷却分析

双击方案任务区中的“开始分析！”图标，单击弹出确认框中的“确认”按钮，AS-MI求解器开始执行计算分析。

9.11.4 二次分析结果

计算完成后，同样选取对应的结果进行比较分析。

1. 回路冷却液温度

回路冷却液温度分布如图9-165所示。由图9-165可知，冷却液的出口温度和入口温度之差为0.78℃，这说明冷却液的冷却能力没有问题。

2. 温度，零件

温度，零件分布如图9-166所示。产品温度的最高值为41.38℃（比初始分析降低了14.4℃），产品最大、最小温差值为8.22℃，大大提升了产品的温差均匀程度，有利于均匀冷却。

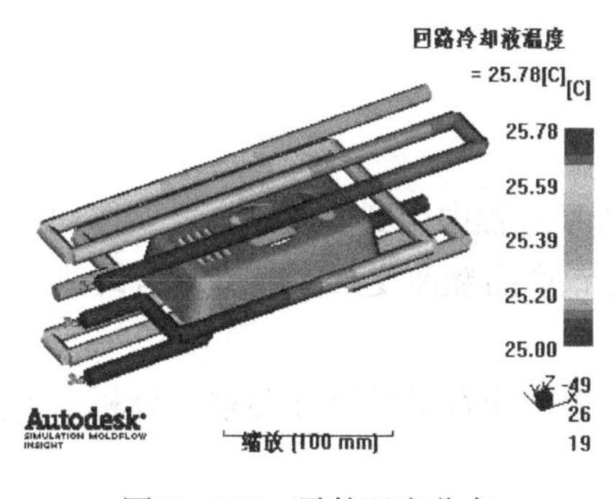

图9-165 零件温度分布

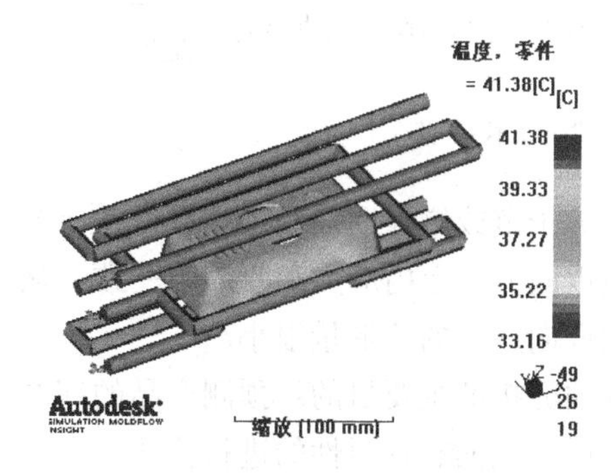

图9-166 回路冷却液温度分布

9.11.5 分析讨论

从上述结果可知，冷却循环回路通过调整后，冷却效果得到明显改善，但是在实际模具设计中，考虑到制造的原因，对于整体组合式型芯侧冷却回路通常设计成如图 9－167 所示的隔板式形式，而非如图 9－168 所示的直通式形式（会破坏型芯侧壁）。

图 9－167 隔板式回路　　图 9－168 直通回路

9.12 翘曲分析

9.12.1 分析目的

翘曲变形是注塑制品常见的缺陷之一，翘曲分析是根据模拟产品在注射成型过程中的翘曲情况，预测其翘曲程度，并了解产生翘曲的原因。

在 Moldflow 软件的翘曲分析中把翘曲成因分为以下三个主要方面。

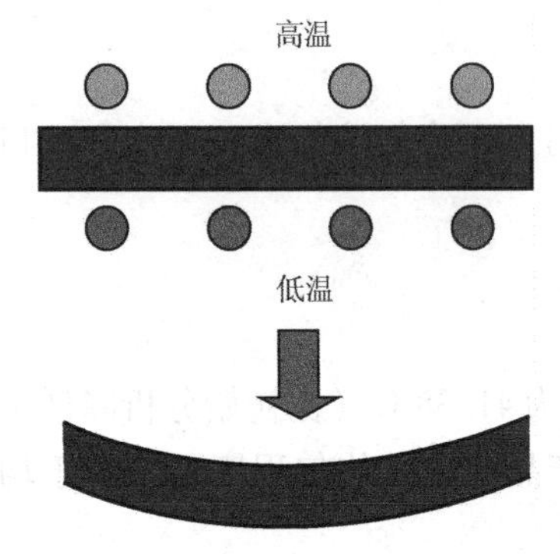

图 9－169 冷却不均对翘曲影响

1. 冷却不均

因产品厚度方向上或模具温度分布不均匀，造成的翘曲变形。如图 9－169 所示，塑件在高温侧的收缩要大于低温侧，因此向高温侧翘曲变形。

2. 产品收缩不均

因产品厚度不均、浇口位置和冷却回路设计不合理、工艺参数设置不当等，使整个产品收缩不均匀而导致翘曲变形。

3. 取向不一致

高分子链或增强助剂（如增强纤维等）在成型过程中受到剪切时会产生取向，因平行或垂直取向方向上内应力和收缩不一致，从而导致产品翘曲变形，通常不含纤维料的成型产品因取向产生的变形量很小。

翘曲分析的主要目的：预测产品的翘曲变形程度能否满足设计要求，分析导致翘曲的主要原因，从而有针对性的进行优化。

9.12.2 工艺条件对翘曲/收缩的影响

1. 熔体温度

如图9－170所示，随着熔体温度的增加，塑件翘曲变形量会增大，这主要是因为温度高，熔体在注射压力的剪切作用下，分子链更容易解缠使熔体黏度降低而有利于流动，在冷却过程中分子链解缠形成的更多取向也更易被定型下来，所以容易造成内应力使翘曲变形更严重。同时塑料维持熔融状态越久，也越容易造成体积收缩，所需的冷却时间也越长，产品收缩不均的机会也会越大，也更容易造成翘曲变形。

2. 保压压力

保压压力对塑件翘曲的影响如图9－171所示，随着保压压力的增加，塑件翘曲变形量会减小，但当压力超过一定值时，变形量反而大大增大，这是因为压力过大造成分子链过度取向产生内应力而导致的。另外，高保压压力能够降低产品收缩的机会，因为补充入模腔的塑料越多，越可避免产品的收缩，影响趋势如图9－172所示。

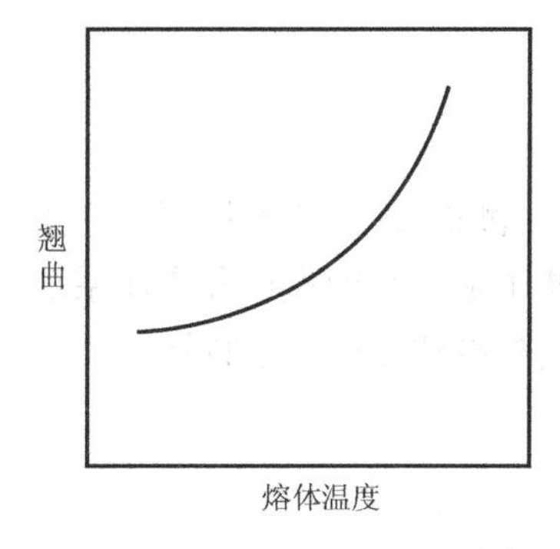

图9－170　熔体/模具温度对翘曲影响

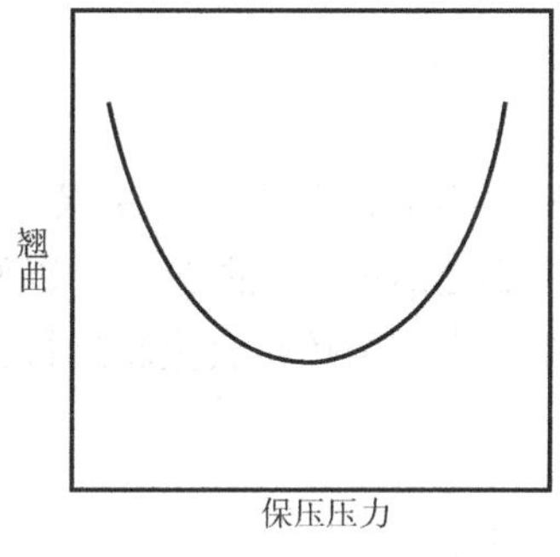

图9－171　保压压力对翘曲影响

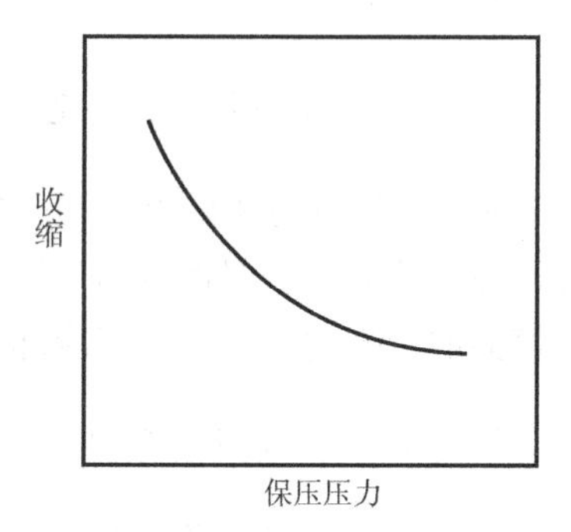

图9－172　保压压力对收缩影响

3. 保压时间

保压时间对塑件收缩的影响如图9－173所示，保压时间如果够长，足够使浇口凝固，则可降低体积收缩的机会，浇口凝固后，保压作用就无效了。

4. 冷却时间（模具温度）

冷却时间越短（即模具温度越低），翘曲变形的机会越低，这对半结晶性材料尤其明显，如图9－174所示。

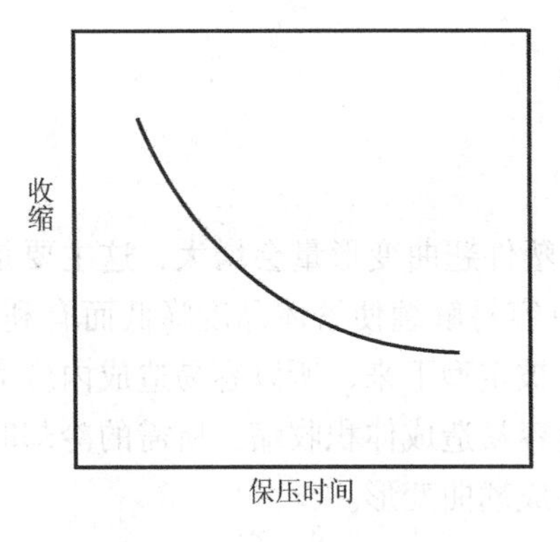

图 9－173　保压时间对收缩影响

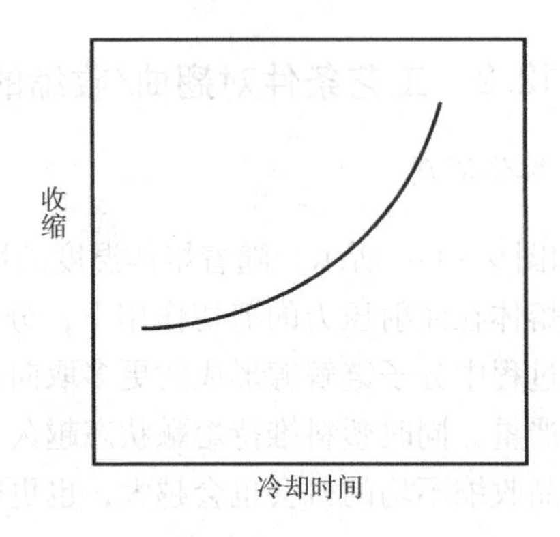

图 9－174　冷却时间对收缩影响

9.12.3　翘曲分析类型

在通常情况下，翘曲变形分析都是在优化完成冷却和流动分析后再进行的。

Moldflow 软件的翘曲分析类型有多种，主要分了两类：不包括冷却分析的类型和包括冷却分析的类型。

1. 不包括冷却分析的类型

不包括冷却分析的类型在分析序列中只有“填充＋保压＋翘曲”，一般不推荐。它主要用在设计人员希望在冷却系统完成之前进行翘曲分析，以便了解产品的设计和浇注系统对翘曲的影响的情况下。当冷却系统完成后还是会重新进行包括冷却分析的翘曲分析。

2. 包括冷却分析的类型

包括冷却分析的类型在分析序列中有三种可供选择，分别是：

(1)“冷却＋填充＋保压＋翘曲”；

(2)“充填＋冷却＋填充＋保压＋翘曲”；

(3)“充填＋保压＋冷却＋填充＋保压＋翘曲”。

前一种假设料流温度是均匀的，后两种假设模温是均匀的，通常情况下，“冷却＋填充＋保压＋翘曲”所得到的分析结果更为准确，通常为首选分析序列。

9.12.4　工艺条件设置

在 Moldflow 软件中，翘曲分析工艺参数设置如图 9－175 所示。它包括三个复选框和一个选择项供用户选择。

1. 考虑模具热膨胀

在注射过程中，模温会随熔体的温度而升高，因此会产生热膨胀，从而引起型腔变化造成产品翘曲变形。如用户选择该选项，将考虑该因素对分析结果的影响。

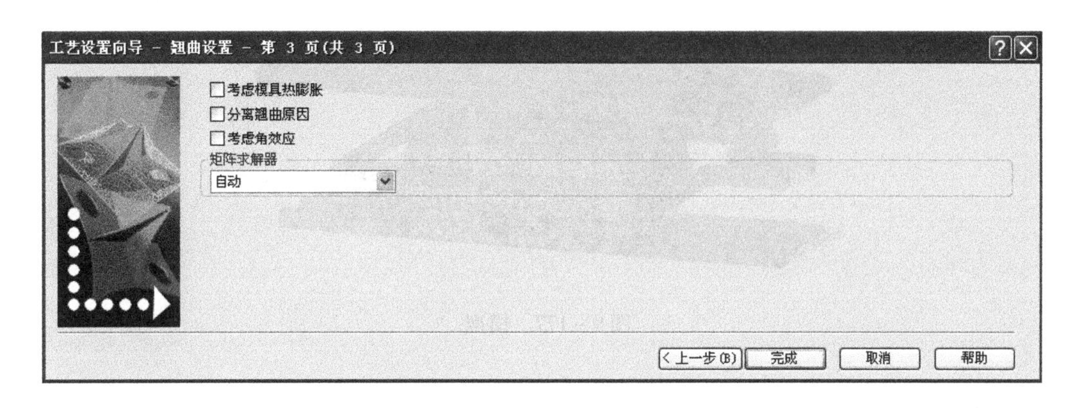

图 9-175　翘曲分析工艺参数设置对话

2. 分离翘曲原因

由上述可知，导致翘曲的原因有三个，如用户选择该选项，系统就会在分析结果中列出每一个因素对翘曲变形的影响。

3. 考虑角效应

如用户选择该选项，将考虑该因素对翘曲变形的影响。

4. 矩阵求解器

包括“自动”、“直接求解器”、“SSORCG 求解器”和“AMG 求解器”四个可选项，通常采用默认“自动”选项。

9.12.5　分析结果

翘曲分析完成后，在视窗左侧任务区的“结果”列表中会显示所有的分析结果，其包括的主要项目如图 9-176所示。

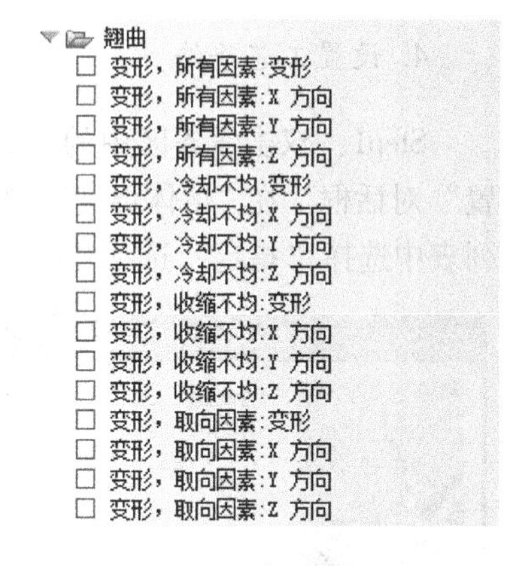

图 9-176　翘曲结果

9.13　翘曲分析实例

本节还是以本章 9.11 节模型为例进行翘曲分析。

9.13.1　初次分析

1. 打开工程

启动 ASMI，单击菜单“文件”→“打开”命令，选择“\实例模型\chapter9 \9-5 练习\4-1.mpi”，单击“打开”按钮，打开如图 9-177 所示的模型，并将名字改为“初次分析”。

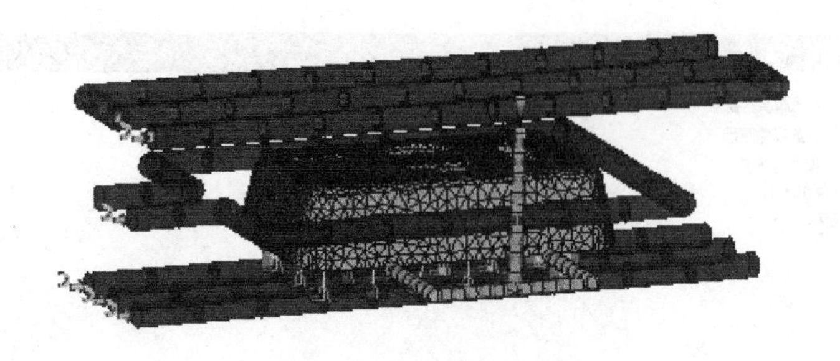

图 9－177　模型

2. 选择分析类型

双击任务区的“填充”图标，在弹出的“选择分析序列”列表框中选择“冷却＋填充＋保压＋翘曲”选项。

3. 选择材料

本例采用默认材料。

4. 设置工艺条件

Step1：双击任务区中的“工艺设置（用户）”图标，弹出如图 9－178 所示的“冷却设置”对话框。在“熔体温度”文本框中输入“240”，在“注射＋保压＋冷却时间”下拉列表中选择“指定”选项并输入“20”，其余参数采用系统默认值。

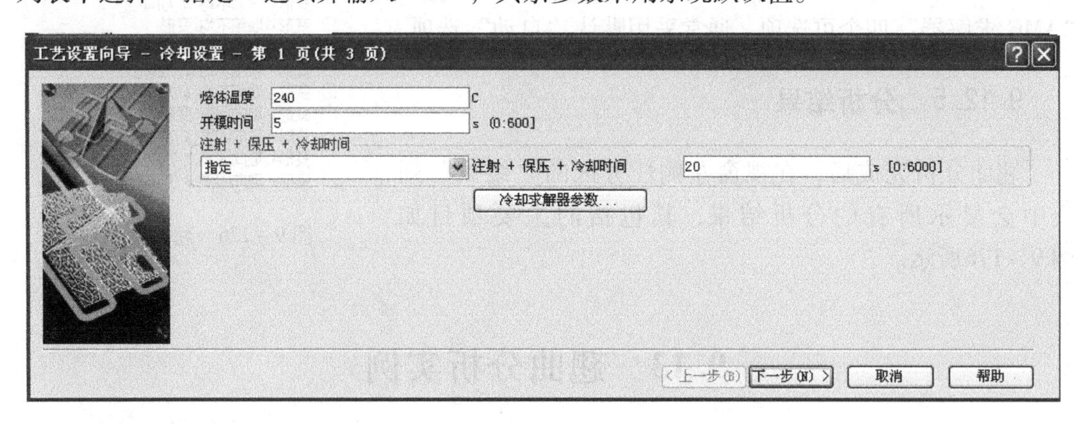

图 9－178　“工艺设置向导-冷却设置”对话框

Step2：单击“下一步”按钮，弹出如图 9－179 所示的“填充＋保压设置”对话框，在“速度/压力切换”下拉列表中选择“由％充填体积”选项并输入“99％”。

Step3：单击“下一步”按钮，弹出如图 9－180 所示的“翘曲设置”对话框，勾选“分离翘曲原因”复选框，其他参数采用系统默认值。

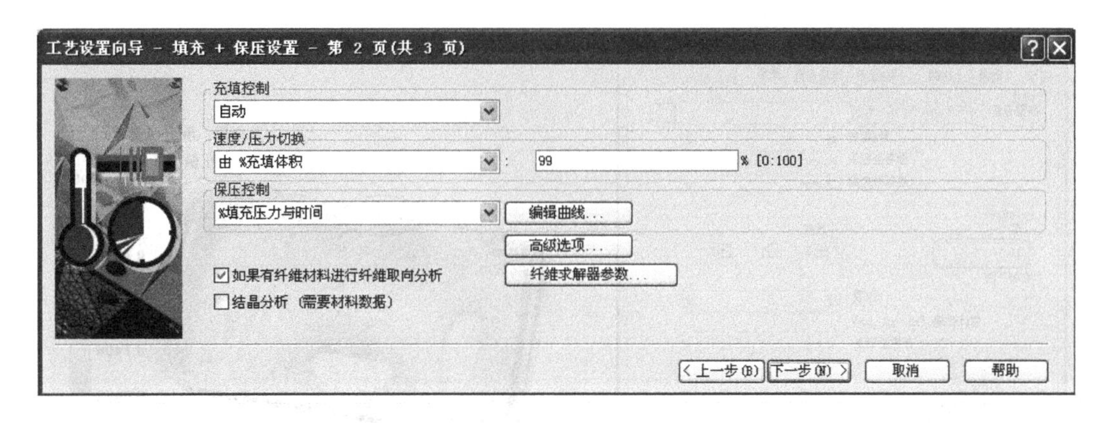

图 9－179　“工艺设置向导-填充＋保压设置” 对话框

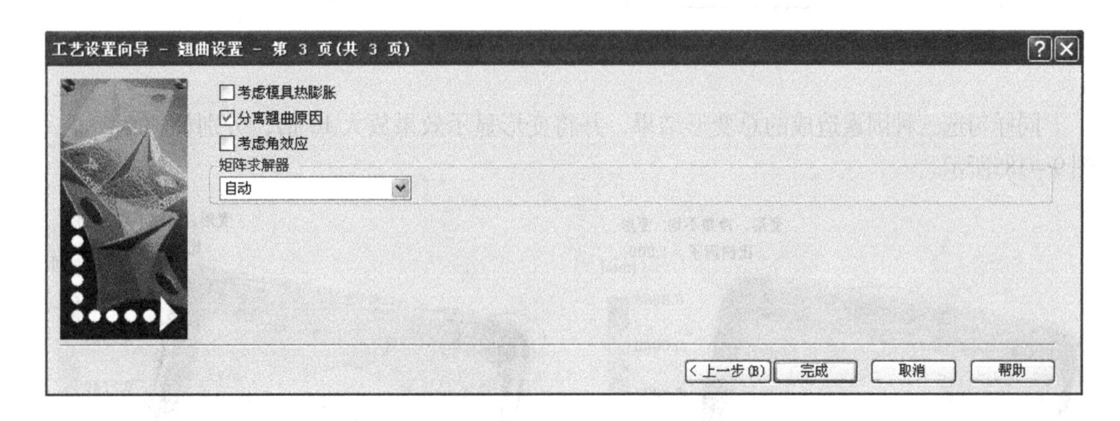

图 9－180　“工艺设置向导-翘曲设置” 对话框

5. 执行分析

双击方案任务区中的 “开始分析!” 图标，单击弹出的确认框中的 “确认” 按钮，ASMI 求解器开始执行计算分析。

9.13.2　初次分析结果

计算完成后，会弹出 “分析：完成” 提示框，单击 “确定” 按钮，在任务区的 “结果” 中会显示翘曲分析的结果，其中包含了总变形和各个因素的分变形等结果。

1. 变形，所有因素

首先勾选 “变形，所有因素：变形” 选项，并右击该项目，在弹出的快捷菜单中选择 “属性” 命令，再在弹出的如图 9－181 所示的 “图形属性” 对话框中选择 “变形” 选项卡。在 “比例因子” 区的 “值” 文本框内输入 “10”（即将变形显示效果放大 10 倍），然后单击 “确定” 按钮，结果如图 9－182 所示（圈中区域为变形量最大处）。

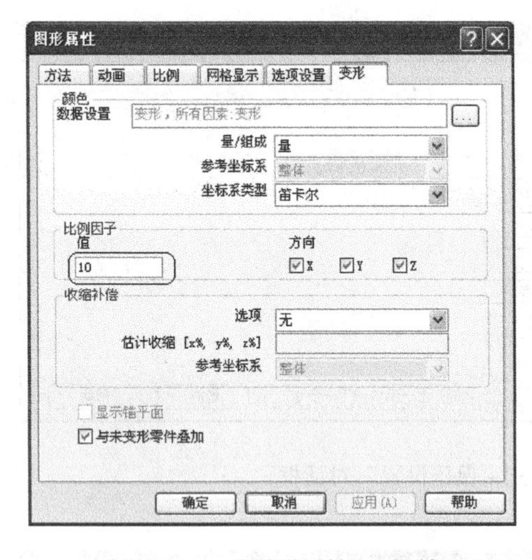

图 9－181　“图形属性”对话框

图 9－182　所有因素的变形

同样勾选三种因素造成的总变形结果，并将变形显示效果放大 10 倍，分别如图 9－183～图 9－185所示。

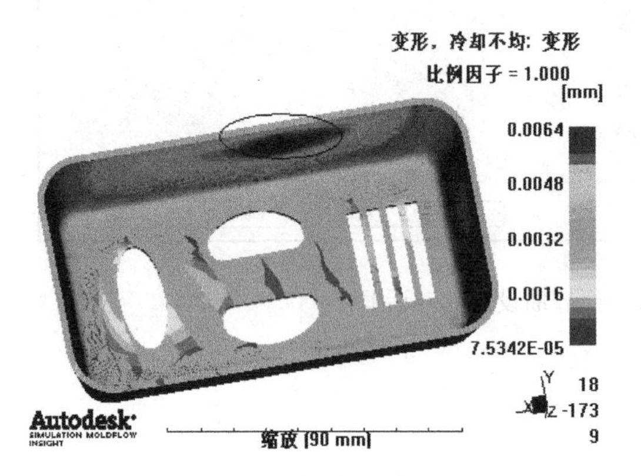

图 9－183　冷却不均造成的变形

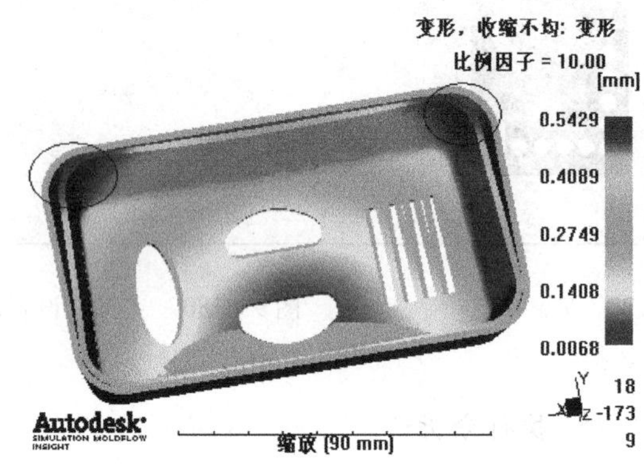

图 9－184　收缩不均造成的变形

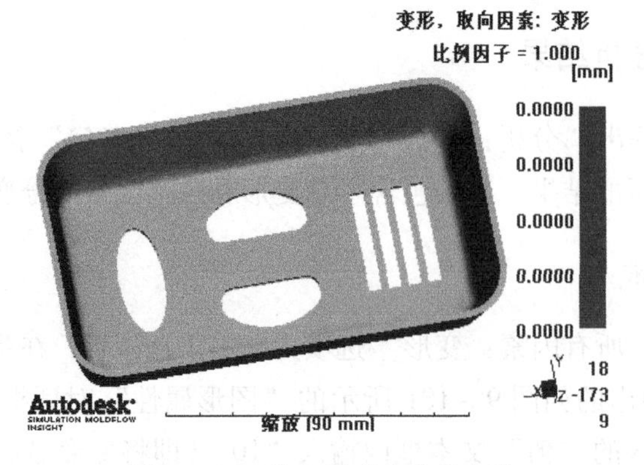

图 9－185　取向因素造成的变形

由上述变形结果可知，三个因素中，收缩不均造成的产品变形是最大的，因此分析和优化的重点就是该因素对翘曲的影响。

2. 变形，收缩不均

收缩不均造成在三个方向上的翘曲结果分别如图 9－186～图 9－188 所示。其中在 *X* 方向上的变形量是最大的，在 *Y*、*Z* 两个方向的变形量差不多。

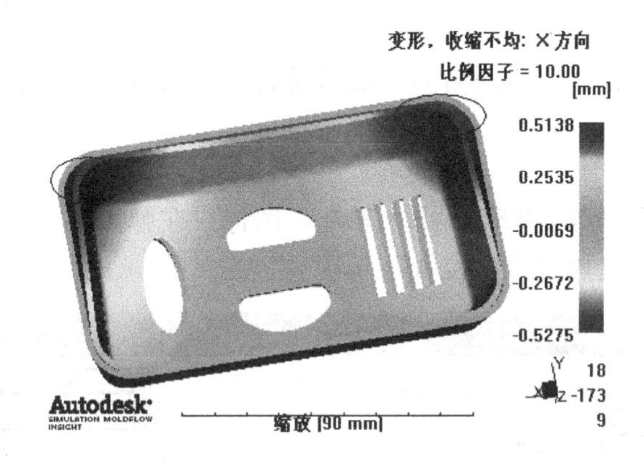

图 9－186 收缩不均造成 *X* 向的变形

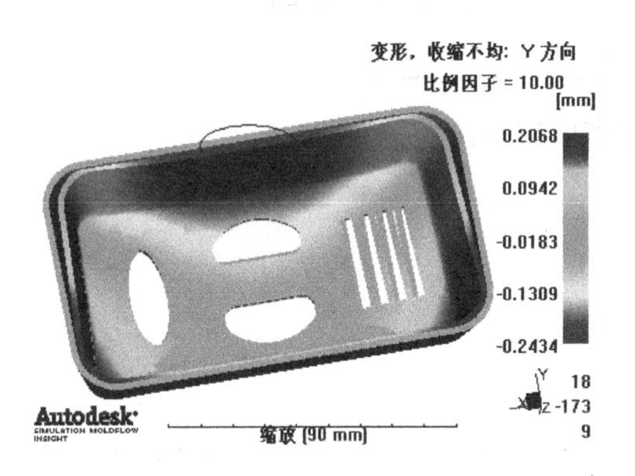

图 9－187 收缩不均造成 *Y* 向的变形

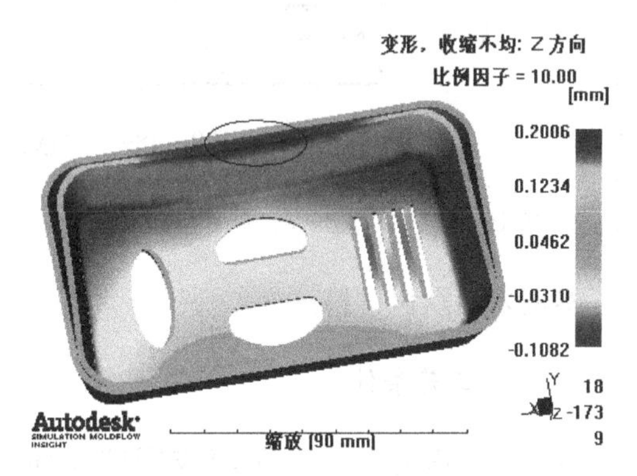

图 9－188 收缩不均造成 *Z* 向的变形

9.13.3 分析讨论

从上述翘曲结果的定量分析可知：

（1）变形最大值在远离浇口侧的两个角落和浇口位置相对侧壁的中心位置（见图 9－182圈定位置）。

（2）收缩不均引起的变形影响最大，且 *X* 方向的量变形最大，而冷却和分子取向因素的影响相对很小，这里可以忽略不计。

因此，改善或优化的重点是从改善收缩不均和降低产品收缩率两个方面着手，具体措施有调整保压曲线；减小产品壁厚差；改变浇注系统设计；选择收缩率较小的原材料等。

9.13.4 二次分析

对于本案例，从翘曲结果图中也可以看出，靠近和远离浇口侧的收缩不均（主要和两侧物料的温度，受到的保压情况有关）是造成翘曲的主要原因，因此，浇口位置优化应作为主要考虑的对象。

1. 复制模型

复制“初次分析”模型，重命名为“浇口位置”，并将原来的浇注系统全部删除。

2. 选择分析类型

双击任务区的“冷却 + 填充 + 保压 + 翘曲”图标，在弹出的如图 9－189 所示的“选择分析序列”对话框中选择“浇口位置”选项。

图 9－189 “选择分析序列”对话框

3. 选择材料

本例采用默认材料。

4. 设置工艺条件

双击任务区的“工艺设置（用户）”图标，弹出如图 9－190 所示的对话框，在“浇口定位器算法”下拉列表中选择“高级浇口定位器”选项；在“浇口数量”文本框中输入“2”；其他均采用系统默认值，单击“确定”按钮。

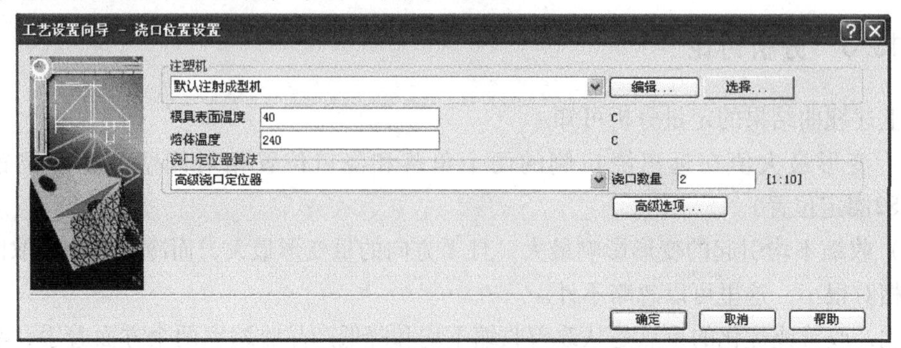

图 9－190 “浇口位置设置”对话框

5. 执行分析

双击方案任务区中的“ 开始分析!”图标，单击弹出的确认框中的“确认”按钮，ASMI 求解器开始执行计算分析。

6. 最佳浇口位置

分析完成后，双击工程管理区中复制的新模型，重命名为“二次分析”，显示如图 9－191所示的两个最佳浇口位置。

7. 创建浇注系统

Step1：单击“建模→流道系统向导”命令，弹出如图 9－192 所示的“布置”对话框，单击“浇口中心”按钮，在“顶部流道平面 Z”文本框中输入“60”。

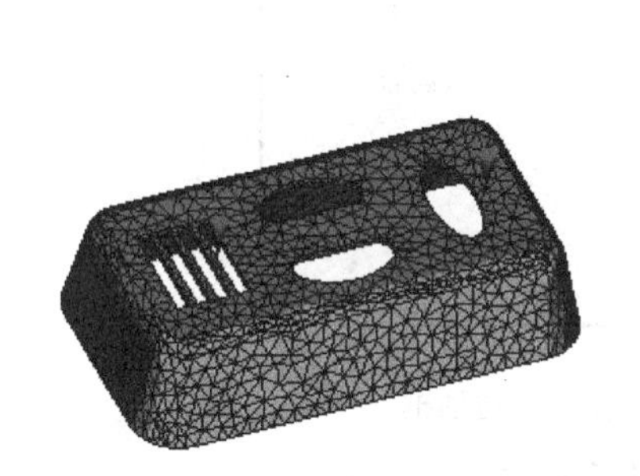

图 9－191　最佳浇口位置

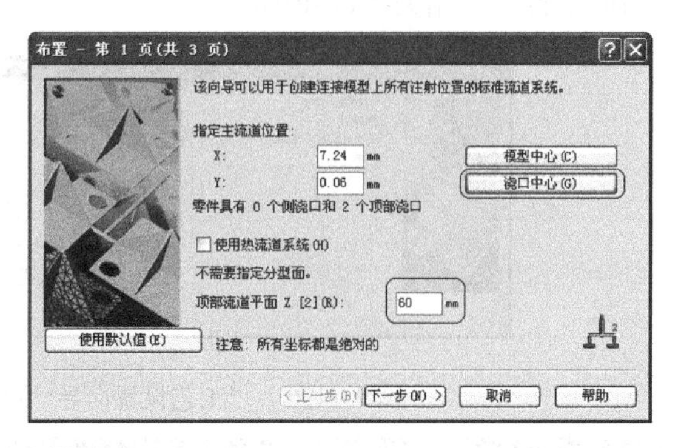

图 9－192　“布置”对话框

Step2：单击“下一步”按钮，显示如图 9－193 所示的“注入口/流道/竖直流道”对话框，按图示参数进行设置。

Step3：单击“下一步”按钮，显示如图 9－194 所示的“浇口”对话框，按图示参数进行设置。

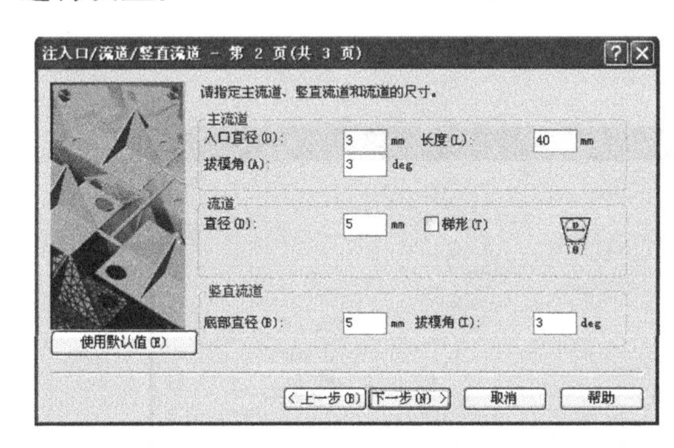

图 9－193　“注入口/流道/垂直流道”对话框

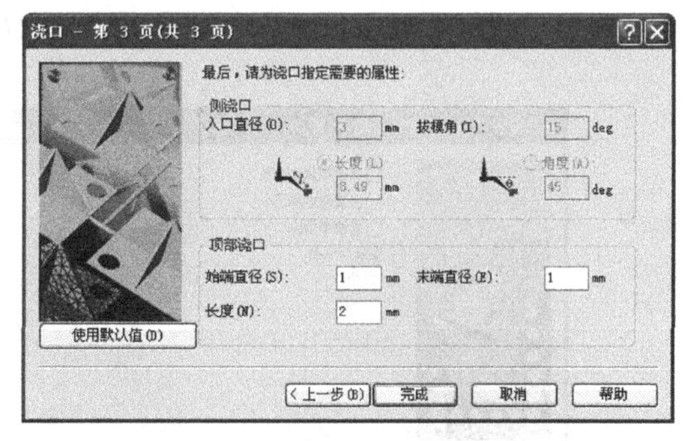

图 9－194　“浇口”对话框

图 9－195　针点式浇口模型

Step4：单击“完成”按钮，创建如图 9－195 所示的结果。

8. 选择分析类型

双击任务区的“填充”图标，在弹出的“选择分析序列”对话框中选择“冷却＋填充＋保压＋翘曲”选项。

9. 选择材料

本例采用默认材料。

10. 设置工艺条件

Step1：双击任务区的“工艺设置（用户）”图标，分别按照如图 9－196～图 9－199 所示的对话框进行设置相关参数和选项。

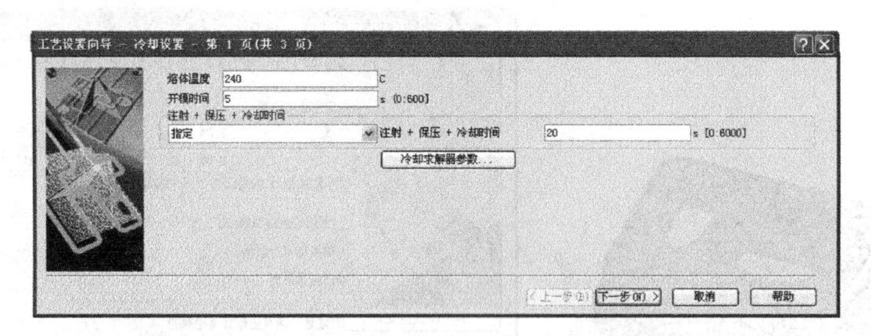

图 9－196　“工艺设置向导-冷却设置”对话框

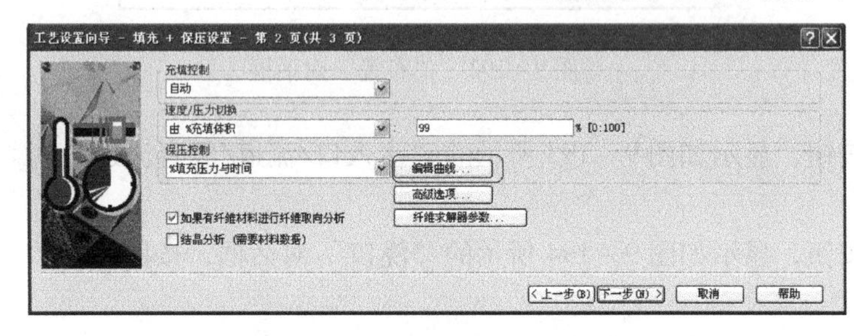

图 9－197　“工艺设置向导-填充＋保压设置”对话框

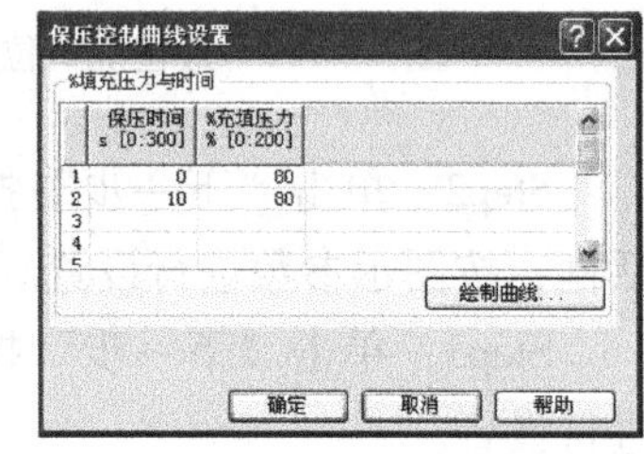

图 9－198　保压控制曲线设置

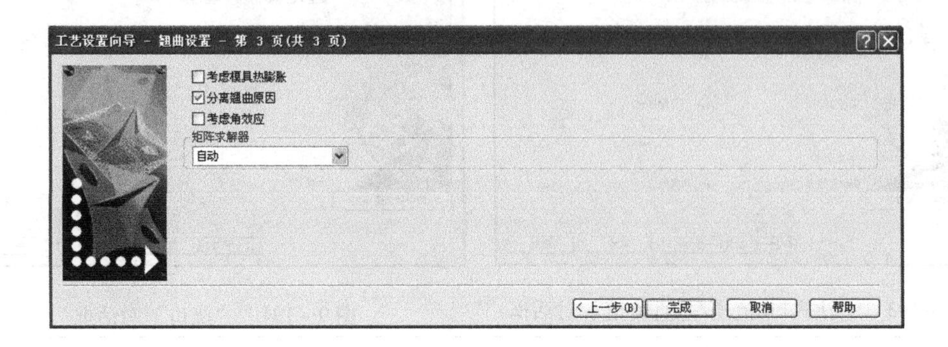

图 9－199　“工艺设置向导-翘曲设置”对话框

11. 执行分析

双击方案任务区中的“ 开始分析！”图标，单击弹出的确认框中的“确认”按钮，ASMI 求解器开始执行计算分析。

9.13.5 二次分析结果

计算完成后，同样在任务区的“结果”中会显示翘曲分析的结果，翘曲结果分别如图 9－200～图 9－203 所示。

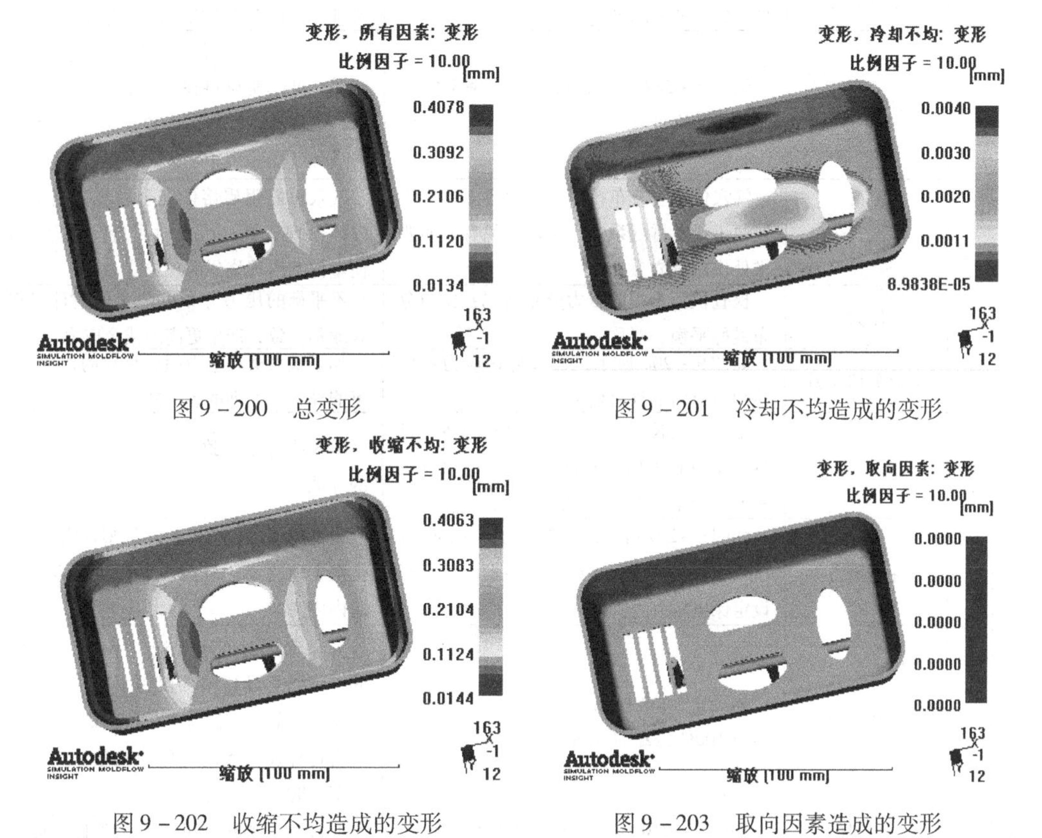

图 9－200　总变形

图 9－201　冷却不均造成的变形

图 9－202　收缩不均造成的变形

图 9－203　取向因素造成的变形

由图 9－200 可知塑件最大变形量降为 0.4078mm，收缩不均仍是主要因素，但是从变形的总体情况来看，塑件四周壁的变形量相对比较均匀，总体效果明显提高。

本例操作结果见光盘：\实例模型\Chapter9 \ 9－5。

9.14 分析结果的检查

通过上述分析类型的介绍和实例应用，对各分析类型的目的、功能及结果分析均有了初步的了解，这里对上述分析类型中常用参数/结果的基本要求作一小结，具体见表 9－3，以便大家对模拟方案进行检查，并利于合理的分析和评判。

表 9－3　常用分析结果基本要求

分析类型	参数/结果	基本要求	说明
填充	充填时间	如图 9－204 所示，各部分末端尽量同时充满	判断浇口位置是否符合充填平衡要求
	熔体前沿温度	如图 9－205 所示，熔体前端温度的变化应该小于 20℃，且在熔体温度范围之内	过高的温度变化可以导致塑件内部产生残余应力，而残余应力的存在会导致塑件发生翘曲。如果温差太大，最好的方法是减少注射时间
	总体温度	如图 9－206 所示，总体温度分布应尽量均匀，温差尽可能小	温度过高区域或出现局部过热，或温差过大，均会严重影响产品质量
	剪切速率	如图 9－207 所示，最大剪切率不能超过材料的许可值	如果注射时剪切率超过材料的最大剪切率，可以使材料在注射过程中发生降解，出现黑点、白斑等许多意想不到的缺陷
	气穴	气穴位置应分布在零件的边界上；气穴处便于设置排气系统；应该避免有表面要求处出现气穴	气穴可能阻碍熔体完全填充，使塑件内部出现气孔；严重时可能导致燃烧，使塑件上出现烧焦的现象
	压力	检查模流末端的压力分布情况；压力分布最好平衡、对称	不平衡的压力分布可能会使塑件材料收缩不一致，产生更高的残余应力
	壁上剪切应力	如图 9－208 所示，最大剪切应力不应该超过材料的许可值	如果最大剪切应力超过材料的许可值，可能导致一系列的表面缺陷
	熔接线	熔接线的长度尽量短，数量尽量少；且尽量避免有表面要求和受力承载结构处；一般结合熔接温度一起进行评估	熔接线可以导致塑件表面缺陷和强度的降低
保压	保压压力	如图 9－209 所示，保压压力 =（80% ~ 120%）× 注射压力，也可以根据需要自行设定保压压力的值	过低的保压压力可能降低塑件密实度，甚至不能注满；过高的保压压力容易引起内应力
	保压时间	如图 9－209 所示，保压时间应该大于浇口 100% 冷却的时间	如果保压时间小于浇口 100% 冷却时间，可能会导致塑件保压不足，出现表面缺陷；如果在浇口 100% 冷却后仍然继续进行保压，此时的保压失效，反而会浪费工时
	顶出时的体积收缩率	如图 9－210 所示，整个塑件的收缩率应均匀一致	通常难以实现，可通过调整保压曲线使收缩率均匀一些
	锁模力	最大锁模力不应该超过用于生产该塑件注塑机的最大锁模力	最大锁模力如果超过用于生产该塑件的注塑机的最大锁模力，可能在零件上产生飞边
	缩痕，指数	如图 9－211 所示，给出了制件上产生缩痕的相对可能性，其值越高，表明缩痕或缩孔出现的可能性越大（目缩痕标深度为 0.1mm）	如果缩痕的深度大于 0.1mm，在非皮纹面上将会出现可见的缩印

续表

分析类型	参数/结果	基本要求	说明
冷却	回路冷却液温度	如图9－212所示，冷却液的温度变化应该小于3℃	冷却液的温度变化过大意味着管道设计或流动参数设置存在问题，从而导致制件的热传递存在问题
	回路管壁温度	管壁温度与入水温差小于5℃	温差大于5℃，影响冷却效果和效率
	回路流动速率	各回路中的最大流速不应该大于平均流速的5倍	如果回路中的最大流速大于平均流速的5倍，实际的冷却效果将和计算分析结果差异较大，会对冷却造成意想不到的影响
	回路雷诺数	为了保证冷却系统产生湍流，最小雷诺数应该大于10 000	当雷诺数低于10 000时，就不能确保冷却液的流动状态为湍流。而如果达不到湍流的要求，系统的热传导效率就会下降
	温度，模具	如图9－213所示，模温应该在设定值附近且均匀分布，变化范围应小于20℃	模温的变化范围大于20℃会在塑件内产生残余应力，从而导致塑件发生翘曲
	温度，零件	如图9－214所示，塑件内外温差不应该超过10℃	如果塑件内外温差超过10℃可能会使塑件发生翘曲
翘曲	各方向翘曲	均小于目标尺寸和形状公差	过大的变形可能导致塑件不能满足尺寸要求

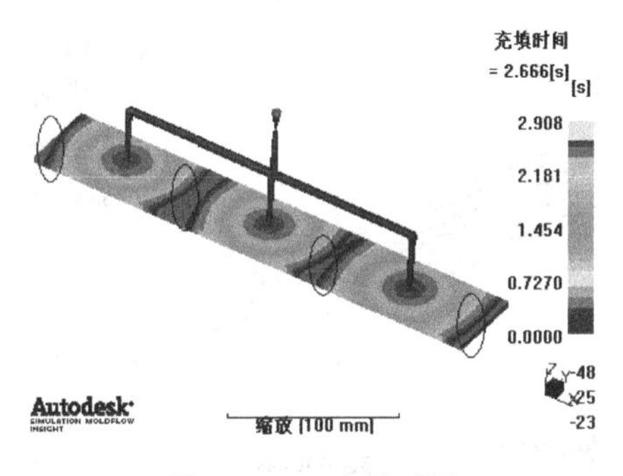

图9－204 充填时间

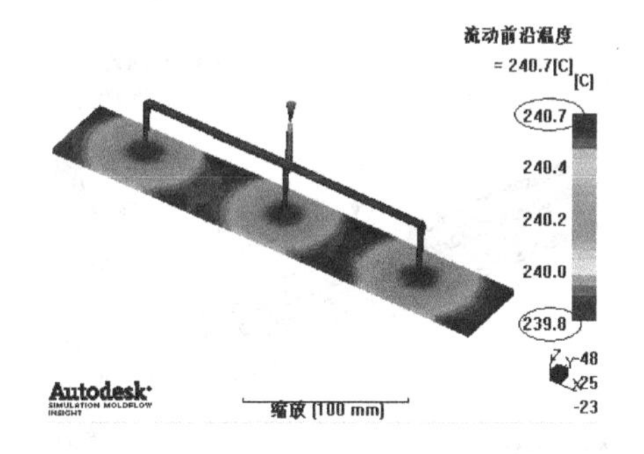

图9－205 流动前沿温度

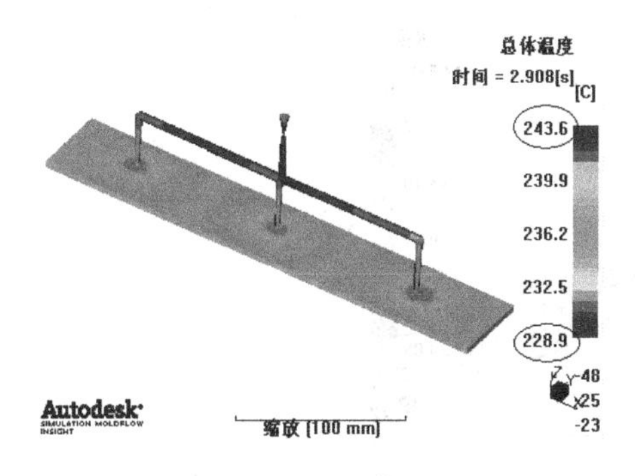

图9－206 总体温度

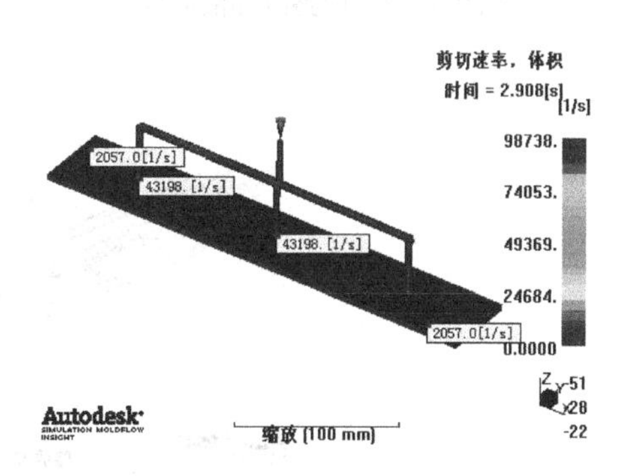

图9－207 剪切速率，体积

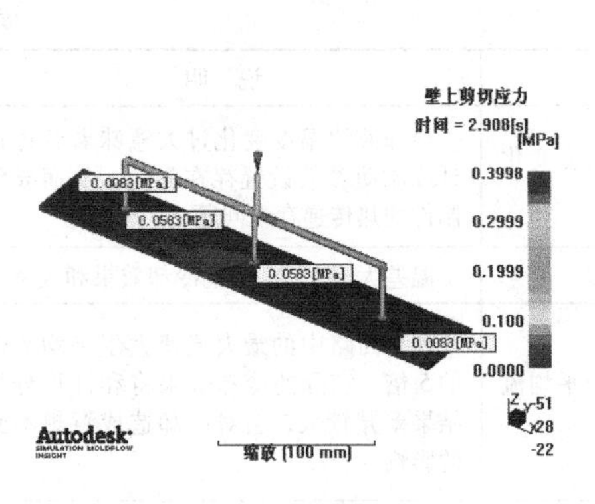

图 9－208　壁上剪应力

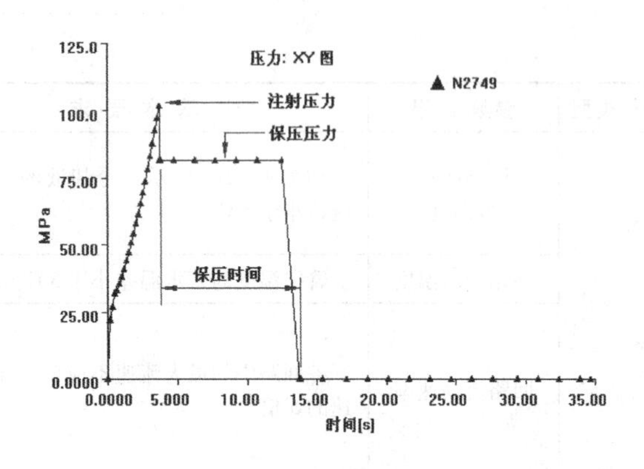

图 9－209　（喷嘴处）压力：XY 图

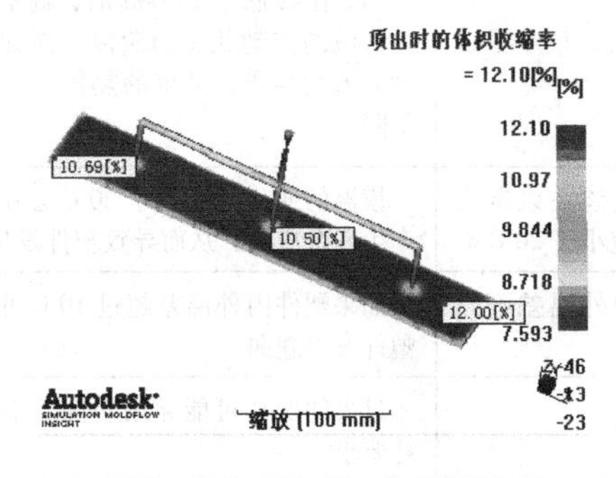

图 9－210　顶出时的体积收缩率

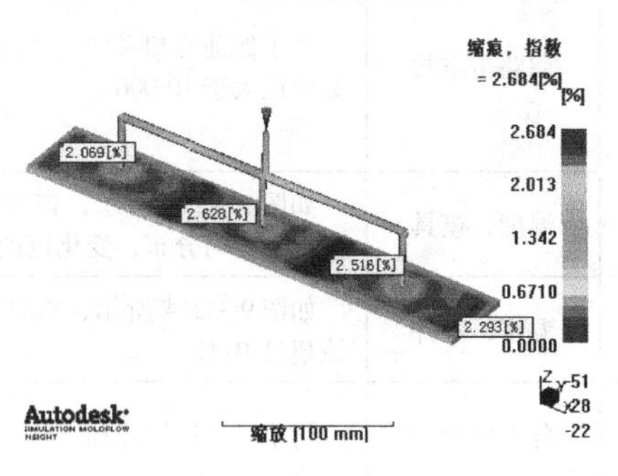

图 9－211　缩痕，指数

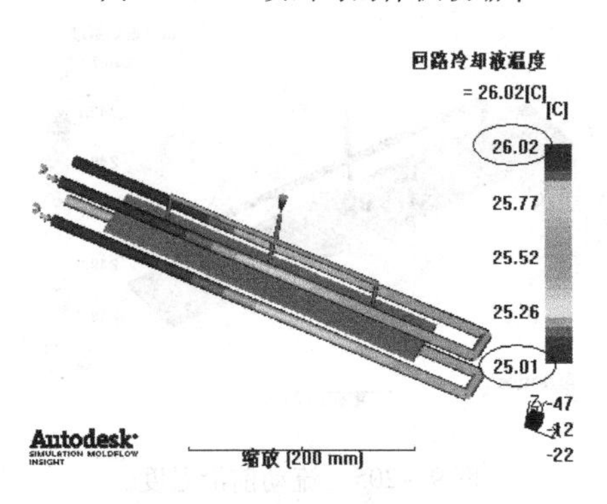

图 9－212　回路冷却液温度

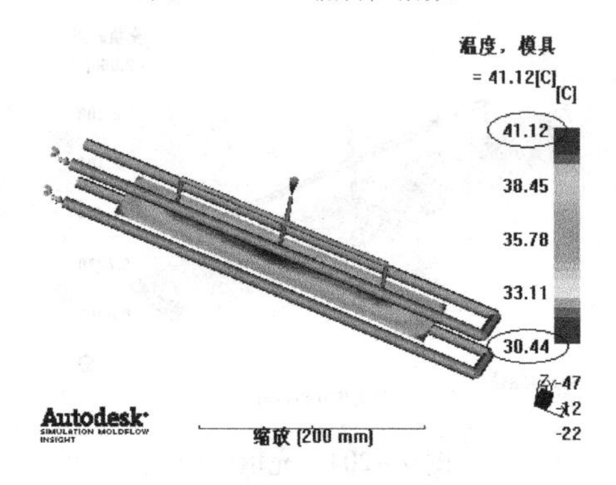

图 9－213　温度，模具

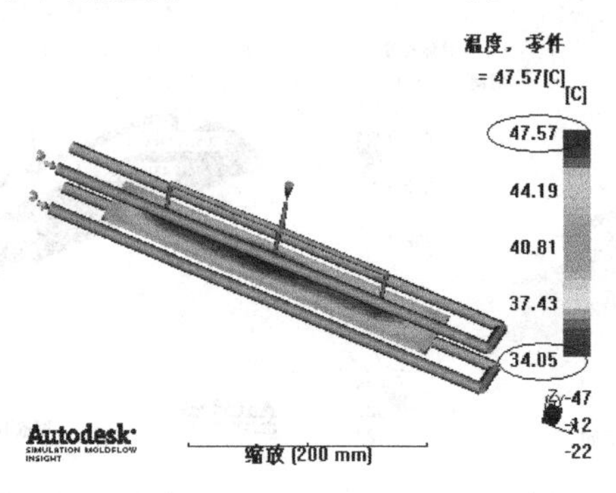

图 9－214　温度，零件

第10章　其他注射成型分析

教学目标

通过本章的学习，了解双色注射、气辅注射的原理及其应用，熟悉这两种分析类型的目的和基本功能，初步掌握这两种成型分析的方法和基本操作。

教学内容

主 要 项 目	知 识 要 点
双色注射成型分析	双色注射成型原理、适用场合、工艺设置和操作步骤
气体辅助成型分析	气辅成型原理、分类及其应用场合、工艺设置和操作步骤

引例

随着塑料成型工艺的日益发展及塑件应用范围的不断扩大，诸如热固性塑料注射成型、热流道系统成型、共注射成型、气体辅助注射成型、发泡成型、BMC 注射成型、反应注射成型、叠层注射成型等新工艺也不断涌现。本节仅介绍目前应用越来越广泛的叠层注射成型和气体辅助注射成型两种新技术。

10.1　双色注射成型原理

由于双色成型的塑件通过充分利用颜色搭配或物理性能的搭配，能够满足在不同领域的特殊要求（如产品结构、使用性能及外观等需要），所以在电子、通信、汽车及日常用品上应用越来越广，也日益得到了市场的认可，正呈现加速发展的趋势。随之而来的双色注射成型技术（如双色成型工艺、设备及模具技术等）也逐渐成为许多专业厂家亟待研发的对象。如图 10－1 所示为双色注射产品的实例图片。

为了保证双色产品中不同部分的粘结牢固，在双色注射产品设计时，可以从以下几

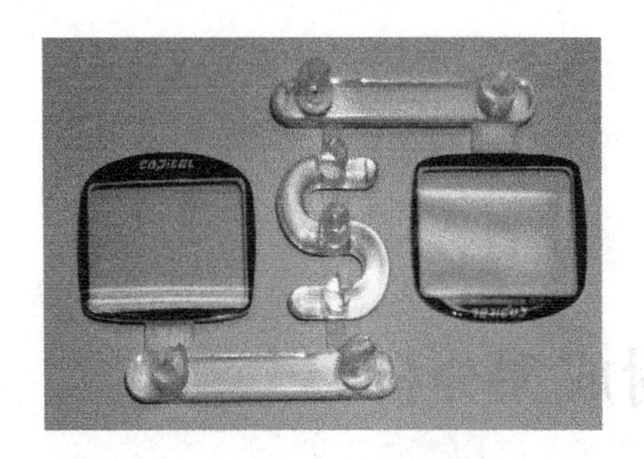

图 10－1　双色注射产品实例图片

方面加以适当考虑。

（1）选择材料时必须考虑两种材料间的结合性，不同材料之间的结合性如表 10－1 所示。

（2）选材时应考虑两种材料的成型工艺性。比如一般先注射硬料部分，再注射软料部分，以避免软料部分变形，另外所选两种材料的收缩率也不能相差太大，否则容易造成材料之间的分离。

（3）在一次产品上增设沟槽以增加不同部分间的结合强度。

表 10－1　双色注塑材料结合性图解

材质	ABS	PA6	PA66	PBT	PC	PC/ABS	PC/PBT	PC/PET	PET	PMMA	POM	PP	PPO	TPE	TPU
ABS															
PA6															
PA66															
PBT															
PC															
PC/ABS															
PC/PBT															
PC/PET															
PET															
PMMA															
POM															
PP															
PPO															
TPE															
TPU															

材料之间结合性：极好　好　一般　差　无数据

双色注射成型根据模具结构和成型设备不同，常见的主要有以下两种形式。

1. 双色多模注射成型

双色多模注射成型原理如图 10－2 所示，该双色注射成型机由两个注射系统和两副模具共用一个合模系统组成，而且在移动模板侧增设了一个动模回转盘，可使动模准确旋转 180°。

其工作过程如下。

① 合模，物料 A 经料筒 9 注射到 a 模型腔内成型第一色产品。

② 开模，单色产品留于 a 模动模，注射机动模回转盘逆时针旋转 180°旋转至 b，实现 a、b 模动模位置的交换。

③ 合模，料筒 11 将物料 B 注射到 b 模型腔内成型第二色产品，同时料筒 9 将物料 A 注射入 a 模型腔内继续成型第一色产品。

④ 开模，顶出 b 模内的双色产品，动模回转盘顺时针旋转 180°，a、b 模动模再次交换位置。

⑤ 合模，进入下一个注射周期。

这种成型对设备要求较高，而且配合精度受安装误差影响较大，不利于精密件的生产制造。

2. 双色单模注射成型

双色单模注射成型原理如图 10－3 所示，该双色注射机由两个相互垂直的注射系统和一个合模系统组成，需要在模具上设置旋转机构，使动模成型部分准确旋转 180°。

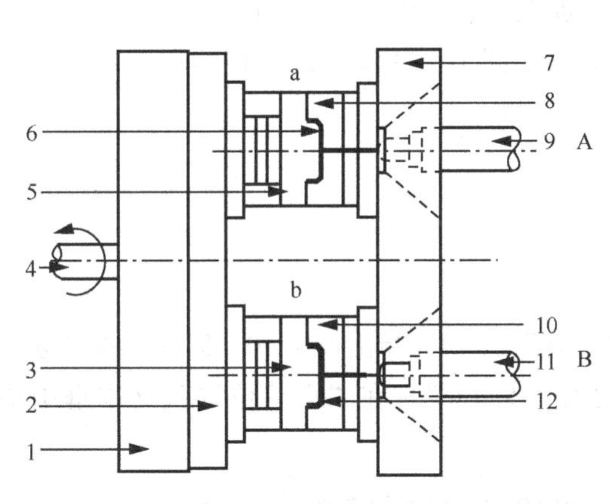

1—移动模板；2—动模回转盘；3—模动模；4—回转轴；5—a 模动模；6—物料 A；7—定模座板；8—a 模定模；9、11—料筒；10—b 模定模；12—物料 B

图 10－2　双色多模注射成型原理

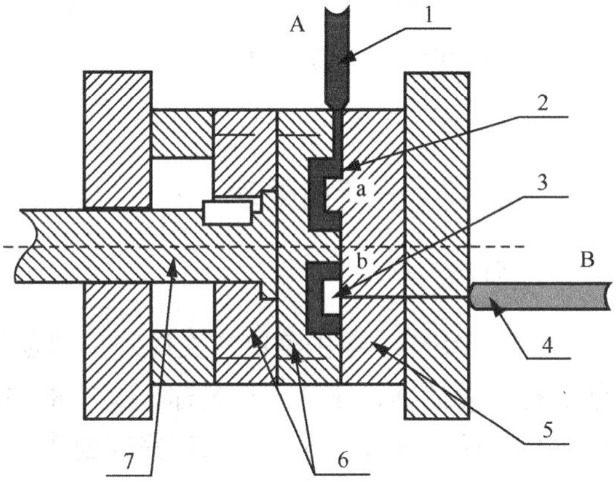

1、4—料筒；2—型腔 a；3—型腔 b；5—定模；6—动模旋转体；7—回转轴

图 10－3　双色单模注射成型原理

其工作过程如下。

① 合模，A 料筒将物料 1 注射入型腔 a 内成型单色产品。

② 开模，旋转轴带动旋转体和动模逆时针旋转 180°，型腔 a 和型腔 b 交换位置。

③ 合模，A 料筒、B 料筒分别将物料 1、物料 2 注射入型腔 a 内和型腔 b 内（成型双色产品）。

④ 开模，顶出型腔 b 内的双色制品，旋转体顺时针旋转 180°，型腔 a 和型腔 b 交换位置。

⑤ 合模，进入下一个注射周期。

这种结构的模具对设备的依赖性相对减少，其通过自身的旋转装置实现动模部分的旋转，两个不同的型腔都加工在同一副动定模上，这有效地减少了两副模具的装夹误差，提高了制件的尺寸精度和外形轮廓的清晰度。双色单模根据注射机结构形式的不同常有清色、混色之分。

10.2 双色注射成型实例

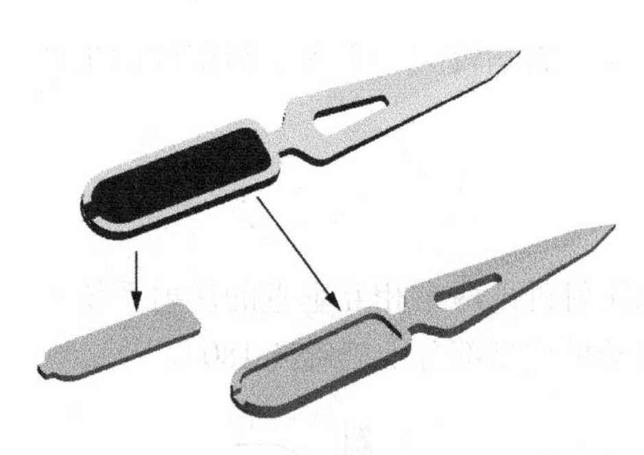

图 10－4　双色塑件模型

ASMI 分析类型中的“热塑性塑料重叠注塑”模块可以实现双色或嵌件成型的分析模拟，该模块对于双色注射成型提供了以下三种分析序列。

（1）“充填＋保压＋重叠注塑充填”。

（2）“充填＋保压＋重叠注塑充填＋重叠注塑保压”。

（3）“充填＋保压＋重叠注塑充填＋重叠注塑充填＋翘曲”：只适用于 3D 网格。

下面以如图 10－4 所示的双色塑件为例，介绍其具体操作过程。

10.2.1　分析前处理

1. 新建工程

启动 ASMI，单击菜单“文件”→“新建工程”命令，弹出如图 10－5 所示的“创建新工程”对话框，在“工程名称”文本框中输入“double”，在“创建位置”文本框中指定工程路径，单击“确定”按钮完成创建。

图 10－5　“创建新工程”对话框

2. 设置成型方式

单击菜单“分析”→“设置分析方式”命令，在如图 10－6 所示的子菜单中选择“热塑性塑料重叠注塑”选项。

3. 导入主模型并划分网格

Step1：导入模型。单击工具条命令，进入模型导入对话框，选择“\实例模型\chapter10 \10 －1 练习模型\body. stl”，单击“打开”按钮，系统弹出如图 10－7 所示的“导入”对话框，网格类型选择“双层面”选项，尺寸单位默认为“毫米”。单击“确定”按钮，导入主模型。

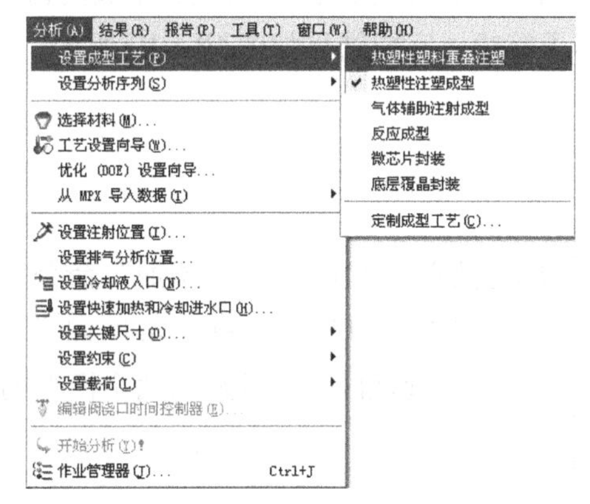

图 10－6 “设置成型工艺”子菜单

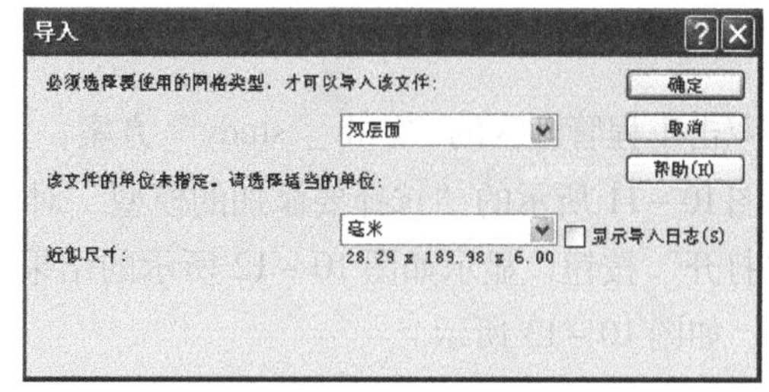

图 10－7 “导入”对话框

Step2：划分网格。双击任务区中的“创建网格...”图标，弹出如图 10－8 所示的“生成网格”对话框，在“全局网格边长”文本框中输入“3”，单击“立即划分网格”按钮，生成网格。

Step3：网格统计、诊断和修复。具体操作不予赘述，完成结果如图 10－9 所示。

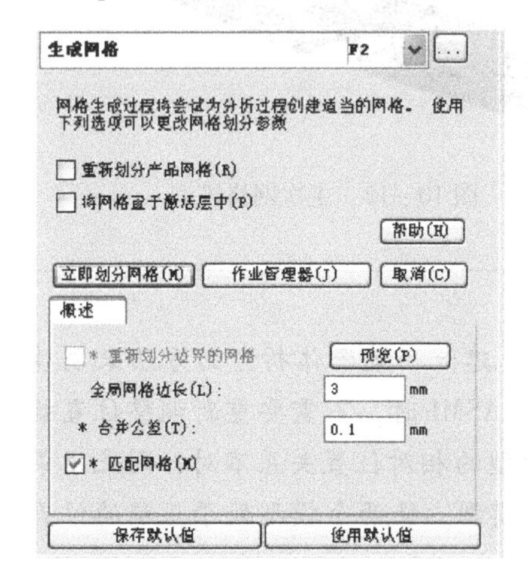

图 10－8 “生成网格”对话框

图 10－9 主模型网格

Step4：保存模型。单击工具条命令。

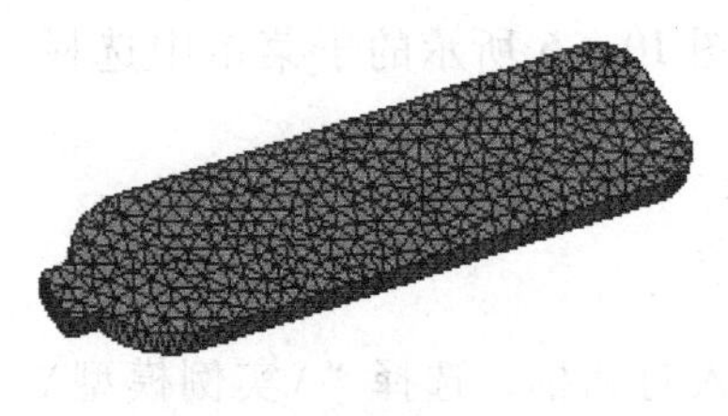

图 10－10　次模型网格

4. 导入次模型并划分网格

Step1：导入模型。单击工具条命令，进入模型导入对话框，选择“\实例模型\chapter10 \10－1 练习模型\insert. stl”，单击“打开”按钮，系统弹出“导入”对话框，同样网格类型选择“双层面”选项，尺寸单位默认为“毫米”。单击“确定”按钮，导入如图 10－10 所示的模型。

Step2：网格划分。双击任务区中的“创建网格…”图标，弹出“生成网格”对话框，在“全局网格边长”文本框中输入“2”，单击“立即划分网格”按钮，生成网格。

Step3：网格统计、诊断和修复。具体操作不予赘述，完成结果如图 10－10 所示。

Step4：保存模型。单击工具条按钮。

5. 主模型添加次模型

双击工程管理区的“body_ study”方案，然后单击菜单“文件”→“添加”命令，进入如图 10－11 所示的“选择要添加的模型”对话框，选择“\double \ insert_ study. sdy”，单击“打开”按钮，显示如图 10－12 所示的结果。此时，层管理区会分开显示两个模型的层组成，如图 10－13 所示。

图 10－11　“选择要添加的模型”对话框

图 10－12　主次网格模型

双色塑件两个模型在 CAD 软件中造型设计时，建议用装配体拆分的方法来创建（也符合装配体设计的原则），这样两个模型导入到 ASMI 时，不需要重新调整位置就能保持正确的位置关系。如果添加模型后，两个模型的相对位置关系不对，则采用菜单“建模”→“复制/移动”中的相关命令来移动模型，使两个模型处于正确的位置要求。

当两个模型的划分网格边长一致时，也可以按照如下步骤操作，达到同样的效果。

Step1：单击工具条命令，导入主模型 STL 文件。

Step2：单击菜单“文件”→“添加”命令，导入次模型 STL 文件。

Step3：如果需要，利用菜单“建模”→“复制/移动”中的相关命令调整两模型的位置至合适状态。

Step4：双击任务区中的“创建网格...”图标对两个模型进行网格划分。

6. 设置注射顺序

Step1：取消主模型 body 的所有层，如图 10－14 所示仅显示次模型 insert 网格模型。

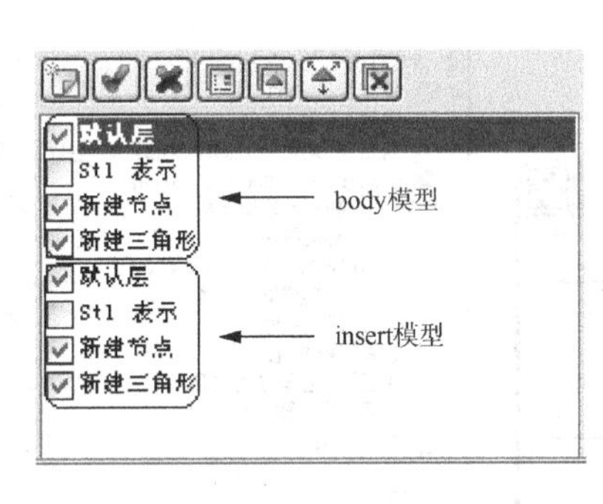

图 10－13 层管理区

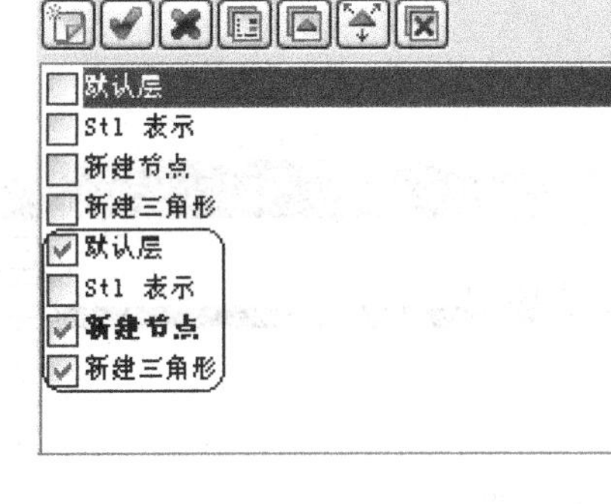

图 10－14 仅显示次模型层

Step2：框选模型显示区的所有图元，单击菜单“编辑”→“属性”命令，弹出“零件表面（双层面）”对话框。

Step3：选择“重叠注塑组成”选项卡，如图 10－15 所示，在“组成”下拉列表中选择“第二次注射”选项。

图 10－15 “零件表面（双层面）”对话框

Step4：单击“确定”按钮，完成设置，次模型 insert 会以不同的颜色显示。

Step5：勾选主模型 body 的“新建三角形”层，显示如图 10－16 所示的结果。

本步骤即设置第二次注射属性，这里针对次模型 insert 进行设置。主模型 body 为第一次注射，由于默认属性为“第一次注射”，所以主模型不需要另外设置。

图 10－16　模型显示

7. 选择类型分析

双击方案任务区中的“ 填充 ”图标，弹出如图 10－17 所示的“选择分析序列”对话框，选择“充填 + 保压 + 重叠注塑充填 + 重叠注塑保压”选项，单击“确定”按钮，完成设置。此时，任务区会变成如图 10－18 所示的显示效果。

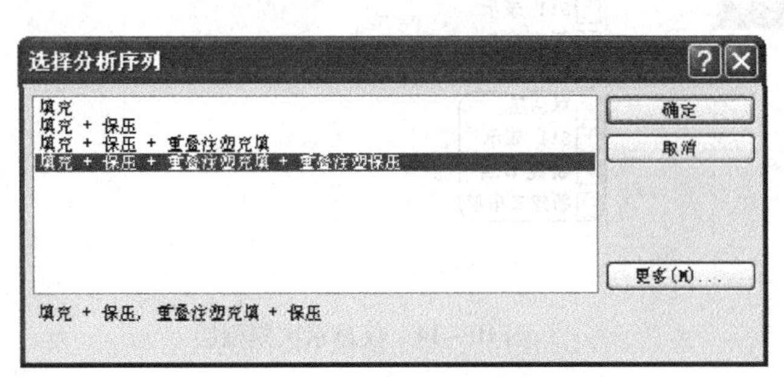

图 10－17　“选择分析系列”对话框

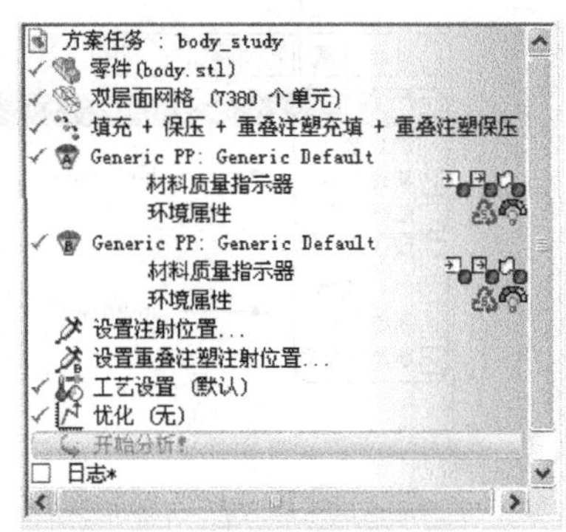

图 10－18　重叠注塑任务区

8. 选择材料

Step1：选择主模型材料。双击任务区中第一个“ Generic PP: Generic Default ”图标，这里选择 Daicel Polymer Ltd 生产的牌号为 Novalloy S 1220 的 PC + ABS 料。

Step2：选择次模型材料。双击任务区中第二个“ Generic PP: Generic Default ”图标，这里选择 Monsanto Kasei 生产的牌号为 TFX－210 的 ABS 料。

9. 设置注射位置

Step1：设置主模型注射位置。双击任务区中的“ 设置注射位置...”图标，选择主模型 body 上的节点 N176 作为注射位置，结果如图 10－19 所示。

Step2：设置主模型注射位置。双击任务区中的“ 设置重叠注塑注射位置...”图标，选择次模型 insert 上的节点 N3569 作为注射位置，结果如图 10－20 所示。

提 示

本组合模型的注射位置如图 10－21 所示，也可以针对主、次模型创建各自的浇注系统，然后在主流道入口处分别设置注射位置。

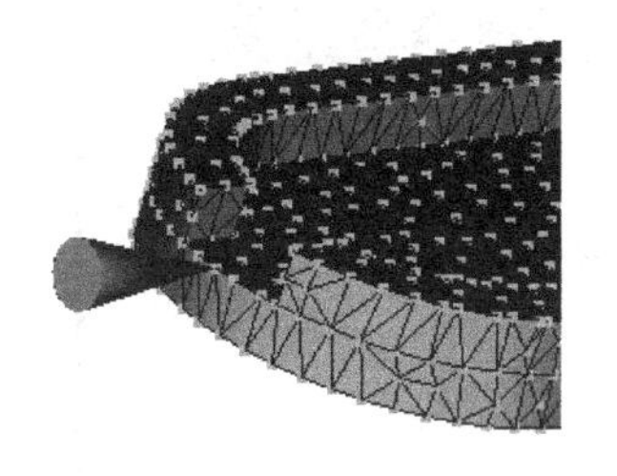

图 10－19　主模型注射位置

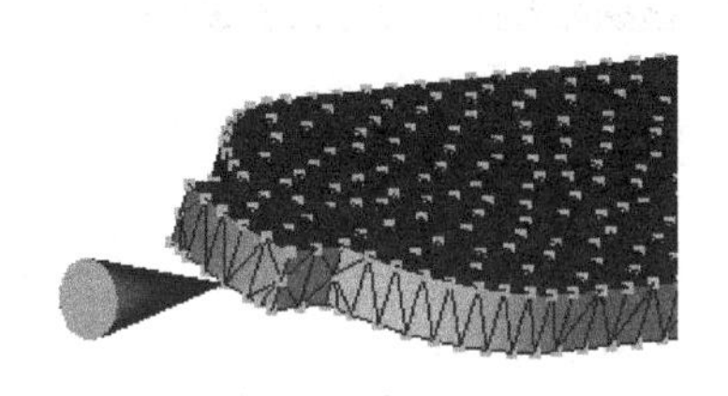

图 10－20　次模型注射位置

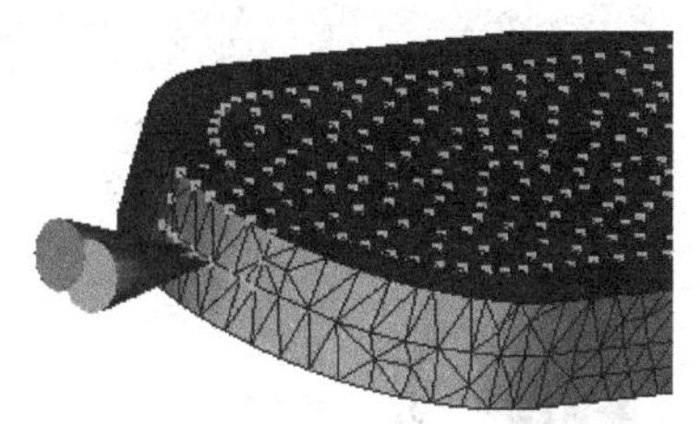

图 10－21　主次模型注射位置

10. 设置工艺条件

Step1：设置第一次成型工艺条件。双击任务区中的“工艺设置（默认）”图标，弹出如图 10－22 所示的“工艺设置向导-第一个组成阶段的充填＋保压设置”对话框，即设置第一次注射成型主模型 body 的工艺参数，这里将“充填控制”设置为“注射时间”并输入“1”，其他均采用默认值。

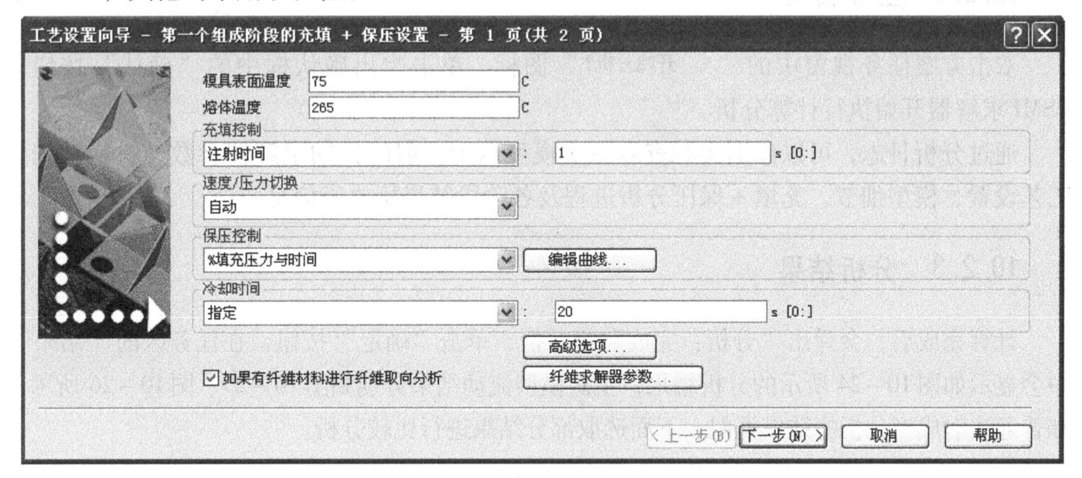

图 10－22　“工艺设置向导-第一个组成阶段的充填＋保压设置”对话框

Step2：设置第二次成型工艺条件。单击“下一步”按钮，进入如图 10－23 所示的“工艺设置向导-重叠注塑阶段的充填＋保压设置”对话框，即设置第二次注射成型次模型 insert 的工艺参数，这里将“模具表面温度”和“熔体温度”文本框分别设置为第二料的推荐工艺参数“50”和“230”，“充填控制”设置为“注射时间”并输入“1”，其他均采用默认值。

【说明】由双色成型原理可知，在正常注射成型过程中，双色料是同时分别进行成型第一色和第二色部分的，因此就要求两次注射和保压的时间尽可能一致。本例中由于主次模型相比体积有一定差距，所以为了保证顺利成型，这里将注射时间均设置为 1s。

Step3：单击“完成”按钮，完成设置。

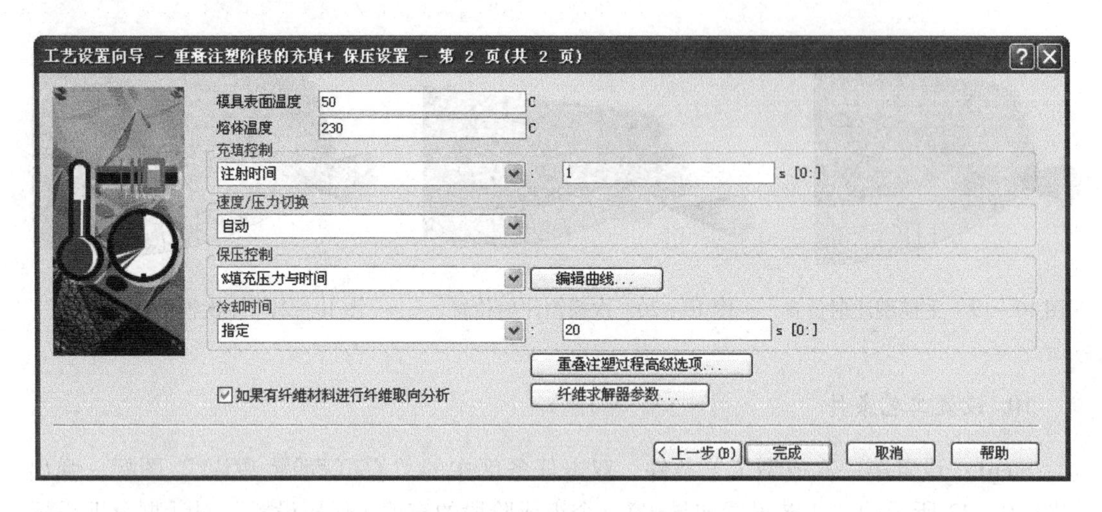

图 10－23 “工艺设置向导-重叠注塑阶段的充填＋保压设置”对话框

10.2.2 分析处理

双击方案任务视窗中的“开始分析!”图标，单击弹出确认框中的“确认”按钮，ASMI 求解器开始执行计算分析。

通过分析日志，可以分别实时查看主次模型两个注射阶段的求解器参数、材料数据、工艺设置、模型细节、充填＋保压分析进程及各阶段结果摘要等信息。

10.2.3 分析结果

计算完成后，会弹出“分析：完成”提示框，单击“确定”按钮，在任务区的“结果”中会显示如图 10－24 所示的分析结果，主次模型流动结果分别如图 10－25、图 10－26 所示，和普通注射成型分析的结果类似。下面选取部分结果进行比较分析。

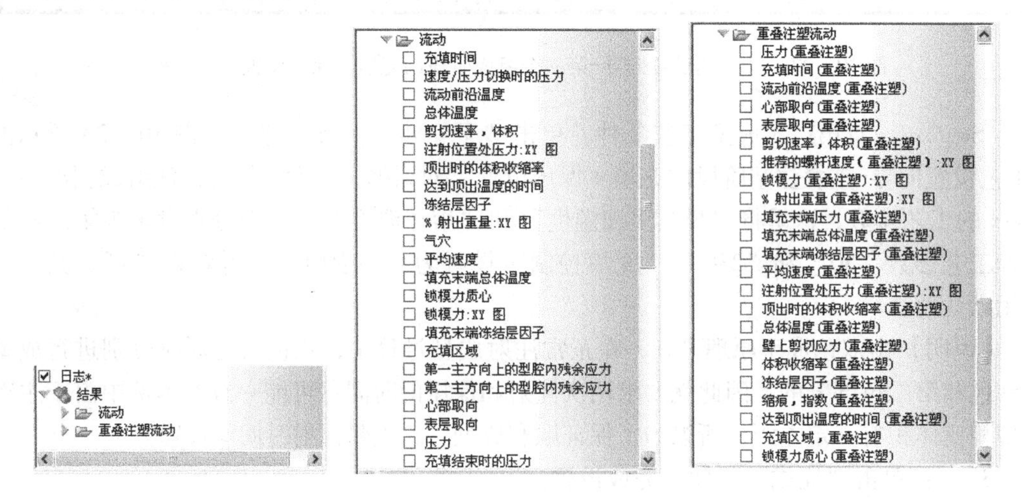

图 10－24 结果显示　　图 10－25 第一次成型“流动”结果显示　　图 10－26 重叠成型“流动”结果显示

1. 充填时间

充填时间分布如图 10－27 所示，由图中结果可知主次模型充填时间比较接近，基本符合程序要求。

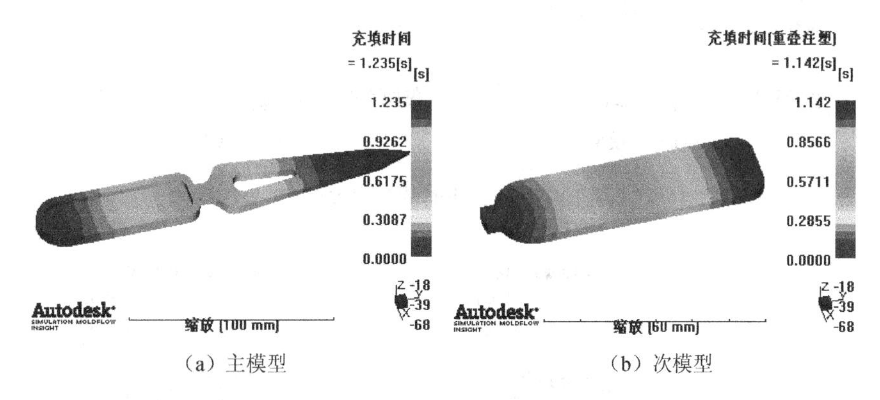

（a）主模型　　（b）次模型

图 10－27　充填时间

2. 流动前沿温度

流动前沿温度分布如图 10－28 所示，由图可知主次模型注射过程中流动前沿温度差均在合理范围内。

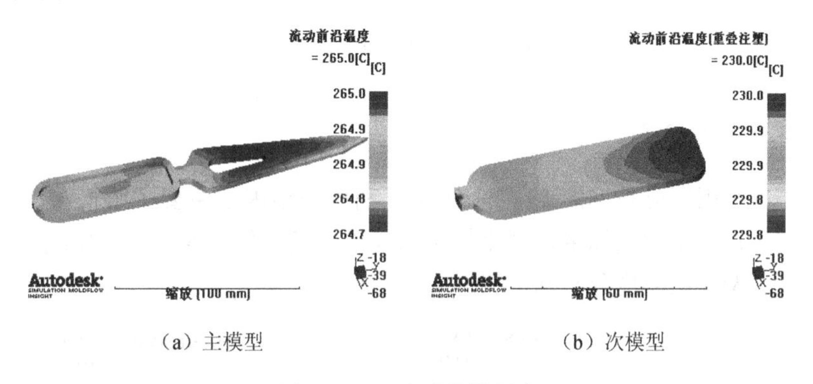

（a）主模型　　（b）次模型

图 10－28　流动前沿温度

3. 顶出时的体积收缩率

顶出时的体积收缩率分布如图 10－29 所示，由图可知在主次模型组合部分处的收缩率和主模型的值均接近或稍大于次模型对应位置的值，因而也有利于提高两模型的结合度。

4. 填充末端总体温度

填充末端总体温度分布如图 10－30 所示，由图可知在主次模型注射过程中流动末端总体温度差也均在合理范围内，同时可以看出，主次模型的温度之间基本没有影响。

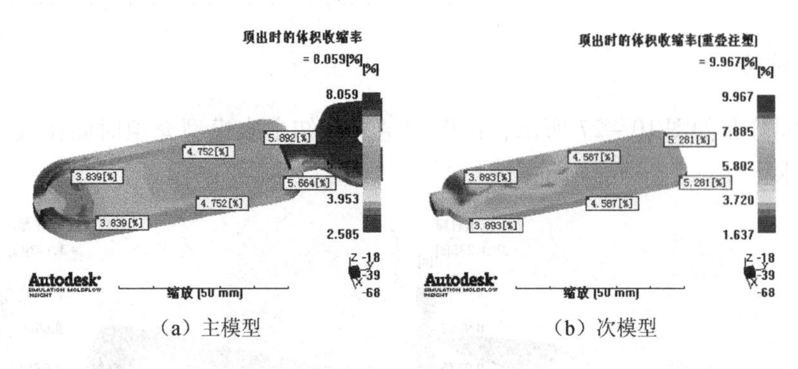

（a）主模型　　（b）次模型

图 10－29　顶出时的体积收缩率

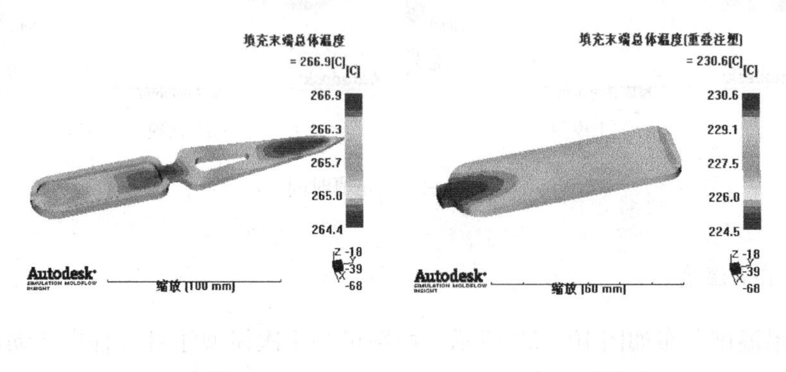

（a）主模型　　（b）次模型

图 10－30　填充末端总体温度

5. 填充末端冻结因子

填充末端冻结因子分布如图 10－31 所示，利用冻结因子主要了解模型的温度分布和各处冷却时间长短，由图可知主模型冷却时间较长，温度分布均匀性不如次模型，但在主次模型组合处，两者的温度分布基本相近。

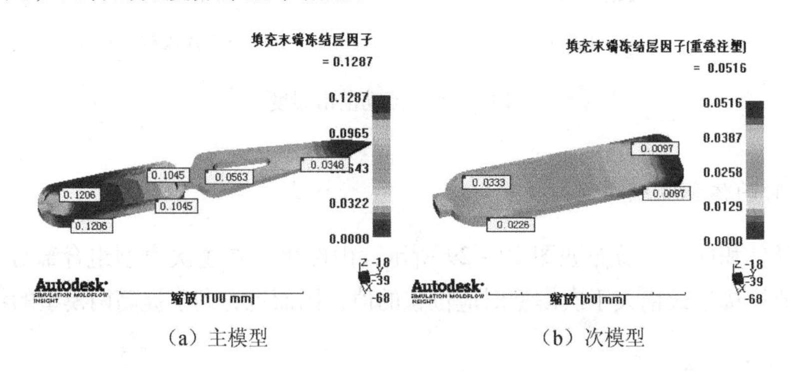

（a）主模型　　（b）次模型

图 10－31　充填时间

本实例创建结果见光盘：\实例模型\Chapter10 \double。

10.3 气体辅助注射成型原理

气体辅助注射成型（GAIM）技术突破了传统注射成型的限制，可灵活地应用于多种制件的成型。它在节省原料、防止缩痕、缩短冷却时间、提高表面质量、降低塑件内应力、减小锁模力、提高生产效率，以及降低生产成本等方面具有显著的优点。因此，GAIM一出现就受到了企业广泛的重视，并得以应用。目前，几乎所有用于普通注射成型的热塑性塑料及部分热固性塑料都可以采用GAIM法来成型，GAIM塑件也已涉及结构功能件等各个领域。

10.3.1 工艺过程

气体辅助注射成型工艺过程是先在模具型腔内注入部分或全部熔融的树脂，然后立即注入高压的惰性气体（一般使用压缩氮气），利用气体推动熔体完成充模过程或填补因树脂收缩后留下的空隙，在熔体固化后再将气体排出，脱出塑件。气体辅助注射成型工艺一般有预注塑、注入气体、保压、模具中的空气排放、多余的氮气回收和塑件脱模等几个过程。随着应用领域的扩大，出现了更多的气辅成型新技术，如振动气体辅助注射成型、冷却气体辅助注射成型、多腔控制气体辅助注射成型及气体辅助共注射成型技术等。

气体辅助注射成型通常有短射（Short Shot）、满射（Full Shot）及外气（External Gas）成型几种形式。

如图10－32所示为短射的形式，首先注入一定量的熔体（通常为型腔体积的50%～90%），然后立即向熔体内注入气体，靠气体的压力推动将熔体充满整个型腔，并用气体保压，直至树脂固化，然后排出气体和脱模。

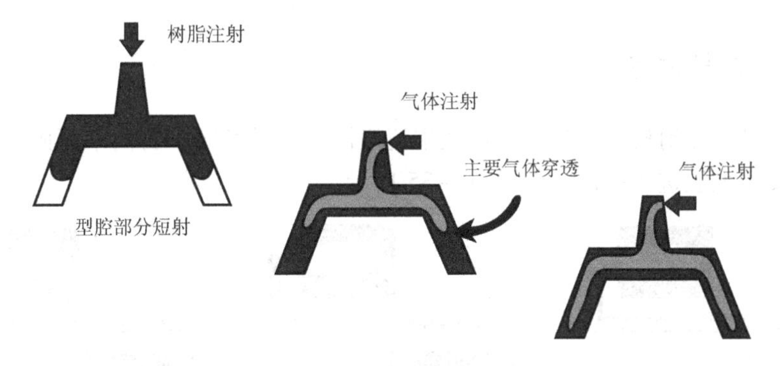

图10－32　短射气辅成型

满射是在树脂完全充满型腔后才开始注入气体的，如图10－33所示，熔体由于冷却收缩会让出一条流动通道，气体沿通道进行二次穿透，不但能弥补塑料的收缩，而且靠气体压力进行保压的效果更好。

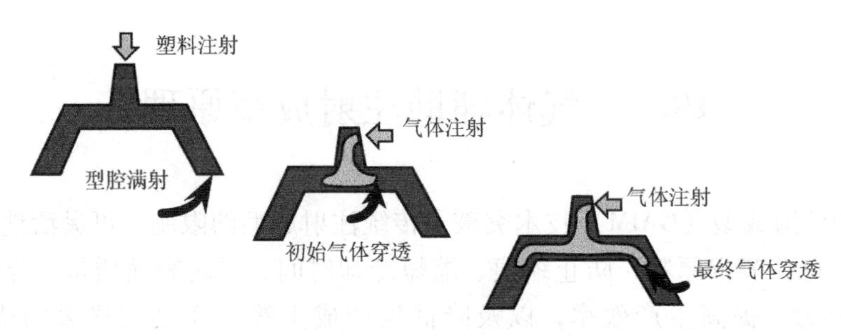

图 10－33　满射气辅成型

如图 10－34 所示为外气成型工艺过程，与上述两种成型方法的不同之处在于它不是将气体注入塑料内以形成中空的部位或管道，而是将气体通过气针注入与塑料相邻的模腔表面局部密封位置中，故称之为“外气注塑”。从工艺的角度来看，取消了保压阶段，保压的作用由气体注射来代替。外气注塑的突出优点在于它能够对点加压，可预防凹痕，减少应力变形，使塑件表观质量更加完美。

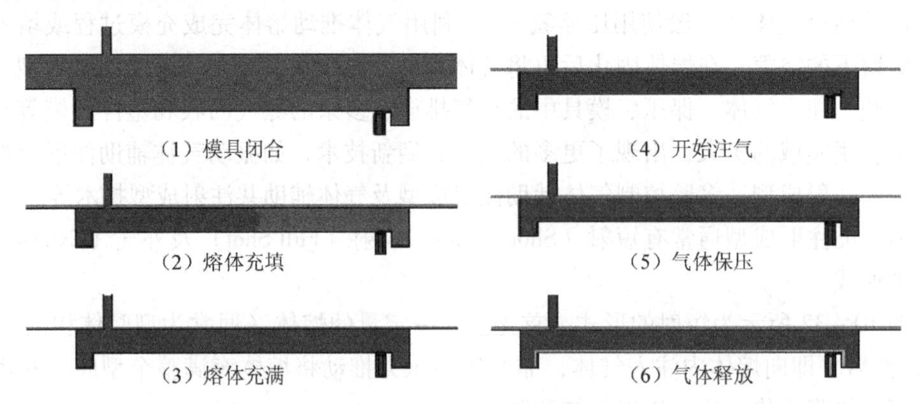

图 10－34　外气成型过程

10.3.2　注气位置

早期的是利用注射机的喷嘴将气体经主流道注入模具型腔，目前采用固定式或可动插入式气针直接由型腔进入制件，如图 10－35 所示。

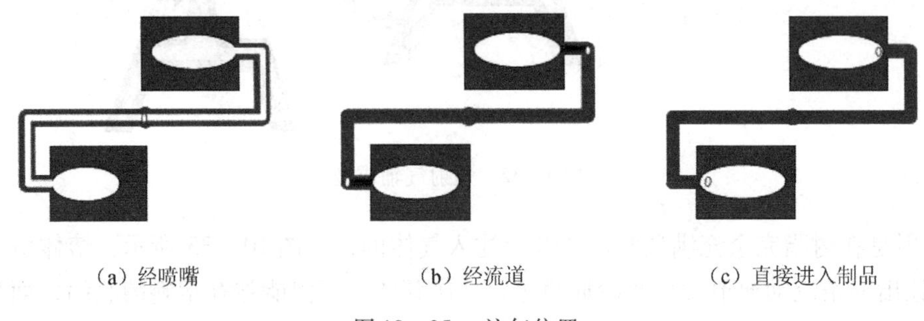

（a）经喷嘴　（b）经流道　（c）直接进入制品

图 10－35　注气位置

制件气体入口位置的设计因制件形状结构的差异会有所不同，应根据制件结构的情况和所用材料的特性加以综合考虑。

1. 管状或棒形件

如手把、座垫和方向盘等这类制件主要应使气体穿透整个熔体而使熔体在内部形成气道。因此，在此类制件设计中，气道入口位置的选择要尽量保证气体与熔体流动方向一致及气体穿透的畅通，常采用一个入口并使其气体尽可能贯穿整个制件。

2. 板状件

在大型板类制件的气辅成型中，它常将加强筋作为气体通道，因此，气道的设计实质就改为对加强筋的设计。气体的入口也应尽量保证气体与熔体流动方向一致，且流向制件最后被充填的部位。由于大型板类制件的流程比较长，所以采用气辅成型，可很好地改善甚至消除其因保压不足而引起的制件翘曲、变形或凹孔等现象。

3. 壁厚不均的特殊件

应在这类制件的厚壁或过渡处，开设气道辅予气体充填，以消除该处可能产生的凹陷和减小制件变形。

10.3.3 工艺条件

1. 预注塑量

GAIM 的预注塑量应视具体情况而定（如制件使用要求、塑料种类选取、工艺条件设定等），一般为型腔总体积的 70% ~100%。对同一种料的制品来说，随着预注塑量的增加，气体注入量必然会减少，因此气体穿入的长度亦会有所下降，有可能导致远端气道无法充填气体而在该处表面形成凹陷、缩痕或变形等。而此时在气道中形成的中空面积会比理想的略有增大。

2. 熔体注射温度

温度的升高会降低熔体的黏度，从而减小了气体的充填阻力，有利于增加气体穿入充填的长度。但温度过高会易造成吹穿或薄壁穿透等现象。相反，熔体温度过低则不利于气体的穿入，甚至达不到 GAIM 所需要的效果。适当的温度可很好地提高制件的外观质量和内在性能。因此对那些黏度关于温度变化敏感的物料来说，注射温度的控制就显得十分必要。

3. 延迟时间

延迟时间是从熔体预注射结束到气体开始注射的这段时间，这段时间虽短，但在 GAIM 中却起着十分重要的作用。延迟时间过短，则气体易与高温低黏熔体混合，而且也容易造成高温低黏的熔体吹穿或薄壁穿透，使制件外观质量受到严重影响；随着延迟时间增长，熔体冻结层逐渐增厚，气体穿入阻力也相应增大，使气体穿入制品内部的长度及气

道中空面积也会相应减小。而且由于受熔体表面张力作用的影响，所以远端气道的中空形状会趋向于圆形。

4. 气体注射压力和速率

气体压力是气体充入气道推动熔体完成充模及保压的动力，因此控制气体的压力大小及稳定性是很有必要的。由于气体受其一定的压缩性、通道中的非线性动态流动及受熔体流动阻力等一些因素的影响，要精确控制气体压力及速率是相当困难的。所以目前常用的气体注射装置有如下几种。

（1）不连续压力产生法即体积控制法，如 Cinpres 公司的设备，它首先往汽缸中注入一定体积的气体，然后采用液压装置压缩，使气体压力达到设定值时才进行注射充填。大多数的气辅注塑成型机械都采用这种方法，但该法不能保持恒定的高压力。

（2）连续压力产生法即压力控制法，如 Battenfeld 公司的设备，它是利用一个专用的压缩装置来产生高压气体。该法能始终或分段保持压力恒定，而且其气体压力分布可通过调控装置来选择设定。

如果气体注射压力和速率大，由于熔体流动的摩擦生热，会减低熔体黏度、减薄冻结层，所以能保证气体的顺利穿入，增加穿入长度及气道中空面积。但注射压力也不能太大，GAIM 中气体压力一般为 5 ~ 32MPa。

5. 气体保压压力及时间

气体保压阶段是提高制件外观、尺寸精度及使用质量的关键。由于气体的压力降几乎为零，故其传递的压力基本上是一致的，所以 GAIM 中的保压阶段克服了传统注射成型（CIM）中保压压力不均引起的应力集中等现象，同时也加速了制件内部冷却速率。从而有利于提高制件的质量及性能。同 CIM 一样，高的气体保压压力会提高制件的表面质量，而且有利于通过气体的二次穿透补偿熔体收缩引起的缺料现象；延长保压时间，有利于制件充分冷却，减少后收缩，但具体取值应根据实际生产要求而定。

还有如注气时间和模具温度等也对成型结果有着一定的影响。

综上所述，可以看出 GAIM 中的各工艺条件对成型结果的作用不是单一的。例如，高的保压力、长的保压时间和高的模温虽都有利于气体穿透程度和制件质量，但会加大机械设备的投入成本，制品成本增加及成型周期也相应增大；而减少预注射量和缩短充气延迟的时间，虽都有利于气体的穿透，但也有可能会引起短射或吹穿等问题。因此，各工艺条件的确定还应根据实际生产情况及操作经验合理设置。

10.4　气体辅助注射成型实例

ASMI 分析类型中的“气体辅助注射成型”模块可以气体辅助注射成型的分析模拟，该模块只能对中性面和 3D 网格进行成型分析，不同网格类型提供的分析序列也有所不同，3D 网格提供了“填充”、“填充 + 保压”和“填充 + 保压 + 翘曲”三种分析序列。

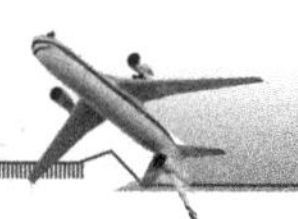

本节以一个汽车门手把为例，介绍气体辅助注射成型分析的过程。

10.4.1 分析前处理

1. 新建工程

启动ASMI，单击菜单“文件”→“新建工程”命令，弹出“创建新工程”对话框，在“工程名称”文本框中输入“gaim”，在“创建位置”栏指定工程路径，单击“确定”按钮完成创建。

2. 设置成型方式

单击菜单“分析”→“设置分析方式”命令，在如图10－36所示的子菜单中选择“气体辅助注射成型”选项。

3. 导入模型

单击工具条命令，进入模型导入对话框，选择“\实例模型\chapter10 \10－2 练习模型\shouba. stl”，单击“打开”按钮，系统弹出“导入”对话框，选择网格类型“3D”，尺寸单位默认为“毫米”，单击“确定”按钮，导入如图10－37所示的模型。

提示

由于本模型属于厚壁棒类塑件，所以只能采用3D网格，不适合中性面网格，中性面主要适用于薄壁平板类塑件。

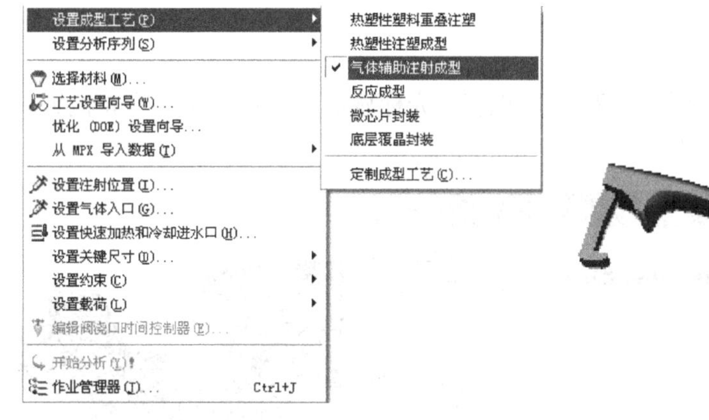

图10－36 “设置成型工艺”子菜单

图10－37 “shouba”STL模型

4. 生成网格

Step1：网格划分。双击任务视窗中的“创建网格...”图标，弹出“生成网格”对话框，在“全局网格边长”文本框中输入“0.5”，单击“立即划分网格”按钮，生成如

图 10－38 所示的网格。

Step2：网格统计。单击菜单“网格”→“网格统计”命令，显示如图 10－39 所示的“四面体”信息框，最大纵横比为 47，在 5～50 范围内，符合 3D 网格要求。

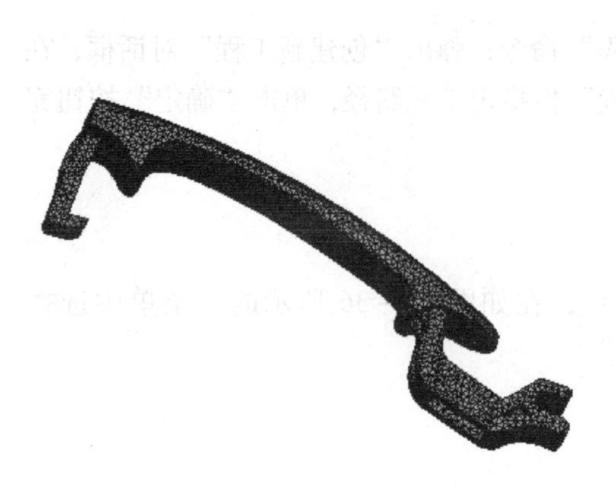

图 10－38　“shouba”网格模型

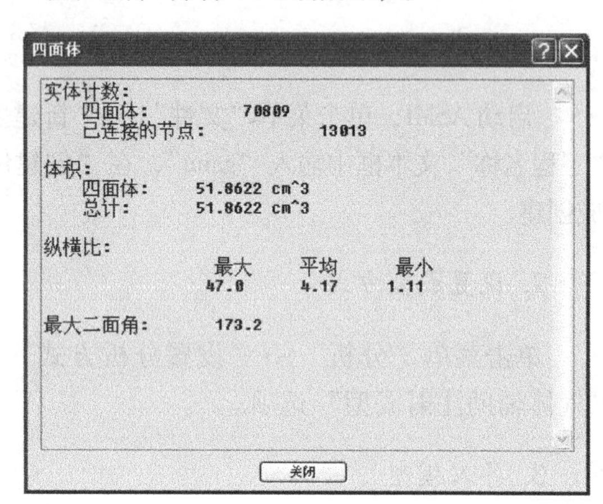

图 10－39　“四面体”信息框

5. 选择分析类型

双击方案任务区中的“填充”图标，在如图 10－40 所示的“选择分析序列”对话框，选择“填充＋保压＋翘曲”选项，单击“确定”按钮。

6. 选择材料

这里选择默认材料。

7. 设置注射位置

双击任务视区中的“设置注射位置...”图标，光标显示为“＋”形，单击节点 N3713 作为注射位置，如图 10－41 所示。

图 10－40　“选择分析序列”对话框

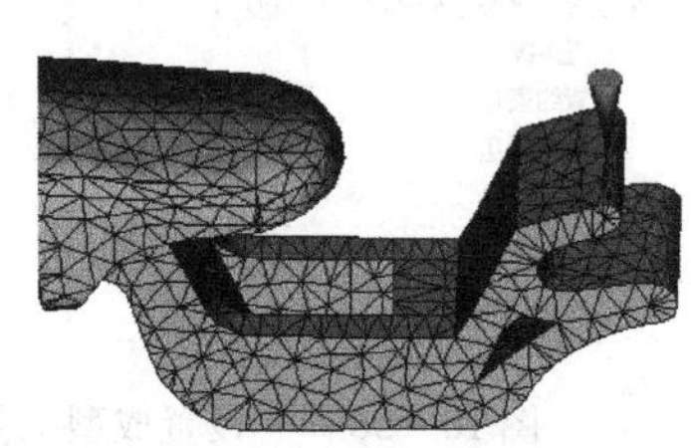

图 10－41　注射位置

8. 设置气体入口及其属性

Step1：双击任务区中的“设置气体入口...”图标，弹出如图10－42所示的“设置 气体入口”设置框，同时光标显示为“＋”形，单击节点N3266作为气体入口位置，如图10－43所示。

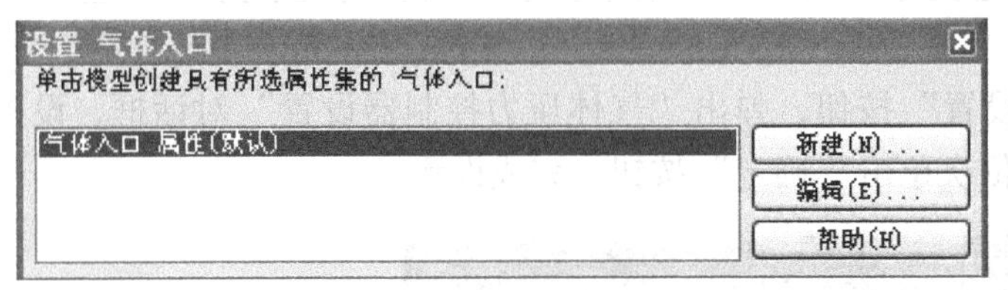

图10－42 “设置 气体入口”设置框

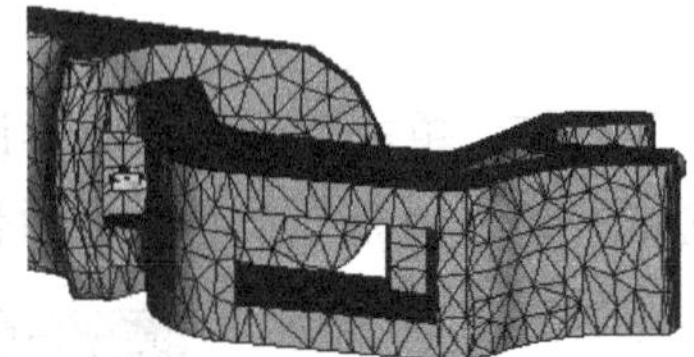

图10－43 气体入口

Step2：单击“编辑”按钮，弹出如图10－44所示的“气体入口”对话框（也可以单击“新建”按钮新建“气体入口属性”）。

图10－44 “气体入口”对话框

Step3：单击“编辑”按钮，弹出如图10－45所示的“气体辅助注射控制器”对话框（如存在已定义的“气体辅助注射控制器”，则可单击“选择”按钮来选取）。

Step4：编辑“气体延迟时间”，在该文本框中输入“0.4”。在“气体注射控制”下拉列表中选择“指定”由“气体压力控制器”来控制。

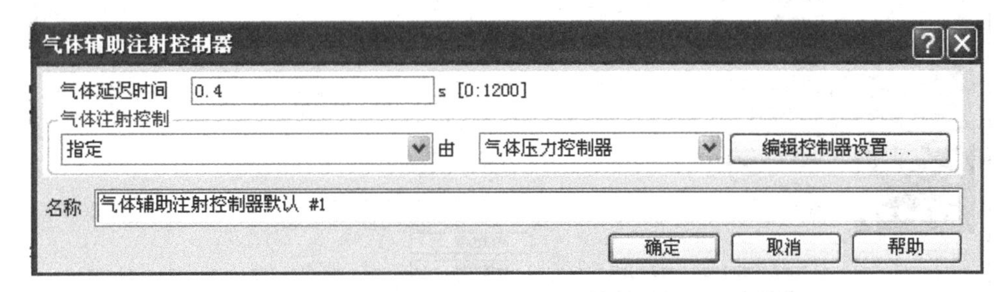

图10－45 “气体辅助注射控制器”对话框

提示

“气体注射控制”包括“指定”和“自动”两个选项，“自动”由系统自动控制充气方式；“指定”需要手动设置气体控制方式，也包括“气体压力控制器”和“气体体积控制器”两个选项。

Step5：单击“编辑控制器设置”按钮，弹出“气体压力控制器设置”对话框，设置成如图 10－46 所示的值。然后依次单击“确定”按钮，完成设置。

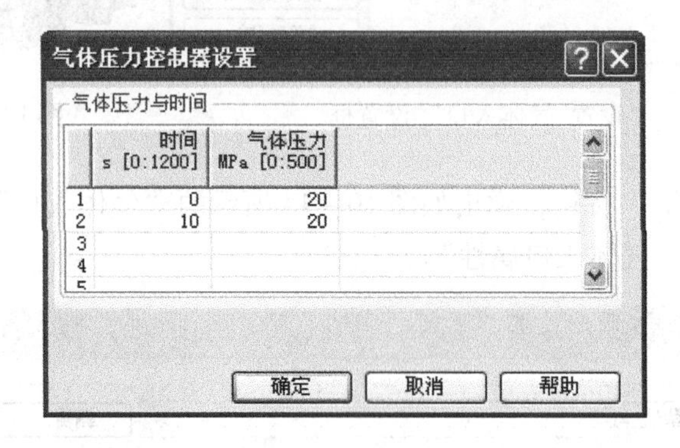

图 10－46　“气体压力控制器设置”对话框

9. 设置工艺条件

Step1：设置工艺。双击任务区的“工艺设置（默认）”图标，弹出如图 10－47 所示的“工艺设置向导-填充＋保压设置”对话框，在“速度/压力切换”下拉列表中选择“由%充填体积”选项，并设置为“75%”（厚壁中空注射成型），其他均采用默认值。

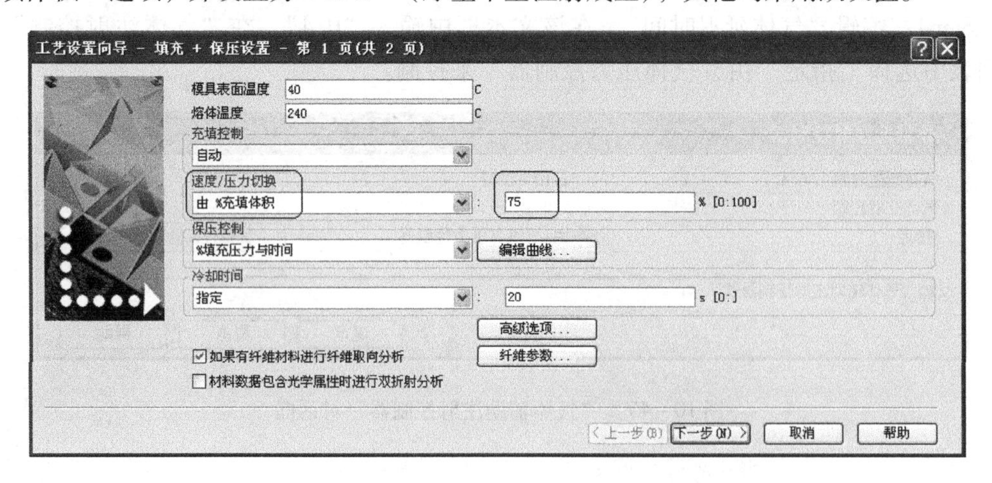

图 10－47　“工艺设置向导-填充＋保压设置”对话框

Step2：单击“编辑曲线”按钮，弹出如图 10 - 48所示的对话框。因为注射完成后由气体辅助来保压，所以这里的压力不需要设置，单击“确定”按钮。

Step3：单击“下一步”按钮，弹出如图 10 - 49所示的“工艺设置向导-翘曲设置”对话框。勾选“分离翘曲原因”复选框（即按影响原因分别列出），其余按默认值设定。

Step4：单击“完成”按钮，完成设置。

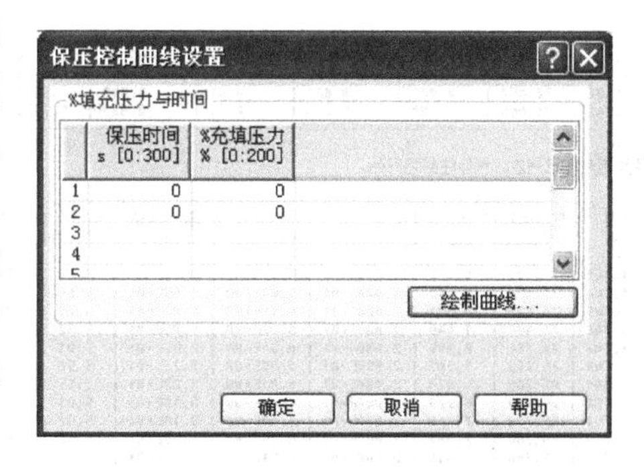

图 10 - 48 “保压控制曲线设置”对话框

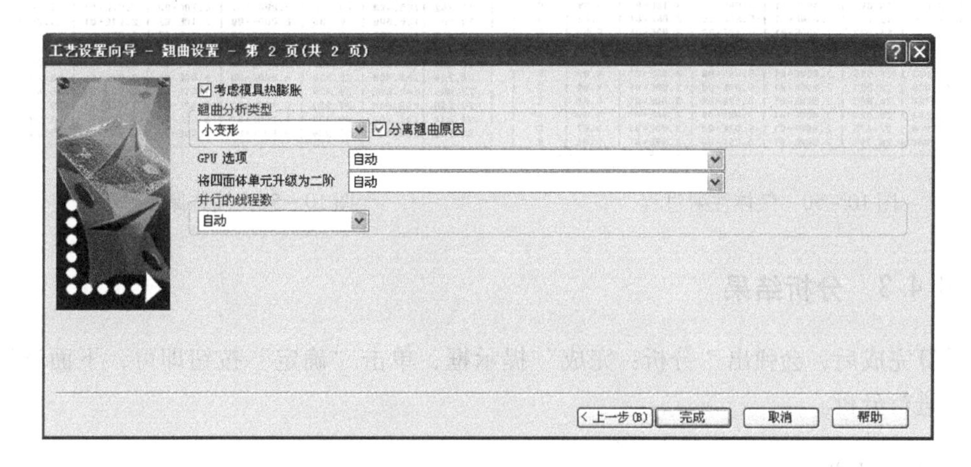

图 10 - 49 “工艺设置向导-翘曲设置”对话框

10.4.2 分析处理

双击方案任务区中的“开始分析!”图标，单击弹出的确认框中的“确认”按钮，ASMI 求解器开始执行计算分析。

通过分析日志，除了可以实时查看求解器参数、材料数据、工艺设置、模型细节、充填分析进程及各阶段结果摘要等信息外，还可以查看如图 10 - 50 所示的气体注射和如图 10 - 51所示的气体保压过程等信息。

从日志中可以看到：

（1）熔体注射阶段为0 ~ 1.342s，此时型腔充填到75.247%；

（2）延迟阶段为1.342 ~1.742s（即经过0.4s 延迟时间）；

（3）气体注射阶段为1.742 ~1.771s，气体在熔体中心形成中空气道，同时把型腔充填满；

（4）气体保压阶段为1.742 ~11.742s（约10s），气体维持20MPa 进行保压。

已达到压力曲线的末端。

1.342	75.365	0.000	5.953E+00	7.63E-01	30.448	3.92	V/P
1.413	76.273	0.000	0.029	0.01	15.224	4.32	P
1.697	76.450	0.000	0.027	0.01	0.000	5.55	P
1.742	76.468	0.000	0.027	0.01	0.000	5.72	P

气体延迟时间已完成。气体注射将开始。

时间 (s)	充填体积 (%)	气体体积 (%)	注射压力 (MPa)	锁模力 (tonne)	零件质量 (g)	冻结体积(%)	状态
1.743	76.489	0.070	2.000E+01	5.09E+00	3.05E+01	5.70	G
1.744	76.489	0.289	2.000E+01	5.80E+00	3.05E+01	5.65	G
1.745	76.489	0.691	2.000E+01	6.12E+00	3.03E+01	5.71	G
1.746	76.489	1.449	2.000E+01	6.27E+00	3.00E+01	5.82	G
1.747	76.726	2.499	2.000E+01	6.34E+00	2.97E+01	5.91	G
1.748	85.768	3.602	2.000E+01	6.49E+00	3.27E+01	5.50	G
1.749	85.768	4.874	2.000E+01	6.41E+00	3.23E+01	5.55	G
1.750	85.768	5.979	2.000E+01	6.41E+00	3.18E+01	5.63	G
1.751	85.768	7.318	2.000E+01	6.40E+00	3.13E+01	5.62	G
1.752	85.768	8.487	2.000E+01	6.25E+00	3.09E+01	5.66	G
1.753	85.768	9.515	2.000E+01	6.21E+00	3.05E+01	5.70	G
1.755	85.768	11.202	2.000E+01	6.20E+00	2.98E+01	5.79	G
1.756	84.951	12.297	2.000E+01	6.02E+00	2.91E+01	5.91	G
1.757	88.227	12.917	2.000E+01	6.02E+00	3.01E+01	5.77	G
1.758	88.227	13.985	2.000E+01	5.86E+00	2.97E+01	5.77	G
1.759	92.815	14.891	2.000E+01	5.84E+00	3.12E+01	5.38	G
1.760	92.815	15.909	2.000E+01	5.84E+00	3.08E+01	5.42	G
1.761	92.815	17.032	2.000E+01	5.70E+00	3.03E+01	5.44	G
1.762	95.314	18.883	2.000E+01	5.73E+00	3.06E+01	5.04	G
1.763	95.314	19.709	2.000E+01	5.67E+00	3.03E+01	5.07	G
1.764	97.433	21.515	2.000E+01	5.86E+00	3.05E+01	4.89	G
1.766	97.433	23.321	2.000E+01	5.80E+00	2.98E+01	4.96	G
1.767	99.154	24.863	2.000E+01	6.12E+00	3.00E+01	4.80	G
1.768	99.687	26.626	2.000E+01	5.93E+00	2.96E+01	4.79	G
1.769	99.946	27.675	2.000E+01	5.92E+00	2.93E+01	4.87	G
1.771	100.000	28.794	2.000E+01	6.25E+00	2.89E+01	5.06	G

图 10－50　气体注射过程

保压分析

时间 (s)	充填体积 (%)	气体体积 (%)	注射压力 (MPa)	锁模力 (tonne)	零件质量 (g)	冻结体积(%)	状态
1.780	100.000	29.141	2.000E+01	6.25E+00	2.88E+01	5.13	G
1.834	100.000	29.288	2.000E+01	6.22E+00	2.88E+01	5.26	G
2.158	100.000	29.334	2.000E+01	6.22E+00	2.89E+01	6.60	G
3.658	100.000	29.336	2.000E+01	6.22E+00	2.91E+01	11.13	G
5.158	100.000	29.336	2.000E+01	6.22E+00	2.92E+01	14.41	G
6.658	100.000	29.336	2.000E+01	6.22E+00	2.94E+01	17.22	G
8.078	100.000	29.336	2.000E+01	6.21E+00	2.95E+01	19.63	G
9.431	100.000	29.336	2.000E+01	6.21E+00	2.95E+01	21.79	G
10.728	100.000	29.336	2.000E+01	6.21E+00	2.96E+01	23.78	G
已达到气体压力曲线的末端。							
11.742	100.000	29.336	2.000E+01	6.20E+00	2.97E+01	25.29	G
14.169	100.000	29.336	0.000E+00	7.10E-02	2.91E+01	28.76	G
17.145	100.000	29.339	0.000E+00	2.74E-07	2.93E+01	33.79	G
19.844	100.000	29.339	0.000E+00	1.05E-05	2.95E+01	36.86	G
22.386	100.000	29.339	0.000E+00	1.48E-07	2.96E+01	40.20	G
24.789	100.000	29.339	0.000E+00	9.40E-06	2.97E+01	43.29	G
27.085	100.000	29.339	0.000E+00	1.61E-07	2.98E+01	46.41	G
29.286	100.000	29.339	0.000E+00	9.42E-06	2.99E+01	49.30	G
31.414	100.000	29.339	0.000E+00	3.52E-08	3.00E+01	51.98	G
31.742	100.000	29.339	0.000E+00	1.96E-05	3.00E+01	52.33	G

图 10－51　气体保压过程

10.4.3　分析结果

计算完成后，会弹出“分析：完成”提示框，单击“确定”按钮即可，下面选取部分结果进行分析。

1. 充填时间

充填时间如图 10－52 所示，可以看出，剩下的约 25% 的空间是由气体注射推动完成的，到注满的时间很短，即 0.029s。

2. 气体的体积百分比：XY 图

气体的体积百分比如图 10－53 所示，也即气体注射阶段，从 1.742s 到 1.771s 结束气体的体积百分比达到最大值为 29.34%，持续到成型结束，体积基本无变化。

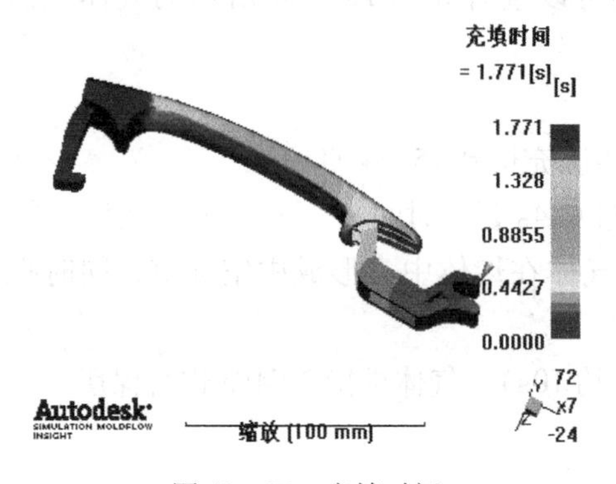

图 10－52　充填时间

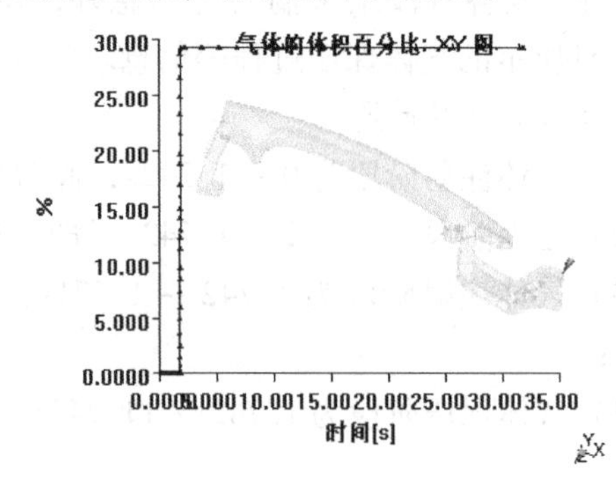

图 10－53　气体的体积百分比：XY 图

3. 充填结束时的压力

充填结束时的压力如图 10－54 所示，可以看出整个塑件充填结束时的压力是比较均匀的。

4. 气体型芯

气体型芯如图 10－55 所示，形成的中空气道基本符合要求，避免吹破或穿透不充分。

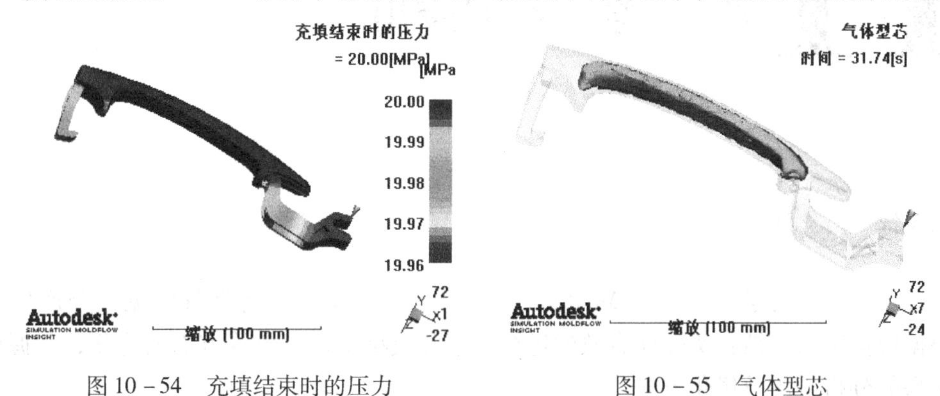

图 10－54　充填结束时的压力　　　　图 10－55　气体型芯

5. 变形

变形如图 10－56 所示，由图可知，塑件总体变形量较小，最大变形量为 1.216mm，发生在最后充填部分，其主要原因是最后充填部位没法利用气体进行穿透，保压效果不佳。

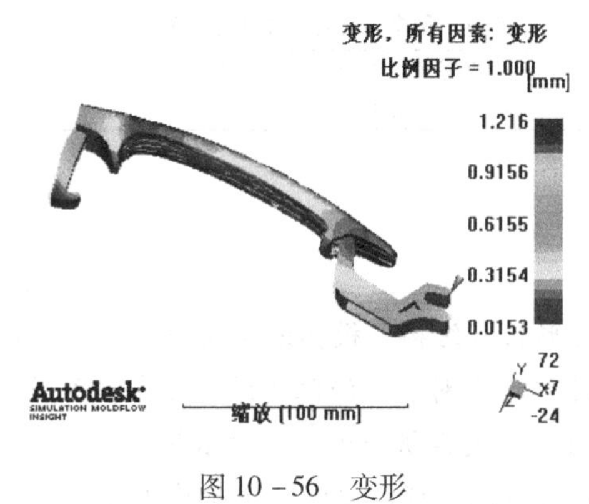

图 10－56　变形

10.4.4　分析讨论

GAIM 除了普通注射工艺参数（温度、压力和时间）外，还增加了气体延迟时间、气体注射压力和气体保压时间等参数，在成型过程中既要保证气体辅助注射的良好效果，又要避免可能出现的如吹破、穿透不足或“手指”等现象，因此各工艺参数值的设定还应根据塑料原料、模具、设备等实际生产情况及操作者的经验加以综合考虑，尽可能在实际设计之前应用 CAE 软件进行分析，以制定出更加合理、优化的工艺条件。

本实例创建结果见光盘：\实例模型\Chapter10 \gaim。

第11章　综合实例应用

教学目标

通过本章实例的学习，了解 Moldflow 模拟优化的目的，熟悉塑件常见问题产生的原因，根据模拟结果，结合实际能有效的进行方案及成型工艺参数等方面的优化，掌握塑件模拟结果的分析应用及优化方法。

教学内容

主要项目	知识要点
成型工艺参数优化	通过成型窗口优化成型工艺参数，有利于降低参数设置的盲目性
翘曲变形优化	造成翘曲因素较多，应有针对性地分析引起翘曲变形的主要原因，才能合理优化翘曲变形

引例

Moldflow 可以对塑件的形状与结构、模具方案及成型工艺参数等方面进行有效的模拟优化。在实际应用中更多地体现在对模具浇注系统、冷却系统方案和工艺参数等方面的优化，为模具设计和成型参数的设定提供合理可靠的依据。

一般情况下利用 ASMI 模拟优化可以按照以下顺序进行。

（1）浇口位置分析：初步了解模型适宜的浇口位置。

（2）充填（+保压+翘曲）分析：根据塑件的结构、尺寸和形状，结合分析结果，初步确定浇注系统的可能方案，进行充填（+保压+翘曲）分析。比较分析相关结果（如流动前沿温度、总体温度、压力、气穴、熔接痕和翘曲等），了解充填状态，评估塑件结构、形状、壁厚等的可行性，确定浇注系统方案并创建符合实际的浇注系统。

（3）成型窗口分析：对确定方案进行成型窗口分析，初步确定成型工艺参数。

（4）冷却分析：评判冷却系统设置的合理性。

（5）翘曲或收缩等分析：主要了解最终成型质量，针对出现的问题进行相关参数的调

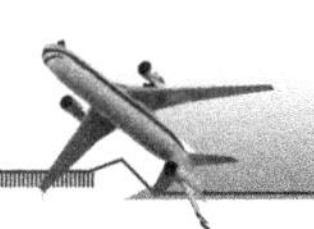

整，以获得高质量的塑件。

（6）其他需要的相关分析，如工艺参数优化分析等。

在实际模拟分析之前，首先对塑件性能、模具结构及工艺要求等各方面进行初步的评估，明确分析的目的，有针对性地选择相应模块进行模拟分析和优化，上述分析类型有的可以单独进行，有的也可以组合进行。

本章以如图 11 -1 所示的模型为例，进行浇注系统创建、成型窗口分析、冷却分析及翘曲优化。

11.1 初始填充分析

11.1.1 分析前处理

1. 新建工程与导入模型

Step1：新建工程。启动 ASMI，单击菜单“文件”→“新建工程”命令，弹出“创建新工程”对话框，在“工程名称”栏中输入“11 -1”，在“创建位置”栏指定工程路径，单击“确定”按钮完成创建。

Step2：导入模型。单击工具条命令，进入模型导入对话框，选择“\实例模型\chapter11\练习模型\he. stl”，单击“打开”按钮，系统弹出“导入”对话框，选择网格类型“双层面”，尺寸单位默认为“毫米”，单击“确定”按钮，导入如图 11 -1 所示的模型。

2. 调整模型方位

为确保注射方向与系统坐标系 Z 轴方向相反，同时分型面位于系统坐标系 XY 平面内，需对模型方位进行调整。

单击菜单“建模”→“移动/复制”→“旋转”命令，弹出如图 11 -2 所示的“旋转”对话框。在“选择”下拉列表中选取模型，在“轴”下拉列表中选择“X 轴”选项，在“角度”文本框中输入“90”度，选择“移动”单选钮，单击“应用”按钮。

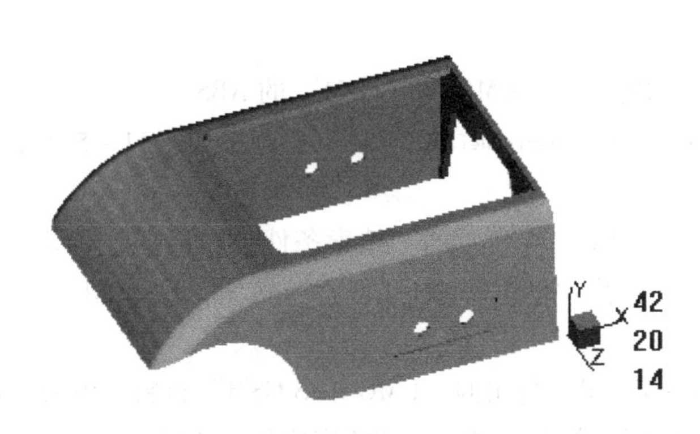

图 11 -1　STL 模型

图 11 -2　“旋转”对话框

3. 处理网格

Step1：网格划分。双击任务区中的“创建网格...”图标，在“生成网格”对话框的“全局网格边长”文本框中输入“2”，单击“立即划分网格”按钮，完成如图 11－3所示的网格。

Step2：网格统计。单击菜单“网格”→“网格统计”命令，弹出“网格统计”对话框，单击“显示”按钮，系统弹出如图 11－4 所示的“三角形”统计信息框。

图 11－3　网格模型

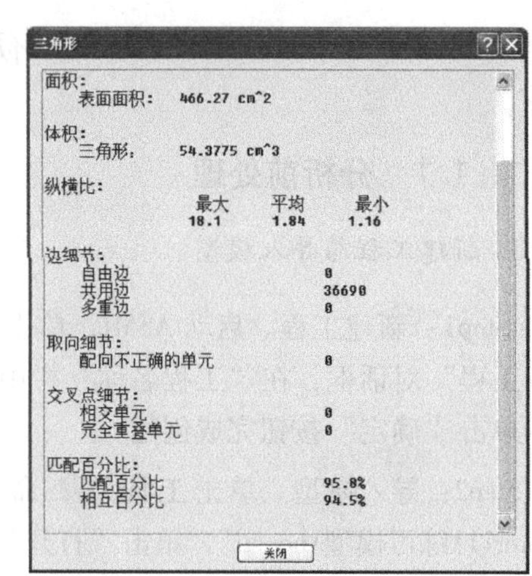

图 11－4　“三角形”统计信息框

Step3：网格修补。可以看到统计结果中除了纵横比稍大些外，其他项目均符合网格划分的基本要求，纵横比的诊断和修补这里不再赘述。

4. 选择分析类型

这里采用默认的“填充”分析类型。

5. 选择材料

本例选择 UMG ABS Ltd 公司生产的牌号为“UMG ABS GSM”的 ABS 料。

Step1：双击任务区中的“Generic PP: Generic Default”图标，弹出如图 11－5 所示的“选择材料”对话框。

Step2：单击“搜索”按钮，弹出如图 11－6 所示的“搜索条件”对话框。选择“材料名称缩写”搜索项，然后输入“ABS”子字符串，单击“搜索”按钮，显示如图 11－7所示的对话框。

Step3：选择 20 条记录的“UMG ABS Ltd”公司的“UMG ABS GSM”材料，单击“选择”按钮，回到如图 11－5 所示的对话框，单击“确定”按钮完成材料选择。

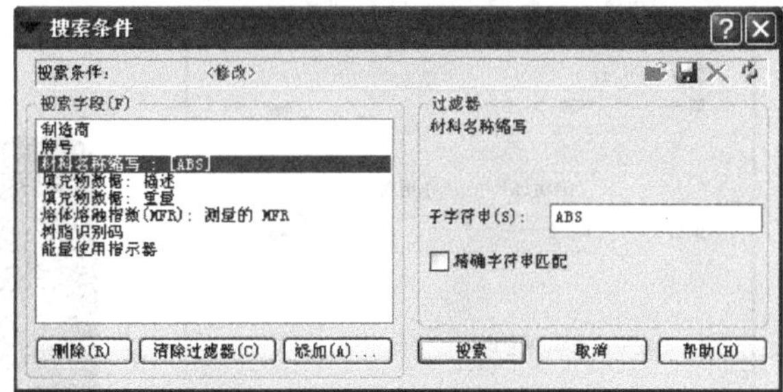

图 11－5 “选择材料”对话框　　　　图 11－6 “搜索条件”对话框

图 11－7 “选择 热塑性材料”对话框

6. 创建浇注系统

根据塑件结构特点，采用一模一腔的布局，四点侧浇口（塑件上表面方孔四侧壁中点）进浇的形式，分流道和浇口均采用梯形截面。

Step1：创建浇口中心线。单击菜单“建模→创建曲线→直线”命令，弹出如图 11－8 所示的“创建直线”对话框。在“第一”文本框中选取节点 N3284（建议将“过滤器”设为“节点”），在“第二”文本框中输入“相对”坐标值“0 －2”，单击“应用”按钮创建浇口曲线，此时“第一”文本框中即为新创建节点 1 的绝对坐标值。

Step2：创建分流道曲线。在对话框的“第二”文本框中输入“绝对”坐标值“－50 0 0”，单击“应用”按钮。

Step3：创建主流道曲线。在“第二”文本框中输入“相对”坐标值“0 0 30”，单击“应用”按钮，完成如图 11－9 所示的直线。

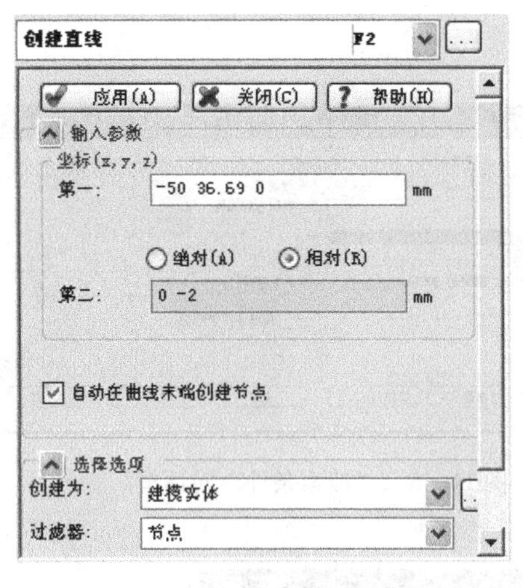

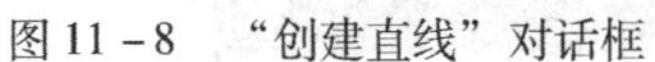
图 11－8 “创建直线”对话框

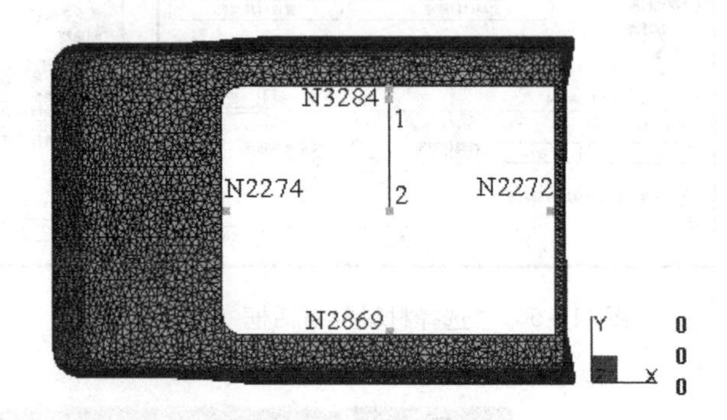

图 11－9 各节点

Step4：同 Step3 ~ Step5，分别从节点 N2869、N2274、N2272 开始，创建长度为 2 的浇口曲线，然后均连接到节点 2，完成如图 11－10 所示的结果。

Step5：指定浇口属性。选取四段浇口中心线（同时按“Ctrl”键），单击菜单“编辑”→“指定属性”命令，弹出如图 11－11 所示的“指定属性”对话框。单击“新建”按钮，在弹出的选择项中选择“冷浇口”选项，弹出如图 11－12 所示的“冷浇口”对话框。

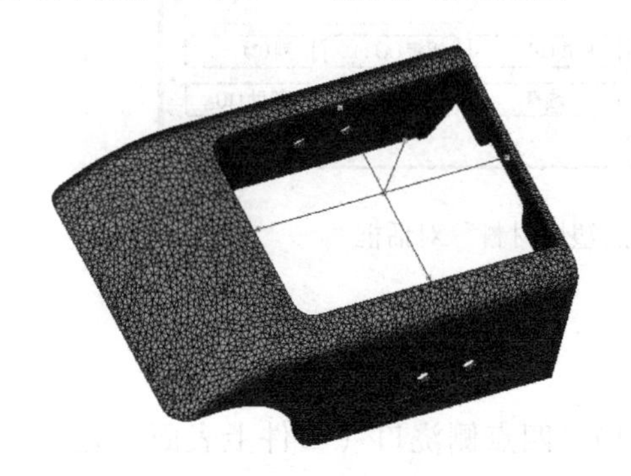

图 11－10 创建曲线

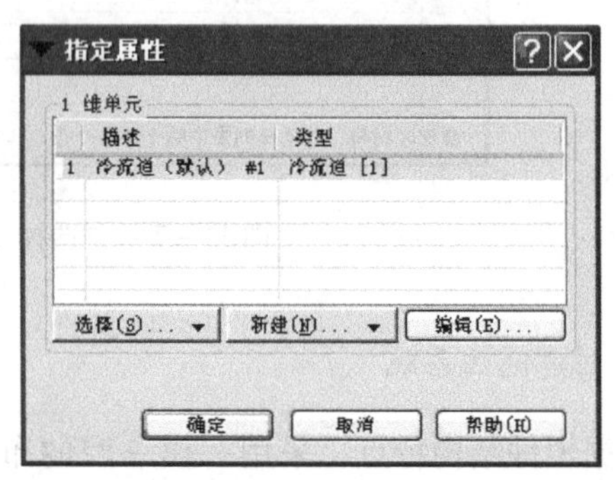

图 11－11 “指定属性”对话框

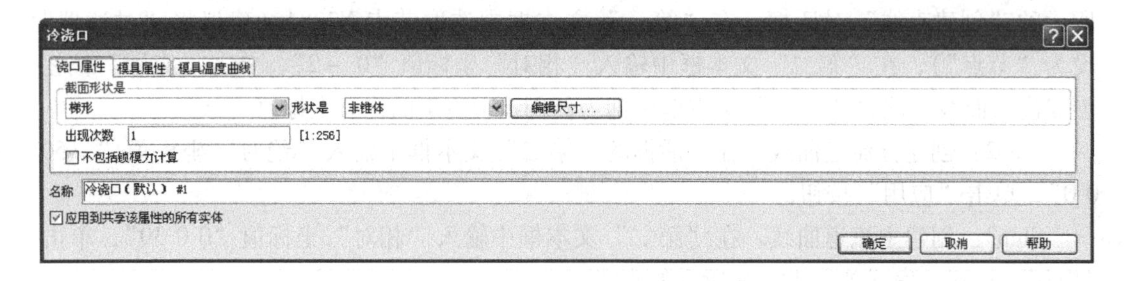

图 11－12 “冷浇口”对话框

Step6：编辑浇口属性。截面形状分别设置为“梯形”、“非椎体”，然后单击“编辑尺寸”按钮，在弹出的如图 11－13 所示的“横截面”对话框中分别设置尺寸（参见图 11－13）。“顶部宽度”为“2.2”，“底部宽度”为“1.826”，“高度”为“1.5”，然后依次单击“确定”按钮完成设置。

Step7：生成浇口网格。双击任务区中的“创建网格...”图标，在“生成网格”对话框的“全局网格边长”文本框中输入“2”，单击“立即划分网格”按钮。

Step8：重复 Step5～Step6 选取分流道中心线，设置为“梯形”、“非椎体”形状；“顶部宽度”为“5”，“底部宽度”为“3”，“高度”为“4”，如图 11－14 所示。

横截面尺寸
梯形柱体形状
顶部宽度 2.2 mm (0:100)
底部宽度 1.826 mm (0:100)
高度 1.5 mm (0:100)
确定 取消 帮助

图 11－13　浇口的“横截面尺寸”对话框

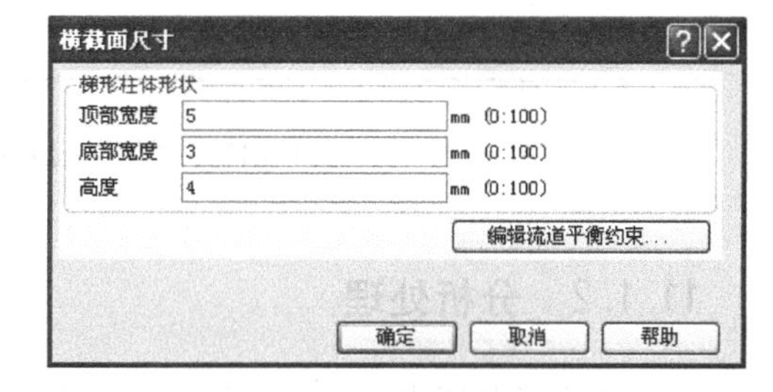

图 11－14　分流道的“横截面尺寸”对话框

Step9：重复 Step5～Step6 选取主流道中心线，设置为“椎体”形状；“始端直径”为“5”，“末端直径”为“3.5”，如图 11－15 所示。

Step10：生成分流道和主流道网格。双击任务区中的“创建网格...”图标，在“生成网格”对话框的“全局网格边长”文本框中输入“6”，单击“立即划分网格”按钮。

Step11：设置注射位置。双击任务视窗中的“设置注射位置...”图标，选取主流道小端节点，完成如图 11－16 所示的结果。

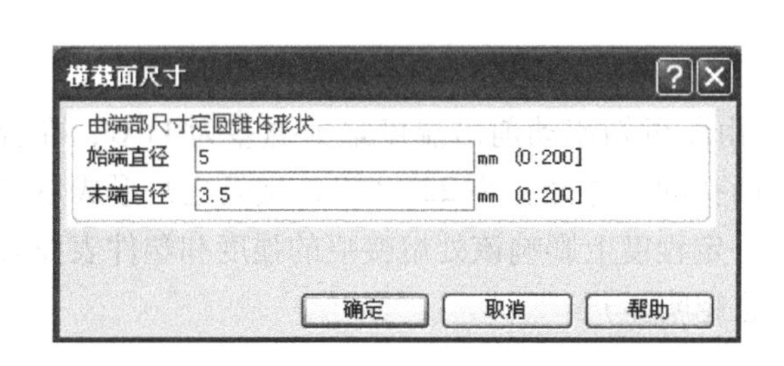

图 11－15　主流道的“横截面”编辑框

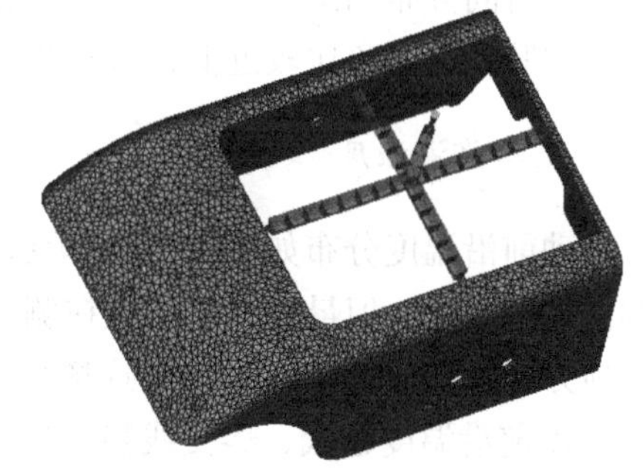

图 11－16　创建的浇注系统

7. 设置工艺条件

双击任务区中的“工艺设置（默认）”图标，弹出如图 11－17 所示的“工艺设置向导-充填设置”对话框，本例采用默认工艺。

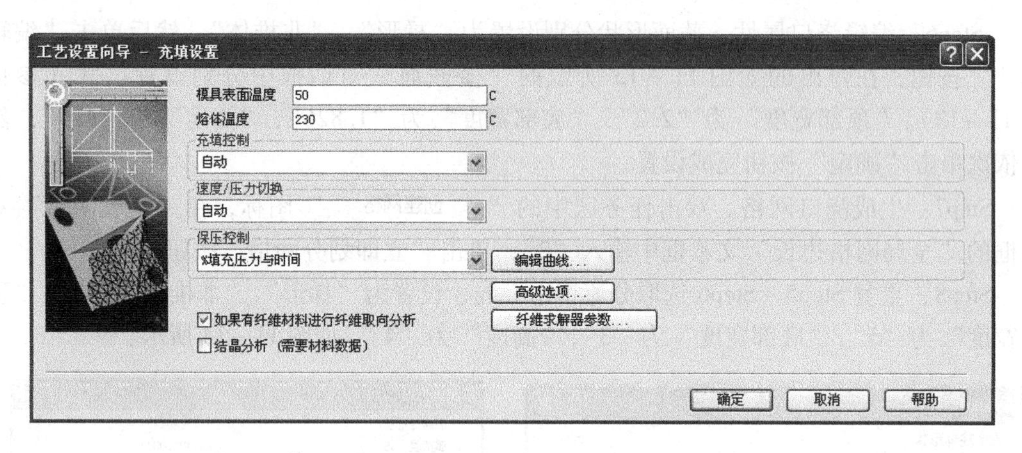

图 11－17　“工艺设置向导-充填设置”对话框

11.1.2　分析处理

双击方案任务区中的“开始分析!”图标，单击弹出的确认框中的“确认”按钮，ASMI 求解器开始执行计算分析。

11.1.3　分析结果

计算完成后，会弹出“分析：完成”提示框，单击“确定”按钮，在任务区的“结果”中会显示分析的结果，下面选取部分结果进行比较分析。

1. 充填时间

充填时间分布如图 11－18 所示，由图可知各远端充填时间基本相同，表明浇口位置到各处型腔末端距离比较近似，流动相对平衡，浇口位置设置比较合理。

2. 流动前沿温度

流动前沿温度分布如图 11－19 所示，由图可知流动前沿温度最大温差为 11℃，在合理的温度范围内，但最低温度位置在侧壁两孔的边缘处，为 222.6℃，该处也是形成熔接痕的地方（如图 11－20 所示），这样会在一定程度上影响该处熔接痕的强度和塑件表面质量（流动前沿温度越低，熔接线强度越差也越明显）。

3. 总体温度

总体温度分布如图 11－21 所示，由图可知塑件总体温度分布最低为 206.1℃（侧壁两侧孔边缘处），最大温差为 33.6℃，温度分布不甚合理，会在一定程度上影响到塑件的最终质量。

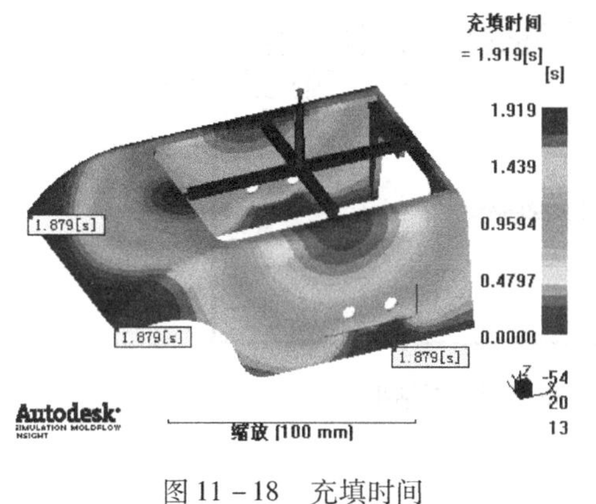

图 11－18 充填时间

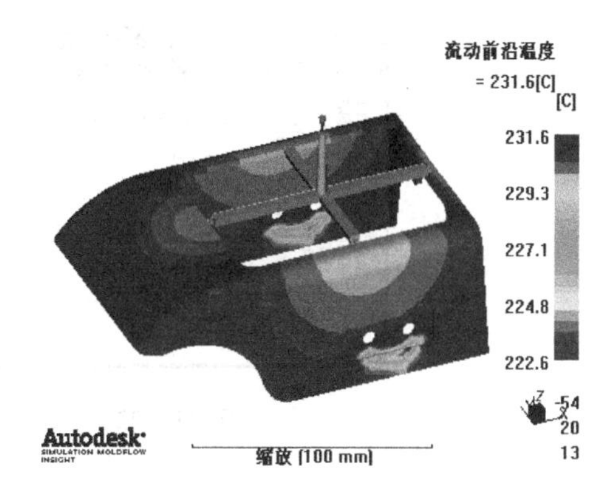

图 11－19 流动前沿温度

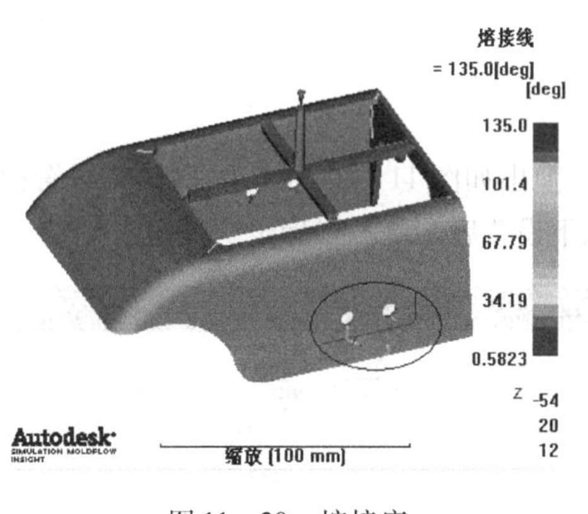

图 11－20 熔接痕

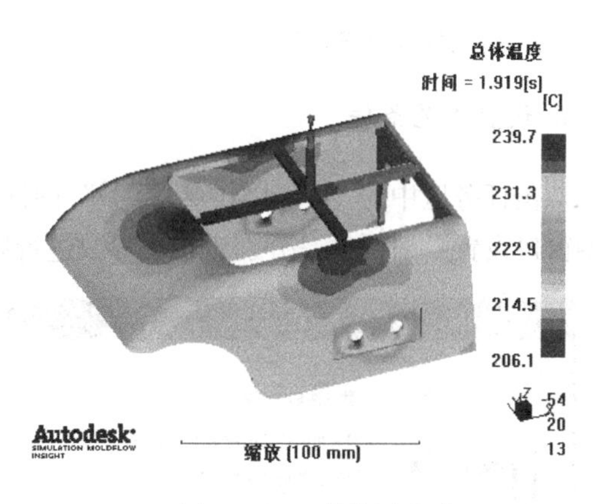

图 11－21 总体温度

从以上分析结果可知，充填过程中的熔体前沿温度和总体温度分布不甚合理，因此必须进行适当的优化，下面利用“成型窗口”优化工艺参数。

11.2 成型窗口分析

11.2.1 分析前处理

1. 复制模型

右击工程管理区中的“he_ study”模型，选择快捷键中的“重复”命令，完成模型复制并重命名为“he_ study（成型窗口）”。

2. 选择分析类型

双击任务区中的“ 填充 ”图标，在弹出的“选择分析序列”对话框中选择“成型窗口”，如图 11－22 所示，单击“确定”按钮。

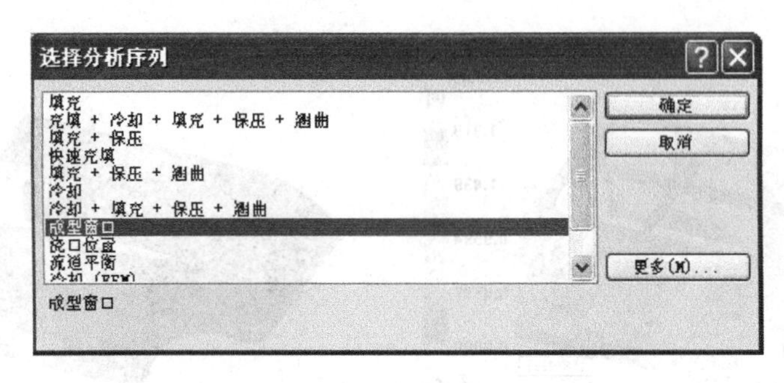

图 11－22　“选择分析序列”对话框

3. 选择材料

继承复制模型中的材料。

4. 设置工艺条件

双击任务区中的“工艺设置（默认）”图标，弹出如图 11－23 所示的“工艺设置向导-成型窗口设置”对话框，分别对相关参数进行以下设置后，单击“确定”按钮。

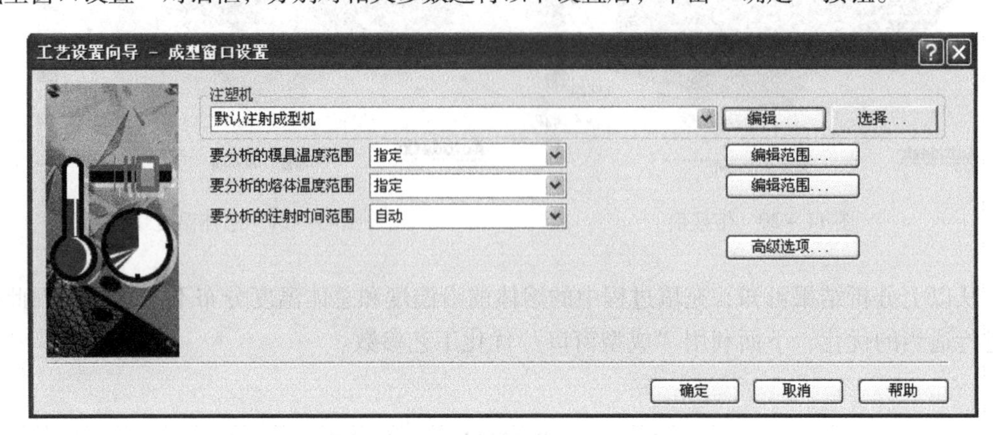

图 11－23　“工艺设置向导-成型窗口设置”对话框

（1）“注塑机”项选择“默认注射成型机”选项，然后单击“编辑”按钮，弹出如图 11－24所示的“注塑机”对话框。选择“液压单位”选项卡，将“注塑机最大注射压力”设置为“140” MPa。

（2）“要分析的模具温度范围”项包括“自动”和“指定”两个选项，这里选择“指定”选项，然后单击“编辑范围”按钮，弹出如图 11－25 所示的“成型窗口输入范围”对话框，在“最小值”、“最大值”文本框中分别输入“45”和“55”。

（3）“要分析的熔体温度范围”项包括“自动”和“指定”两个选项，这里选择“指定”选项，然后单击“编辑范围”按钮，弹出如图 11－26 所示的“成型窗口输入范围”对话框，在“最小值”、“最大值”文本框中分别输入“220”和“240”。

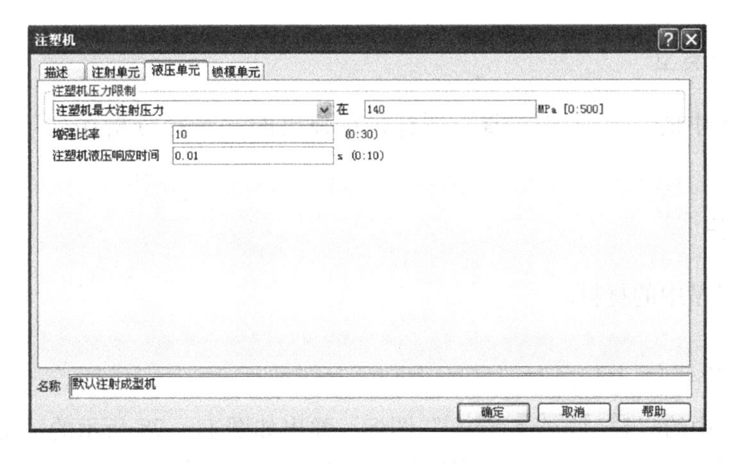

图 11－24　“注射机”对话框

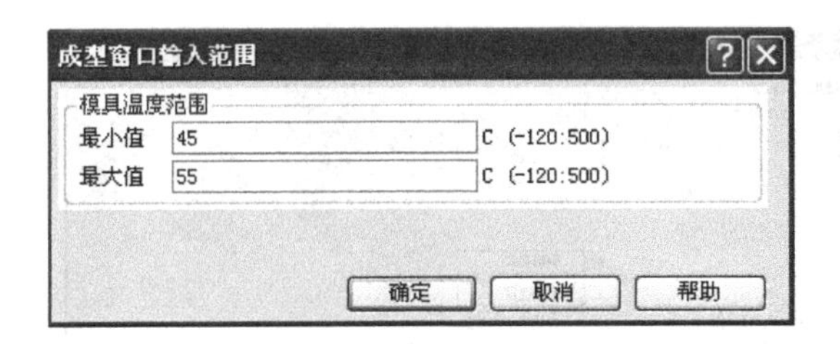

图 11－25　模具温度的“成型窗口输入范围”对话框

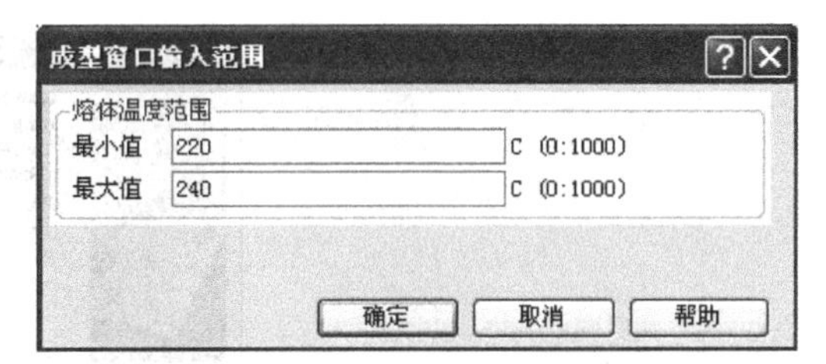

图 11－26　熔体温度的“成型窗口输入范围”对话框

（4）“要分析的注射时间范围”项包括“自动”和“指定”两个选项，同样可以选择“指定”选项对其范围进行编辑，这里选择“自动”选项。

11.2.2　分析处理

双击方案任务区中的“开始分析！”图标，单击弹出的确认框中的“确认”按钮，ASMI 求解器开始执行计算分析。

11.2.3　分析结果

计算完成后，会弹出“分析：完成”提示框，单击“确定”按钮，在任务区的“结果”中会显示分析的结果，勾选任务视窗中的“日志”复选框查看推荐的工艺参数，如图 11－27 所示。

11.2.4　二次分析前处理

1. 复制模型

右击工程管理视窗中的“he_ study（窗口分析）”模型，选择快捷键中的“重复”命令，完成模型复制并重命名为“he_ study（成型窗口填充）”。

2. 选择分析类型

双击任务区中的“✓ 浇口位置”图标，在弹出的“选择分析序列”对话框中选择“填充”选项。

3. 选择材料

继承复制模型中的材料。

4. 设置工艺

双击任务区中的“工艺设置（默认）”图标，弹出如图 11－28 所示的“工艺设置向导-充填设置”对话框，这里按照“成型窗口”分析推荐的模具温度、熔体温度和注射时间分别进行设置，其他采用默认值，单击“确定”按钮。

推荐的模具温度　:　48.33 C
推荐的熔体温度　:　237.78 C
推荐的注射时间　:　1.1907 s

图 11－27　分析日志结果

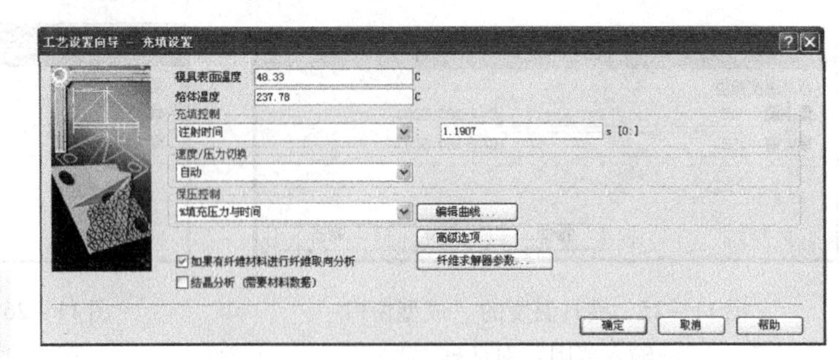

图 11－28　“工艺设置向导-充填设置”对话框

11.2.5　二次分析处理

双击方案任务区中的“开始分析！”图标，单击弹出的确认框中的“确认”按钮，ASMI 求解器开始执行计算分析。

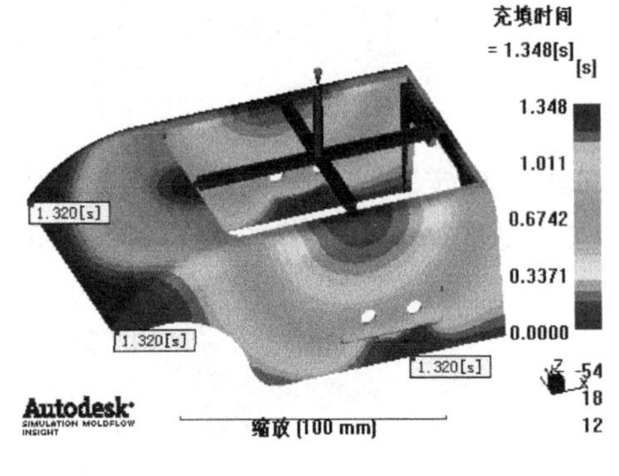

图 11－29　充填时间

11.2.6　二次分析结果

计算完成后，同样在任务区的“结果”中会显示分析的结果，下面选取 11.1 节中对应的结果进行比较分析。

1. 充填时间

充填时间分布如图 11－29 所示，由图可知同原先方案一样，各远端充填时间基本相同，表明浇口位置设置比较合理。

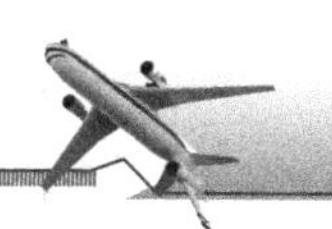

2. 流动前沿温度

流动前沿温度分布如图 11－30 所示，由图可知流动前沿最低温度提高到了 236.7℃，最大温差降为 2.4℃，比原先温度分布更为均匀合理。

3. 总体温度

总体温度分布如图 11－31 所示，由图可知塑件总体温度分布最低为 226.0℃，最大温差为 21.9℃，温度分布比原先方案更为合理。

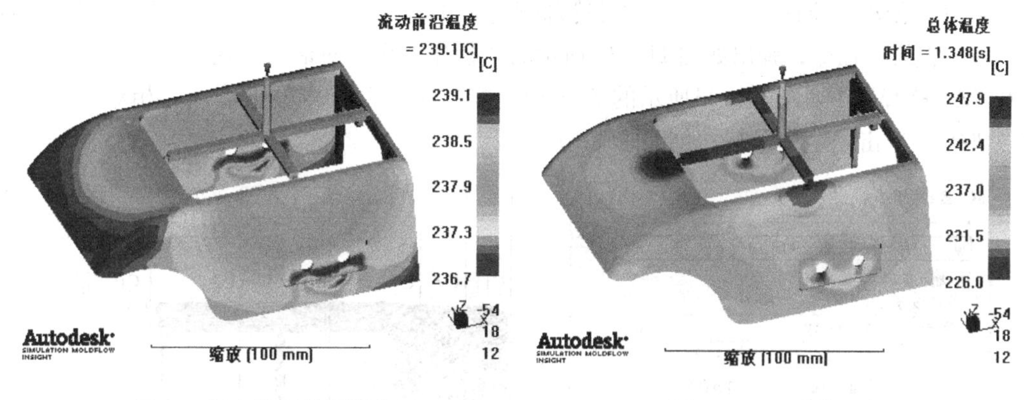

图 11－30 流动前沿温度　　　　图 11－31 总体温度

通过以上分析，可知"成型窗口"分析推荐的工艺参数相对合理，可以大大提高熔接痕牢度及塑件的总体质量。

11.3 保压＋冷却＋翘曲分析

通过保压、冷却和翘曲分析，查看塑件翘曲情况并进行适当的优化，以提高塑件整体质量。

11.3.1 分析前处理

1. 复制模型

右击工程管理区中的"he_ study（窗口分析填充）"模型，选择快捷键中的"重复"命令，完成模型复制并重命名为"he_ study（翘曲）"。

2. 选择分析类型

双击任务区中的"成型窗口"图标，在弹出的"选择分析序列"对话框中选择"冷却+填充+保压+翘曲”选项。

3. 选择材料

继承复制模型中的材料。

4. 创建冷却系统

在冷却分析之前，必须创建冷却系统，下面根据塑件的具体结构，结合模具设计的要求，型腔侧采用直通式管道，型芯侧采用隔板式管道，下面进行冷却系统的创建。

Step1：创建型腔管道一（塑件顶部冷却管道）中心线。单击菜单“建模”→“创建曲线”→“直线”命令，弹出如图11-32所示的“创建直线”对话框。在“第一”文本框中输入“8 100 15”（如图11-33所示的节点1），在“第二”文本框中输入“相对”坐标值“0 -200”，单击“应用”按钮创建曲线C1。

图11-32 “创建直线”对话框①

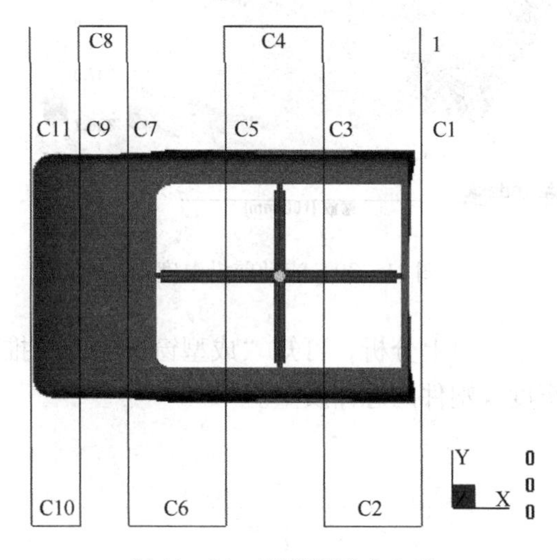

图11-33 顶部管道中心线

继续在“第二”文本框中输入“-40”，单击“应用”按钮创建曲线C2。
同样在“第二”文本框中输入“0 200”，单击“应用”按钮创建曲线C3。
在“第二”文本框中输入“-40”，单击“应用”按钮创建曲线C4。
在“第二”文本框中输入“0 -200”，单击“应用”按钮创建曲线C5。
在“第二”文本框中输入“-40”，单击“应用”按钮创建曲线C6。
在“第二”文本框中输入“0 200”，单击“应用”按钮创建曲线C7。
在“第二”文本框中输入“-20 0 -5”，单击“应用”按钮创建曲线C8。
在“第二”文本框中输入“0 -200”，单击“应用”按钮创建曲线C9。
在“第二”文本框中输入“-20 0 -15”，单击“应用”按钮创建曲线C10。
在“第二”文本框中输入“0 200”，单击“应用”按钮创建曲线C11。

Step2：创建型腔管道二（塑件侧壁冷却管道）中心线。单击菜单“建模”→“创建曲线”→“直线”命令，弹出如图11-34所示的“创建直线”对话框。在“第一”文本

框中输入“24 -60 -25”（如图 11-35 所示的节点 2），在“第二”文本框中输入“相对”坐标值“-200”，单击“应用”按钮创建曲线 C12。

图 11-34 “创建直线”对话框②

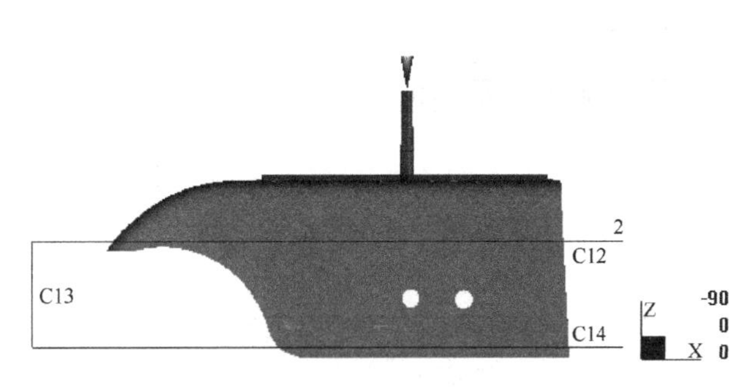

图 11-35 侧壁管道一中心线

继续在“第二”文本框中输入“0 0 -25”，单击“应用”按钮创建曲线 C13。

同样在“第二”文本框中输入“200”，单击“应用”按钮创建曲线 C14。

Step3：创建型腔管道三（塑件另一侧壁冷却管道）中心线。单击菜单“建模”→“创建曲线”→“直线”命令，弹出如图 11-36 所示的“创建直线”对话框。在“第一”文本框中输入“40 -48 -45”（如图 11-37 所示的节点 3），在“第二”文本框中输入“相对”坐标值“-25”，单击“应用”按钮创建曲线 C15。

图 11-36 “创建直线”对话框③

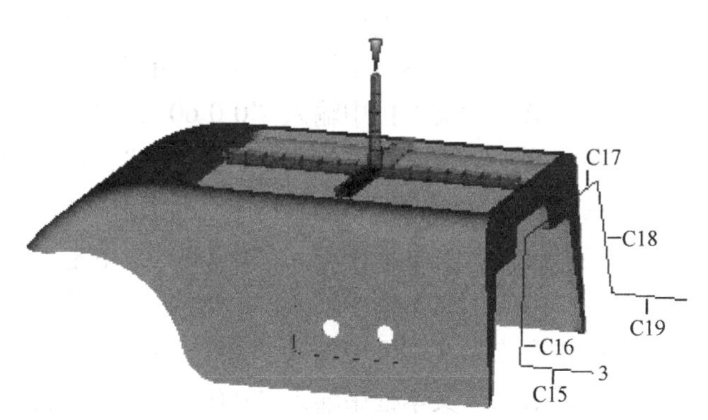

图 11-37 侧壁管道一中心线

继续在“第二”文本框中输入“-2 10 38”，单击“应用”按钮创建曲线 C16。

同样在“第二”文本框中输入“0 76”，单击“应用”按钮创建曲线 C17。

在“第二”文本框中输入“2 10 –38”，单击“应用”按钮创建曲线 C18。

在“第二”文本框中输入“25”，单击“应用”按钮创建曲线 C19。

Step4：创建型芯管道中心线。单击菜单“建模”→“创建曲线”→“直线”命令，弹出如图 11 –38 所示的“创建直线”对话框。在“第一”文本框中输入“ –176 –35 –80”（如图 11 –39 所示的节点 4），在“第二”文本框中输入“相对”坐标值“38”，单击“应用”按钮创建曲线 C20。

图 11 –38 “创建直线”对话框④

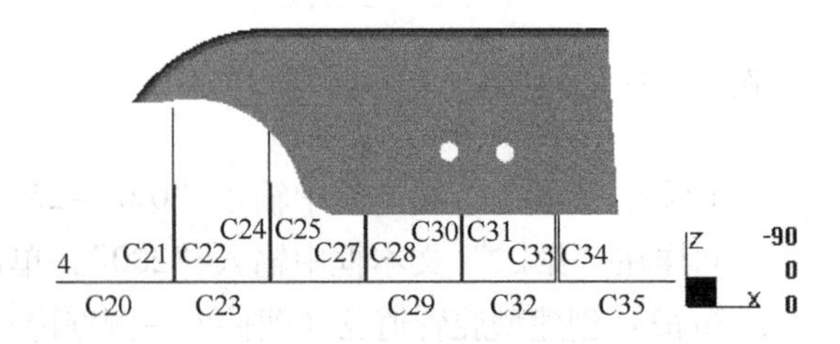

图 11 –39 侧壁管道一中心线

继续在“第二”文本框中输入“0 0 55”，单击“应用”按钮创建曲线 C21。

同样在“第二”文本框中输入“1 0 –55”，单击“应用”按钮创建曲线 C22。

在“第二”文本框中输入“30”，单击“应用”按钮创建曲线 C23。

在“第二”文本框中输入“0 0 60”，单击“应用”按钮创建曲线 C24。

在“第二”文本框中输入“2 0 –60”，单击“应用”按钮创建曲线 C25。

在“第二”文本框中输入“30”，单击“应用”按钮创建曲线 C26。

在“第二”文本框中输入“0 0 60”，单击“应用”按钮创建曲线 C27。

在“第二”文本框中输入“1 0 –60”，单击“应用”按钮创建曲线 C28。

在“第二”文本框中输入“30”，单击“应用”按钮创建曲线 C29。

在“第二”文本框中输入“0 0 60”，单击“应用”按钮创建曲线 C30。

在“第二”文本框中输入“1 0 –60”，单击“应用”按钮创建曲线 C31。

在“第二”文本框中输入“30”，单击“应用”按钮创建曲线 C32。

在“第二”文本框中输入“0 0 60”，单击“应用”按钮创建曲线 C33。

在“第二”文本框中输入“1 0 –60”，单击“应用”按钮创建曲线 C34。

在“第二”文本框中输入“38”，单击“应用”按钮创建曲线 C35。

Step5：指定管道属性。选取 Step1、Step2、Step3 创建的所有曲线和 Step4 中曲线 C20、C23、C26、C29、C32、C35（同时按下“Ctrl”键），单击菜单“编辑”→“指定属性”

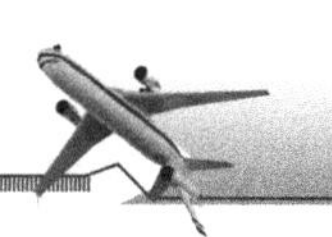

命令，弹出如图 11－40 所示的“指定属性”对话框，单击“新建”按钮，在弹出的选择项中选择“管道”选项，弹出如图 11－41 所示的“管道”对话框。这里采用默认设置，“截面形状”为“圆形”，“直径”为“10” mm。

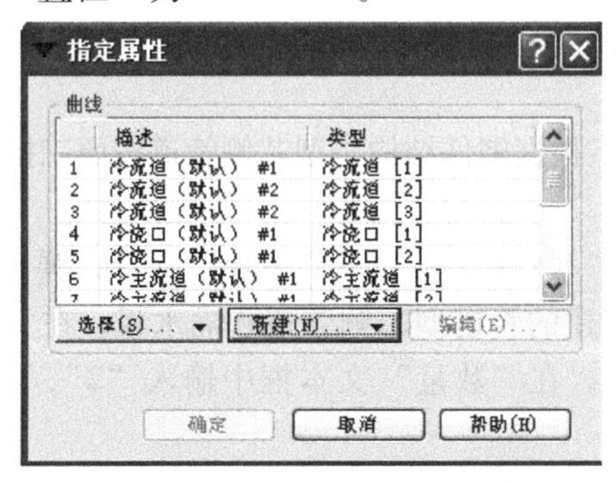

图 11－40 “指定属性”对话框

图 11－41 “管道”对话框

Step6：指定隔水板属性。选取 Step5 中的曲线 C21、C22、C24、C25、C27、C28、C30、C31、C33、C34（同时按下“Ctrl”键），单击菜单“编辑”→“指定属性”命令，在弹出的“指定属性”对话框中单击“新建”按钮，选择“隔水板”选项，弹出如图 11－42 所示的“隔水板”对话框。这里采用默认值设置，“直径”为“12”，“热传到系数”为“0.5”。

Step7：生成网格。双击任务区中的“创建网格...”图标，在“生成网格”对话框的“全局网格边长”文本框中输入“12”，单击“立即划分网格”按钮完成如图 11－43 所示的结果。

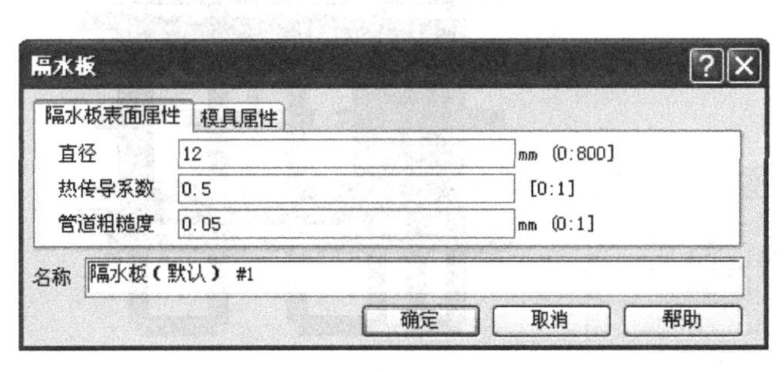

图 11－42 “隔水板”对话框

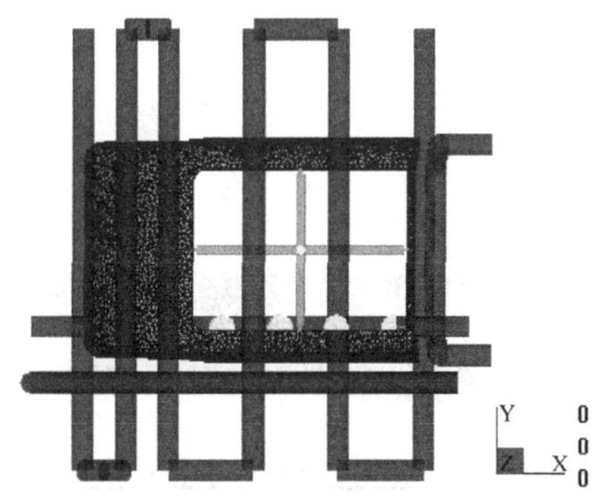

图 11－43 管道网格

Step8：镜像型腔管道二。由于塑件另一侧管道布局对称于 Step2 创建的管道二，所以可以利用镜像创建。

单击菜单“建模”→“移动/复制”→“镜像”命令，弹出如图 11－44 所示的“镜像”对话框。选取型腔侧管道二，“镜像”面选择“XZ 平面”，选择“复制”单选钮，单击“应用”按钮即可创建。

Step9：复制型芯管道。根据塑件结构，型芯侧管道按照三排均布，因此可以利用平移复制创建。

单击菜单“建模”→“移动/复制”→“平移”命令，弹出如图 11－45 所示的“平移”对话框。选取 Step4 创建的管道型芯侧管道和隔水板，在“矢量”文本框中输入“0 35”，选择“复制”单选钮，在“数量”文本框中输入“2”，单击“应用”按钮即可完成创建。

图 11－44　“镜像”对话框

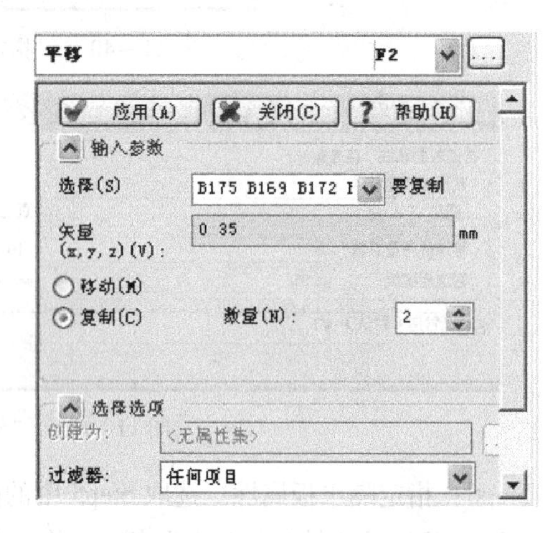

图 11－45　“平移”对话框

Step10：设置冷却液入口。单击“分析/设置冷却液入口”命令，弹出如图 11－46 所示的“设置 冷却液入口”对话框，可以对冷却液属性进行设置，这里采用默认值。此时鼠标也变成十字形，按照如图 11－47 所示设置管道各冷却液入口。

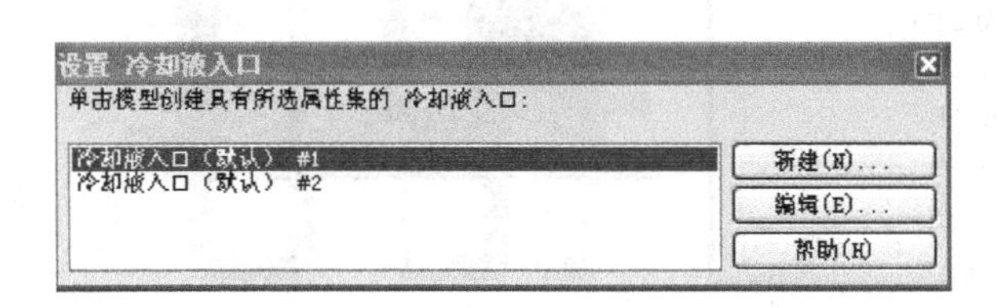

图 11－46　“设置 冷却液入口”对话框

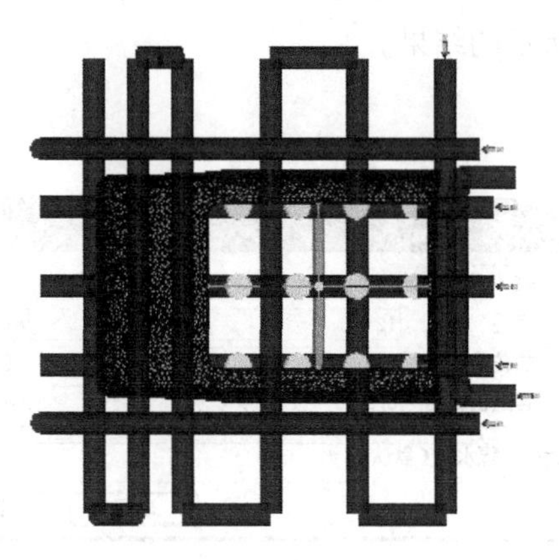

图 11－47　冷却系统创建结果

5. 创建模具表面

单击菜单“建模”→“模具表面向导”命令，弹出如图 11－48 所示的对话框，“原点”分别设置为“－60”、“0”、“－30”；尺寸分别设置为“240”、“220”、“120”，单击“完成”按钮创建如图 11－49 所示的结果。

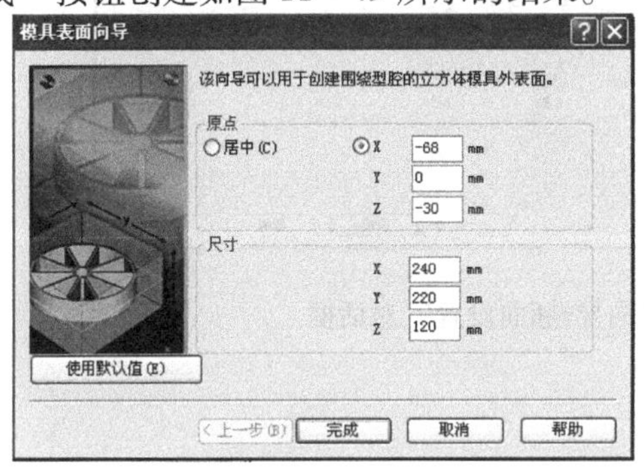

图 11－48 “模具表面向导”对话框

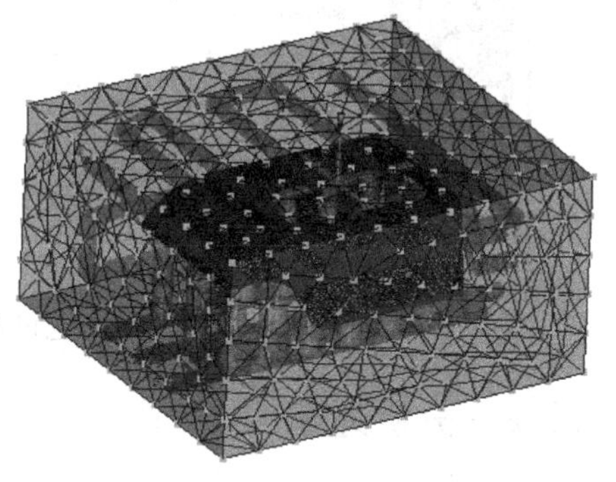

图 11－49 模具表面创建结果

6. 设置工艺条件

Step1：双击任务视窗中的“工艺设置 (默认)”图标，弹出如图 11－50 所示的“工艺设置向导-冷却设置”对话框。

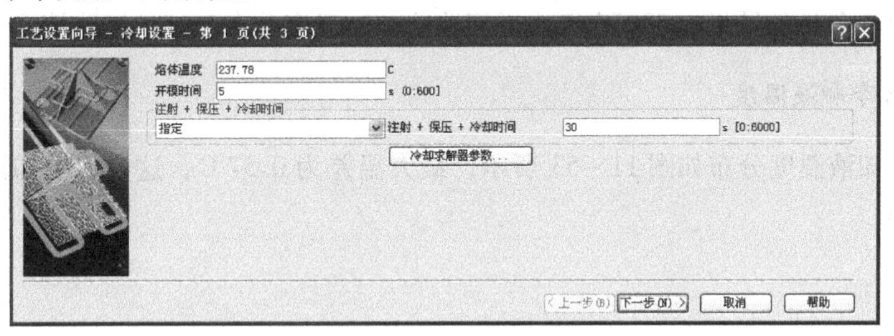

图 11－50 “工艺设置向导-冷却设置”对话框

第一、二页面中的相关参数均继承复制模型的工艺条件，即：

第一页面采用“成型窗口”分析推荐的模具温度、熔体温度和注射时间；

第二页面采用默认值（保压控制也采用如图 11－51 所示的默认值）。

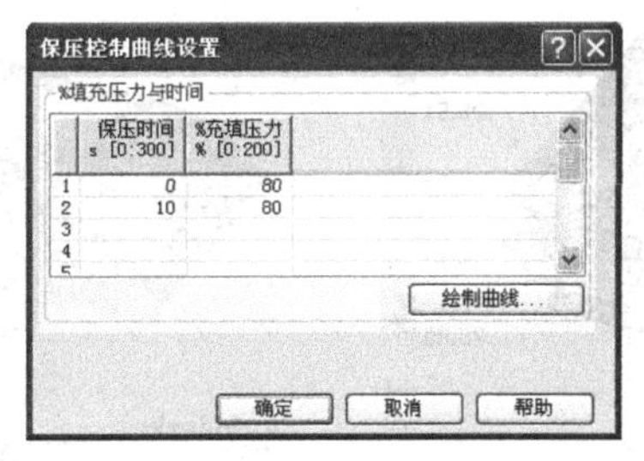

图 11－51 “保压控制曲线设置”对话框

Step2：单击“下一步”按钮，进入如图 11－52 所示的对话框，勾选“分离翘曲原因”复选框，单击“确定”按钮。

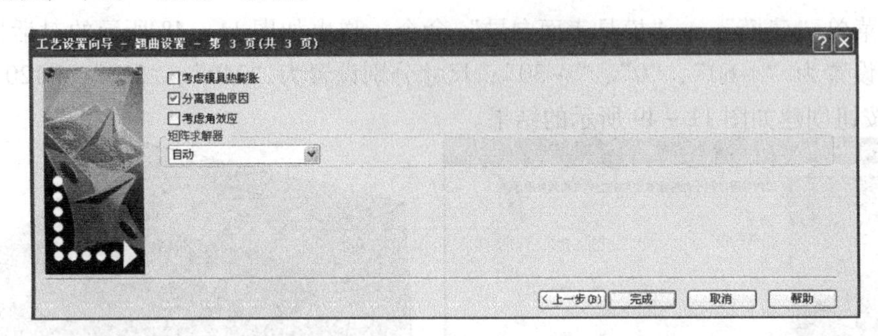

图 11－52 “工艺设置向导-翘曲设置”对话框

11.3.2 分析处理

双击方案任务区中的“开始分析!”图标，单击弹出的确认框中的“确认”按钮，ASMI 求解器开始执行计算分析。

11.3.3 分析结果

计算完成后，会弹出“分析：完成”提示框，单击“确定”按钮，在任务区的“结果”中会显示分析的结果，下面主要查看回路冷却液温度分布和塑件翘曲情况。

1. 回路冷却液温度

回路冷却液温度分布如图 11－53 所示，最大温差为 0.57℃，这说明冷却液的冷却能力没有问题。

2. 变形

所有因素的变形和三个因素对变形的影响分别如图 11－54 ~ 图 11－57 所示。从图中可知取向因素不影响变形，冷却不均影响较小，收缩不均是引起塑件翘曲变形的主要因素，其在 X、Y、Z 三个方向上的影响如图 11－57 所示。

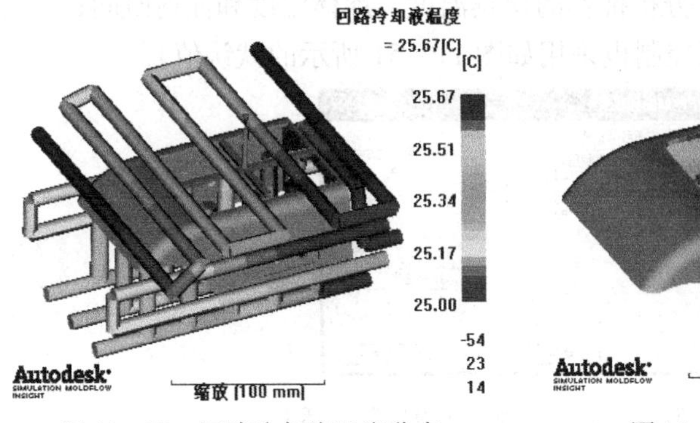

图 11－53 回路冷却液温度分布

图 11－54 所有因素的变形

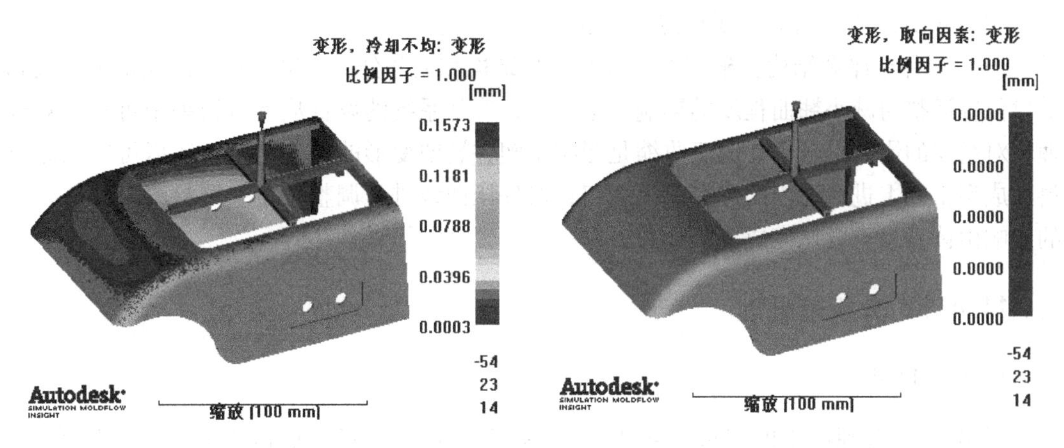

图 11－55　冷却不均造成的变形　　图 11－56　取向因素造成的变形

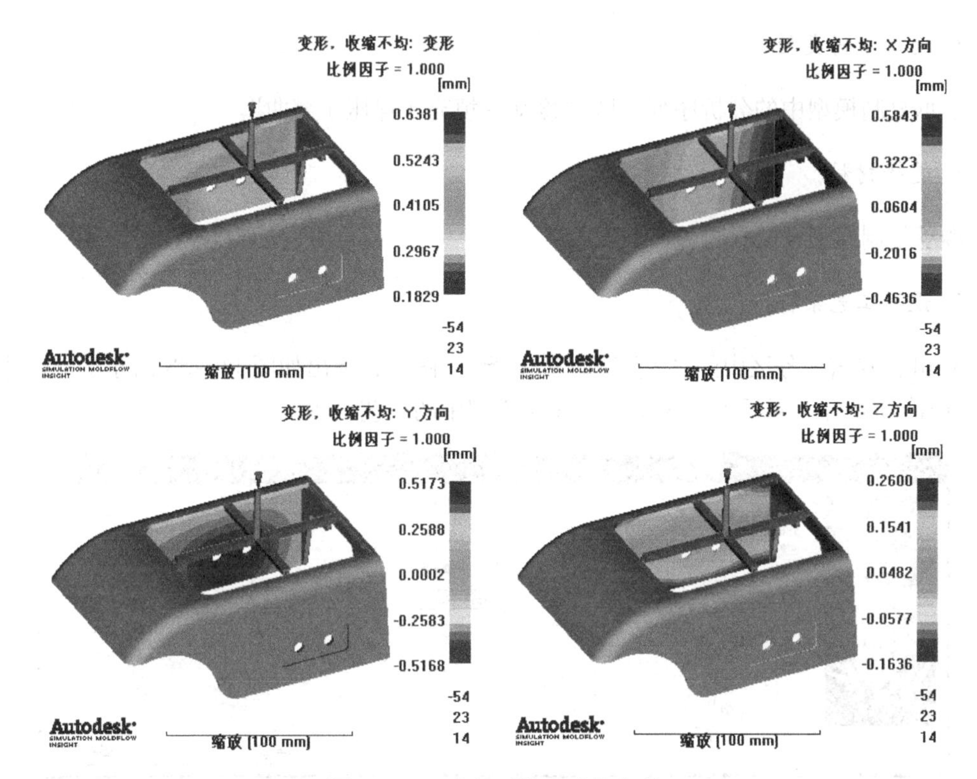

图 11－57　收缩不均造成的变形

11.4　保压优化分析

改善塑件翘曲变形的主要方法有以下几种。

（1）调整工艺，这里主要指保压曲线。

（2）原材料。

（3）模具结构，这里主要指浇注系统和冷却系统。

（4）塑件壁厚和结构：根据本塑件和模具结构和上节分析结果来看，浇注系统形式和浇口位置调整对减小翘曲程度的影响不会太大；冷却系统的设置从上节结果中可知相对合理，对翘曲的影响也较小；由于收缩是影响本塑件翘曲变形的最大因素，所以可以从原材料和成型工艺上进行适当的调整。下面仅针对保压曲线进行调整优化，原材料对翘曲变形的影响由读者自己尝试完成分析比较。

11.4.1　分析前处理

1. 复制模型

右击工程管理区中的“he_ study（翘曲）”模型，选择快捷键中的“重复”命令，完成模型复制并重命名为“he_ study（保压曲线）”。

2. 选择分析类型

继承复制模型中的分析序列，即“冷却 + 填充 + 保压 + 翘曲”。

3. 选择材料

继承复制模型中的材料。

4. 设置工艺条件

Step1：双击任务区中的“工艺设置（用户）”图标，弹出如图 11 - 58 所示的“工艺设置向导-冷却设置”对话框，这里继承复制模型中的工艺设置。

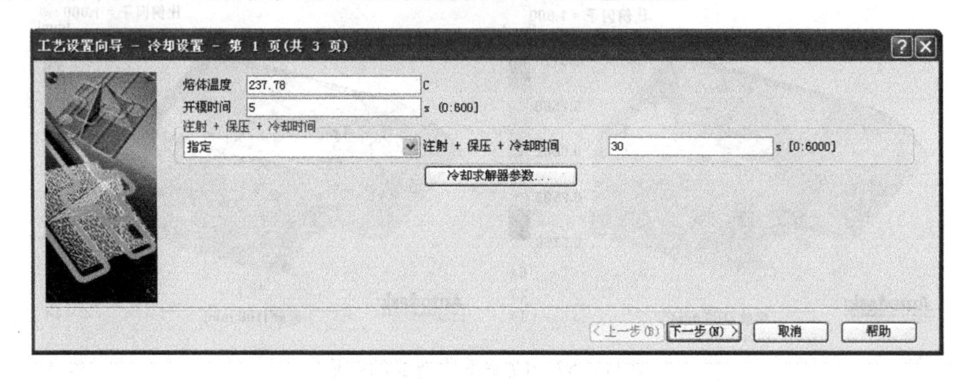

图 11 - 58　“工艺设置向导-冷却设置”对话框

Step2：单击“下一步”按钮，弹出如图 11 - 59 所示的“工艺设置向导-填充 + 保压设置”对话框。单击“编辑曲线”按钮，弹出“保压控制曲线设置”对话框，按照如图 11 - 60 所示的数值进行设置。单击“绘制曲线”按钮会显示如图 11 - 61 所示的曲线。其他参数继承复制模型中的数值。

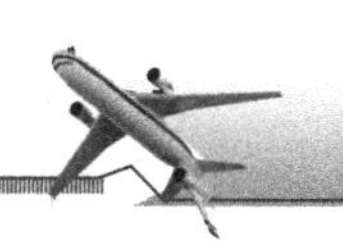

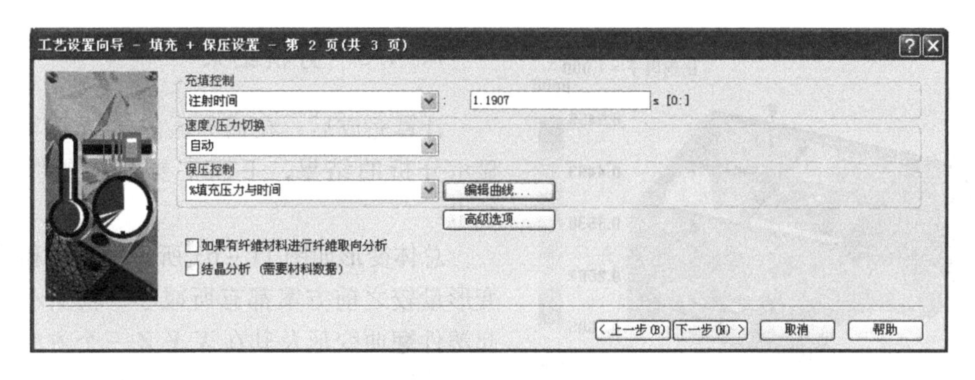

图 11－59 “工艺设置向导-填充＋保压设置”对话框

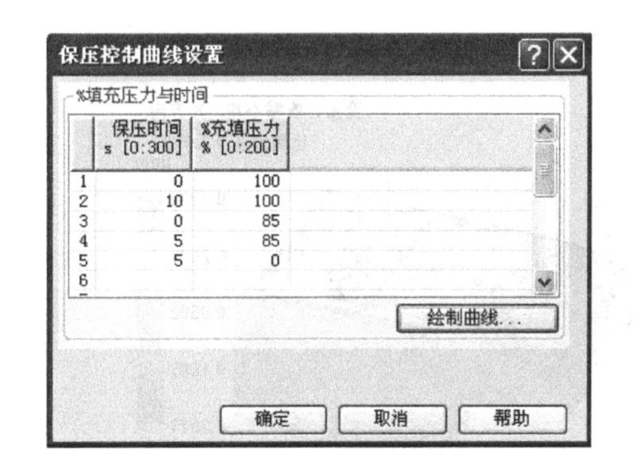

图 11－60 “保压控制曲线设置”对话框

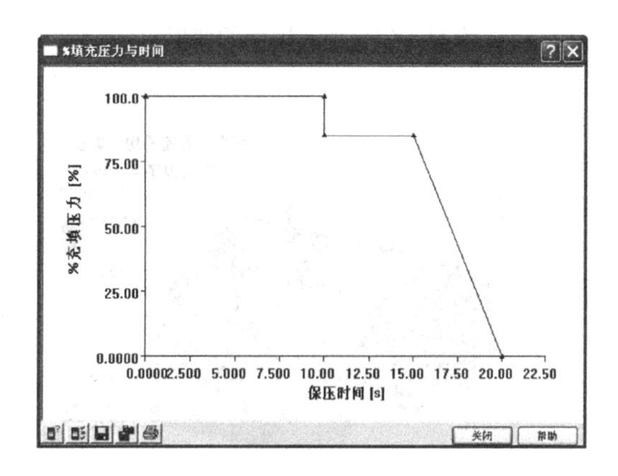

图 11－61 “充填压力-保压时间”曲线

Step3：单击“下一步”按钮，弹出如图 11－62 所示的“工艺设置向导-翘曲设置”对话框，勾选“分离翘曲原因”复选框，然后单击“确定”按钮。

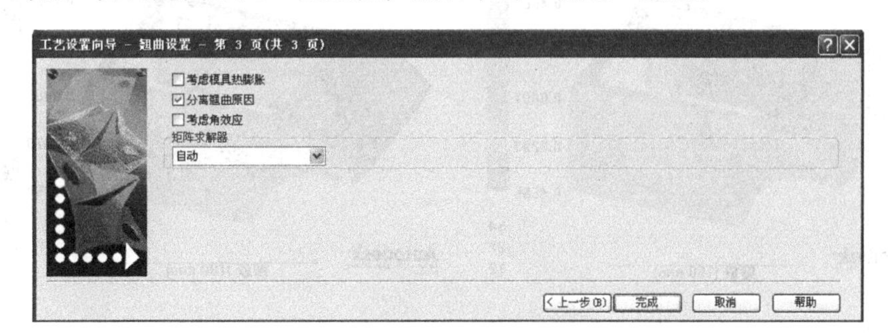

图 11－62 “工艺设置向导-翘曲设置”对话框

11.4.2 分析处理

双击方案任务区中的“开始分析!”图标，单击弹出的确认框中的“确认”按钮，ASMI 求解器开始执行计算分析。

图 11-63　所有因素的变形

11.4.3　分析结果

计算完成后，在任务区的“结果”中会显示分析的结果，下面主要查看塑件翘曲结果。

总体变形如图 11-63 所示，最小和最大变形量较之前方案都有所减小，收缩不均引起塑件翘曲变形及其在 X、Y、Z 三个方向上的影响分别如图 11-64 所示，也均不同程度地得到了改善。

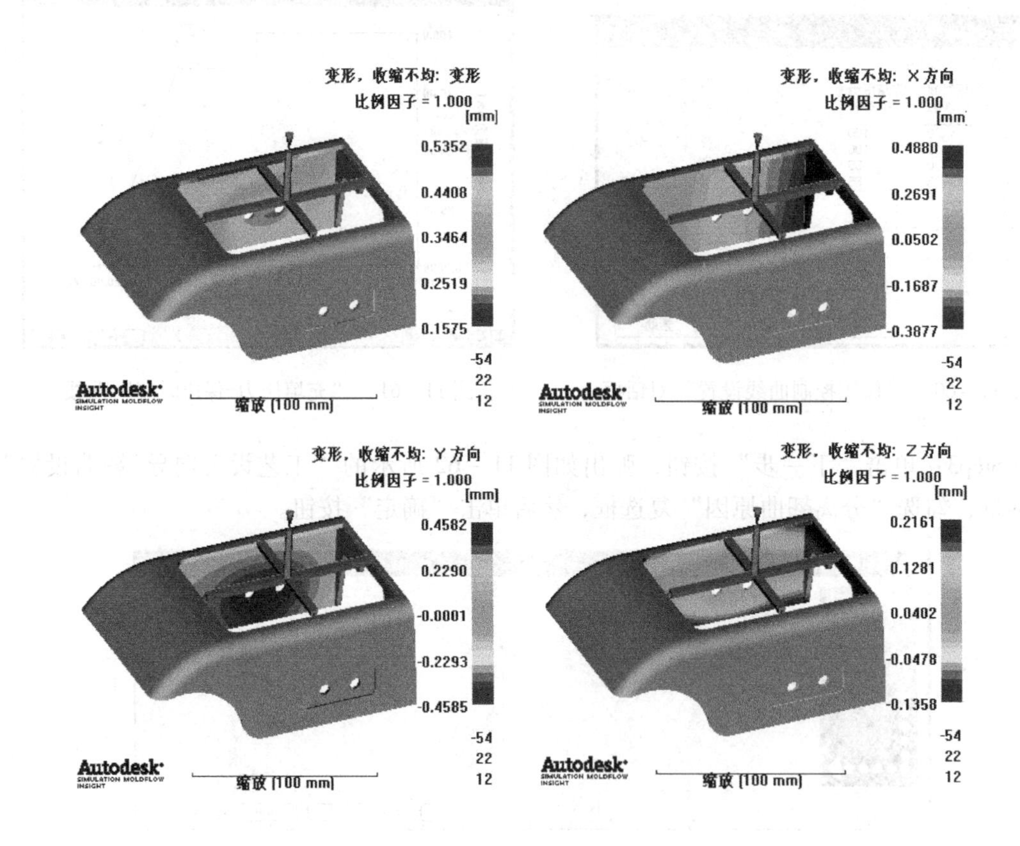

图 11-64　收缩不均造成的变形

11.4.4　创建报告

Step1：单击菜单“报告”→“报告生成向导”命令，弹出如图 11-65 所示的“报告生成向导-方案选择”对话框，对话框中的“he_ study（保压曲线）”已经在“所选方案”列表框中。

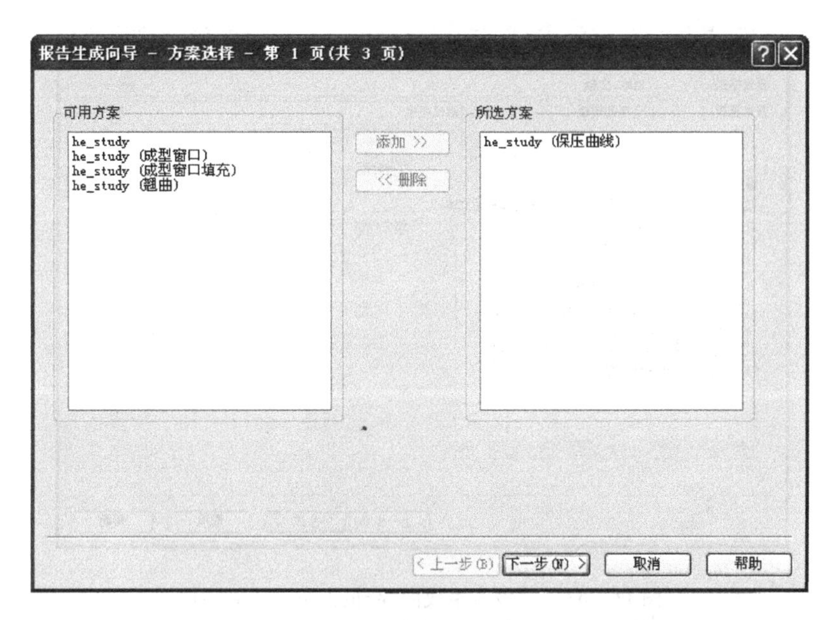

图 11－65 “报告生成向导-方案选择”对话框

Step2：单击“下一步”按钮，显示如图 11－66 所示的“报告生成向导-数据选择”对话框，从左侧的“可用数据”列表框中将图示选项添加到右侧的“选中数据”列表框中。

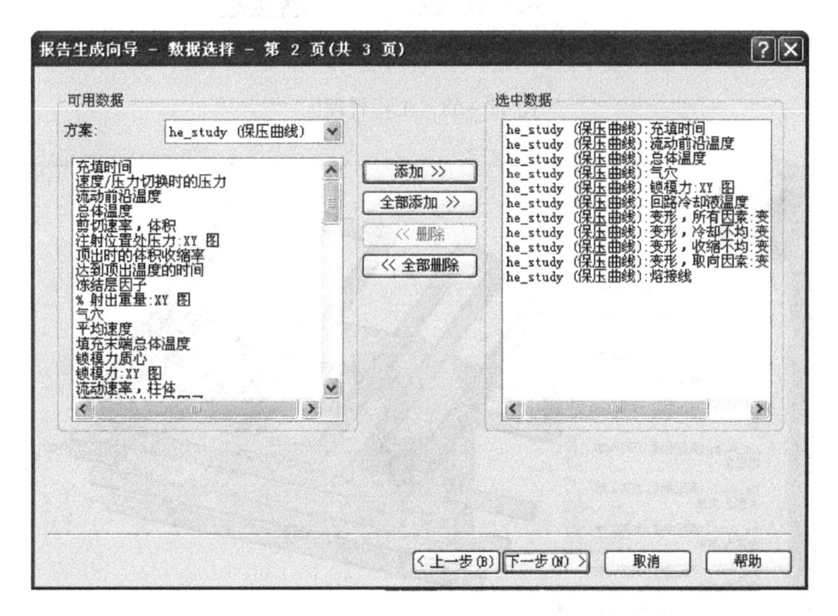

图 11－66 “报告生成向导-数据选择”对话框

Step3：单击“下一步”按钮，显示如图 11－67 所示的“报告生成向导-报告布置”对话框。单击“生成”按钮即可生成报告，在工程管理区会显示如图 11－68 所示的“报告（HTML)”。模型显示区会显示报告内容，如图 11－69 所示。

报告生成向导 - 报告布置 - 第 3 页(共 3 页)
报告格式: HTML 文档
报告模板: 标准模板: 默认模板
用户创建的模板:
封面 属性
报告项目
选择下面的图，然后选择右边的图形输出和描述文本。
he_study (保压曲线):充填时间
he_study (保压曲线):流动前沿温度
he_study (保压曲线):总体温度
he_study (保压曲线):气穴
he_study (保压曲线):锁模力:XY 图
he_study (保压曲线):回路冷却液温度
he_study (保压曲线):变形，所有因素:变形
he_study (保压曲线):变形，冷却不均:变形
he_study (保压曲线):变形，收缩不均:变形
he_study (保压曲线):变形，取向因素:变形
he_study (保压曲线):熔接线
项目细节
重新生成图像
屏幕截图 属性
动画 属性
描述文本 编辑
上移
<<添加文本块
下移
< 上一步(B) 生成 取消 帮助

图 11－67 “报告生成向导-报告布置”对话框

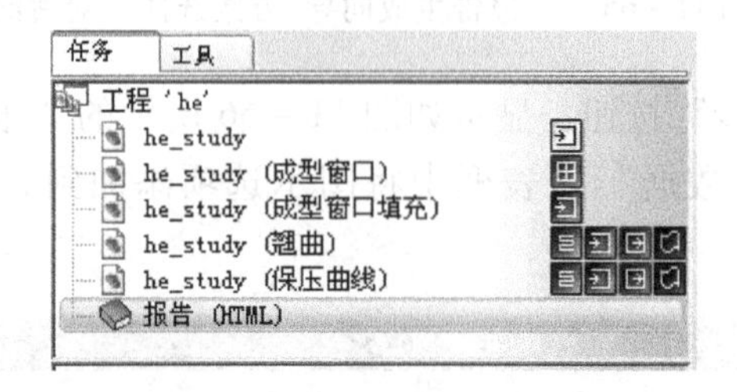

图 11－68 工程管理区

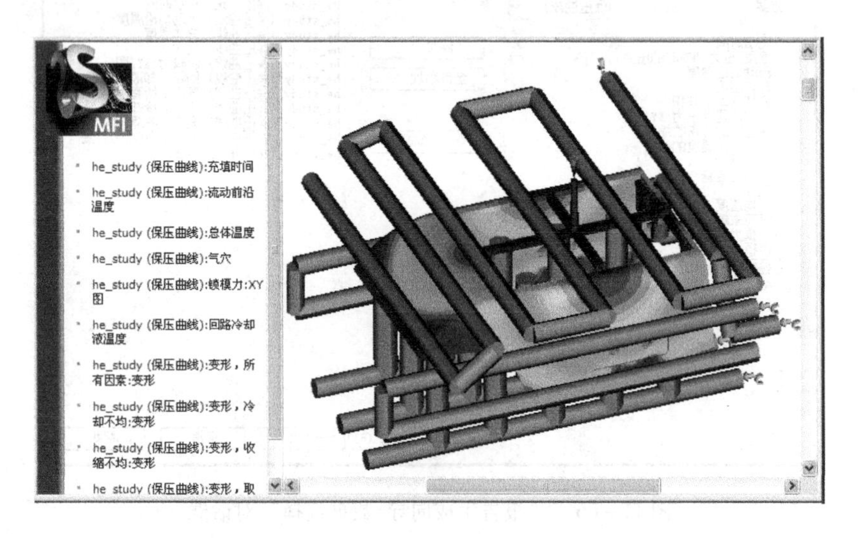

图 11－69 报告内容

本实例模拟结果见光盘：\实例模型\Chapter11 \he。

本章课后习题

1. 对第5章中的引例模型，试利用浇口位置、成型窗口和保压等分析类型进行浇口位置、保压曲线的优化。

2. 对如图11-70所示的模型，在第6、7章创建完浇注系统、冷却系统的基础上，进行保压+冷却+翘曲分析，针对翘曲结果对保压曲线和冷却系统进行优化。

图11-70　STL模型

第12章 Moldflow分析中的常见问题及解决

教学目标

通过本章的学习，了解在CAD建模及Moldflow操作流程中可能出现的问题，并针对分析日志中出现的警告或错误信息进行分析，查出原因，熟练运用相关工具解决出现的问题。

教学内容

主要项目	知识要点
常见问题及处理方法	Moldflow分析中常见问题出现的阶段及处理对策
常见问题的原因及处理	Moldflow分析日志中出现的常见错误信息原因及具体解决思路

引例

应用CAE（Moldflow）软件进行注射成型模拟过程中，操作者必须按照分析流程及前处理各步骤的基本要求完成相关设置，才能顺利完成相应的分析，但在实际操作应用中不可避免地会出现一些问题，有的问题可能不影响分析过程和结果，有的问题可能会影响到分析进程和结果精度，也有的问题可能直接中断分析。

一般情况下，Moldflow在模拟分析之前会对模型网格及相关设置进行自动检查，并在日志中显示可能存在的问题，另外在分析过程中遇到的问题也会在日志中以警告或错误的形式显示出来，提供给操作人员进行判断和修正。因此，如何正确分析和处理模拟过程中出现的问题，对于操作者来说也是非常必要的。

12.1 常见问题及处理方法

12.1.1 常见问题

在 Moldflow 分析处理过程中，操作者应随时关注分析日志，如果出现警告或错误信息提示，那说明存在一定的问题，这些问题可能出现在以下几方面或阶段。

1. CAD 模型

CAD 模型是 CAE 模拟分析的基础，CAD 模型的质量直接影响到 CAE 中模型网格质量和后续分析的准确度。如果 CAD 模型过于复杂和细化（如小圆弧等），一方面大大增加了 CAE 前处理的时间；同时也容易出现网格缺陷（如纵横比和匹配率比较差等），进而影响分析精度。因此，CAD 模型在许可的（不太影响分析前提下）条件下，应尽可能简化一些尺寸太小的细节特征，有的凸台或柱体甚至可以在 Moldflow 中进行创建。

2. 网格

网格处理是前处理中的主要内容，网格质量的好坏直接影响程序能否正常执行和分析结果的精度，因此应根据模型的结构、形状和分析要求合理地选择网格边长，网格出现的问题有：纵横比过大，匹配百分比过小，存在自由边、重叠边、多重边或零面积三角形，出现多个连通区域等。

3. 建模

主要指在 Moldflow 中构建浇注系统、冷却系统或零件柱体等过程中，有可能会出现的柱体和模型不连通，柱体交叉或柱体划分不符合要求等。

4. 工艺设置

不同的分析序列有不同的工艺设置要求，应根据实际情况选择合适的工艺参数值，不然容易引起过程不收敛、分析结果失真，甚至分析中断等。

除了以上所述的几方面或阶段问题外，还有可能会出现如软件系统、硬件系统（如虚拟内存不足）等方面的问题，可以根据信息提示具体分析，本章只分析前处理中可能出现的常见问题。

12.1.2 处理方法

对于日志中显示问题的处理根据实际情况主要有以下三种处理方法。

1. 不需要处理

针对信息中显示的问题如不影响分析进程，对结果分析影响较小的，可以不处理。

2. 建议处理

针对信息中显示的问题虽不影响分析进程，但会在一定程度上影响分析的精度和分析结果，则建议进行恰当处理。

3. 必须处理

针对信息中显示的问题如果会严重影响分析精度或中断整个分析进程的，则必须加以处理。

12.2 常见问题原因及处理

下面按照大致类别列出分析日志中可能会出现的部分问题信息，并针对这些问题简要介绍其出现的原因及其处理方法。

12.2.1 关于 CAD 模型或网格问题的信息

1. 信息一

```
** 警告 98750 ** 无法从任何树脂注射位置
        充填节点     266。 请检查模型几何并通过修复模型
                          确保已连接节点。
** 错误 99773 ** 从任何注射位置均无法到达单元          13。
                 检查网格连通性并重新运行分析。
```

原因：上述两个错误经常会一起出现，表明分析模型存在不连续的现象，如图 12－1 所示的两种 CAD 模型在划分好网格进行分析时，就会出现大量节点和单元不能充填到达的问题。不连续会导致分析中断，必须处理。

处理：在 CAD 建模过程中，尤其在构建凸台或筋等特征时，应避免出现如图 12－1 所示的线接触或不连接的现象。在网格统计中也可检查出相应问题，如图 12－1（a）所示的模型网格会在线接触部位出现大量相交单元，而如图 12－1（b）所示的模型网格会出现两个连通区域。

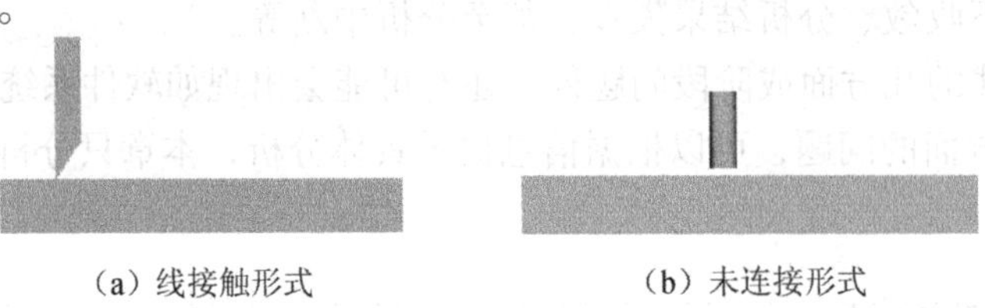

（a）线接触形式　　（b）未连接形式

图 12－1　缺陷模型

2. 信息二

```
** 警告 98731 ** 单元    49790 的厚度超出预期
                 范围。请使用“建模 ”>“查询实体 ”找到
                 该单元，检查单元属性，并根据
                 需要重新运行分析。
```

原因：塑件部分壁厚出现极端的情况（主要指过薄），会在一定程度上影响分析结果，建议处理。

处理：选择菜单“建模”→“查询实体”，输入“T49790”找到该单元，检查其属性中的“厚度”，根据实际情况进行编辑。

3. 信息三

```
** 警告 98742 ** 三角形单元    4619 的纵横比 (     50.0393) 较大,
                这可能会影响分析。  请尝试从“网格工具 ”运行“自动
                修复 ”和“修改纵横比 ”命令
                来解决该问题。
```

原因：网格中存在纵横比过大的三角形，会在一定程度上影响分析结果，建议处理。

处理：可以应用日志中提示的方法修改，但建议通过诊断，对过大纵横比的三角形进行人工修改。关于网格的要求和网格缺陷的处理方法具体见第4章。

4. 信息四

```
** 警告 98988 ** 双层面网格的网格匹配百分比 (76.3%) 和相互网格匹配
                百分比 (66.9%) 低于
                推荐的最小值 85%。 这可能会影响
                结果的精确性。 若要识别零件的匹配很差的区域,
                请使用“网格 ”菜单中的“双层面网格匹配诊断 ”。
                若要改进网格匹配，请在
                原始 CAD 模型中使用“匹配节点 ”网格工具
                重新划分零件的网格，或删除精细的详细资料，例如圆角。
```

原因：双面网格的匹配百分比太低，会影响分析结果，建议处理。

处理：可以按日志中提示的方法进行修改，或适当减小网格划分中的“全局网格边长”值。

5. 信息五

```
** 错误 701590 ** 请检查单元    5182 的取向。

** 错误 701590 ** 请检查单元   11966 的取向。

** 错误 701580 ** 两个相邻单元的取向不一致。
               法线之间的角度 = 1.79752E+02 deg 度。
```

原因：这两个相邻三角单元取向不一致，会影响分析进程，必须处理。

处理：找到有问题的单元，根据实际情况进行重新取向或采用其他方法进行修正。

12.2.2 关于柱体问题的信息

1. 信息一

```
** 错误 2000074 ** 型腔未连接到流道系统。
```

原因：如日志所述，在浇注系统创建时，没有和塑件模型上的相应节点连接，主要出现在手工创建过程中，会中断分析，必须处理。

处理：在创建直线或柱体过程中捕捉模型上的节点时，建议将“过滤器”设置为“节点”选项。

2. 信息二

```
** 警告 701360 ** 柱体单元      8659 具有非常差的长径比
```

原因：在有冷却的分析中，柱体的长径比一般要求应该大于1，柱体单元主要包括浇注系统、冷却系统和零件柱体等，建议处理。

处理：网格划分时应将“全局网格边长”栏设置的数值大于柱体的直径。

3. 信息三

```
** 警告 700530 ** 具有进水口节点     12598 的回路中遇到问题。
                    连续方程式尚未收敛。收敛残余 = 3.12687E-01。
```

原因：在创建冷却系统中（尤其手工创建），出现冷却管道相重叠或交叉的现象，必须处理。

处理：合理安排好冷却管道的路径，避免出现重叠或交叉等现象。

4. 信息四

```
** 错误 702340 ** 仅将节点        140 连接到一个隔水板单元。为了
                   使上截面和下截面都获得独特的
                   热传导系数，需要使用代表这两个
                   截面的单元对隔水板进行建模。
```

原因：在创建冷却系统中，出现隔水板设置问题，必须处理。

处理：按照第7章隔水板的创建方法和步骤进行重新设置。

12.2.3 关于工艺设置及其他方面问题的信息

1. 信息一

```
** 错误 1100350 ** 未提供目标压力。
```

原因：在流道平衡分析中，目标压力是流道平衡分析进行迭代计算的目标压力值，即在该设定值条件下，进行流道平衡尺寸的计算，主要出现在流道平衡分析中，必须处理，不然会中断分析。

处理：选择菜单“分析”→“工艺设置向导”命令，在“工艺设置向导-流动平衡设置”对话框中输入“目标压力”值。

2. 信息二

```
** 错误 99093 ** 对于具有阀浇口的模型，无法估计
                 自动注射时间，请指定一个注射时间。
```

原因：对于具有阀浇口的模型，在模拟分析时无法估计自动注射时间，必须指定一个注射时间，因此不能将“充填控制”项设置为“自动”选项，必须处理，不然会中断分析。

处理：在“工艺设置向导”中将“注射控制”栏选择“注射时间”选项，并输入一个时间值。

3. 信息三

```
** 警告 98780 ** 未指定任何冷却管道。
  正在读取冷却数据...

   注释：在此方案的分析序列中，在“流动”
       之前尚未运行“冷却”分析。  “流动”将使用
       “工艺设置向导”中设置的恒定模具温度。
       在“流动”分析之前进行冷却分析可以提供关于模具温度和热通
       量的更多细节。
```

原因：如果模型中未创建冷却系统，则在如“填充”、“填充+保压”或“填充+保压+翘曲”等分析序列中，都会出现该警告，不影响分析进程，不需要处理。

处理：如日志所述，分析中系统将会使用“工艺设置向导”中设置的恒定模具温度。

12.2.4 查询问题单元

针对分析日志中显示的一些问题节点、三角形单元或柱体，经常采用“查询”命令进行查找。具体步骤如下。

Step1：单击菜单“建模”→“查询实体”命令或点击工具按钮或同时按下“Ctrl+Q”组合键，弹出如图12-2所示的“查询实体”对话框。

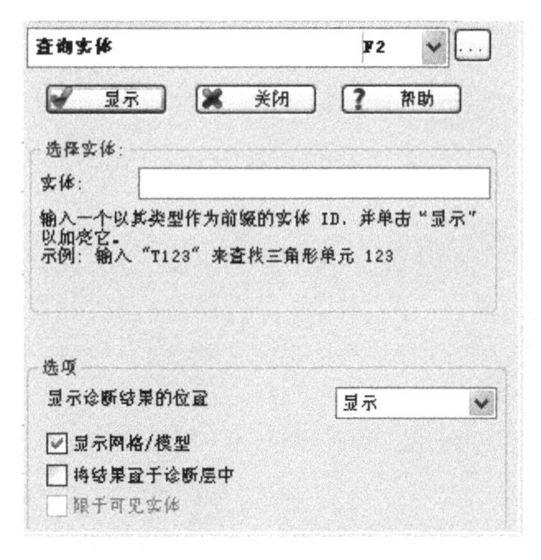

图12-2 “查询实体”对话框

Step2：在“实体”文本框中输入相应单元的ID号（字母+编号），其中节点如N518；三角形单元如T213；柱体单元如B123。

Step3：勾选“将结果置于诊断层中”复选框。

Step4：单击“显示”按钮。

Step5：在层管理视窗中仅勾选“查询的实体”层使其可见，即可查看所查的单元。

参考文献

[1] 江昌勇，沈洪雷. 塑料成型模具设计 [M]. 北京：北京大学出版社，2012.

[2] 陈艳霞，陈如香，吴盛金. Moldflow 2012 中文版完全学习手册 [M]. 北京：电子工业出版社，2012.

[3] 刘琼. 塑料注射 Moldflow 实用教程 [M]. 北京：机械工业出版社，2011.

[4] 单岩，王蓓，王刚. Moldflow 模具分析技术基础 [M]. 北京：清华大学出版社，2004.

[5] 单岩，王蓓，王刚. Moldflow 模具分析应用实例 [M]. 北京：清华大学出版社，2005.